理工类本科生

21世纪高等学校数学系列教材

复变函数论

■ 刘敏思 欧阳露莎 编著

武汉大学出版社

图书在版编目(CIP)数据

复变函数论/刘敏思,欧阳露莎编著.—武汉:武汉大学出版社,2010.1
21 世纪高等学校数学系列教材　理工类本科生
ISBN 978-7-307-07409-5

Ⅰ.复…　Ⅱ.①刘…　②欧…　Ⅲ.复变函数—高等学校—教材
Ⅳ.O174.5

中国版本图书馆 CIP 数据核字(2009)第 194705 号

责任编辑:李汉保　　责任校对:黄添生　　版式设计:杜　枚

出版发行:武汉大学出版社　 (430072　武昌　珞珈山)
　　　　　 (电子邮件:cbs22@whu.edu.cn　网址:www.wdp.com.cn)
印刷:崇阳县天人印刷有限责任公司
开本:787×1092　1/16　印张:22.25　字数:444 千字　插页:1
版次:2010 年 1 月第 1 版　　2013 年 1 月第 2 次印刷
ISBN 978-7-307-07409-5/O·415　　　定价:35.00 元

版权所有,不得翻印;凡购买我社的图书,如有质量问题,请与当地图书销售部门联系调换。

21世纪高等学校数学系列教材

编委会

主　　任	羿旭明	武汉大学数学与统计学院,副院长,教授
副 主 任	何　穗	华中师范大学数学与统计学院,副院长,教授
	蹇　明	华中科技大学数学学院,副院长,教授
	曾祥金	武汉理工大学理学院,数学系主任,教授、博导
	李玉华	云南师范大学数学学院,副院长,教授
	杨文茂	仰恩大学(福建泉州),教授
编　　委	（按姓氏笔画为序）	
	王绍恒	重庆三峡学院数学与计算机学院,教研室主任,副教授
	叶牡才	中国地质大学(武汉)数理学院,教授
	叶子祥	武汉科技学院东湖校区,副教授
	刘　俊	曲靖师范学院数学系,系主任,教授
	全惠云	湖南师范大学数学与计算机学院,系主任,教授
	何　斌	红河师范学院数学系,副院长,教授
	李学峰	仰恩大学(福建泉州),副教授
	李逢高	湖北工业大学理学院,副教授
	杨柱元	云南民族大学数学与计算机学院,院长,教授
	杨汉春	云南大学数学与统计学院,数学系主任,教授
	杨泽恒	大理学院数学系,系主任,教授
	张金玲	襄樊学院,讲师
	张惠丽	昆明学院数学系,系副主任,副教授
	陈圣滔	长江大学数学系,教授
	邹庭荣	华中农业大学理学院,教授
	吴又胜	咸宁学院数学系,系副主任,副教授

肖建海	孝感学院数学系,系主任
沈远彤	中国地质大学(武汉)数理学院,教授
欧贵兵	武汉科技学院理学院,副教授
赵喜林	武汉科技大学理学院,副教授
徐荣聪	福州大学数学与计算机学院,副院长
高遵海	武汉工业学院数理系,副教授
梁　林	楚雄师范学院数学系,系主任,副教授
梅汇海	湖北第二师范学院数学系,副主任
熊新斌	华中科技大学数学学院,副教授
蔡光程	昆明理工大学理学院数学系,系主任,教授
蔡炯辉	玉溪师范学院数学系,系副主任,副教授

执行编委　李汉保　武汉大学出版社,副编审
　　　　　　黄金文　武汉大学出版社,副编审

内容简介

本书是高等学校数学与应用数学等专业本科生复变函数基础教材。全书共7章，内容包括：复数与复变函数，解析函数的概念与初等解析函数，复变函数的积分，解析函数的幂级数表示，解析函数的罗朗展式与孤立奇点，留数理论及其应用，共形映射。

本书选材合理，内容丰富，思路清晰，叙述精练，推导严谨，方法多样，既兼顾复变函数与数学分析的密切联系，强调分析思想、方法的巩固和训练，又突出复变函数理论本身的特点。为方便读者学习、理解和训练，本书配有大量的图形，每章配有大量的习题，并对部分难度较大的习题附有较详细的提示。

本书可以作为综合性大学和高等师范院校数学专业及相关专业本科生的教材或教学参考书，也可以作为大学、中学数学教师、科技工作者和工程技术人员的参考书。

序

　　数学是研究现实世界中数量关系和空间形式的科学。长期以来，人们在认识世界和改造世界的过程中，数学作为一种精确的语言和一个有力的工具，在人类文明的进步和发展中，甚至在文化的层面上，一直发挥着重要的作用。作为各门科学的重要基础，作为人类文明的重要支柱，数学科学在很多重要的领域中已起到关键性、甚至决定性的作用。数学在当代科技、文化、社会、经济和国防等诸多领域中的特殊地位是不可忽视的。发展数学科学，是推进我国科学研究和技术发展，保障我国在各个重要领域中可持续发展的战略需要。高等学校作为人才培养的摇篮和基地，对大学生的数学教育，是所有的专业教育和文化教育中非常基础、非常重要的一个方面，而教材建设是课程建设的重要内容，是教学思想与教学内容的重要载体，因此显得尤为重要。

　　为了提高高等学校数学课程教材建设水平，由武汉大学数学与统计学院与武汉大学出版社联合倡议，策划，组建21世纪高等学校数学课程系列教材编委会，在一定范围内，联合多所高校合作编写数学课程系列教材，为高等学校从事数学教学和科研的教师，特别是长期从事教学且具有丰富教学经验的广大教师搭建一个交流和编写数学教材的平台。通过该平台，联合编写教材，交流教学经验，确保教材的编写质量，同时提高教材的编写与出版速度，有利于教材的不断更新，极力打造精品教材。

　　本着上述指导思想，我们组织编撰出版了这套21世纪高等学校数学课程系列教材，旨在提高高等学校数学课程的教育质量和教材建设水平。

　　参加21世纪高等学校数学课程系列教材编委会的高校有：武汉大学、华中科技大学、云南大学、云南民族大学、云南师范大学、昆明理工大学、武汉理工大学、湖南师范大学、重庆三峡学院、襄樊学院、华中农业大学、福州大学、长江大学、咸宁学院、中国地质大学、孝感学院、湖北第二师范学院、武汉工业学院、武汉科技学院、武汉科技大学、仰恩大学（福建泉州）、华中师范大学、湖北工业大学等20余所院校。

　　高等学校数学课程系列教材涵盖面很广，为了便于区分，我们约定在封首上以汉语拼音首写字母缩写注明教材类别，如：数学类本科生教材，注明：SB；理工类本科生教材，注明：LGB；文科与经济类教材，注明：WJ；理工类硕士生教材，注明：LGS，如此等等，以便于读者区分。

武汉大学出版社是中共中央宣传部与国家新闻出版署联合授予的全国优秀出版社之一。在国内有较高的知名度和社会影响力、武汉大学出版社愿尽其所能为国内高校的教学与科研服务。我们愿与各位朋友真诚合作，力争使该系列教材打造成为国内同类教材中的精品教材，为高等教育的发展贡献力量！

21 世纪高等学校数学系列教材编委会
2007 年 7 月

前　言

复变函数是分析学的一个重要组成部分,是数学乃至自然科学的重要基础之一,是分析学知识应用于实际问题的一种具体工具和桥梁,复变函数的中心内容是解析函数理论,复变函数创立于19世纪,并成为统治19世纪最独特的数学分支之一,为现代分析奠定了基础。

由于复变函数理论在数学和实际应用中的重要性,人们常把复变函数作为抽象数学与自然界之间最和谐的理论标志。目前,复变函数理论已渗透到现代数学的许多分支,对于这门课程掌握得好坏,将直接影响到数学与应用数学专业的许多后续课程(例如函数的值分布与辐角分布理论、Hp空间、拓扑学、微分与积分方程、泛函分析、微分流形、动力系统、偏微分方程、数学控制论、分形几何、小波分析、调和分析、傅里叶变换、拉普拉斯变换、计算方法、概率统计等)的进一步学习和研究。因此几乎所有大学的数学专业甚至还有些其他专业,如物理的某些专业,都开设了这门课程。

复变函数在数学乃至自然科学中的地位之所以重要还在于,一方面复变函数与古典分析联系非常密切,常常可以为古典分析中某些问题的解决提供有效的方法(例如积分、级数值的计算等),另一方面复变函数与实际问题的联系非常密切,例如在空气动力学、流体力学、电学、热学、现代物理以及飞机设计与制造中经常用到复变函数的思想和方法。实际上,复变函数理论的建立和发展最初正是伴随着数学应用于解决实际问题的需要。因此,复变函数又是一门应用性很强的学科,可以为数学实验、数学建模提供较好的平台。

本书是为综合性大学和高等师范院校数学与应用数学,信息与计算数学等专业本科生编写的教材。我们在编写这本教材时注意了以下几点:

1. 既注重基本理论的科学性,又充分考虑内容的启发性和训练功能;

2. 既保持理论体系的相对完整性和深度,又力求深入浅出,循序渐进,便于学生自学;

3. 既注意观点与方法的现代性,又尽量与数学分析的相关内容和方法相衔接,以便学生进一步加深对数学分析理论和方法的认识。

全书共7章,第1章复数与复变函数,主要介绍复数、复球面与无穷远点、复平面上的拓扑、复变函数、复变函数的极限与连续等有关概念,介绍有界闭集(紧集)上连续函数的性质,并对复数表示的合理性以及虚数单位的存在性作必要的说明。第2章解析函数的概念与初等解析函数，主要介绍解析函数的概念、函数解析的主要条件(Cauchy—Riemann 条件)、调和函数初步，初等解析函数和初等多值解析函数，对初等多值解析函数着重介绍如何找出多值函数的支点，多值函数在怎样的区域内可以单值化，即多值函数单值化的方法，另外作为对多值复变函数的初步认识，本章还简要介绍了复变函数的形式二元表示。第3章复变函数的积分，主要介绍复积分的概念、性质，柯西(Cauchy)积分定理、柯西积分公式、柯西高阶导数公式和柯西不等式等。其中对高阶导数公式的证明给出多种方法，并由此自然得到更一般的柯西型积分的相应结果。第4章和第5章分别是解析函数的幂级数表示和解析函数的罗朗(Laurent)展式与孤立奇点，主要介绍复数列和复级数的基本知识、幂级数、泰勒(Taylor)定理、解析函数幂级数展开的各种方法、解析函数的唯一性定理、解析函数的最大(小)模原理及阿达玛(Hadamard)三圆定理、施瓦茨(Schwarz)引理、罗朗级数、解析函数孤立奇点及分类、整函数与亚纯函数初步。第6章留数理论及其应用，主要介绍留数的概念、留数的各种算法、各种形式的留数定理以及留数的各种应用(包括一些典型实积分的计算，级数和的计算，亚纯函数的有理分解，辐角原理和儒歇定理等)。第7章共形映射，主要介绍解析函数尤其是单叶解析函数的一般映射性质，具体典型函数(例如分式线性函数、幂函数与根式函数、指数函数与对数函数、儒可夫斯基函数、正弦函数和余弦函数等)的映射性质及其应用，黎曼(Riemann)存在定理和边界对应定理，值分布研究中的一些不等式等。

  本书选材合理，内容丰富，思路清晰，叙述精练，推导严谨，方法多样，既兼顾复变函数与数学分析的密切联系，强调分析思想、方法的巩固和训练，又突出复变函数理论本身的特点。为方便读者学习、理解和训练，本书配有大量的图形和例题，每章配有大量的习题，并对部分难度较大的习题附有较详细的提示。

  本书内容中对不属于复变函数一般教学的内容加上了"＊"号。

  在本书的编写过程中，得到了华中师范大学数学与统计学学院领导和老师们的鼓励及大力支持，作者特此深表谢意！

  尽管在编写过程中做出了较大努力，但由于作者水平所限，书中肯定存在不少疏漏和不妥之处，恳切希望广大读者批评指正。

作　者

2009 年 8 月

目 录

第1章 复数与复变函数(预备知识) ………………………………………… 1
  §1.1 复数 ……………………………………………………………… 1
  §1.2 复平面上的拓扑 ………………………………………………… 16
  §1.3 复变函数 ………………………………………………………… 27
  习题 1 ………………………………………………………………… 36

第2章 解析函数的概念与初等解析函数 ……………………………… 40
  §2.1 解析函数的概念与柯西—黎曼条件 …………………………… 40
  §2.2 初等单值解析函数 ……………………………………………… 56
  §2.3 初等多值解析函数 ……………………………………………… 60
  习题 2 ………………………………………………………………… 85

第3章 复变函数的积分 ………………………………………………… 90
  §3.1 复积分的概念、基本性质与基本计算 ………………………… 90
  §3.2 柯西积分定理 …………………………………………………… 97
  §3.3 柯西积分公式 …………………………………………………… 114
  习题 3 ………………………………………………………………… 128

第4章 解析函数的幂级数表示 ………………………………………… 136
  §4.1 复数列与复级数 ………………………………………………… 136
  §4.2 幂级数 …………………………………………………………… 149
  §4.3 泰勒定理与解析函数的幂级数展开 …………………………… 156
  §4.4 解析函数零点的孤立性与唯一性 ……………………………… 165
  习题 4 ………………………………………………………………… 176

第5章 解析函数的罗朗展式与孤立奇点 ……………………………… 183
  §5.1 解析函数的罗朗展式 …………………………………………… 183
  §5.2 解析函数的孤立奇点 …………………………………………… 192
  §5.3 解析函数在无穷远点的性质 …………………………………… 200

§5.4 整函数与亚纯函数初步 ………………………………… 206
习题5 …………………………………………………………… 209

第6章 留数理论及其应用 ………………………………………… 213
§6.1 留数的一般理论 ………………………………………… 213
§6.2 用留数计算实积分 ……………………………………… 226
§6.3* 亚纯函数的主部分解 …………………………………… 254
§6.4 辐角原理及其应用 ……………………………………… 259
习题6 …………………………………………………………… 273

第7章 共形映射(保形映射) …………………………………… 280
§7.1 解析映射的特征 ………………………………………… 280
§7.2 分式线性变换(映射) …………………………………… 288
§7.3 若干类初等函数所构成的保形(共形)映射 ………… 308
§7.4 保形映射的黎曼存在定理与边界对应定理 ………… 327
§7.5 若干个值分布研究中的不等式* ……………………… 331
习题7 …………………………………………………………… 338

参考文献 ……………………………………………………………… 343

第1章　复数与复变函数(预备知识)

复变函数论是分析学的一个分支,称为复分析.复变函数论中所涉及的函数是自变量与因变量均取复数的函数,称为复变函数.复变函数论主要研究的对象,是在某种意义下可导的复变函数,这种函数通常称为解析函数.

为了建立研究解析函数的理论基础,我们首先要对复数域有一个清晰的认识.本章主要介绍复数的基本概念,复数的四则运算,复数的三角表示与指数表示,平面拓扑的一般概念及其复数表示,复变函数的概念,复变函数的极限和连续.另外,为了研究的需要,在本章我们还将引入复球面与无穷远点.

§1.1　复　　数

1.1.1　复数与共轭复数

1. 复数

形如 $z=x+\mathrm{i}y$ 的数,称为复数,其中 $x,y\in\mathbf{R}$,i 满足 $\mathrm{i}^2=-1$,称为虚数单位. x 和 y 分别称为复数 z 的实部和虚部,记为: $x=\mathrm{Re}z, x=\mathrm{Im}z$.

规定:复数 $z_1=x_1+\mathrm{i}y_1$ 及 $z_2=x_2+\mathrm{i}y_2$ 相等的充要条件是它们的实部与实部相等,虚部与虚部相等,即 $x_1+\mathrm{i}y_1=x_2+\mathrm{i}y_2$ 当且仅当 $x_1=x_2, y_1=y_2$.

虚部为零的复数看做实数,即 $x+\mathrm{i}\cdot 0=x$,因此全体实数是全体复数的一部分,特别地,$0+\mathrm{i}\cdot 0=0$;虚部不为零的复数称为虚数;实部为零且虚部不为零的复数称为纯虚数.

2. 共轭复数

复数 $x-\mathrm{i}y$ 称为复数 $z=x+\mathrm{i}y$ 的共轭复数,记为 $\bar{z}=\overline{x+\mathrm{i}y}$,即
$$\bar{z}=\overline{x+\mathrm{i}y}=x-\mathrm{i}y.$$

显然复数与其共轭复数是相互的,即 $\bar{z}$ 是 z 的共轭复数,则 z 也是 $\bar{z}$ 的共轭复数,于是 $\overline{(\bar{z})}=z$.

3. 复数的四则运算

(1) 复数的加减法(和与差)

复数 $z_1=x_1+\mathrm{i}y_1, z_2=x_2+\mathrm{i}y_2$ 相加(减)的法则是
$$z_1\pm z_2=(x_1\pm x_2)+\mathrm{i}(y_1\pm y_2)$$

结果仍是复数,我们称复数 z_1+z_2 是复数 z_1 与 z_2 的和,而称复数 z_1-z_2 是复数 z_1 与 z_2 的差.这表明复数与复数相加(减)所得的复数可以按实部与实部相加(减),虚部与虚部相加(减)得到.

容易验证,复数的加法满足交换律和结合律,而且减法是加法的逆运算.

(2) 复数的乘法(积)

两个复数 $z_1=x_1+iy_1,z_2=x_2+iy_2$ 相乘,可以按多项式乘法法则进行,只需将结果中的 i^2 换成 -1,即

$$z_1 z_2 = (x_1 x_2 - y_1 y_2) + i(x_1 y_2 + x_2 y_1)$$

结果仍是复数,并称 $z_1 z_2$ 为复数 z_1 与 z_2 的积.

容易验证,复数的乘法满足交换律和结合律,且还满足乘法对加法的分配律.

(3) 复数的除法(商)

两个复数 $z_1=x_1+iy_1, z_2=x_2+iy_2$ 相除(除数 $\neq 0$)时,可以先分子分母同乘以分母的共轭复数,再根据复数的乘法进行简化,即

$$\frac{z_1}{z_2} = \frac{x_1 x_2 + y_1 y_2}{x_2^2 + y_2^2} + i \frac{x_2 y_1 - x_1 y_2}{x_2^2 + y_2^2} \quad (z_2 \neq 0)$$

结果仍是复数,称 $\frac{z_1}{z_2}$ 为复数 z_1 与 z_2 的商.易知,除法是乘法的逆运算.

由复数的四则运算可得,共轭复数具有如下性质:

$$\overline{z_1 \pm z_2} = \overline{z_1} \pm \overline{z_2}; \overline{z_1 \cdot z_2} = \overline{z_1} \cdot \overline{z_2}$$

$$\overline{\left(\frac{z_1}{z_2}\right)} = \frac{\overline{z_1}}{\overline{z_2}}; z \cdot \overline{z} = (\text{Re} z)^2 + (\text{Im} z)^2$$

$$z + \overline{z} = 2\text{Re} z; z - \overline{z} = 2i\text{Im} z.$$

引进了复数的四则运算后,全体复数所成的集合也称为复数域,记为 **C**.可以验证,关于实数的一切代数恒等式在复数域内仍然成立,如

$$a^2 - b^2 = (a+b)(a-b), a^3 - b^3 = (a-b)(a^2 + ab + b^2)$$

但在复数域中不能像实数那样规定复数的大小关系,即复数没有大小比较.

1.1.2 复平面与复数的表示

1. 复数与平面上的点

一个复数 $z=x+iy$ 本质上是由一对有序实数对 (x,y) 唯一确定的,而有序实数对 (x,y) 表示平面上的点,因此,我们能够建立平面上的全部点与全体复数间的一一对应关系,即我们可以用平面上横坐标为 x,纵坐标为 y 的点来表示复数 $z=x+iy$,如图 1.1 所示.

Ox 轴上的点对应着实数,故称 Ox 轴为实轴;Oy 轴上的非原点的点对应着纯虚数,故称 Oy 轴为虚轴.表示复数 z 的平面称为复平面或 z 平面,也记为 **C**.

2. 复数与向量

在复平面上,复数 z 与从原点到点 $z=x+iy$ 的向量也构成一一对应的关系

第 1 章 复数与复变函数(预备知识) 3

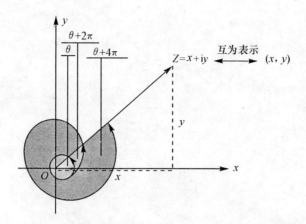

图 1.1 复数、平面上的点、向量及复数的辐角示意图

(复数 0 对应着零向量),因此我们也能用平面上从原点出发的向量表示复数.

引进了复数的向量表示可以使复数的加减运算与向量的加减运算保持一致.

例如,设 $z_1 = x_1 + iy_1, z_2 = x_2 + iy_2$,则由图 1.2 可以看出,复数
$$z_1 + z_2 = (x_1 + x_2) + i(y_1 + y_2)$$
表示的向量就是复数 z_1 表示的向量与 z_2 表示的向量的和向量,如图 1.2 所示.

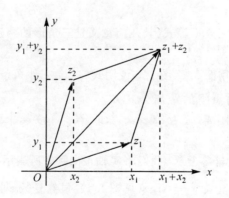

图 1.2 复数的加法示意图

又如,$z_1 - z_2 = z_1 + (-z_2)$ 表示的向量(也即 z_1 与 $-z_2$ 的和向量)就是从 z_2 到 z_1 的向量,如图 1.3 所示.

3. 复数的模与辐角

(1) 复数的模

我们用向量 $\overrightarrow{Oz}$ 表示复数 $z = x + iy$,其中 x, y 依次表示 $\overrightarrow{Oz}$ 沿 Ox 轴与 Oy 轴的

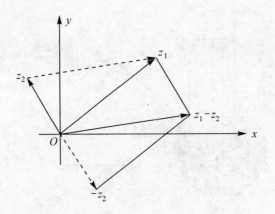

图 1.3 复数的减法示意图

分量. 向量 $\overrightarrow{Oz}$ 的长度称为复数 z 的模或绝对值，记为 $|z|$ 或 r，即
$$r = |z| = \sqrt{x^2 + y^2} \geqslant 0.$$

关于复数的模，我们有如下关系
$$|\text{Re}z| = |x| \leqslant |z|, \quad |\text{Im}z| = |y| \leqslant |z|, \quad |z| \leqslant |x| + |y| = |\text{Re}z| + |\text{Im}z| \tag{1.1}$$
$$|z_1 \pm z_2| \leqslant |z_1| + |z_2|, \quad ||z_1| - |z_2|| \leqslant |z_1 \pm z_2|, \quad z \cdot \bar{z} = |z|^2 = |z^2| \tag{1.2}$$

其中式 (1.2) 也称为三角不等式，其几何意义是三角形的两边之和大于第三边，两边之差小于第三边.

◎ 思考题：试利用图 1.2、图 1.3 说明式 (1.2) 在什么条件下取等号？

由复数的模及两点间的距离公式知，$|z_1 - z_2| = \sqrt{(x_1 - x_2)^2 + (y_1 - y_2)^2}$ 表示点 z_1 与点 z_2 的距离，记为 $d(z_1, z_2)$，即 $d(z_1, z_2) = |z_1 - z_2|$.

(2) 复数的辐角

设 $z = x + \mathrm{i}y$ 为非零复数，我们将实轴正向到 z 所表示的向量 $\overrightarrow{Oz}$ 之间的夹角 θ 称为复数 z 的辐角，记为 $\theta = \text{Arg}z$（见图 1.1）. 显然复数 z 的辐角满足 $\tan\theta = \dfrac{y}{x}$，且任一非零复数 z 有无穷多个辐角，以 $\arg z$ 表示其中的一个特定值，并称满足条件
$$-\pi < \arg z \leqslant \pi \tag{1.3}$$
的一个为 $\text{Arg}z$ 的主值（或复数 z 的主辐角），习惯上仍记为 $\arg z$. 于是
$$\theta = \arg z + 2k\pi \quad (k \in \mathbf{Z}) \tag{1.4}$$

如图 1.4、图 1.5 所示，复数 $z(z \neq 0)$ 的主辐角 $\arg z$ 与反正切 $\arctan\dfrac{y}{x}$ 的主值 $\arctan\dfrac{y}{x}$ 有如下关系

$$\arg z = \begin{cases} \arctan \dfrac{y}{x}, & x > 0 \\ \dfrac{\pi}{2}, & x = 0, y > 0 \\ \arctan \dfrac{y}{x} + \pi, & x < 0, y \geqslant 0 \\ \arctan \dfrac{y}{x} - \pi, & x < 0, y < 0 \\ -\dfrac{\pi}{2}, & x = 0, y < 0 \end{cases} \quad (z \neq 0)$$

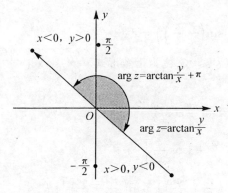

图 1.4　点在第 2,4 象限

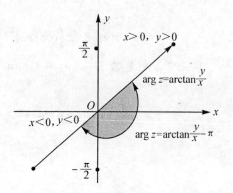

图 1.5　点在第 1,3 象限

(3) 复数的三种表示

设 $z = x + \mathrm{i}y$ 为非零复数,如图 1.6 所示,由直角坐标与极坐标的关系知
$$z = r(\cos\theta + \mathrm{i}\sin\theta)$$
称为非零复数 z 的三角形式,而 $z = x + \mathrm{i}y$ 称为复数 z 的代数形式.特别地,当 $r = |z| = 1$ 时

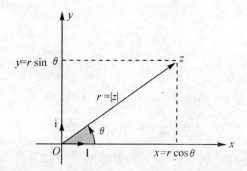

图 1.6　直角坐标与极坐标的关系

$$z = \cos\theta + i\sin\theta$$

这种复数习惯上称为单位复数.

由欧拉公式:$e^{i\theta} = \cos\theta + i\sin\theta$,非零复数 z 也可以表示成

$$z = re^{i\theta}$$

称为非零复数 z 的指数形式.

注:上述复数的这三种表示法可以相互转化以适应不同问题讨论的需要.

例 1.1 求复数 $2-2i$ 的模、辐角、三角形式与指数形式.

解
$$|2-2i| = \sqrt{2^2 + (-2)^2} = 2\sqrt{2}$$

$$\text{Arg}(2-2i) = \arctan\frac{-2}{2} + 2k\pi = -\frac{\pi}{4} + 2k\pi \quad (k \in \mathbf{Z})$$

$$2-2i = 2\sqrt{2}\left(\cos\left(-\frac{\pi}{4}\right) + i\sin\left(-\frac{\pi}{4}\right)\right) = 2\sqrt{2}e^{-\frac{\pi}{4}i}.$$

例 1.2 将复数 $1-\cos\varphi + i\sin\varphi (0 < \varphi \leqslant \pi)$ 化为指数形式.

解
$$1-\cos\varphi + i\sin\varphi = 2\sin^2\frac{\varphi}{2} + 2i\sin\frac{\varphi}{2}\cos\frac{\varphi}{2}$$

$$= 2\sin\frac{\varphi}{2}\left[\sin\frac{\varphi}{2} + i\cos\frac{\varphi}{2}\right]$$

$$= 2\sin\frac{\varphi}{2}\left[\cos\left(\frac{\pi}{2} - \frac{\varphi}{2}\right) + i\sin\left(\frac{\pi}{2} - \frac{\varphi}{2}\right)\right]$$

$$= 2\sin\frac{\varphi}{2}e^{i\left(\frac{\pi}{2} - \frac{\varphi}{2}\right)}.$$

引进了复数的三角形式或指数形式,我们可得如下结果:

设 $z_1 = r_1 e^{i\theta_1}, z_2 = r_2 e^{i\theta_2}$,则

(1) $z_1 = z_2$ 的充要条件是 $r_1 = r_2, \theta_1 = \theta_2 + 2k\pi$($k$ 为任意整数);

(2) $z_1 z_2 = r_1 r_2 e^{i(\theta_1 + \theta_2)}$;

(3) $\dfrac{z_1}{z_2} = \dfrac{r_1}{r_2} e^{i(\theta_1 - \theta_2)}$.

从而

$$|z_1 z_2| = |z_1||z_2|, \quad \left|\frac{z_1}{z_2}\right| = \frac{|z_1|}{|z_2|}$$

$$\text{Arg}(z_1 z_2) = \text{Arg} z_1 + \text{Arg} z_2$$

$$\text{Arg}\left(\frac{z_1}{z_2}\right) = \text{Arg} z_1 - \text{Arg} z_2 \tag{1.5}$$

注:复数的乘、除运算以及下面的幂(乘方)、开方运算用复数的三角形式或指数形式较简单.利用复数的指数形式还可以直观地得到复数乘、除的几何意义,如图 1.7 所示.

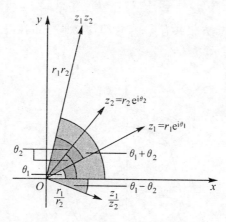

图 1.7 复数乘、除的几何意义

◎ 思考题：

1. 如何理解等式(1.5)？

2. 如何理解 $\arg(z_1 z_2) = \arg z_1 + \arg z_2$；$\arg\left(\dfrac{z_1}{z_2}\right) = \arg z_1 - \arg z_2$ 这两个等式一般不相等？

3. 据理说明等式 $\mathrm{Arg}z^3 = 3\mathrm{Arg}z$ 不成立，但等式 $\mathrm{Arg}z^3 = \mathrm{Arg}z + 2\mathrm{Arg}z$ 成立．

1.1.3 复数的运算

复数的运算除前面介绍的四则运算外，还有下面的乘方与开方运算．通常，我们把 n 个复数 z 的乘积称为 z 的 n 次幂，记为 z^n，即 $z \cdot z \cdot \cdots \cdot z = z^n$．

若 $z \neq 0$，记 $z = r\mathrm{e}^{\mathrm{i}\theta}$，则 $z^n = r^n \mathrm{e}^{\mathrm{i}n\theta} = r^n(\cos n\theta + \mathrm{i}\sin n\theta)$．特别地，当 $r = 1$ 时，有

$$\mathrm{e}^{\mathrm{i}n\theta} = \cos n\theta + \mathrm{i}\sin n\theta \text{（棣莫弗公式）} \tag{1.6}$$

设 $z \neq 0$，通常，我们把满足方程 $w^n = z$（$n \geqslant 2$ 为整数）的复数 w 称为复数 z 的 n 次方根，记为 $w = \sqrt[n]{z}$．

记 $z = r\mathrm{e}^{\mathrm{i}\theta}$，$w = R\mathrm{e}^{\mathrm{i}\varphi}$ 将它们代入方程 $w^n = z$ 得

$$R^n \mathrm{e}^{\mathrm{i}n\varphi} = r\mathrm{e}^{\mathrm{i}\theta}$$

从而

$$R^n = r, \quad n\varphi = \theta + 2k\pi$$

于是

$$R = \sqrt[n]{r}\text{（算术根）}, \quad \varphi = \frac{\theta + 2k\pi}{n}, \quad k = 0, 1, 2, \cdots, n-1$$

且复数 z 的 n 次方根为

$$w_k = (\sqrt[n]{z})_k = \sqrt[n]{r}\,\mathrm{e}^{\mathrm{i}\frac{\theta+2k\pi}{n}}, \quad k = 0,1,2,\cdots,n-1.$$

可见,非零复数 z 的 n 次方根共有 n 个,它们均匀地分布在以原点为圆心,半径为 $\sqrt[n]{r}$ 的圆周上,如图 1.8 所示.

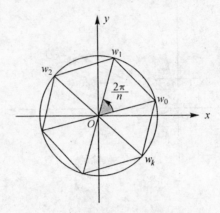

图 1.8 方根在圆周上的分布示意图

例 1.3 求 $\cos 3\theta$ 及 $\sin 3\theta$(用 $\cos\theta$ 与 $\sin\theta$ 来表示).

解 由棣莫弗公式得
$$\begin{aligned}\cos 3\theta + \mathrm{i}\sin 3\theta &= \mathrm{e}^{\mathrm{i}3\theta} = (\cos\theta + \mathrm{i}\sin\theta)^3\\ &= \cos^3\theta - 3\cos\theta\sin^2\theta + \mathrm{i}(3\cos^2\theta\sin\theta - \sin^3\theta)\end{aligned}$$
比较两边的实部与虚部得
$$\cos 3\theta = \cos^3\theta - 3\cos\theta\sin^2\theta = 4\cos^3\theta - 3\cos\theta$$
$$\sin 3\theta = 3\cos^2\theta\sin\theta - \sin^3\theta = 3\sin\theta - 4\sin^3\theta.$$

例 1.4 求 $\sqrt[3]{-8}$.

解 因为 $-8 = 8\mathrm{e}^{\mathrm{i}\pi}$,所以
$$\sqrt[3]{-8} = \sqrt[3]{8}\mathrm{e}^{\mathrm{i}\frac{\pi+2k\pi}{3}} = 2\mathrm{e}^{\mathrm{i}\frac{\pi+2k\pi}{3}} \quad (k = 0,1,2)$$
即
$$\sqrt[3]{-8} = 2\mathrm{e}^{\mathrm{i}\frac{\pi}{3}} = 2\left(\frac{1}{2} + \mathrm{i}\frac{\sqrt{3}}{2}\right) = 1 + \mathrm{i}\sqrt{3}$$
$$\sqrt[3]{-8} = 2\mathrm{e}^{\mathrm{i}\frac{\pi}{3}} = 2\left(\frac{1}{2} + \mathrm{i}\frac{\sqrt{3}}{2}\right) = 1 + \mathrm{i}\sqrt{3}.$$

例 1.5 设 z_1 和 z_2 是两个复数,试证明:$|z_1 \pm z_2|^2 = |z_1|^2 + |z_2|^2 \pm 2\mathrm{Re}(z_1\overline{z_2})$,并由此再证明复数的三角不等式.

证明
$$\begin{aligned}|z_1 \pm z_2|^2 &= (z_1 \pm z_2)(\overline{z_1} \pm \overline{z_2}) = |z_1|^2 + |z_2|^2 \pm (z_1\overline{z_2} + \overline{z_1}z_2)\\ &= |z_1|^2 + |z_2|^2 \pm 2\mathrm{Re}(z_1\overline{z_2})\end{aligned}$$

又
$$-|z_1||z_2| \leqslant \operatorname{Re}(z_1\overline{z_2}) \leqslant |z_1||z_2|$$
再结合上式得
$$(|z_1|-|z_2|)^2 = |z_1|^2 + |z_2|^2 - 2|z_1||z_2| \leqslant |z_1 \pm z_2|^2$$
$$\leqslant |z_1|^2 + |z_2|^2 + 2|z_1||z_2| = (|z_1|+|z_2|)^2$$
即
$$||z_1|-|z_2|| \leqslant |z_1 \pm z_2| \leqslant |z_1|+|z_2|.$$

例 1.6 （复数形式的 Cauchy—Schwarz 不等式）设 $a_k, b_k \in \mathbf{C}(k=1,2,\cdots,n)$，则
$$\left|\sum_{k=1}^n a_k b_k\right|^2 \leqslant \left(\sum_{k=1}^n |a_k|^2\right)\left(\sum_{k=1}^n |b_k|^2\right).$$

证明 任取复数 t，由例 1.5 得，对任意 k，有
$$0 \leqslant |a_k - t \cdot \overline{b_k}|^2 = |a_k|^2 + |t|^2 \cdot |b_k|^2 - 2\operatorname{Re} \bar{t} a_k b_k$$

对 $k=1,2,\cdots,n$ 求和
$$0 \leqslant \sum_{k=1}^n |a_k|^2 + |t|^2 \cdot \sum_{k=1}^n |b_k|^2 - 2\operatorname{Re}\left(\bar{t} \cdot \sum_{k=1}^n a_k b_k\right).$$

当 $\sum_{k=1}^n |b_k|^2 = 0$ 时，必有 $b_k = 0 (k=1,2,\cdots,n)$，结论显然成立.

当 $\sum_{k=1}^n |b_k|^2 > 0$ 时，取 $t = \dfrac{\sum_{k=1}^n a_k b_k}{\sum_{k=1}^n |b_k|^2}$，有

$$0 \leqslant \sum_{k=1}^n |a_k|^2 + \left|\frac{\sum_{k=1}^n a_k b_k}{\sum_{k=1}^n |b_k|^2}\right|^2 \cdot \sum_{k=1}^n |b_k|^2 - 2\operatorname{Re}\left[\overline{\frac{\sum_{k=1}^n a_k b_k}{\sum_{k=1}^n |b_k|^2}} \cdot \sum_{k=1}^n a_k b_k\right]$$

$$= \sum_{k=1}^n |a_k|^2 - \frac{\left|\sum_{k=1}^n a_k b_k\right|^2}{\sum_{k=1}^n |b_k|^2}.$$

整理即得结论.

例 1.7 设 $a \in \mathbf{C}, |b| < 1$，试讨论 $\left|\dfrac{a-b}{1-\bar{a}b}\right|$ 与 1 的大小关系.

证明 由例 1.5 得
$$|a-b|^2 = |a|^2 + |b|^2 - 2\operatorname{Re}(a\bar{b})$$
$$|1-\bar{a}b|^2 = 1 + |a|^2|b|^2 - 2\operatorname{Re}(\bar{a}b) = 1 + |a|^2|b|^2 - 2\operatorname{Re}(a\bar{b})$$

从而

$$|a-b|^2 - |1-\overline{a}b|^2 = |a|^2 + |b|^2 - (1+|a|^2|b|^2)$$
$$= -(1-|a|^2)(1-|b|^2)$$

当 $|a| < 1$ 时
$$|a-b|^2 - |1-\overline{a}b|^2 = |a|^2 + |b|^2 - (1+|a|^2|b|^2) < 0$$
即
$$|a-b|^2 < |1-\overline{a}b|^2$$
所以
$$\left|\frac{a-b}{1-\overline{a}b}\right|^2 < 1, \quad 即 \left|\frac{a-b}{1-\overline{a}b}\right| < 1.$$

同理可得,当 $|a| = 1$ 时,$\left|\dfrac{a-b}{1-\overline{a}b}\right| = 1$;当 $|a| > 1$ 时,$\left|\dfrac{a-b}{1-\overline{a}b}\right| > 1$.

下面,我们列举一些复数在几何上应用的例子.

例 1.8 如图 1.9 所示,连接 z_1, z_2 两点的直线段的复参数方程为 $z = z_1 + t(z_2 - z_1)$(其中 $0 \leqslant t \leqslant 1$);连接 z_1, z_2 两点的直线的复参数方程为 $z = z_1 + t(z_2 - z_1)$(其中 $-\infty < t < +\infty$).

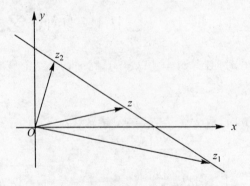

图 1.9 两点连线或连线段的示意图

由此可得,三点 z_1, z_2, z_3 共线的充要条件是
$$\frac{z_3 - z_1}{z_2 - z_1} = t \quad (\text{其中 } t \text{ 为非零实数}).$$
亦即
$$\text{Im}\left(\frac{z_3 - z_1}{z_2 - z_1}\right) = 0.$$

例 1.9 如图 1.10 所示,z 平面上实轴的方程为 $\text{Im}\,z = 0$;z 平面上虚轴的方程为 $\text{Re}\,z = 0$;z 平面上以原点为圆心,R 为半径的圆周的方程为 $|z| = R$;z 平面上以 z_0 为圆心,R 为半径的圆周的方程为 $|z - z_0| = R$.

例 1.10 圆周的方程还可以表示成
$$Az\overline{z} + \overline{B}z + B\overline{z} + C = 0 \tag{1.7}$$
其中 $A, C \in \mathbf{R}, A \neq 0, B \in \mathbf{C}, |B|^2 > AC$. 事实上,由于

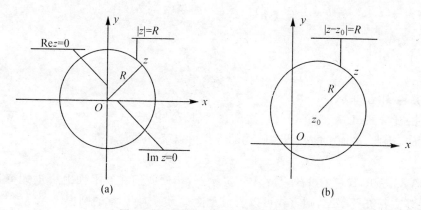

图 1.10 圆周、实轴和虚轴的示意图

$$|z-z_0|^2 = (z-z_0)(\overline{z-z_0}) = (z-z_0)(\bar{z}-\overline{z_0}) = z\bar{z} - \overline{z_0}z - z_0\bar{z} + |z_0|^2$$

因此,圆周 $|z-z_0|=R$ 的方程可以改写成

$$z\bar{z} - \overline{z_0}z - z_0\bar{z} + |z_0|^2 - R^2 = 0$$

记 $A=1, B=-z_0, C=|z_0|^2-R^2$,则有

$$Az\bar{z} + \bar{B}z + B\bar{z} + C = 0$$

其中 $A,C \in \mathbf{R}, A \neq 0, B \in \mathbf{C}, |B|^2 = |z_0|^2 > |z_0|^2 - R^2 = AC$. 反之,在式(1.7)的两边同除以 A 得

$$z\bar{z} + \frac{\bar{B}}{A}z + \frac{B}{A}\bar{z} + \frac{C}{A} = 0$$

两边同时加上 $\dfrac{\bar{B}}{A} \cdot \dfrac{B}{A} = \dfrac{|B|^2}{A^2}$ 得

$$z\bar{z} + \frac{\bar{B}}{A}z + \frac{B}{A}\bar{z} + \frac{\bar{B}}{A} \cdot \frac{B}{A} = \frac{|B|^2}{A^2} - \frac{C}{A}, \quad 即 \left(z + \frac{B}{A}\right)\left(\bar{z} + \frac{\bar{B}}{A}\right) = \frac{|B|^2}{A^2} - \frac{C}{A}$$

所以

$$\left|z + \frac{B}{A}\right| = \frac{\sqrt{|B|^2 - AC}}{|A|}$$

上式表示以 $-\dfrac{B}{A}$ 为圆心,以 $\dfrac{\sqrt{|B|^2 - AC}}{|A|}$ 为半径的圆周的方程.

例 1.11 试写出平面直线的复数方程.

解 设平面直线的直角坐标方程为

$$ax + by = c$$

其中 $a,b,c \in \mathbf{R}, a^2+b^2 \neq 0$. 令 $z=x+\mathrm{i}y$,则 $x=\dfrac{1}{2}(z+\bar{z}), y=\dfrac{1}{2\mathrm{i}}(z-\bar{z})$ 代入上式得

$$a \cdot \frac{1}{2}(z+\overline{z}) + b \cdot \frac{1}{2\mathrm{i}}(z-\overline{z}) = c, \quad 即 \frac{1}{2}(a-\mathrm{i}b)z + \frac{1}{2}(a+\mathrm{i}b)\overline{z} = c.$$

记 $B = \frac{1}{2}(a+\mathrm{i}b), C = c$,则有

$$\overline{B}z + B\overline{z} = C \tag{1.8}$$

其中 $B \in \mathbf{C}, B \neq 0, C \in \mathbf{R}$.

注：比较式(1.7)和式(1.8)，易见在式(1.7)中，当 $A = 0$ 时，式(1.7)就变为式(1.8)，因此，平面上的直线和圆周的方程可以统一写成

$$Az\overline{z} + \overline{B}z + B\overline{z} + C = 0$$

其中 $A, C \in \mathbf{R}, B \in \mathbf{C}, |B|^2 > AC$. 实际上，稍后我们在复平面上引进无穷远点 ∞，并建立扩充复平面，则直线可以看成是通过无穷远点 ∞ 的圆周.

例 1.12 证明：三个复数 z_1, z_2, z_3 成为一个等边三角形的三个顶点的充要条件是

$$z_1^2 + z_2^2 + z_3^2 = z_2 z_3 + z_3 z_1 + z_1 z_2.$$

证明 $\triangle z_1 z_2 z_3$ 是等边三角形的充分必要条件为：向量 $\overrightarrow{z_1 z_2}$ 绕 z_1 旋转 $\frac{\pi}{3}$ 或 $-\frac{\pi}{3}$ 即得向量 $\overrightarrow{z_1 z_3}$，即

$$z_3 - z_1 = (z_2 - z_1)\mathrm{e}^{\pm \frac{\pi}{3}\mathrm{i}}$$

也即

$$\frac{z_3 - z_1}{z_2 - z_1} = \mathrm{e}^{\pm \frac{\pi}{3}\mathrm{i}} = \frac{1}{2} \pm \frac{\sqrt{3}}{2}\mathrm{i}$$

从而

$$\frac{z_3 - z_1}{z_2 - z_1} - \frac{1}{2} = \pm \frac{\sqrt{3}}{2}\mathrm{i}$$

两边再平方即得

$$z_1^2 + z_2^2 + z_3^2 = z_2 z_3 + z_3 z_1 + z_1 z_2.$$

1.1.4 无穷远点与扩充复平面

1. 无穷远点与扩充复平面

在复变函数的研究中，有时为了讨论问题的需要，我们需要在复平面上引进无穷远点，其定义如下：

定义 1.1 我们约定复平面上有一个模为正无穷大，且其辐角无意义的理想点，称为无穷远点，其表示的理想复数称为无穷大，记为 ∞. 复平面加上 ∞ 后称为扩充复平面(或扩充复数集)，记为 $\mathbf{C}_\infty = \mathbf{C} \cup \{\infty\}$.

2. 复球面

为了说明无穷远点的合理性，我们再引进复数的一种几何表示法——复数在

球面上的几何表示.

在三维空间中,把 xOy 平面看成表示复数 $z = x+iy$ 的 z 平面 $\mathbf{C}$,取以原点为球心,1 为半径的球面 $S: x^2 + y^2 + u^2 = 1$. 取定球面上一点 $N(0,0,1)$,称为北极,如图 1.11 所示. 现用直线段将 N 与 z 平面上一点 z 相连,则该线段与球面交于一点 $P(z)$(称为 z 的球极投影). 这样,在复平面 $\mathbf{C}$ 与 $S-\{N\}$ 之间就建立了一个双射(即一一映射或一一对应),因此我们可以用 $S-\{N\}$ 表示复平面 $\mathbf{C}$,用 $S-\{N\}$ 上的点表示复数.

如图 1.11 所示,当 z 平面 $\mathbf{C}$ 上的点 z 的模 $|z|$ 愈大,那么,其球极投影就愈接近于北极 N,因此,我们可以用 N 表示 ∞. 此时 S 就可以表示扩充复平面 $\mathbf{C}_\infty$,称为复球面或黎曼球面. 简单地讲,复球面就是扩充复平面的几何模型.

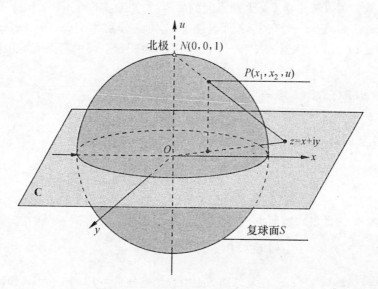

图 1.11　无穷远点,复球面的示意图

下面,我们通过讨论复平面 $\mathbf{C}$ 的点 z 与复球面上的对应点 $P(z)$ 的坐标之间的对应公式,来建立扩充复平面 $\mathbf{C}_\infty$ 上两点间的距离.

记 $z = x+iy = (x,y,0)$,对应的点 $P(z) = (x_1, x_2, u)$,由于 $N, P(z), z$ 三点共线,则存在 $t \in (-\infty, +\infty)$,使得
$$(x_1, x_2, u) = P(z) = tN + (1-t)z = ((1-t)x, (1-t)y, t)$$
即
$$x_1 = (1-t)x, \quad x_2 = (1-t)y, \quad u = t.$$
因为 $P(z) = (x_1, x_2, u)$ 在单位球面 $S: x^2 + y^2 + u^2 = 1$ 上,所以
$$1 = (1-t)^2 x^2 + (1-t)^2 y^2 + t^2 = (1-t)^2 \cdot |z|^2 + t^2$$
整理得

$$1-t^2 = (1-t)^2 \cdot |z|^2$$

由 $z \in \mathbf{C}$, 对应的点 $P(z) \neq N$, 得 $t \neq 1$, 于是

$$t = \frac{|z|^2 - 1}{|z|^2 + 1}, \quad 1-t = \frac{2}{|z|^2 + 1}$$

所以,点 z 与对应点 $P(z)$ 坐标之间有下面的对应公式

$$\begin{cases} x_1 = (1-t)x = \dfrac{2}{|z|^2+1} \cdot \dfrac{1}{2}(z+\bar{z}) = \dfrac{z+\bar{z}}{|z|^2+1} \\ x_2 = (1-t)y = \dfrac{2}{|z|^2+1} \cdot \dfrac{1}{2\mathrm{i}}(z-\bar{z}) = \dfrac{z-\bar{z}}{\mathrm{i}(|z|^2+1)} \\ u = t = \dfrac{|z|^2-1}{|z|^2+1} \end{cases}$$

现在,我们可以来建立 $\mathbf{C}_\infty$ 上两点间的距离.

设 $z, z' \in \mathbf{C}$, 记 z, z' 在复球面 S 上对应的点分别为 $P(z) = (x_1, x_2, u)$, $P(z') = (x'_1, x'_2, u')$. 注意到 $P(z), P(z') \in S$, 由三维空间中两点间的距离公式可得

$$d(P(z), P(z')) = \sqrt{(x_1 - x'_1)^2 + (x_2 - x'_2)^2 + (u - u')^2}$$
$$= \sqrt{2 - 2(x_1 x'_1 + x_2 x'_2 + u u')}$$

再注意到上面的对应点坐标之间的对应公式,上式不难变为

$$d(P(z), P(z')) = \frac{2|z - z'|}{\sqrt{1+|z|^2} \cdot \sqrt{1+|z'|^2}}$$

若 $z \in \mathbf{C}, z' = \infty$, z, z' 在复球面 S 上对应的点分别为 $P(z) = (x_1, x_2, u)$, $P(z') = N = (0,0,1)$, 类似方法可得

$$d(P(z), P(z')) = \frac{2}{\sqrt{1+|z|^2}}.$$

若 $z = \infty, z' = \infty$, z, z' 在复球面 S 上对应的点分别为 $P(z) = N = (0,0,1) = P(z')$, 于是

$$d(P(z), P(z')) = 0.$$

定义 1.2 设 $z, z' \in \mathbf{C}, \hat{d}(z, z') = d(P(z), P(z')) = \dfrac{2|z-z'|}{\sqrt{1+|z|^2} \cdot \sqrt{1+|z'|^2}}$

称为 z 和 z' 之间的球面距离.

为了使上述公式也适合于 $\mathbf{C}_\infty$ 上的所有点,我们进一步规定:

当 $z' = \infty$ 时, $\hat{d}(z, \infty) = \dfrac{2}{\sqrt{1+|z|^2}}$;

当 $z = z' = \infty$ 时, $\hat{d}(\infty, \infty) = 0$.

则对于任意 $z, z' \in \mathbf{C}_\infty$, z, z' 之间的球面距离可以统一表示成

$$\hat{d}(z, z') = \frac{2|z-z'|}{\sqrt{1+|z|^2} \cdot \sqrt{1+|z'|^2}} \quad (\text{称为球极投影距离公式}).$$

可以验证，$\hat{d}(z,z')$ 在扩充复平面 $\mathbf{C}_\infty$ 上满足：

(1) 非负性：对于任意 $z,z' \in \mathbf{C}_\infty$，$\hat{d}(z,z') \geqslant 0$，$\hat{d}(z,z') = 0 \Leftrightarrow z = z'$；

(2) 对称性：对于任意 $z,z' \in \mathbf{C}_\infty$，$\hat{d}(z,z') = \hat{d}(z',z)$；

(3) 三角不等式：对于任意 $z,z',z'' \in \mathbf{C}_\infty$，有 $\hat{d}(z,z') \leqslant \hat{d}(z,z'') + \hat{d}(z',z'')$。

事实上，(1)、(2) 显然成立；对于(3)，只要注意到 $\hat{d}(z,z') = d(P(z),P(z'))$ 及三维空间中的距离 $d(P(z),P(z'))$ 满足的三角不等式即可。

可见，$\hat{d}(z,z')$ 成为 $\mathbf{C}_\infty$ 上的一个距离，$(\mathbf{C}_\infty,\hat{d})$ 构成一个距离空间。今后，我们提到扩充复平面 $\mathbf{C}_\infty$ 上两点间的距离一般都是指的球面距离 $\hat{d}(z,z')$，有时也记为 $|z,z'|$。

3. 关于 ∞ 的几个规定

为了今后讨论的需要，我们作如下规定：

(1) ∞ 的实部与虚部都无意义，$|\infty| = +\infty$。

(2) 包含 ∞ 在内的复数运算按下面的意义进行：设 $a \in \mathbf{C}$。
$$a \pm \infty = \infty \pm a = \infty; a \neq 0, a \cdot \infty = \infty \cdot a = \infty;$$
$$a \neq 0 \text{ 时}, \frac{a}{0} = \infty, a \neq \infty \text{ 时}, \frac{a}{\infty} = 0.$$

运算 $\infty \pm \infty, 0 \cdot \infty, \infty \cdot 0, \frac{\infty}{\infty}, \frac{0}{0}$ 都无意义。

(3) 复平面 $\mathbf{C}$ 上任一条无限延伸的连续曲线都通过 ∞，同时没有一个半平面包含 ∞；∞ 是复平面 $\mathbf{C}$ 的唯一边界点，不是扩充复平面 $\mathbf{C}_\infty$ 的边界点。

注意：今后若无特别声明，所涉及的复数及平面均指通常的复数和复平面 $\mathbf{C}$。

1.1.5 关于复数表示形式 $x + \mathrm{i}y$ 的合理性，以及虚数单位"i"的存在性

前面我们定义复数是先引进记号"$\sqrt{-1} \triangleq \mathrm{i}$"（满足 $\mathrm{i}^2 = -1$），再形式地用记号"$x + \mathrm{i}y$"（其中 x,y 是实数）来表示复数。这样的定义虽然对复数的应用不会产生什么麻烦，但在逻辑上是有缺陷的，其实质是回避了虚数单位"i"的存在性问题，以及用记号"$x + \mathrm{i}y$"（其中 x,y 是实数）来表示复数的合理性问题。现在，我们利用实数并借助代数的知识来完善这些问题。

1. 利用实数来定义复数域

我们把复数集定义为所有有序实数对的全体，并记为 $\mathbf{C}$，即
$$\mathbf{C} = \{(x,y) \mid x, y \in \mathbf{R}\}$$
并在 $\mathbf{C}$ 上定义加法"+"和乘法"·"如下：对任意 $(x_1,y_1),(x_2,y_2) \in \mathbf{C}$
$$(x_1,y_1) + (x_2,y_2) = (x_1+x_2, y_1+y_2) \in \mathbf{C}$$
$$(x_1,y_1) \cdot (x_2,y_2) = (x_1 x_2 - y_1 y_2, x_1 y_2 + x_2 y_1) \in \mathbf{C}$$

根据上述定义不难验证，这样定义的 $\mathbf{C}$ 满足代数学中"域"的所有公理，即满

足加法和乘法的结合律、交换律、分配律，对加法存在零元素 $(0,0)$，且对任意 $(x,y) \in \mathbf{C}$ 存在逆元数(也称负元素) $(-x,-y)$；对乘法存在单位元素 $(1,0)$，且对任意 $(x,y) \in \mathbf{C},(x,y) \neq (0,0)$ 存在逆元素 $\left(\dfrac{x}{x^2+y^2}, \dfrac{-y}{x^2+y^2}\right)$，所以复数集 $\mathbf{C}$ 在定义了上述的加法和乘法后成为一个域.

根据上面定义的加法和乘法，我们还可以得到下面的表示：
对任意的 $(x,y) \in \mathbf{C}$，总有

$$(x,y) = (x,0) + (0,1) \cdot (y,0) \tag{1.9}$$

$$(0,1)^2 \overset{\Delta}{=} (0,1) \cdot (0,1) = (-1,0) \tag{1.10}$$

2. 虚数单位的存在性和复数表示的合理性

由上面得到的式(1.9)、式(1.10)两式，如果我们把 $(0,1)$ 记为 i，并能说明 $(x,0)$ 可以表示实数 x，就可以把式(1.9)、式(1.10)两式与通常复数的定义形式以及 i 所满足的形式关系"$i^2 = -1$"统一起来. 下面，我们利用代数学中的同构思想来达到这一目的.

记 $\mathbf{C}_0 = \{(x,0) \mid x \in \mathbf{R}\} \subset \mathbf{C}$，可以验证 $\mathbf{C}_0$ 对 $\mathbf{C}$ 中的加法和乘法仍成为一个域，即 $\mathbf{C}_0$ 为 $\mathbf{C}$ 的一个子域. 作 $\mathbf{R}$ 到 $\mathbf{C}_0$ 的映射如下

$$\varphi: \mathbf{R} \to \mathbf{C}_0$$
$$x \mapsto (x,0)$$

容易验证，φ 是 $\mathbf{R}$ 到 $\mathbf{C}_0$ 的一个一一对应，并且能保持加法和乘法，即对任意 $x,y \in \mathbf{R}$

$$\varphi(x+y) = (x,0) + (y,0) = \varphi(x) + \varphi(y)$$
$$\varphi(x \cdot y) = (x,0) \cdot (y,0) = \varphi(x) \cdot \varphi(y)$$

这表明 φ 是 $\mathbf{R}$ 到 $\mathbf{C}_0$ 的一个同构，所以按代数学的观点，我们可以把 $\mathbf{R}$ 和 $\mathbf{C}_0$ 视为相同，把实数 x 与元素对 $(x,0)$ 不加区别，即 (x_0) 的确可以表示实数 x. 因此，我们把 $(0,1)$ 记为 i，并把 (x,y) 记为 z，则式(1.9)、式(1.10)两式就可以改写成下面的两式

$$z = x + iy \tag{1.11}$$

$$i^2 = -1 \tag{1.12}$$

式(1.11)、式(1.12)两式说明，用有序实数对来定义复数可以用我们熟悉的记号来表示，并且虚数单位"i"取 $(0,1)$ 就满足 $i^2 = -1$，可见虚数单位是存在的，通常的复数表示是合理的.

§1.2 复平面上的拓扑

复变函数的主要研究对象——解析函数，其定义域和值域一般都是复平面 $\mathbf{C}$ 上的某个点集. 本节我们将介绍复平面上点集的某些概念和结论.

1.2.1 平面点集的几个基本概念

1. 点的邻域

点的邻域是点集中最基本的概念之一,其定义如下:

定义 1.3 由不等式 $|z-z_0|<\delta(\delta>0)$ 所确定的平面点集(今后简称为点集),称为点 z_0 的 δ 圆邻域,记为 $U_\delta(z_0)$. 由不等式 $0<|z-z_0|<\delta$ 所确定的平面点集,称为点 z_0 的去心(空心)δ 圆邻域,记为 $U_\delta^0(z_0)$,如图 1.12 所示.

显然,点 z_0 的 δ 圆邻域就是以 z_0 为圆心,以 δ 为半径的开圆面,点 z_0 的去心(空心)δ 圆邻域就是以 z_0 为圆心,以 δ 为半径的去心开圆面.

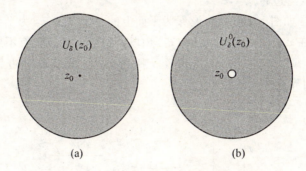

图 1.12 圆邻域与空心圆邻域的示意图

2. 点集的几对特殊点

(1) 聚点与孤立点

定义 1.4 设 E 为平面上的一个点集,z_0 为平面上的一点(不必属于 E),若 z_0 的任意一个邻域中都有 E 中的无穷多个点(即对 z_0 的任一个邻域 $U_\delta(z_0)$,总有 $U_\delta(z_0) \bigcap E$ 为无限集),则称 z_0 为 E 的一个聚点(或极限点),记 E' 或 $E^d = \{z|z$ 是 E 的聚点$\}$ 称为 E 的导集,$\overline{E}=E \bigcup E'$ 称为 E 的闭包.

若 z_0 属于 E,但非 E 的聚点(即存在 z_0 的某个邻域 $U_\delta(z_0)$,使得 $U_\delta(z_0) \bigcap E = \{z_0\}$),则称 z_0 为 E 的一个孤立点.

设有一个平面点列 $\{z_n\}$,$z_0 \in \mathbf{C}$,如果对任意 $\varepsilon>0$,存在正整数 N,使得当 $n>N$ 时,有 $|z_n-z_0|<\varepsilon$,即 $z_n \in U_\varepsilon(z_0)$,则称点列 $\{z_n\}$ 收敛于 z_0,记为 $\lim\limits_{n\to\infty}z_n = z_0$.

容易证明,$\lim\limits_{n\to\infty}z_n = z_0$ 的充分必要条件是

$$\lim_{n\to\infty}\mathrm{Re}z_n = \mathrm{Re}z_0, \quad \lim_{n\to\infty}\mathrm{Im}z_n = \mathrm{Im}z_0.$$

关于聚点,有下面几种等价的说法:

① z_0 为 E 的一个聚点;

② z_0 的任一个空心邻域与 E 的交集不空(即对 z_0 的任一个空心邻域 $U_\delta^0(z_0)$,总有 $U_\delta^0(z_0) \bigcap E \neq \varnothing$);

③ 存在 E 中一列彼此互异的点列 $\{z_n\}$，使得 $\{z_n\}$ 收敛于 z_0.

上述等价性的证明与数学分析关于聚点等价性的证明相同.

(2) 内点与外点

定义 1.5 设 E 为平面上的一个点集，z_0 为平面上的一点，若存在 z_0 的某个邻域 $U_\delta(z_0)$，使得 $U_\delta(z_0) \subset E$，则称 z_0 为 E 的一个内点. 记 E° 或 $\text{int}E = \{z \mid z \text{ 是 } E \text{ 的内点}\}$ 称为 E 的内部，显然，E 的一个内点必属于 E，$\text{int}E \subset E$.

若存在 z_0 的某个邻域 $U_\delta(z_0)$，使得 $U_\delta(z_0) \cap E = \varnothing$，则称 z_0 为 E 的一个外点. 显然，E 的外点不属于 E，且非 E 的聚点，反之亦然. 记 $E^c = \mathbf{C} \setminus E$ 称为 E 的余集或补集. 显然，E 的外点是 E^c 的内点.

(3) 边界点与边界

定义 1.6 如图 1.13 所示，设 E 为平面上的一个点集，z_0 为平面上的一点（不必属于 E），若在 z_0 的任一个邻域 $U_\delta(z_0)$ 内既有属于 E 的点也有不属于 E 的点（即 $U_\delta(z_0) \cap E \neq \varnothing$，$U_\delta(z_0) \cap E^c \neq \varnothing$），则称 z_0 为 E 的一个边界点. 记 $\partial E = \{z \mid z \text{ 是 } E \text{ 的边界点}\}$ 称为 E 的边界.

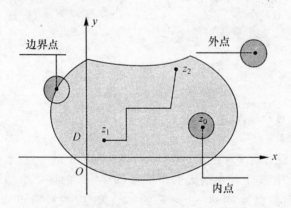

图 1.13　内点，外点，边界点及区域的示意图

(4) 几类点之间的关系

由几类点的定义易得，上述几类点有如下关系：

① 内点必为聚点，反之不然；

② 内点既不是外点也不是边界点，反之亦然；

③ 聚点不一定是边界点，边界点也不一定是聚点，但不是内点的聚点必为边界点，孤立点必为边界点，不是孤立点的边界点必为聚点；

可见，聚点包含内点和不是孤立点的边界点；边界点包含孤立点和不是内点的聚点. 于是

$$\overline{E} = E \cup E' = E \cup \partial E$$

几类点的关系如表 1.1 所示.

表 1.1

内点 $\underset{\text{不一定}}{\overset{}{\rightleftarrows}}$ 聚点	内点 $\underset{\text{一定不是}}{\overset{\text{一定不是}}{\rightleftarrows}}$ 外点、边界点
聚点 $\underset{\text{不一定}}{\overset{\text{不一定}}{\rightleftarrows}}$ 边界点	聚点 $\underset{\text{非孤立点}}{\overset{\text{非内点}}{\rightleftarrows}}$ 边界点
孤立点 $\underset{\text{不一定}}{\overset{}{\rightleftarrows}}$ 边界点	闭包、导集和边界的关系: $\overline{E} = E \cup E' = E \cup \partial E$

3. 开集、闭集和连通集

(1) 开集

定义 1.7 设 E 为平面上的一个点集,若 $E = E^\circ$ (即 E 中的每一点都是内点),则称 E 为开集.

易见,圆邻域 $U_\delta(z_0)$ 和空心圆邻域都是开集. 关于平面上的开集,我们有下面的结论:

定理 1.1

(1) $\mathbf{C}$ 和 $\varnothing$ 为开集;

(2) 平面上有限个开集的交集仍为开集;

(3) 平面上任意多个开集的并集仍为开集;

(4) 平面上任意点集 E 的内部 E° 为开集,即 $(E^\circ)^\circ = E^\circ$.

证明 (1) 显然 $\mathbf{C}$ 是开集. 由于 $\varnothing$ 无内点,即 $\varnothing^\circ = \varnothing$,所以 $\varnothing$ 是开集.

(2) 仅考虑两个开集的交集为开集,一般情形由数学归纳法易证. 设 E, F 为平面上的两个开集,若 $E \cap F = \varnothing$,则 $E \cap F$ 是开集;若 $E \cap F \neq \varnothing$,对任意 $z \in E \cap F$,有 $z \in E, z \in F$,下证 $z \in (E \cap F)^\circ$ 即可. 事实上,因为 E 和 F 都是开集,存在圆邻域 $U_{\delta_1}(z) \subset E$,圆邻域 $U_{\delta_2}(z) \subset F$. 取 $\delta = \min\{\delta_1, \delta_2\}$,易见

$$U_\delta(z) \subset U_{\delta_1}(z) \subset E, \quad U_\delta(z) \subset U_{\delta_2}(z) \subset F$$

所以,$U_\delta(z) \subset E \cap F$,即 $z \in (E \cap F)^\circ$.

(3) 证明留给读者.

(4) 若 $E^\circ = \varnothing$,则结论成立;若 $E^\circ \neq \varnothing$,对任意 $z \in E^\circ$,下证 $z \in (E^\circ)^\circ$ 即可. 事实上,由内点的定义,存在圆邻域 $U_\delta(z) \subset E$,由图 1.14 易见对任意 $z' \in U_\delta(z)$,取 $\delta_0 = \min\{|z'-z|, \delta-|z'-z|\}$,有圆邻域 $U_{\delta_0}(z') \subset U_\delta(z) \subset E$,即 $z' \in E^\circ$,所以,$U_\delta(z) \subset E^\circ$,即 $z \in (E^\circ)^\circ$.

注:定理 1.1 的 (1) ~ (3) 表明,$T = \{G | G$ 为 $\mathbf{C}$ 上的开集$\}$ 构成 $\mathbf{C}$ 上的拓扑,该拓扑习惯上称为 $\mathbf{C}$ 上的 Euclid 拓扑.

(2) 闭集

定义 1.8 设 E 为平面上的一个点集,若 $E' \subset E$ (即 E 的每一个聚点都是 E 中

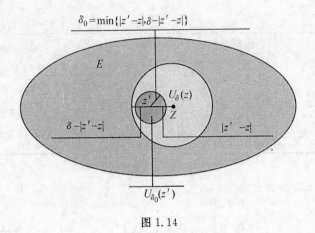

图 1.14

的点),则称 E 为闭集.

可以验证,E 为开集的充要条件是 E^c 是闭集.

事实上,若 E 为开集,对任意 $z \in (E^c)'$,必有 $z \notin E$(否则,由 E 为开集,存在圆邻域 $U_\delta(z) \subset E$,从而 $U_\delta(z) \bigcap E^c = \emptyset$,与 $z \in (E^c)'$ 矛盾),即 $z \in E^c$,所以,$(E^c)' \subset E^c$,即 E^c 是闭集. 反之,若 E^c 是闭集,对任意 $z \in E$,即 $z \notin E^c$,有 $z \notin (E^c)'$,则存在圆邻域 $U_\delta(z) \bigcap E^c = \emptyset$,于是 $U_\delta(z) \subset E$,即 $z \in E^0$,所以 $E \subset E^0$,注意到 $E \supset E^0$,有 $E = E^0$,即 E 为开集.

关于闭集,我们也有下面的结论:

定理 1.2

(1) $\mathbf{C}$ 和 $\emptyset$ 为闭集;

(2) 平面上有限个闭集的并集仍为闭集;

(3) 平面上任意多个闭集的交集仍为闭集;

(4) 平面上任意点集 E 的闭包 $\overline{E}$,导集 E' 和边界 ∂E 都为闭集.

证明 注意到 $\mathbf{C}^c = \emptyset, \emptyset^c = \mathbf{C}, (E \bigcup F)^c = E^c \bigcap F^c$ 和 $\left(\bigcap_{\alpha \in \Lambda} E_\alpha\right)^c = \bigcup_{\alpha \in \Lambda} E_\alpha^c$,由上面的结论和定理 1.1 立即可得(1)、(2)、(3);下面证明(4),我们仅证 ∂E 为闭集,$\overline{E}$ 和 E' 为闭集留作练习.

事实上,对任意 $z \in (\partial E)'$,取 z 的任意 ε 圆邻域 $U_\varepsilon(z)$,则存在 $z_0 \neq z$,使得 $z_0 \in U_\varepsilon(z)$ 且 $z_0 \in \partial E$. 由边界点的定义,$U_\varepsilon(z)$ 内既有属于 E 的点也有不属于 E 的点,即 $z \in \partial E$,所以 $(\partial E)' \subset \partial E$,即 ∂E 为闭集.

(3) 连通集

定义 1.9 设 $E \subset \mathbf{C}$,如果存在平面 $\mathbf{C}$ 上的两个非空不相交的开集 G_1 和 G_2,使得

(1) $G_1 \cap E \neq \varnothing, G_2 \cap E \neq \varnothing$;

(2) $E = (G_1 \cap E) \cup (G_2 \cap E)$,即 $E \subset G_1 \cup G_2$,则称 E 为不连通集. 如果 $E \subset \mathbf{C}$ 不是不连通集,则称 E 为连通集.

显然,E 为连通集等价于:两个非空不相交的开集 G_1 和 G_2,使得 $E = (G_1 \cap E) \cup (G_2 \cap E)$,必有 $G_1 \cap E = \varnothing$(即 $E \subset G_2$)或 $G_2 \cap E = \varnothing$(即 $E \subset G_1$),换句话说:E 不能用两个不相交的开集分开. 这种等价说法常常也可以作为连通集的定义.

定义 1.10 设 $E \subset \mathbf{C}$,如果对于任意 $z_1, z_2 \in E$,存在连续映射
$$\sigma: [0,1] \xrightarrow{\sigma} E$$
使得 $\sigma(0) = z_1, \sigma(1) = z_2$,则称 E 是道路连通集(或路连通集),其中连续映射 σ 也称为 E 中的一条道路,$\sigma([0,1]) \subset E$ 称为 E 中的一条连续曲线或弧. 特别地,当 $\sigma([0,1])$ 是 E 中的折线时,则称 E 是折线连通集.

关于 $\mathbf{C}$ 中的连通集,道路连通集和折线连通集,我们有下面的结论:

定理 1.3

(1) 折线连通集 $\Rightarrow$ 路连通集 $\Rightarrow$ 连通集,反之不成立;

(2) 当 $E \subset \mathbf{C}$ 为开集时,E 为折线连通集 $\Leftrightarrow$ E 为路连通集 $\Leftrightarrow$ E 为连通集.

证明 (1) 折线连通集 $\Rightarrow$ 路连通集,显然成立. 下证,路连通集 $\Rightarrow$ 连通集. 设 $E \subset \mathbf{C}$ 是路连通集,假设 E 不是连通集,存在平面 $\mathbf{C}$ 上的两个非空不相交的开集 G_1 和 G_2,使得
$$G_1 \cap E \neq \varnothing, \quad G_2 \cap E \neq \varnothing; \quad E = (G_1 \cap E) \cup (G_2 \cap E).$$
设 $p \in G_1 \cap E, q \in G_2 \cap E$,由于 E 是路连通集,存在连续映射
$$\sigma: [0,1] \xrightarrow{\sigma} E$$
使得 $\sigma(0) = p, \sigma(1) = q$. 将 $[0,1]$ 二等分,分点记为 c_1,若 $\sigma(c_1) \in G_1 \cap E$,则记 $a_1 = c_1, b_1 = 1$;否则,记 $a_1 = 0, b_1 = c_1$. 显然 $[a_1, b_1]$ 满足:$[a_1, b_1] \subset [0,1]$,且 $\sigma(a_1) \in G_1 \cap E, \sigma(b_1) \in G_2 \cap E, b_1 - a_1 = \dfrac{1}{2}$. 再将 $[a_1, b_1]$ 二等分,类似方法找到 $[a_2, b_2]$,满足:$[a_2, b_2] \subset [a_1, b_1]$,且 $\sigma(a_2) \in G_1 \cap E, \sigma(b_2) \in G_2 \cap E, b_2 - a_2 = \dfrac{1}{2^2}$. 依该方法做下去可得一个区间套 $[a_n, b_n]$ 满足:$\sigma(a_n) \in G_1 \cap E, \sigma(b_n) \in G_2 \cap E, b_2 - a_2 = \dfrac{1}{2^n}, n = 1, 2, \cdots$. 由区间套定理,存在唯一的 $c \in [0,1]$,使得
$$\lim_{n \to \infty} a_n = c = \lim_{n \to \infty} b_n.$$

显然 $\sigma(c) \in E$,若 $\sigma(c) \in G_1 \cap E$,由于 σ 连续,且 G_1 和 G_2 为开集,$G_1 \cap G_2 = \varnothing$,则当 n 充分大时,$\sigma(b_n) \in G_1 \cap E$,这与区间套 $[a_n, b_n]$ 的作法矛盾;若 $\sigma(c) \in G_2 \cap E$ 同样可以导出矛盾. 所以 E 是连通集.

(2) 由(1)，我们只需证明"E 为连通集 $\Rightarrow E$ 为折线连通集"即可.

设 E 为连通集,任取 $a \in E$,记
$$G_1 = \{z \in E \mid 能用 E 中的折线连接 z 和 a\}$$
$$G_2 = \{z \in E \mid 不能用 E 中的折线连接 z 和 a\}$$

显然 $G_1 \bigcap G_2 = \varnothing, E = G_1 \bigcup G_2$. 下证 G_1 和 G_2 都是开集,且 E 为折线连通集.

事实上,设 $z_1 \in G_1$,由于 E 为开集,存在圆邻域 $U_\delta(z_1) \subset E$. 显然 $U_\delta(z_1)$ 中的任一点 z 可以用 $U_\delta(z_1)$ 中的直线 $\overline{zz_1}$ 与 z_1 连接,从而 z 可以用 E 中的折线与 a 连接,即 $z \in G_1, U_\delta(z_1) \subset G_1$,所以 G_1 为开集.

再设 $z_2 \in G_2$,由于 E 为开集,存在圆邻域 $U_\delta(z_2) \subset E, U_\delta(z_2)$ 中的每一点都不能用 E 中的折线与 a 连接(否则 z_2 也可以用 E 中的折线与 a 连接,这与 $z_2 \in G_2$ 矛盾),所以 $U_\delta(z_2) \subset G_2$,即 G_2 也为开集.

最后,注意到 E 是连通集,且 $a \in G_1$,有 $G_2 = \varnothing$,所以 $E = G_1$,即 E 为折线连通集.

1.2.2　平面区域与若当(Jordan)曲线

1. 区域与闭区域

定义 1.11　如图 1.13 所示,设 D 为平面 $\mathbf{C}$ 上的一个点集,若 D 满足:

(1) D 是开集;

(2) D 是连通集.

则称 D 为开区域(也简称为区域). 若 D 是区域,则 D 的闭包 $\overline{D} = D \bigcup \partial D$ 称为闭域.

注意:区域都是开集,一定不包含边界点.

定义 1.12　设 D 为平面 $\mathbf{C}$ 上的一个点集,若存在正数 M,使得对任意 $z \in D$,都有 $|z| \leqslant M$(即 D 全含于一圆之内),则称 D 为有界集,否则称 D 为无界集.

下面举些平面点集的例子.

例 1.13　平面上满足 $|z - z_0| < R$ 的点所成的集是区域(称为以 z_0 为圆心,以 R 为半径的圆形区域),而满足 $|z - z_0| \leqslant R$ 的点所成的集是闭域(称为以 z_0 为圆心,以 R 为半径的闭圆形区域),显然,它们都是有界的,且都以圆周 $|z - z_0| = R$ 为边界. 特别地,当 $R = 1, z_0 = 0$ 时,我们称 $|z| < 1$ 为单位圆, $|z| = 1$ 为单位圆周, $|z| \leqslant 1$ 为单位闭圆.

例 1.14　如图 1.15 所示,平面上以实轴 $\text{Im} z = 0$ 为边界的两个无界区域是:上半平面 $\text{Im} z > 0$ 和下半平面 $\text{Im} z < 0$;平面上以虚轴 $\text{Re} z = 0$ 为边界的两个无界区域是:右半平面 $\text{Re} z > 0$ 和左半平面 $\text{Re} z < 0$.

例 1.15　如图 1.16 所示,由不等式 $|z| > 1$ 且 $\text{Im} z > 0$ 所确定的平面点集(如图 1.16 中去掉阴影的部分)是无界区域;由不等式 $y_1 < \text{Im} z < y_2$ 所确定的平面点集是无界区域(称为带形区域).

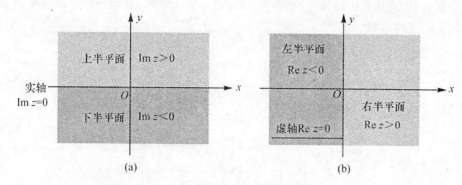

图 1.15　各种半平面的示意图

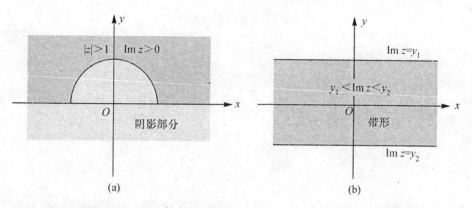

图 1.16　区域 $|z|>1$ 且 $\mathrm{Im}\,z>0$ 和 $y_1<\mathrm{Im}\,z<y_2$ 的示意图

例 1.16　如图 1.17 所示，由不等式 $r<|z|<R$ 所确定的平面点集是有界区域(称为圆环形区域).

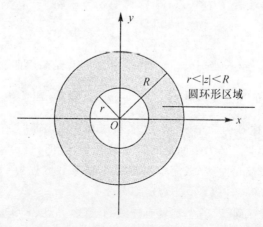

图 1.17　圆环形区域的示意图

例 1.17 如图 1.18 所示,由等式 $|z-z_1|=|z-z_2|$ 所确定的平面点集表示线段 z_1z_2 的中垂线,该点集是无界集,但不是区域.

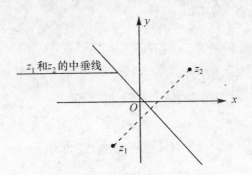

图 1.18 两点连线的中垂线

2. 连续曲线与若当(Jordan)曲线

前面,我们提到了平面上的连续曲线.一般地,我们有以下定义.

定义 1.13 设 $x(t)$ 和 $y(t)$ 都是闭区间 $[\alpha,\beta]$ 上连续的实函数,由方程组

$$\begin{cases} x = x(t) \\ y = y(t) \end{cases} \quad (\alpha \leqslant t \leqslant \beta)$$

或复数方程

$$z = z(t) = x(t) + \mathrm{i}y(t) \quad (\alpha \leqslant t \leqslant \beta)$$

所确定的平面点集 C,称为平面上一条连续曲线,而上述两个方程均称为曲线 C 的参数方程,其中 $z(\alpha)$ 及 $z(\beta)$ 分别称为曲线 C 的起点和终点;对于满足

$$\alpha \leqslant t_1, \quad t_2 \leqslant \beta, \quad t_1 \neq t_2$$

的 t_1 和 t_2,当 $z(t_1) = z(t_2)$ 时,点 $z(t_1) = z(t_2)$ 称为曲线 C 的重点;若连续曲线 C 满足:对任意 $\alpha \leqslant t_1, t_2 \leqslant \beta, t_1 \neq t_2$,且 $t_1 = \alpha, t_2 = \beta$ 或 $t_1 = \beta, t_2 = \alpha$ 不同时成立,有 $z(t_1) \neq z(t_2)$,即连续映射 $\begin{cases} x = x(t) \\ y = y(t) \end{cases} (\alpha \leqslant t \leqslant \beta)$ 是 $[\alpha,\beta]$ 到 C 的一一映射,则称 C 为简单曲线(弧)或若当(Jordan)曲线(弧);若 C 是简单曲线,$z(\alpha) = z(\beta)$(即起点和终点重合),亦即连续映射 $\begin{cases} x = x(t) \\ y = y(t) \end{cases} (\alpha \leqslant t \leqslant \beta)$ 是 $[\alpha,\beta]$ 到 C 的一一映射,且 $z(\alpha) = z(\beta)$,则称 C 为简单闭曲线或若当(Jordan)闭曲线.

可以证明:连续曲线必为平面上的有界闭集.

定义 1.14 设简单曲线(或简单闭曲线) C 的参数方程为

$$z = z(t) = x(t) + \mathrm{i}y(t) \quad (\alpha \leqslant t \leqslant \beta)$$

若 $x(t)$ 和 $y(t)$ 在闭区间 $[\alpha,\beta]$ 上都具有连续的导数,并且 $(x'(t))^2 + (y'(t))^2 \neq 0$,即 $x'(t), y'(t)$ 在闭区间 $[\alpha,\beta]$ 上不全为零,则称 C 为光滑(闭)曲线.

光滑(闭)曲线也就是具有连续转动切线的曲线.

下面给出的有关Jordan曲线的定理,几何上非常直观,但严格证明却比较复杂,因此,我们只叙述不加证明.

定理 1.4 (若当(Jordan)定理) 任一条简单闭曲线 C 将平面唯一地分成 C、$I(C)$、$E(C)$ 三个点集,它们具有如下性质:

(1) 彼此不交;

(2) $I(C)$ 是一个有界区域(称为 C 的内部);

(3) $E(C)$ 是一个无界区域(称为 C 的外部);

(4) $I(C)$ 与 $E(C)$ 均以 C 为边界,且任一条端点分别在 $I(C)$ 和 $E(C)$ 内的连续曲线必与曲线 C 相交.

简单闭曲线 C 的方向规定如下(左手法则):当观察者沿着 C 的某一方向前进时,C 的内部 $I(C)$ 总在观察者的左手边(即逆时针方向),则称该方向为 C 的正方向,此时另一个方向称为 C 的负方向(即顺时针方向),如图 1.19 所示.

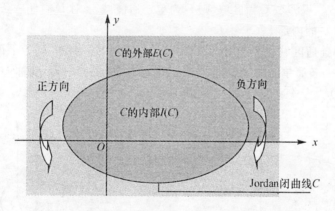

图 1.19 简单闭曲线的内部,外部和边界方向示意图

3. 单连通区域与多连通区域

单连通区域和多连通区域是解析函数研究中经常涉及的两类点集,为了用连通的观点对它们加以定义,我们可以类似于复平面上的方法利用球距离 $d(z,z')$ 在扩充复平面 $\mathbf{C}_\infty$ 上定义点的邻域,去心邻域,开集,闭集,连通集和区域等,并且也保持关于开集,闭集和连通集等的相应结论(我们不再赘述).

注意:

(1) 若只考虑复平面 $\mathbf{C}$,$\mathbf{C}$ 既是开集又是闭集;若考虑扩充复平面 $\mathbf{C}_\infty$,$\mathbf{C} \subset \mathbf{C}_\infty$,$\mathbf{C}$ 只是 $\mathbf{C}_\infty$ 中的开集,不是闭集(因为 $\infty \notin \mathbf{C}$).一般来讲,设 $E \subset \mathbf{C}$,E 是 $\mathbf{C}$ 中的开集 $\Leftrightarrow E$ 也是 $\mathbf{C}_\infty$ 中的开集;但 E 是 $\mathbf{C}$ 中的闭集,不一定能有 E 也是 $\mathbf{C}_\infty$ 中的闭集.例如,$E = \{z \mid +\infty > |z| \geqslant 1\} \subset \mathbf{C}$ 是 $\mathbf{C}$ 中的闭集,但在 $\mathbf{C}_\infty$ 中,$\overline{E} = E \cup \{\infty\} \neq E$,

所以 E 不是 $\mathbf{C}_\infty$ 中的闭集.

(2)在扩充复平面 $\mathbf{C}_\infty$ 上,∞ 的邻域是指以原点为圆心的某圆周的外部,如 ∞ 的 ε 邻域(记为 $U_\varepsilon(\infty)$)是指满足条件 $|z|>\dfrac{1}{\varepsilon}$ 的点集;∞ 的 ε 去心邻域(记为 $U_\varepsilon^0(\infty)$)是指满足条件 $+\infty>|z|>\dfrac{1}{\varepsilon}$ 的点集.

现在,我们来定义单连通区域和多连通区域.

定义 1.15 设 $D\subset\mathbf{C}$ 或 $D\subset\mathbf{C}_\infty$ 是区域,如果 $\mathbf{C}_\infty\setminus D$ 是 $\mathbf{C}_\infty$ 中的连通集,则称 D 为单连通区域,否则称 D 为多连通区域.

显然,$\mathbf{C}$ 中的单连通区域必为 $\mathbf{C}_\infty$ 中的单连通区域,但 $\mathbf{C}_\infty$ 中的单连通区域不一定为 $\mathbf{C}$ 中的单连通区域. 例如,$E=\{z\,|\,|z|>1\}$ 作为 $\mathbf{C}_\infty$ 中的区域是单连通的(因为 $\mathbf{C}_\infty\setminus D=\{z\,|\,|z|\leqslant 1\}$),而 E 作为 $\mathbf{C}$ 中的区域却是多连通的(因为 $\mathbf{C}_\infty\setminus D=\{z\,|\,|z|\leqslant 1\}\bigcup\{\infty\}$).

关于 $\mathbf{C}$ 中的单连通区域还有下面一个更直观的定理,我们不证叙述如下:

定理 1.5 设 $D\subset\mathbf{C}$ 为区域,则 D 为单连通区域 $\Leftrightarrow$ 对 D 内任一条简单闭曲线 $C\subset D$,总有 C 的内部 $I(C)\subset D$.

于是,单连通区域和多连通区域又可以等价地叙述为:设 D 为平面上的区域,若对 D 内任一条简单闭曲线 C,总有 C 的内部 $I(C)$ 仍含于 D,则称 D 为单连通区域;否则称 D 为多连通区域,如图 1.20 所示.

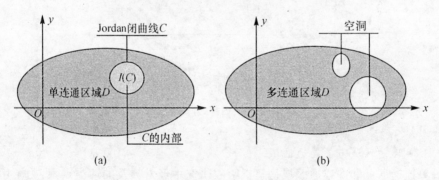

图 1.20　单连通区域与多连通区域的示意图

例 1.18 易知,复平面 $\mathbf{C}$ 上简单闭曲线的内部是单连通区域,而其外部在 $\mathbf{C}$ 中是多连通区域,但在 $\mathbf{C}_\infty$ 中仍是单连通的;例 1.13 中的圆形区域是单连通区域;例 1.14、例 1.15 中的区域都是单连通区域;例 1.16 中的区域是多连通区域.

定义 1.16 设 $D\subset\mathbf{C}$,$A\subset D$,如果 A 是连通的且最大(即若 $B\subset D$ 是连通集且 $A\subset B$,则 $A=B$),则称 A 为 D 的一个分支.

定理 1.6 设 $D\subset\mathbf{C}$ 是开集,A 是 D 的分支,则:

(1)A 是区域;

(2) D 的两个分支或相等或不相交,从而 D 至多具有可数个分支.

证明 (1)根据区域的定义并注意到 A 是 D 的分支,只需证明 A 是开集即可. 事实上,对任意 $z \in A \subset D$,因为 D 是开集,存在圆邻域 $U_\delta(z) \subset D$. 显然 $U_\delta(z) \bigcup A \subset D$ 是连通的,所以由 A 是 D 的分支可得,$U_\delta(z) \bigcup A = A$,即 $U_\delta(z) \subset A$,这就证明了 A 是开集.

(2) 设 A 和 B 都是 D 的分支,若 $A \bigcap B \neq \varnothing$,则 $A \bigcup B \subset D$ 也是连通集. 注意到 A 和 B 都是 D 的分支,所以
$$A = A \bigcup B = B.$$
至于 D 的所有分支至多具有可数个,我们只要注意到有理点的稠密性和可数性即可以得到.

定义 1.17 设 $D \subset \mathbf{C}$ 是区域,如果 $\mathbf{C}_\infty \backslash D$ 有 n 个分支,则称 D 为 n 连通区域;如果 $\mathbf{C}_\infty \backslash D$ 有无穷多个分支,则称 D 为无穷连通区域.

例 1.19 如图 1.21 所示,例 1.16 中的区域是 $\mathbf{C}$ 中的二连通区域(因为 $\mathbf{C}_\infty \backslash D = \{z \mid |z| \leqslant r\} \bigcup \{z \mid |z| \geqslant R\}$ 有两个分支 $\{z \mid |z| \leqslant r\}$ 和 $\{z \mid |z| \geqslant R\}$);特别地,当 $r = 0, R = +\infty$ 时,$D = \{z \mid |z| > r\}$ 仍是 $\mathbf{C}$ 中的二连通区域(因为 $\mathbf{C}_\infty \backslash D = \{0\} \bigcup \{\infty\}$ 有两个分支 $\{0\}$ 和 $\{\infty\}$).

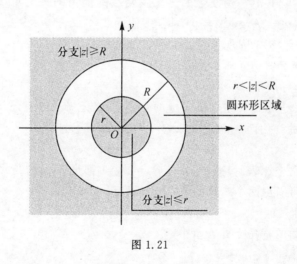

图 1.21

§1.3 复变函数

1.3.1 复变函数的基本概念

1. 复变函数

复变函数论中涉及的函数主要是自变量与函数值(因变量)都在复数范围内

取值的函数,其定义的形式与数学分析中的函数的定义类似.

定义 1.18 设 E 为复平面 $\mathbf{C}$ 上的一个非空点集,如果有一个对应法则 f,使得对任意 $z \in E$,总存在一个复数 w 和 z 对应,则称 f 在 E 上确定了一个复变函数,记为

$$f: E \to \mathbf{C}$$
$$z \in E \mapsto w = f(z) \in \mathbf{C}$$

或

$$w = f(z), z \in E.$$

在上述定义中,若对每一个 $z \in E$,只有唯一的复数 w 与之对应,则称 $w = f(z)$ 为单值复变函数;若对每一个 $z \in E$,有两个或两个以上的复数 ω 与之对应,则称 $w = f(z)$ 为多值复变函数.

在定义 1.18 中,E 称为 $w = f(z)$ 的定义域,记为 $D(f)$. 对每一个 $z \in E = D(f)$,与之对应的 $w = f(z)$ 称为函数 f 在点 z 的函数值,函数值全体所成的集称为函数 f 的值域,记为 $f(E)$ 或 $R(f)$.

例 1.20 易见,函数 $w = |z|, w = \bar{z}, w = z^2, w = z^n (n \in \mathbf{Z}), w = \dfrac{z-1}{z+1}$ ($z \neq -1$) 都是单值函数;由复数的方根及复数的辐角的意义知,$w = \sqrt[n]{z}$ ($z \neq 0$, $n \geqslant 2$ 为整数),$w = \mathrm{Arg} z$ ($z \neq 0$) 都是多值函数.

注:今后若无特别声明,所涉及的函数都是指的单值函数.

2. 复变函数的三种表示

(1) 直角坐标表示

设 $w = f(z)$ 是定义在点集 E 上的一个函数,记 $z = x + \mathrm{i}y, w = u + \mathrm{i}v$,则 u 和 v 都随 x, y 的变化而变化,因此 $w = f(z)$ 可以记为

$$w = u(x,y) + \mathrm{i}v(x,y)$$

称为函数的直角坐标表示,其中 $u(x,y), v(x,y)$ 都是 x,y 的二元实函数. 显然任何复变函数都可以由两个二元实函数唯一确定.

(2) 极坐标表示

在上述函数的直角坐标表示中,令 $x = r\cos\theta, y = r\sin\theta$ 或 $z = r\mathrm{e}^{\mathrm{i}\theta}$,则 $w = f(z)$ 还可以表示成

$$w = f(z) = P(r,\theta) + \mathrm{i}Q(r,\theta)$$

称为函数的极坐标表示,其中

$$P(r,\theta) = u(r\cos\theta, r\sin\theta)$$
$$Q(r,\theta) = v(r\cos\theta, r\sin\theta).$$

例 1.21 写出函数 $w = z^2 + 2$ 的直角坐标表示和极坐标表示.

解 令 $z = x + \mathrm{i}y$,则

$$w = z^2 + 2 = x^2 - y^2 + 2 + 2xy\mathrm{i}$$

再令
$$x = r\cos\theta, y = r\sin\theta$$
则
$$w = z^2 + 2 = x^2 - y^2 + 2 + 2xy\mathrm{i} = r^2\cos 2\theta + 2 + \mathrm{i}r^2\sin 2\theta.$$

(3) 映射表示

复变函数 $w = f(z)$ 给出了两个复数 z 和 w 之间的一种对应关系,因此我们也常把 $w = f(z)$ 称为复平面 $\mathbf{C}$ 上两个点集之间的映射(或变换,或对应).

设 $w = f(z)$ 是点集 $E \subset \mathbf{C}$ 到点集 $F \subset \mathbf{C}$ 之间的一个映射,则与点 $z \in E$ 对应的点 $w = f(z)$ 称为点 z 的像(点),而点 z 称为像点 $w = f(z)$ 的原像(点).

定义 1.19 设 $w = f(z)$ 是点集 E 到点集 F 之间的一个映射,

如果 $f(E) \subseteq F$,则称 $w = f(z)$ 为 E 到 F 的入变换;

如果 $f(E) = F$,则称 $w = f(z)$ 为 E 到 F 的满变换;

如果 $f(z_1) = f(z_2)$ 等价于 $z_1 = z_2$,则称 $w = f(z)$ 是单叶的或一一的;

如果 $w = f(z)$ 既是单叶的又是满变换,则称 $w = f(z)$ 为 E 到 F 的一一对应或一一变换或双方单值变换.

定义 1.20 若 $w = f(z)$ 为 E 到 F 的满变换,显然对 F 中的每一点 w,在 E 中至少有一点 z,使得 $w = f(z)$,则在 F 上也定义了一个复变函数,称该函数为函数 $w = f(z)$ 的反函数或变换 $w = f(z)$ 的逆变换,记为 $z = f^{-1}(w)$ 或 f^{-1}.

注意:函数 $w = f(z)$ 的反函数可能是多值函数,且 $w = f[f^{-1}(w)]$,但 $z = f^{-1}[f(z)]$ 一般不再成立,只有当 $w = f(z)$ 还是单叶时,$z = f^{-1}[f(z)]$ 才成立.

例 1.22 设 $w = z^2$,试问该函数把 z 平面上的下列曲线变成 w 平面上的什么曲线(像曲线)?

(1) 以原点为圆心,以 2 为半径,在第一象限的四分之一圆弧;

(2) 倾角为 $\theta = \dfrac{\pi}{3}$ 的直线;

(3) 双曲线 $x^2 - y^2 = 4$.

解 如图 1.22 所示,设 $z = x + \mathrm{i}y = r\mathrm{e}^{\mathrm{i}\theta}, w = u + \mathrm{i}v = R\mathrm{e}^{\mathrm{i}\varphi}$,则 $R = r^2, \varphi = 2\theta$. 由此可得:

(1) 在 w 平面上对应的曲线为以原点为圆心,以 4 为半径的上半圆弧.

(2) 在 w 平面上对应的曲线为倾角为 $\varphi = \dfrac{2\pi}{3}$ 的射线.

(3) 因 $w = z^2 = x^2 - y^2 + 2xy\mathrm{i}$,则 $u = x^2 - y^2, v = 2xy$,从而在 w 平面上对应的曲线为直线 $u = 4$.

例 1.23 我们称函数 $w = \dfrac{1}{z}$ 为反演变换,由于 z 平面上的圆周或直线的方程可以统一表示成
$$Az\bar{z} + \bar{B}z + B\bar{z} + C = 0$$

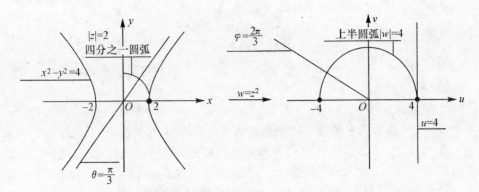

图 1.22

其中 $A,C \in \mathbf{R}, B \in \mathbf{C}, |B|^2 > AC$. 于是,它们在反演变换下的像曲线的方程为

$$A\frac{1}{w\overline{w}} + \overline{B}\frac{1}{w} + B\frac{1}{\overline{w}} + C = 0$$

即

$$Cw \cdot \overline{w} + Bw + \overline{B} \cdot \overline{w} + A = 0, A + \overline{B}w + B\overline{w} + Cw\overline{w} = 0$$

其中 $A,C \in \mathbf{R}, \overline{B} \in \mathbf{C}, |\overline{B}|^2 = |B|^2 > AC$,即像曲线必为 w 平面上的圆周或直线. 可见,在反演变换下,平面上的圆周或直线变成圆周或直线.

例 1.24 我们称函数 $w = \dfrac{az+b}{cz+d}\left(\text{其中} \begin{vmatrix} a & b \\ c & d \end{vmatrix} = ad - bc \neq 0\right)$ 为分式线性变换,习惯上记为 $L(z)$. 试讨论平面上的圆周或直线在该变换下的像曲线的特点.

由于当 $c \neq 0$ 时,$w = L(z) = \dfrac{az+b}{cz+d} = \dfrac{bc-ad}{c^2(cz+d)} + \dfrac{a}{c}$;当 $c = 0$ 时,由条件必有 $d \neq 0, a \neq 0$(因为 $ad - bc \neq 0$),$w = L(z) = \dfrac{a}{d}z + \dfrac{b}{d}$. 因此,任一分式线性变换一定是由下面四种变换的几种变换复合而成:

(1) $w = z + A(A \in \mathbf{C})$ 称为平移变换;
(2) $w = e^{i\theta}z(\theta \in \mathbf{R})$ 称为旋转变换;
(3) $w = rz(r > 0)$ 称为伸缩变换;
(4) $w = \dfrac{1}{z}$(反演变换).

显然,前三个变换是相似变换,它们一定将平面上的圆周或直线变成圆周或直线. 由例 1.23,反演变换也将平面上的圆周或直线变成圆周或直线,所以任一分式线性变换具有下面的特点:

在分式线性变换下,平面上的圆周或直线一定变成圆周或直线(该性质称为分式线性变换的保圆周性).

1.3.2 复变函数的极限与连续

本小节,我们先简要介绍一下复平面 $\mathbf{C}$ 上的完备性和紧性(这是复变函数极限和连续理论的基础),然后再介绍复变函数的极限和连续.

1. 复平面上的完备性和紧性

(1) 完备性

在 §1.2 中,我们引进了复平面上点列收敛的概念,即 $\{z_n\} \subset \mathbf{C}$ 收敛于 $z_0 \in \mathbf{C}$(记为 $\lim\limits_{n\to\infty} z_n = z_0$) $\Leftrightarrow$ 对任意 $\varepsilon > 0$,存在正整数 N,使得当 $n > N$ 时,有

$$|z_n - z_0| < \varepsilon.$$

定义 1.21 如果点列 $\{z_n\} \subset \mathbf{C}$ 满足:对任意 $\varepsilon > 0$,存在正整数 N,当 $n, m > N$ 时,有 $|z_n - z_m| < \varepsilon$,则称点列 $\{z_n\}$ 为柯西(Cauchy)列.

显然,$\{z_n\} \subset \mathbf{C}$ 收敛 $\Rightarrow \{z_n\}$ 为柯西列. 下面的定理说明反过来的情形.

定理 1.7 ($\mathbf{C}$ 的完备性定理)复平面 $\mathbf{C}$ 是完备的,即对复平面 $\mathbf{C}$ 中的任一柯西列 $\{z_n\}$,总有

$$\lim_{n\to\infty} z_n = z_0 \in \mathbf{C}.$$

证明 记 $z_n = x_n + \mathrm{i} y_n$,由于对任意 $n, m \in \mathbf{N}$,有 $\left| \begin{matrix} x_n - x_m \\ y_n - y_m \end{matrix} \right| \leqslant |z_n - z_m|$,所以 $\{x_n\}$ 和 $\{y_n\}$ 都是 $\mathbf{R}$ 中的实柯西列. 在数学分析中已证明了实柯西列必收敛,记

$$\lim_{n\to\infty} x_n = x_0, \quad \lim_{n\to\infty} y_n = y_0, \quad z_0 = x_0 + y_0 \in \mathbf{C}.$$

所以 $\lim\limits_{n\to\infty} z_n = z_0 \in \mathbf{C}$.

下面的递降闭集列性质也反映了复平面完备性的特点. 设 $E \subset \mathbf{C}$,记 $\mathrm{diam} E = \sup\limits_{z_1, z_2 \in E} |z_1 - z_2|$,称为 E 的直径.

定理 1.8 (Cantor 闭集套定理)若 $F_n \subset \mathbf{C}(n = 1, 2, \cdots)$ 为非空闭集,且 $F_1 \supset F_2 \supset \cdots \supset F_n \supset \cdots$,$\mathrm{diam} F_n \to 0 (n \to \infty)$,则 $\{F_n\}$ 有唯一的公共点 z_0,即

$$\bigcap_{n=1}^{\infty} F_n = \{z_0\}.$$

证明 对每个 n,取 $z_n \in F_n$. 由条件易见,当 $m \geqslant n$ 时,$z_n, z_m \in F_n$,从而

$$|z_n - z_m| \leqslant \mathrm{diam} F_n \to 0 \quad (n \to \infty)$$

所以 $\{z_n\}$ 为柯西列. 由定理 1.7,存在 $z_0 \in \mathbf{C}$,使得 $\lim\limits_{n\to\infty} z_n = z_0$. 再由 F_n 为闭集得

$$z_0 \in F_n \quad (n = 1, 2, \cdots).$$

假设 $z_0' \in F_n (n = 1, 2, \cdots)$,由 $|z_0 - z_0'| \leqslant \mathrm{diam} F_n \to 0 (n \to \infty)$ 得,$z_0 = z_0'$. 故 $\{F_n\}$ 有唯一的公共点 z_0.

(2) 紧性

定义 1.22 设 $E \subset \mathbf{C}$,如果对 E 的任意开集覆盖 $\Im$(即 $E \subset \bigcup\limits_{G \in \Im} G$),必能从中有限个开集 $G_1, G_2, \cdots, G_n \in \Im$,它们仍覆盖 E(即 $E \subset \bigcup\limits_{k=1}^{n} G_k$),则称 E 为紧集(或紧致集).

关于复平面上的紧集和有界闭集之间有下面的等价关系：

定理 1.9 （Heine-Borel 定理）$E \subset \mathbf{C}$ 是紧集 $\Leftrightarrow E$ 是 $\mathbf{C}$ 中的有界闭集.

证明 "$\Leftarrow$"类似于数学分析的方法，用反证法再结合定理 1.8 不难证明. 下证"$\Rightarrow$". 分两步证明：

第一步，证明 $E \subset \mathbf{C}$ 有界. 事实上，取 $\mathfrak{J} = \{U_n(0) | n \geqslant 1\}$. 显然，$E \subset \mathbf{C} = \bigcup_{n=1}^{\infty} U_n(0)$. 因为 E 是紧集，注意到 $U_n(0)$ 是递增圆邻域列，存在圆邻域 $U_N(0)$ 覆盖 E，即对任意 $z \in E$，有 $|z| \leqslant N$. 所以 E 有界.

第二步，证明 E 是闭集. 根据开集和闭集的关系，我们只需证明 $\mathbf{C}\backslash E$ 是开集即可. 事实上：

当 $\mathbf{C}\backslash E = \varnothing$ 时，结论显然成立.

当 $\mathbf{C}\backslash E \neq \varnothing$ 时，任取定 $z \in \mathbf{C}\backslash E$，对任意 $z' \in E$，取 $\delta_{z'} = \frac{1}{2}|z'-z|$，显然

$$U_{\delta_{z'}}(z) \bigcap U_{\delta_{z'}}(z') = \varnothing.$$

取 $\mathfrak{J} = \{U_{\delta_{z'}}(z') | z' \in E\}$，易见 $\mathfrak{J}$ 为 E 的开覆盖，从而 $\mathfrak{J}$ 中存在有限个邻域，记为

$$U_{\delta_i}(z_i) \quad (i = 1, 2, \cdots, k)$$

满足 $E \subset \bigcup_{i=1}^{k} U_{\delta_i}(z_i)$. 取 $\delta = \min\{\delta_1, \delta_2, \cdots, \delta_k\}$，由于 $U_\delta(z) \subset U_{\delta_i}(z), U_{\delta_i}(z) \bigcap U_{\delta_i}(z_i) = \varnothing (i = 1, 2, \cdots, k)$，所以

$$U_\delta(z) \bigcap \bigcup_{i=1}^{k} U_{\delta_i}(z_i) = \varnothing$$

从而 $U_\delta(z) \bigcap E = \varnothing$，即 $U_\delta(z) \subset \mathbf{C}\backslash E$. 这就证明了 $\mathbf{C}\backslash E$ 是开集，所以 E 是闭集.

关于复平面上的紧集，我们还可以用列紧或序列紧来刻画.

定义 1.23

(1) 设 $E \subset \mathbf{C}$，如果 E 的任意无限子集都有属于 E 的聚点，则称 E 是列紧的；

(2) 设 $E \subset \mathbf{C}$，如果 E 中的任意无限点列都有收敛于 E 中的点的子列，则称 E 是序列紧的.

定理 1.10

(1)(Bolzano—Weierstrass 定理或聚点原理) 设 $E \subset \mathbf{C}$ 为有界无限点集，则 E 在 $\mathbf{C}$ 中至少有一个聚点.

(2)(致密性定理) 设 $\{z_n\} \subset \mathbf{C}$ 为有界无限点列，则 $\{z_n\}$ 至少有一个收敛于 $\mathbf{C}$ 中的点的子列.

证明 (1) 类似于数学分析的方法，用反证法再结合定理 1.9 不难证明.

(2) 利用(1)不难证明.

根据定理 1.9，定理 1.10 易得下面关系：

$$E \subset \mathbf{C} \text{ 是列紧集} \Leftrightarrow E \subset \mathbf{C} \text{ 是有界闭集} \Leftrightarrow E \subset \mathbf{C} \text{ 是序列紧集}$$

$$\Updownarrow$$

$$E \subset \mathbf{C} \text{ 是紧集}$$

◎ **思考题**：在扩充复平面 $\mathbf{C}_\infty$ 上，我们利用球面距离定义了 $\mathbf{C}_\infty$ 上的距离，试在 $\mathbf{C}_\infty$ 上用类似的方法考虑 $\mathbf{C}_\infty$ 上的完备性和紧性.

2. 极限与连续的定义

复变函数的极限和连续的定义形式同数学分析中一元函数的极限和连续类似，其定义如下：

定义 1.24 设 $w = f(z)$ 定义在点集 E 上，z_0 为点集 E 的聚点，w_0 为一确定的复数，如果对任意 $\varepsilon > 0$，总存在 $\delta > 0$，使得当 $0 < |z - z_0| < \delta$ 且 $z \in E$（即 $z \in U_\delta^\circ(z_0) \cap E$）时，总有

$$|f(z) - w_0| < \varepsilon \quad (\text{即 } f(z) \in U_\varepsilon(w_0))$$

则称 w_0 为当 $z \in E$ 趋近于 z_0 时 $f(z)$ 的极限，记为 $\lim\limits_{\substack{z \to z_0 \\ z \in E}} f(z) = w_0$.

注意：(1) $\lim\limits_{\substack{z \to z_0 \\ z \in E}} f(z) = w_0$ 是指当 z 在点集 E 上沿任何方式趋近于 z_0 时，$f(z)$ 都以 w_0 为极限，因此 z 在点集 E 上沿某一方式趋近于 z_0 时，$f(z)$ 的极限不存在；或 z 在点集 E 上沿某两种方式趋近于 z_0 时，$f(z)$ 的极限都存在，但极限值不相等，则 $\lim\limits_{\substack{z \to z_0 \\ z \in E}} f(z)$ 不存在.

(2) 记 $w_0 = a + ib, z_0 = x_0 + iy_0, z = x + iy, f(z) = u(x,y) + iv(x,y)$，关于复变函数的极限，我们容易得到如下定理：

定理 1.11 设 $f(z) = u(x,y) + iv(x,y)$，$z_0 = x_0 + iy_0$ 为点集 E 的聚点，$w_0 = a + ib$，则

$$\lim_{\substack{z \to z_0 \\ z \in E}} f(z) = w_0 = a + ib \Longleftrightarrow \lim_{\substack{(x,y) \to (x_0,y_0) \\ (x,y) \in E}} u(x,y) = a, \quad \lim_{\substack{(x,y) \to (x_0,y_0) \\ (x,y) \in E}} v(x,y) = b.$$

证明 注意到下面的不等式以及极限的定义立即可得

$$\begin{vmatrix} |u(x,y) - a| \\ |v(x,y) - b| \end{vmatrix} \leqslant |f(z) - w_0| \leqslant |u(x,y) - a| + |v(x,y) - b|.$$

类似于数学分析中函数极限的性质，关于复变函数，我们也有极限的唯一性，局部有界性，局部不等性，极限的四则运算性等性质. 但必须指出复变函数的极限没有不等式性质（为什么？）.

◎ **思考题**：试写出复变函数极限的唯一性，局部有界性，局部不等性，极限的四则运算性.

定义 1.25 设 $w = f(z)$ 定义在点集 $E \subset \mathbf{C}$ 上，$z_0 \in E$，如果对任意的 $\varepsilon > 0$，总存在 $\delta > 0$，使得当 $|z - z_0| < \delta$ 且 $z \in E$（即 $z \in U_\delta(z_0) \cap E$）时，总有

$$|f(z) - f(z_0)| < \varepsilon \quad (\text{即 } f(z) \in U_\varepsilon(f(z_0)))$$

则称 $f(z)$ 在点 z_0（相对于点集 E）连续.

如果 $f(z)$ 在点集 $E \subset \mathbf{C}$ 上的每一点（相对于点集 E）连续，则称 $f(z)$ 在点集 E 上连续.

结合定义 1.21,如果 z_0 还是点集 E 的聚点,则 $f(z)$ 在点 z_0 连续,也就是
$$\lim_{\substack{z \to z_0 \\ z \in E}} f(z) = f(z_0).$$

关于复变函数连续,我们也有与数学分析中连续函数的性质相类似的性质(例如,连续的局部有界性,局部不等性,连续的四则运算性以及复合函数的连续性等).

定理 1.12 设 $w = f(z)$ 定义在点集 E 上,$z_0 \in E$,记
$$f(z) = u(x,y) + iv(x,y), \quad z_0 = x_0 + iy_0$$
则 $f(z)$ 在点 z_0 连续 $\Leftrightarrow$ 两个二元实函数 $u(x,y), v(x,y)$ 都在点 (x_0, y_0) 连续.

◎ **思考题**:试利用定理 1.8 说明函数 $f(z) = z^2, f(z) = \bar{z}, f(z) = \mathrm{Re} z$ 的连续性.

例 1.25 讨论函数 $f(z) = \dfrac{1}{2i}\left(\dfrac{z}{\bar{z}} - \dfrac{\bar{z}}{z}\right)(z \neq 0)$ 在原点 $z = 0$ 处的极限.

解 任取从原点出发的一条射线 $z = re^{i\theta} = r(\cos\theta + i\sin\theta)$,由于
$$f(z) = \frac{1}{2i}\left(\frac{z}{\bar{z}} - \frac{\bar{z}}{z}\right) = \frac{1}{2i} \cdot \frac{(z+\bar{z})(z-\bar{z})}{|z|^2} = 2\sin\theta\cos\theta = \sin 2\theta$$

故 $f(z)$ 当 z 沿该射线趋于零时,$\lim\limits_{z \to 0} f(z) = \sin 2\theta$. 显然极限与射线的方向有关.所以 $\lim\limits_{z \to 0} f(z)$ 不存在,如图 1.23 所示.

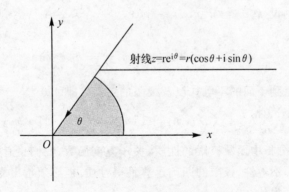

图 1.23 动点变化方式示意图

例 1.26 若 $\lim\limits_{z \to z_0} f(z) = A$,则函数 $f(z)$ 必在点 z_0 的某一去心邻域内有界(极限的局部有界性).

证明 由极限的定义,取 $\varepsilon = 1$,存在 $\delta > 0$,当 $z \in N_\delta^0(z_0)$ 时,总有
$$|f(z) - A| < 1.$$
从而
$$|f(z)| - |A| \leqslant |f(z) - A| < 1, \text{即} |f(z)| < 1 + |A|, z \in N_\delta^0(z_0).$$

例 1.27 设函数 $f(z)$ 在点 z_0 连续,且 $f(z_0) \neq 0$,则 $f(z)$ 必在 z_0 的某邻域内恒不为零(连续的局部不等性).

证法 1 由连续的定义,取 $\varepsilon = \dfrac{|f(z_0)|}{2}$,存在 $\delta > 0$,当 $z \in N_\delta(z_0)$ 时,总有

$$|f(z) - f(z_0)| < \frac{|f(z_0)|}{2}$$

从而

$$||f(z)| - |f(z_0)|| \leqslant |f(z) - f(z_0)| < \frac{|f(z_0)|}{2}$$

$$|f(z)| > |f(z_0)| - \frac{|f(z_0)|}{2} = \frac{|f(z_0)|}{2} > 0, z \in N_\delta(z_0).$$

证法 2 记

$$f(z) = u(x,y) + iv(x,y), z_0 = x_0 + iy_0$$

因为 $f(z)$ 在点 z_0 连续,由定理 1.12,$u(x,y),v(x,y)$ 都在点 (x_0,y_0) 连续,故

$$|f(z)| = \sqrt{u^2(x,y) + v^2(x,y)}$$

也在点 (x_0,y_0) 连续,再由二元实函数连续的局部保号性知结论成立.

3. 有界闭集(紧集)上连续函数的性质

类似于数学分析中闭区间上一元连续函数的性质,关于复变函数我们有如下定理:

定理 1.13 若函数 $f(z)$ 在有界闭集(紧集)$E \subset \mathbf{C}$ 上连续,则:

(1) $f(z)$ 在 E 上有界(即存在正数 M,使得对任意 $z \in E$,有 $|f(z)| \leqslant M$);

(2) $|f(z)|$ 在 E 上有最大值和最小值;

(3) $f(z)$ 在 E 上一致连续.

证明 记 $f(z) = u(x,y) + iv(x,y)$,由于 $f(z)$ 在有界闭集 E 上连续,由定理 1.8,$u(x,y),v(x,y)$ 都在有界闭集 E 上连续,故

$$|f(z)| = \sqrt{u^2(x,y) + v^2(x,y)}$$

也在有界闭集 E 上连续,由数学分析中有界闭集 E 上二元连续函数的有界性,最值性可得 (1)、(2) 成立.

又由于对任意 $z_1 = x_1 + iy_1, z_2 = x_2 + iy_2 \in E$,有

$$|f(z_1) - f(z_2)| \leqslant |u(x_1,y_1) - u(x_2,y_2)| + |v(x_1,y_1) - v(x_2,y_2)|$$

由数学分析中有界闭集上二元连续函数的一致连续性可得 (3) 成立.

注:(1) 函数 $f(z)$ 在 E 上一致连续是指:对任意的 $\varepsilon > 0$,总存在 $\delta > 0$,使得对任意 $z_1, z_2 \in E$,只要 $|z_1 - z_2| < \delta$,总有

$$|f(z_1) - f(z_2)| < \varepsilon.$$

设 $f(z) = u(x,y) + iv(x,y), z = x + iy \in E$,则 $f(z)$ 在 E 上一致连续 $\Leftrightarrow$ $u(x,y)$ 和 $v(x,y)$ 都在 E 上一致连续.

(2) 函数 $f(z)$ 在 E 上不一致连续是指：存在 $\varepsilon_0 > 0$，使得对任意 $\delta > 0$，总存在 $z_1, z_2 \in E$，虽然 $|z_1 - z_2| < \delta$，但
$$|f(z_1) - f(z_2)| \geqslant \varepsilon_0.$$

由(2)可得，$f(z)$ 在 E 上不一致连续 $\Leftrightarrow$ 存在 E 中两个点列 $\{z_n'\}, \{z_n''\}$，使得 $z_n' - z_n'' \to 0 (n \to \infty)$，但
$$\lim_{n \to \infty}[f(z_n') - f(z_n'')] \neq 0.$$

例 1.28 证明：$f(z) = \dfrac{1}{1-z}$ 在单位圆 $|z| < 1$ 内不一致连续.

证明 取 $z_n' = 1 - \dfrac{1}{n}, z_n'' = 1 - \dfrac{1}{n+1}$（$n$ 为正整数），显然它们都属于单位圆 $|z| < 1$，且
$$z_n' - z_n'' = -\frac{1}{n(n+1)} \to 0 \quad (n \to \infty).$$

但 $\lim\limits_{n \to \infty}[f(z_n') - f(z_n'')] = -1 \neq 0$，所以，$f(z)$ 在 E 上不一致连续.

习 题 1

1. 求下列复数的模和辐角，并将其表示成指数形式：

(1) $1+i$；　　(2) $1+\sqrt{3}i$；　　(3) $1 \pm \cos\theta + i\sin\theta (0 < \theta < \pi)$；

(4) $(1+i)(1+\sqrt{3}i)(1+\cos\theta+i\sin\theta)(0 < \theta < \pi)$.

2. 将下列复数表示成 $x+yi$ 的形式（其中 x, y 均为实数）：

(1) i^n（n 为正整数）；　　(2) $\dfrac{1-i}{1+i}$；

(3) $(1+\sqrt{3}i)^4$；　　(4) $(1+i)^n \pm (1-i)^n$（n 为正整数）.

3. 分别求下列各式中的实数 x 和 y：

(1) $(1+2i)x + (3-5i)y = 1 - 3i$；

(2) $(x+y)^2 i - \dfrac{6}{i} - x = 5(x+y)i - y - 1$.

4. 证明：(1) 复数 z 为纯虚数或 $0 \Leftrightarrow z + \bar{z} = 0$；(2) 复数 z 为实数 $\Leftrightarrow z - \bar{z} = 0$.

5. 证明：

(1) $(1+\cos\theta+i\sin\theta)^n = 2^n \cos^n \dfrac{\theta}{2}\left(\cos\dfrac{n\theta}{2} + i\cdot\sin\dfrac{n\theta}{2}\right)$；

(2) $\cos 3\theta = 4\cos^3\theta - 3\cos\theta, \sin 3\theta = 3\sin\theta - 4\sin^3\theta$；

(3) 当 $\theta \neq 2k\pi\ (k \in \mathbf{Z})$ 时，有
$$1 + \cos\theta + \cos 2\theta + \cdots + \cos n\theta = \frac{1}{\sin\dfrac{\theta}{2}}\sin\dfrac{(n+1)\theta}{2}\cos\dfrac{n\theta}{2},$$

$$\sin\theta + \sin 2\theta + \cdots + \sin n\theta = \frac{1}{\sin\frac{\theta}{2}}\sin\frac{(n+1)\theta}{2}\sin\frac{n\theta}{2}.$$

6. 设 z_1, z_2 是两个复数,证明:

(1) $|z_1 \pm z_2|^2 = |z_1|^2 + |z_2|^2 \pm 2\mathrm{Re}(z_1 \cdot \overline{z_2})$;

(2) $|z_1 + z_2|^2 + |z_1 - z_2| = 2(|z_1|^2 + |z_2|^2)$,并说明其几何意义.

7. 设 $|z| < 1, a$ 为复数,证明:

(1) $1 - \left|\dfrac{z-a}{1-\bar{a}\cdot z}\right| = \dfrac{(1-|a|^2)(1-|z|^2)}{|1-\bar{a}\cdot z|^2}$;

(2) $\left|\dfrac{z-a}{1-\bar{a}\cdot z}\right| \begin{cases} <1, |a|<1 \\ =1, |a|=1; \\ >1, |a|>1 \end{cases}$

(3) 当 $|a| < 1$ 时,$\left|\dfrac{|z|-|a|}{1-|a||z|}\right| \leqslant \left|\dfrac{z \pm a}{1 \pm \bar{a}\cdot z}\right| \leqslant \dfrac{|z|+|a|}{1+|a||z|}$.

8. (1) 证明:三个互不相同的点 z_1, z_2 和 z_3 共线 $\Leftrightarrow \mathrm{Im}\dfrac{z_1-z_3}{z_2-z_3} = 0$.

(2) 证明:四个互不相同的点 z_1, z_2, z_3 和 z_4 共圆或共线 $\Leftrightarrow \mathrm{Im}\left(\dfrac{z_1-z_3}{z_2-z_3}\bigg/\dfrac{z_1-z_4}{z_2-z_4}\right) = 0$.

9. 设 $z_1 \neq z_2, \lambda > 0$ 且 $\lambda \neq 1$,证明: $\left|\dfrac{z-z_1}{z-z_2}\right| = \lambda$ 表示圆周,并求出该圆周的圆心和半径. 特别地,设 $|a| < 1$ 且 $a \neq 0$,试说明当实数 λ 为何值时 $\left|\dfrac{z-a}{1-\bar{a}\cdot z}\right| = \lambda$ 表示圆周,并写出该圆周的圆心和半径.

10. 证明:两个向量 z_1 和 z_2 垂直 $\Leftrightarrow \mathrm{Re}(z_1 \cdot \overline{z_2}) = 0$.

11. 设 $z = x + y\mathrm{i} \in \mathbf{C}, N = (0,0,1)$ 是复球面 $S: x^2 + y^2 + u^2 = 1$ 上的北极点,$Z = (x', y', u')$ 是 z 在复球面 S 上的球极投影,则

$$|\overrightarrow{zN}| \cdot |\overrightarrow{ZN}| = 2$$

其中 $|\overrightarrow{zN}|$ 表示 z 与 N 之间的距离,$|\overrightarrow{ZN}|$ 表示 Z 与 N 之间的距离.

12. 设 $S: x^2 + y^2 + u^2 = 1, P = (0,0,-1) \in S, z = x + y\mathrm{i} \in \mathbf{C}, Z = (x', y', u') \neq P$ 是 P 与 z 的连线与 S 的交点,则

(1) $z = \dfrac{x' - \mathrm{i}y'}{1+u'}$; (2) $|z|^2 = \dfrac{1-u'}{1+u'}$;

(3) $x' = \dfrac{z+\bar{z}}{1+|z|^2}, y' = \dfrac{\bar{z}-z}{\mathrm{i}(1+|z|^2)}, u' = \dfrac{1-|z|^2}{1+|z|^2}$.

13. 若 $c_i (i = 1, 2, \cdots, n)$ 为正数,且 $\sum_{i=1}^{n} c_i = 1, z_0$ 为多项式 $z^n + a_1 z^{n-1} + \cdots + a_n$ 的根,证明

$$|z_0| \leqslant \max\left\{\frac{|a_1|}{c_1}, \sqrt{\frac{|a_2|}{c_2}}, \cdots, \sqrt[n]{\frac{|a_n|}{c_n}}\right\}.$$

14. 已知正方形的一对相对顶点为 $z_1=-\mathrm{i}, z_3=-2+3\mathrm{i}$，试求该正方形的另一对相对顶点 z_2 和 z_4.

15. 满足下列条件的点组成的点集是什么(画出草图)?是否紧集?是否开集?是否区域?若是区域,是单连通区域还是多连通区域?

(1) $\left|\dfrac{z-1}{z+1}\right| < a \ (a>0)$ (分 $a>1, a=1$ 和 $a<1$ 三种情况考虑);

(2) $\operatorname{Im}\dfrac{z-1}{z+1}=0$;　　(3) $\operatorname{Im}\dfrac{z-1}{z+1}>0$;　　(4) $\operatorname{Im}\dfrac{z-1}{z+1}<0$;

(5) $\operatorname{Re}\dfrac{z-1}{z+1}=0$;　　(6) $\operatorname{Re}\dfrac{z-1}{z+1}>0$;　　(7) $\operatorname{Re}\dfrac{z-1}{z+1}<0$;

(8) $\operatorname{Im}z=2$;　　(9) $\operatorname{Re}z>2$;　　(10) $|z-2|+|z+2|=8$;

(11) $\arg(z-1)=\dfrac{\pi}{4}$;　　(12) $|z|<1$ 且 $\operatorname{Re}z\geqslant \dfrac{1}{2}$;

(13) $0<\arg(z-1)<\dfrac{\pi}{4}$ 且 $2<\operatorname{Im}z<3$;

(14) $0<\arg(z-1)<\dfrac{\pi}{4}$ 且 $|z-1|<1$;

(15) $|z|>2$ 且 $|z-3|>1$;　　(16) $0<\arg\dfrac{z-\mathrm{i}}{z-\mathrm{i}}<\dfrac{\pi}{4}$;

(17) $|z-2|<2$ 且 $|z-1|>1$;　　(18) $|z-(1+\mathrm{i})|<\sqrt{2}$ 且 $|z|>2$.

16. 设 $a=x+\mathrm{i}y\in\mathbf{C}, a_n=x_n+\mathrm{i}y_n\in\mathbf{C}\ (n\in\mathbf{N})$，证明：
$$\lim_{n\to\infty}a_n=a \Leftrightarrow \lim_{n\to\infty}x_n=x \text{ 且 } \lim_{n\to\infty}y_n=y.$$

17. 设有复数列 $a_n=x_n+\mathrm{i}y_n\in\mathbf{C}\ (n\in\mathbf{N})$，若 $\lim\limits_{n\to\infty}a_n=a$，则：

(1) 当 $a\neq\infty$ 时，$\lim\limits_{n\to\infty}\dfrac{a_1+a_2+\cdots+a_n}{n}=a$;

(2) 当 $a=\infty$ 时，$\lim\limits_{n\to\infty}\dfrac{a_1+a_2+\cdots+a_n}{n}=\infty$ 不一定成立.

18. 证明：

(1) $f(z)=\bar{z}$ 在复平面 $\mathbf{C}$ 上连续;

(2) 多项式函数 $P(z)=a_0z^n+a_1z^{n-1}+\cdots+a_n\ (a_0\neq 0)$ 在复平面 $\mathbf{C}$ 上连续;

(3) 有理函数 $R(z)=\dfrac{a_0z^n+a_1z^{n-1}+\cdots+a_n}{b_0z^m+b_1z^{m-1}+\cdots+b_m}\ (a_0\neq 0, b_0\neq 0)$ 在复平面 $\mathbf{C}$ 上除使分母为零的点外连续.

19. 证明：$f(z)=\arg z\ (-\pi<\arg z\leqslant\pi)$ 在负实轴(含原点)上不连续，在 $\mathbf{C}\setminus(-\infty, 0]$ 内连续.

20. 设
$$f(z) = \begin{cases} \dfrac{(z+\bar{z})(z-\bar{z})}{4|z|^2}, & z \neq 0 \\ 0, & z = 0 \end{cases}$$
讨论 $f(z)$ 在 $x = 0$ 的连续性.

21. 设 $f(z)$ 定义在区域 D 内,$z_0 \in D$,若 $\lim\limits_{z \to z_0} f(z) = A \neq 0$,则存在 z_0 的某去心邻域 $U^0(z_0) \subset D$,使得在 $U^0(z_0)$ 内,$f(z) \neq 0$.

22. 设 $f(z)$ 在有界区域 D 内连续,且对任意 $z_0 \in \partial D$,$\lim\limits_{\substack{z \to z_0 \\ z \in D}} f(z) \stackrel{\triangle}{=} \hat{f}(z_0)$ 存在,记
$$\hat{f}(z) = \begin{cases} f(z), z \in D \\ \hat{f}(z), z \in \partial D \end{cases}$$
证明:$\hat{f}(z)$ 在闭区域 $\overline{D} = D \cup \partial D$ 上连续.

23. (1) 设 $f(z)$ 定义在点集 $E \subset \mathbf{C}$ 上,$z_0 \in E'$,则 $\lim\limits_{\substack{z \to z_0 \\ z \in E}} f(z)$ 存在 $\Leftrightarrow$ 对任意 $\varepsilon > 0$,存在 $U^0(z_0, \delta)$,当 $z_1, z_2 \in U^0(z_0, \delta) \cap E$ 时,总有
$$|f(z_1) - f(z_2)| < \varepsilon;$$

(2) 设 $f(z)$ 在有界区域 D 内连续,则 $f(z)$ 在有界区域 D 内一致连续 $\Leftrightarrow$ 对任意 $z_0 \in \partial D$,总有 $\lim\limits_{\substack{z \to z_0 \\ z \in D}} f(z)$ 存在;

(3) 利用(2)讨论 $f(z) = \dfrac{1}{1+z^2}$ 在 $|z| < 1$ 内的一致连续性.

24. (1) 设 $f(z)$ 定义在区域 D 内,则 $f(z)$ 在区域 D 内一致连续 $\Leftrightarrow$ 对任意两个复数列 $z_n, z_n' \in D(n \in \mathbf{N})$,只要 $\lim\limits_{n \to \infty}(z_n - z_n') = 0$,总有 $\lim\limits_{n \to \infty}(f(z_n) - f(z_n')) = 0$;

(2) 利用(1)讨论 $f(z) = \dfrac{1}{1-z}$ 在 $|z| < 1$ 内的一致连续性.

第 2 章   解析函数的概念与初等解析函数

解析函数是复变函数论研究的中心和主要对象,解析函数是一类具有某种特性的可微(可导)函数,并在理论和实际问题中有着广泛的应用.

本章,我们首先从复变函数的导数概念出发,引入解析函数,导出复变函数可导和解析的主要条件——柯西—黎曼(Cauchy—Riemann)条件,并给出判断函数可导和解析的一类充分必要条件(该条件是用复变函数的实部和虚部两个二元实函数所具有的微分性质来表达的充要条件);其次,介绍几类基本初等解析函数,这些函数实际上是数学分析中大家所熟知的初等函数在复数域上的推广,并研究这些函数的有关性质.

§2.1   解析函数的概念与柯西—黎曼条件

2.1.1   函数解析的基本概念

1. 复变函数的导数

首先,我们类似于一元实函数的导数和微分引进复变函数的导数和微分.

定义 2.1   设 $w = f(z)$ 在区域 D 内有定义,$z_0 \in D$,记
$$\Delta z = z - z_0, \Delta w = f(z) - f(z_0) = f(z_0 + \Delta z) - f(z_0)$$
如果 $\lim\limits_{\Delta z \to 0} \dfrac{\Delta w}{\Delta z} = \lim\limits_{z \to z_0} \dfrac{f(z) - f(z_0)}{z - z_0} = A$ 存在,即对任意 $\varepsilon > 0$,存在正数 δ,使得当 $z \in D$ 且 $0 < |z - z_0| < \delta$ 时,总有
$$\left| \frac{f(z) - f(z_0)}{z - z_0} - A \right| < \varepsilon$$
则称 $f(z)$ 在 z_0 可导,A 称为 $f(z)$ 在 z_0 的导数,记为 $A = f'(z_0)$,即
$$f'(z_0) = \lim_{\Delta z \to 0} \frac{\Delta w}{\Delta z} = \lim_{z \to z_0} \frac{f(z) - f(z_0)}{z - z_0}.$$
如果存在仅与 z_0 有关的常数 $A(z_0)$,使得
$$\Delta w = f(z_0 + \Delta z) - f(z_0) = A(z_0) \Delta z + o(\Delta z) \quad (\Delta z \to 0)$$
其中 $o(\Delta z)$ 满足: $\lim\limits_{\Delta z \to 0} \dfrac{o(\Delta z)}{\Delta z} = 0$ ($o(\Delta z)$ 称为较 Δz 高阶的无穷小量 ($\Delta z \to 0$)),则称 $f(z)$ 在 z_0 可微,线性部分 $A(z_0)\Delta z$ 称为 $f(z)$ 在 z_0 的微分,记为

$$\mathrm{d}f(z_0) = A(z_0)\Delta z.$$

易证，$f(z)$ 在 z_0 可导 $\Leftrightarrow f(z)$ 在 z_0 可微，且 $A(z_0) = f'(z_0)$.

如果 $\lim\limits_{\Delta z \to 0}\dfrac{\Delta w}{\Delta z} = \lim\limits_{z \to z_0}\dfrac{f(z) - f(z_0)}{z - z_0}$ 不存在，则称 $f(z)$ 在 z_0 不可导或不可微.

注：(1) 复变函数导数的定义与一元实函数导数的定义形式一致，因此类似方法可以验证一元实函数求导的基本公式大多可不加更改地移植到复变函数上来.

(2) 由定义 2.1 易得，若函数 $f(z)$ 在 z_0 可导，则 $f(z)$ 在 z_0 连续（即连续是可导或可微的必要条件）.

例 2.1 讨论 $f(z) = \bar{z}$ 在 z 平面上的可导性.

解 在复平面上任取一点 $z \in \mathbf{C}$，记 $\Delta z = \Delta x + \mathrm{i}\Delta y$，如图 2.1 所示，由于当 $\Delta z \to 0$ 且 $\Delta z = \Delta x$ 时

$$\lim_{\substack{\Delta z \to 0 \\ \Delta z = \Delta x}}\frac{f(z+\Delta z) - f(z)}{\Delta z} = \lim_{\substack{\Delta z \to 0 \\ \Delta z = \Delta x}}\frac{\overline{\Delta z}}{\Delta z} = \lim_{\Delta x \to 0}\frac{\Delta x}{\Delta x} = 1$$

而当 $\Delta z \to 0$ 且 $\Delta z = \mathrm{i}\Delta y$ 时

$$\lim_{\substack{\Delta z \to 0 \\ \Delta z = \mathrm{i}\Delta y}}\frac{f(z+\Delta z) - f(z)}{\Delta z} = \lim_{\substack{\Delta z \to 0 \\ \Delta z = \mathrm{i}\Delta y}}\frac{\overline{\Delta z}}{\Delta z} = \lim_{\Delta y \to 0}\frac{-\mathrm{i}\Delta y}{\mathrm{i}\Delta y} = -1 \neq 1$$

所以 $\lim\limits_{\Delta z \to 0}\dfrac{f(z+\Delta z) - f(z)}{\Delta z} = \lim\limits_{\Delta z \to 0}\dfrac{\overline{\Delta z}}{\Delta z}$ 不存在，即 $f(z) = \bar{z}$ 在点 z 不可导. 再由 z 的任意性，$f(z) = \bar{z}$ 在 z 平面上处处不可导.

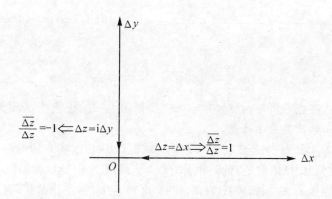

图 2.1　$\lim\limits_{\Delta z \to 0}\dfrac{f(z+\Delta z) - f(z)}{\Delta z} = \lim\limits_{\Delta z \to 0}\dfrac{\overline{\Delta z}}{\Delta z}$ 不存在的示意图

例 2.2 讨论函数 $f(z) = (\mathrm{Re}z)^2$ 在 z 平面上的可导性.

解 任取 $z_0 \in \mathbf{C}$，记 $z = x + \mathrm{i}y, z_0 = x_0 + \mathrm{i}y_0$. 由于

$$\frac{f(z) - f(z_0)}{z - z_0} = \frac{(\mathrm{Re}z)^2 - (\mathrm{Re}z_0)^2}{z - z_0} = \frac{(x+x_0)(x-x_0)}{(x-x_0) + \mathrm{i}(y-y_0)}$$

当 $z_0 = 0$ 时,$\lim\limits_{z \to 0} \dfrac{f(z) - f(0)}{z} = \lim\limits_{\substack{x \to 0 \\ y \to 0}} \dfrac{x}{x + \mathrm{i}y} \cdot x = 0 \left(\text{因为} \left|\dfrac{x}{x + \mathrm{i}y}\right| \leqslant 1\right)$. 所以 $f(z)$ 在 $z_0 = 0$ 可导,且 $f'(0) = 0$.

当 $z_0 \neq 0$ 且 $x_0 = 0$(此时 $z_0 = \mathrm{i}y_0$)时,$\lim\limits_{z \to z_0} \dfrac{f(z) - f(z_0)}{z - z_0} = \lim\limits_{\substack{x \to 0 \\ y \to y_0}} \dfrac{x}{x + \mathrm{i}(y - y_0)} \cdot x = 0 \left(\text{因为} \left|\dfrac{x}{x + \mathrm{i}(y - y_0)}\right| \leqslant 1\right)$. 所以 $f(z)$ 在虚轴上的点 $z_0 = \mathrm{i}y_0$ 可导,且

$$f'(\mathrm{i}y_0) = 0.$$

当 $z_0 \neq 0$ 且 $x_0 \neq 0$ 时,取 $z = x + \mathrm{i}y_0$,这时

$$\lim\limits_{\substack{z \to z_0 \\ z = x + \mathrm{i}y_0}} \dfrac{f(z) - f(z_0)}{z - z_0} = \lim\limits_{x \to x_0} \dfrac{(x + x_0)(x - x_0)}{(x - x_0)} = 2x_0$$

取 $z = x_0 + \mathrm{i}y$,这时

$$\lim\limits_{\substack{z \to z_0 \\ z = x_0 + \mathrm{i}y}} \dfrac{f(z) - f(z_0)}{z - z_0} = \lim\limits_{y \to y_0} \dfrac{(x + x_0)(x - x_0)}{\mathrm{i}(y - y_0)} = 0 \neq 2x_0$$

所以 $\lim\limits_{z \to z_0} \dfrac{f(z) - f(z_0)}{z - z_0}$ 不存在,即 $f(z)$ 在点 z_0 不可导.

综上所述,$f(z)$ 仅在虚轴上的每一点都可导且导数都为 0,在其他的点都不可导.

例 2.3 证明:函数 $f(z) = z^n$ 在 z 平面上可导,且 $(z^n)' = nz^{n-1}$(n 为正整数).

证明 任取一点 $z \in \mathbf{C}$,因为

$$\dfrac{f(z + \Delta z) - f(z)}{\Delta z} = \dfrac{(z + \Delta z)^n - z^n}{\Delta z} = nz^{n-1} + \dfrac{n(n-1)}{2}z^{n-2}\Delta z + \cdots + \Delta z^{n-1}$$

所以

$$\lim\limits_{\Delta z \to 0} \dfrac{f(z + \Delta z) - f(z)}{\Delta z} = nz^{n-1}$$

即 $f(z) = z^n$ 在点 z 可导,且 $(z^n)' = nz^{n-1}$. 再由点 z 的任意性,结论成立.

2. 解析函数及其简单性质

定义 2.2 设 $f(z)$ 定义在区域 D 内,如果 $f(z)$ 在区域 D 内的每一点都可导,则称 $f(z)$ 在区域 D 内解析,此时也称 $f(z)$ 为区域 D 内的解析函数.

如果存在点 z_0 的某邻域 $U_\delta(z_0)$,使得 $f(z)$ 在 $U_\delta(z_0)$ 内解析,则称 $f(z)$ 在点 z_0 解析.

如果存在区域 G,使得闭区域 $\overline{D} \subset G$,且 $f(z)$ 在区域 G 内解析,则称 $f(z)$ 在闭区域 $\overline{D}$ 上解析,此时也称 $f(z)$ 为闭区域 $\overline{D}$ 上的解析函数,如图 2.2 所示.

注:(1) 由定义 2.2,函数解析一定是与相关区域联系在一起的.

(2) 若函数在一个区域 D 内解析,我们有时也称该函数为区域 D 内的全纯函数或正则函数.

(3) 函数在一点解析是指函数在该点的某邻域内解析;函数在某闭区域上解

第 2 章 解析函数的概念与初等解析函数 —————————————————— 43

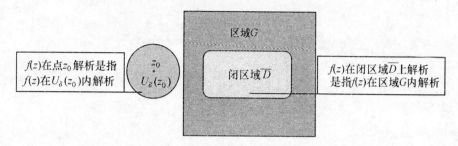

图 2.2 函数在一点解析和在闭区域上解析的示意图

析是指函数在包含该闭区域的更大的区域内解析.

(4) 由定义 2.2,函数在区域 D 内解析 $\Leftrightarrow$ 函数在区域 D 内处处解析(即在区域 D 内的每一点都解析).

(5) 由 Heine—Borel 定理,函数在有界闭区域 $\overline{D}$ 上解析 $\Leftrightarrow$ 函数在有界闭区域 $\overline{D}$ 上的每一点都解析.

根据上面的定义,易见 $f(z) = z^n$ 在 z 平面上解析,$f(z) = \bar{z}$ 和 $f(z) = (\mathrm{Re}z)^2$ 在 z 平面上处处不解析.

类似于一元实函数的导数法则,下面,我们平行地给出解析函数的相应法则:

(1)(解析函数的四则运算) 如果 $f(z), g(z)$ 都在区域 D 内解析,则 $f(z)$、$g(z)$ 的和,差,乘积和商(商的情形要求分母函数不为零)在区域 D 内仍解析,并且

$$(f(z) \pm g(z))' = f'(z) \pm g'(z)$$

$$(f(z) \cdot g(z))' = f'(z)g(z) + f(z) \cdot g'(z)$$

$$\left(\frac{f(z)}{g(z)}\right)' = \frac{f'(z) \cdot g(z) - f(z) \cdot g'(z)}{g^2(z)} (g(z) \neq 0).$$

由上述法则可得,多项式函数 $P(z) = a_0 z^n + a_1 z^{n-1} + \cdots + a_n$(其中 $a_0 \neq 0$) 在 z 平面上解析,且

$$P'(z) = na_0 z^{n-1} + (n-1)a_1 z^{n-2} + \cdots + a_{n-1}.$$

有理函数 $R(z) = \dfrac{a_0 z^n + \cdots + a_n}{b_0 z^m + \cdots + b_m}$(其中 $a_0 \neq 0, b_0 \neq 0$) 在 z 平面上使分母不为零的点处都是解析的.

(2)(解析函数的复合运算) 设 $\zeta = f(z)$ 在 z 平面上的区域 D 内解析,$w = F(\zeta)$ 在 ζ 平面上的区域 G 内也解析,并且 $f(D) \subset G$,则复合函数 $w = F[f(z)]$ 在区域 D 内解析,并且

$$(F[f(z)])' = F'(\zeta) \cdot f'(z) = F'[f(z)] \cdot f'(z).$$

证明 任取 $z_0 \in D$,记 $\zeta_0 = f(z_0) \in G$. 由 $w = F(\zeta)$ 在 ζ_0 可微,即

$$F(\zeta) - F(\zeta_0) = F'(\zeta_0)(\zeta - \zeta_0) + o(\zeta - \zeta_0) \quad (\zeta \to \zeta_0)$$

其中 $o(\zeta-\zeta_0)=\alpha(\zeta)(\zeta-\zeta_0)$，$\lim\limits_{\zeta\to\zeta_0}\alpha(\zeta)=0$. 补充定义 $\alpha(\zeta_0)=0$，则对一切 $\zeta\in G$，有
$$F(\zeta)-F(\zeta_0)=F'(\zeta_0)(\zeta-\zeta_0)+\alpha(\zeta)(\zeta-\zeta_0) \quad (\zeta\to\zeta_0)$$
将 $\zeta=f(z),\zeta_0=f(z_0)$ 代入上式得
$$F[f(z)]-F[(f(z_0)]=F'[f(z_0)]\cdot[f(z)-f(z_0)]+\alpha[f(z)]\cdot[f(z)-f(z_0)]$$
所以
$$\lim_{z\to z_0}\frac{F[f(z)]-F[(f(z_0)]}{z-z_0}$$
$$=F'[f(z_0)]\cdot\lim_{z\to z_0}\frac{f(z)-f(z_0)}{z-z_0}+\lim_{z\to z_0}\alpha[f(z)]\cdot\lim_{z\to z_0}\frac{f(z)-f(z_0)}{z-z_0}$$
$$=F'[f(z_0)]\cdot f'(z_0)$$
即 $w=F[f(z)]$ 在 z_0 可导，且 $(F[f(z)])'|_{z=z_0}=F'[f(z_0)]\cdot f'(z_0)$. 再由 z_0 的任意性，复合函数 $w=F[f(z)]$ 在区域 D 内解析，且
$$(F[f(z)])'=F'(\zeta)\cdot f'(z)=F'[f(z)]\cdot f'(z).$$

(3)(反函数解析的法则) 设 $w=f(z)$ 在区域 D 内单叶解析，且 $f'(z)\neq 0$，则：

① $G=f(D)$ 是区域；

② 反函数 $z=f^{-1}(w)$ 在区域 G 内解析，且 $(f^{-1}(w))'=\dfrac{1}{f'(z)}=\dfrac{1}{f'[f^{-1}(w)]}$.

证明 ① 记 $z=x+\mathrm{i}y,w=u+\mathrm{i}v,f(z)=u(x,y)+\mathrm{i}v(x,y)$，则映射 $f:D\to G$ 就是 $D\subset\mathbf{R}^2$ 到 $G\subset\mathbf{R}^2$ 上的一个一一变换
$$\begin{cases}u=u(x,y)\\v=v(x,y)\end{cases}.$$

因 $f(z)=u(x,y)+\mathrm{i}v(x,y)$ 在 D 内解析，由本节后面的定理 2.2 得，$\dfrac{\partial u}{\partial x}=\dfrac{\partial v}{\partial y}$，$\dfrac{\partial u}{\partial y}=-\dfrac{\partial v}{\partial x}$，且 $f'(z)=\dfrac{\partial u}{\partial x}+\mathrm{i}\dfrac{\partial v}{\partial x}=\dfrac{\partial v}{\partial y}-\mathrm{i}\dfrac{\partial u}{\partial y}$. 于是

$$\begin{vmatrix}\dfrac{\partial u}{\partial x}&\dfrac{\partial u}{\partial y}\\\dfrac{\partial v}{\partial x}&\dfrac{\partial v}{\partial y}\end{vmatrix}=\dfrac{\partial u}{\partial x}\cdot\dfrac{\partial v}{\partial y}-\dfrac{\partial u}{\partial y}\cdot\dfrac{\partial v}{\partial x}=\left(\dfrac{\partial u}{\partial x}\right)^2+\left(\dfrac{\partial v}{\partial x}\right)^2=|f'(z)|^2>0.$$

所以，由数学分析中的反函数组定理，$G=f(D)$ 也是区域，且 $\begin{cases}u=u(x,y)\\v=v(x,y)\end{cases}$ 存在连续可微的反函数组 $\begin{cases}x=x(u,v)\\y=y(u,v)\end{cases}$，即 $w=f(z)$ 的反函数 $z=f^{-1}(w)$ 在 G 内单叶连续.

② 任取 $w_0\in G$，记 $z_0=f^{-1}(w_0)\in D$，则 $w_0=f(z_0)$. 由 ① 得，当 $w_0\neq w\in G$ 时，$z=f^{-1}(w)\neq z_0=f^{-1}(w_0)$，且 $\lim\limits_{w\to w_0}z=z_0$. 所以

第 2 章 解析函数的概念与初等解析函数 ———————————————— 45

$$\lim_{w \to w_0} \frac{f^{-1}(w) - f^{-1}(w_0)}{w - w_0} = \lim_{z \to z_0} \frac{z - z_0}{f(z) - f(z_0)} = \lim_{z \to z_0} \frac{1}{\frac{f(z) - f(z_0)}{z - z_0}} = \frac{1}{f'(z_0)}$$

即 $z = f^{-1}(w)$ 在 w_0 可导,且 $(f^{-1}(w_0))' = \frac{1}{f'(z_0)}$. 再由 w_0 的任意性,$z = f^{-1}(w)$ 在 G 内解析,且

$$(f^{-1}(w))' = \frac{1}{f'(z)} = \frac{1}{f'[f^{-1}(w)]}.$$

注:在第 6 章中我们将要证明单叶解析函数的导数恒不为 0,因此,反函数解析法则中的条件 $f'(z) \neq 0$ 可以去掉.

例 2.4 设 $f(z) = (3z^2 - z + 2)^{21}$,由上述法则
$$f'(z) = 21(3z^2 - z + 2)^{20}(3z^2 - z + 2)' = 21(3z^2 - z + 2)^{20}(6z - 1).$$

例 2.5 若 $f(z)$ 在上半平面内解析,则 $\overline{f(\bar{z})}$ 在下半平面内解析.

证明 在下半平面内任取定一点 z_0 和任一点 z,则 $\overline{z_0}, \bar{z}$ 都属于上半平面,并且

$$\frac{\overline{f(\bar{z})} - \overline{f(\overline{z_0})}}{z - z_0} = \overline{\left(\frac{f(\bar{z}) - f(\overline{z_0})}{\bar{z} - \overline{z_0}}\right)}$$

因为 $f(z)$ 在上半平面内解析,所以

$$\lim_{z \to z_0} \frac{f(\bar{z}) - f(\overline{z_0})}{\bar{z} - \overline{z_0}} = f'(\overline{z_0})$$

从而

$$\lim_{z \to z_0} \frac{\overline{f(\bar{z})} - \overline{f(\overline{z_0})}}{z - z_0} = \lim_{z \to z_0} \overline{\left(\frac{f(\bar{z}) - f(\overline{z_0})}{\bar{z} - \overline{z_0}}\right)} = \overline{f'(\overline{z_0})}$$

即 $\overline{f(\bar{z})}$ 在点 z_0 可导,再由 z_0 的任意性,$\overline{f(\bar{z})}$ 在下半平面内解析.

2.1.2 函数解析的条件(柯西 — 黎曼(Cauchy-Riemann) 条件)

我们已经看到,在形式上,复变函数的导数及其运算法则同一元实函数几乎没有什么差别.但实质上,它们之间存在一定的差异(例如,由例 2.1 和例 2.2 可以看出,复变函数的可微并不等价于其实部、虚部两个二元实函数可微).下面,我们来研究复变函数的可微或解析同其实部、虚部两个二元实函数之间的细致关系.

定理 2.1 (在一点可微的充要条件) 设 $f(z) = u(x,y) + iv(x,y)$ 定义在区域 D 内,则 $f(z)$ 在点 $z = x + iy \in D$ 可微的充要条件是:

(1) $u(x,y)$ 和 $v(x,y)$ 在点 $z = x + iy$ 可微;

(2) $u(x,y)$ 和 $v(x,y)$ 在点 $z = x + iy$ 满足 Cauchy—Riemann 方程

$$\frac{\partial u}{\partial x} = \frac{\partial v}{\partial y}, \quad \frac{\partial u}{\partial y} = -\frac{\partial v}{\partial x}.$$

证明 必要性:记 $f'(z) = a + ib, \Delta w = \Delta u + i\Delta v, \Delta z = \Delta x + i\Delta y$,其中
$$\Delta u = u(x + \Delta x, y + \Delta y) - u(x,y), \quad \Delta v = v(x + \Delta x, y + \Delta y) - v(x,y)$$

由导数的定义知
$$\Delta w = f'(z)\Delta z + o(\Delta z) = (a+ib)(\Delta x + i\Delta y) + o(\Delta z)$$
$$= a\Delta x - b\Delta y + i(b\Delta x + a\Delta y) + o(\Delta z) \quad (\Delta z \to 0)$$

记 $o(\Delta z) = o(|\Delta z|) + io(|\Delta z|)$，比较上式两边的实部、虚部得

$$\Delta u = u(x+\Delta x, y+\Delta y) - u(x,y) = a\Delta x - b\Delta y + o(|\Delta z|) \quad (\Delta z \to 0)$$
$$\Delta v = v(x+\Delta x, y+\Delta y) - v(x,y) = (b\Delta x + a\Delta y) + o(|\Delta z|) \quad (\Delta z \to 0)$$

由一元实函数中二元实函数可微的定义知，$u(x,v)$ 和 $v(x,y)$ 在点 $z = x+iy$ 可微，且

$$\frac{\partial u}{\partial x} = a = \frac{\partial v}{\partial y}, \quad \frac{\partial u}{\partial y} = -b = -\frac{\partial v}{\partial x}.$$

充分性：记 $\frac{\partial u}{\partial x} = a = \frac{\partial v}{\partial y}, \frac{\partial u}{\partial y} = -b = -\frac{\partial v}{\partial x}$，将必要性的证明过程倒过来即可得到充分性的证明.

注：(1) 定理 2.1 中条件：$\frac{\partial u}{\partial x} = \frac{\partial v}{\partial y}$ 和 $\frac{\partial u}{\partial y} = -\frac{\partial v}{\partial x}$ 称为柯西 — 黎曼条件或柯西 — 黎曼方程(简记为 C—R 条件).

(2) 由定理 2.1 的证明过程及 C—R 条件知，如果 $f(z) = u(x,y) + iv(x,y)$ 在点 $z = x + iy$ 可微，则

$$f'(z) = \frac{\partial u}{\partial x} + i\frac{\partial v}{\partial x} = \frac{\partial v}{\partial y} - i\frac{\partial u}{\partial y}.$$

在数学分析中，我们知道二元实函数具有一阶连续的偏导数，二元实函数一定可微，由此可得以下推论.

推论 2.1 (在一点可微的充分条件) 设 $f(z) = u(x,y) + iv(x,y)$ 定义在区域 D 内，则 $f(z)$ 在点 $z = x + iy \in D$ 可微的充分条件是：

(1) $u(x,v)$ 和 $v(x,y)$ 在点 $z = x + iy$ 具有一阶连续的偏导数；

(2) $u(x,v)$ 和 $v(x,y)$ 在点 $z = x + iy$ 满足：$\frac{\partial u}{\partial x} = \frac{\partial v}{\partial y}, \frac{\partial u}{\partial y} = -\frac{\partial v}{\partial x}.$

将上面的定理 2.1 及其推论 2.1 运用到区域 D 内的每一点，可得函数解析的充要条件.

定理 2.2 设 $f(z) = u(x,y) + iv(x,y)$ 定义在区域 D 内，则 $f(z)$ 在 D 内解析的充要条件是：

(1) $u(x,v)$ 和 $v(x,y)$ 在 D 内可微；

(2) $u(x,v)$ 和 $v(x,y)$ 在 D 内满足：$\frac{\partial u}{\partial x} = \frac{\partial v}{\partial y}, \frac{\partial u}{\partial y} = -\frac{\partial v}{\partial x}.$

定理 2.3 设 $f(z) = u(x,y) + iv(x,y)$ 定义在区域 D 内，则 $f(z)$ 在 D 内解析的充要条件是：

(1) $u(x,v)$ 和 $v(x,y)$ 在 D 内具有一阶连续的偏导数；

(2) $u(x,v)$ 和 $v(x,y)$ 在 D 内满足:$\dfrac{\partial u}{\partial x}=\dfrac{\partial v}{\partial y},\dfrac{\partial u}{\partial y}=-\dfrac{\partial v}{\partial x}$.

注:定理 2.3 的充分性由定理 2.1 的推论 2.1 立即可得,必要性的证明需要承认第 3 章将要证明的解析函数的无穷可微性,即以下定理.

定理 2.4 (解析函数的无穷可微性) 若 $f(z)=u(x,y)+\mathrm{i}v(x,y)$ 在区域 D 内解析,则 $f(z)$ 在区域 D 内有各阶导数 $f^{(k)}(z)(k=1,2,\cdots)$,从而 $f^{(k)}(z)(k=1,2,\cdots)$ 在区域 D 内也解析.

下面给出定理 2.3 的必要性的证明:事实上,由定理 2.2 和定理 2.1 的注(2),$u(x,v)$ 和 $v(x,y)$ 在 D 内满足:$\dfrac{\partial u}{\partial x}=\dfrac{\partial v}{\partial y},\dfrac{\partial u}{\partial y}=-\dfrac{\partial v}{\partial x}$,且 $f'(z)=\dfrac{\partial u}{\partial x}+\mathrm{i}\dfrac{\partial v}{\partial x}=\dfrac{\partial v}{\partial y}-\mathrm{i}\dfrac{\partial u}{\partial y}$. 又由定理 2.4,$f''(z)$ 在 D 内存在,所以 $f'(z)$ 在 D 内连续,从而 $\dfrac{\partial u}{\partial x},\dfrac{\partial u}{\partial y},\dfrac{\partial v}{\partial x},\dfrac{\partial v}{\partial y}$ 在 D 内连续,即 $u(x,v)$ 和 $v(x,y)$ 在 D 内具有一阶连续的偏导数.

例 2.6 讨论函数 $f(z)=|z|^2$ 在 z 平面上的解析性.

解 设 $z=x+\mathrm{i}y\in\mathbf{C}$,则有 $f(z)=|z|^2=x^2+y^2$,记
$$u(x,y)=x^2+y^2,v(x,y)=0.$$
因为 $\dfrac{\partial u}{\partial x}=2x,\dfrac{\partial u}{\partial y}=2y,\dfrac{\partial v}{\partial x}=0,\dfrac{\partial u}{\partial y}=0$.显然它们都是连续的.要使 C—R 条件满足,只需 $x=0,y=0$ 即可,所以由定理 2.1 及解析函数的定义知,$f(z)=|z|^2$ 仅在原点可导,但在 z 平面上处处不解析.

注意:在讨论具体函数的可导性和解析性时,可以先找出实部和虚部二元实函数,再验证定理 2.2 或者定理 2.3 的条件(1)和(2)得出可导性.但在探讨解析性时一定要慎重,必须再考虑函数在可导点的邻域内的可导性后才能给出正确的回答.

例 2.7 讨论函数 $f(z)=x^2-\mathrm{i}y$ 的可微性与解析性.

解 记 $u(x,y)=x^2,v(x,y)=-y$.

因为 $\dfrac{\partial u}{\partial x}=2x,\dfrac{\partial u}{\partial y}=0,\dfrac{\partial v}{\partial x}=0,\dfrac{\partial v}{\partial y}=-1$.显然它们都是连续的.要使 C—R 条件满足,只需 $2x=-1$,即 $x=-\dfrac{1}{2}$. 由定理 2.1 及解析函数的定义,$f(z)=x^2-\mathrm{i}y$ 仅在直线 $x=-\dfrac{1}{2}$ 上可导,但在 z 平面上处处不解析.

例 2.8 证明:函数 $f(z)=\mathrm{e}^x(\cos y+\mathrm{i}\sin y)$ 在 z 平面上解析,且
$$f'(z)=f(z).$$

证明 记 $f(z)=u(x,y)+\mathrm{i}v(x,y)$,则 $u(x,y)=\mathrm{e}^x\cos y,v(x,y)=\mathrm{e}^x\sin y$. 因为

$$\dfrac{\partial u}{\partial x}=\mathrm{e}^x\cos y,\quad \dfrac{\partial u}{\partial y}=-\mathrm{e}^x\sin y,\quad \dfrac{\partial v}{\partial x}=\mathrm{e}^x\sin y,\quad \dfrac{\partial v}{\partial y}=\mathrm{e}^x\cos y$$

显然，它们都在 z 平面上连续且满足 C—R 条件，所以由定理 2.3，$f(z) = \mathrm{e}^x(\cos y + \mathrm{i}\sin y)$ 在 z 平面上解析，并且

$$f'(z) = \frac{\partial u}{\partial x} + \mathrm{i}\frac{\partial v}{\partial x} = \mathrm{e}^x(\cos y + \mathrm{i}\sin y) = f(z).$$

注：例 2.8 中的解析函数称为复指数函数．

例 2.9 若函数 $f(z)$ 在区域 D 内解析，且满足下列条件之一，证明 $f(z)$ 在区域 D 内必为常数．

(1) $\overline{f(z)}$ 在区域 D 内解析；

(2) $|f(z)|$ 在区域 D 内为常数．

证明 (1) 设 $f(z) = u(x,y) + \mathrm{i}v(x,y)$，则 $\overline{f(z)} = u(x,y) - \mathrm{i}v(x,y)$. 由题设 $f(z)$ 和 $\overline{f(z)}$ 都在区域 D 内解析，由 C—R 条件得

$$\frac{\partial u}{\partial x} = \frac{\partial v}{\partial y}, \quad \frac{\partial u}{\partial y} = -\frac{\partial v}{\partial x}, \quad \frac{\partial u}{\partial x} = -\frac{\partial v}{\partial y}, \quad \frac{\partial u}{\partial y} = \frac{\partial v}{\partial x}$$

解得

$$\frac{\partial u}{\partial x} = \frac{\partial u}{\partial y} = \frac{\partial v}{\partial x} = \frac{\partial v}{\partial y} = 0.$$

再由数学分析的知识，$u(x,y) \equiv c_1, v(x,y) \equiv c_2$（$c_1, c_2$ 为实常数），所以 $f(z) \equiv c_1 + \mathrm{i}c_2$，即 $f(z)$ 在区域 D 内为常数．

(2) 设 $f(z) = u(x,y) + \mathrm{i}v(x,y)$，则 $|f(z)|^2 = u^2 + v^2$. 由题设 $f(z)$ 在区域 D 内解析，且 $|f(z)|$ 为常数，记为 A. 注意到 C—R 条件，我们有

$$\frac{\partial u}{\partial x} = \frac{\partial v}{\partial y}, \quad \frac{\partial u}{\partial y} = -\frac{\partial v}{\partial x} \tag{2.1}$$

$$u^2 + v^2 = A^2 \tag{2.2}$$

由式(2.2)得

$$2u\frac{\partial u}{\partial x} + 2v\frac{\partial v}{\partial x} = 0 \tag{2.3}$$

$$2u\frac{\partial u}{\partial y} + 2v\frac{\partial v}{\partial y} = 0 \tag{2.4}$$

当 $A = 0$ 时，则 $f(z) \equiv 0$，结论显然成立；

当 $A \neq 0$ 时，则联立式(2.1)，式(2.3)，式(2.4)得

$$\frac{\partial u}{\partial x} = 0 = \frac{\partial u}{\partial y} = \frac{\partial v}{\partial x} = \frac{\partial v}{\partial y}$$

再由数学分析的知识，$u(x,y) \equiv c_1, v(x,y) \equiv c_2$（$c_1, c_2$ 为实常数），所以 $f(z) \equiv c_1 + \mathrm{i}c_2$，即 $f(z)$ 在区域 D 内为常数．

注意：在讨论满足一定条件的解析函数的性质时，柯西—黎曼条件常常起着关键的作用．

2.1.3 解析函数实部和虚部的调和性

上面，我们已经看到函数 $f(z) = u(x,y) + \mathrm{i}v(x,y)$ 解析不仅保证 $f(z)$ 的实

部 $u(x,y)$ 和虚部 $v(x,y)$ 两个二元实函数连续可微,而且 $u(x,y)$ 和 $v(x,y)$ 的可微性不是孤立的,还要通过 C—R 条件相联系,这预示着解析函数一定还会有一些极好的性质,我们将在第 3 章和第 4 章中进一步讨论解析函数的相关性质.

本小节,我们初步讨论解析函数实部、虚部的调和性,并利用数学分析的知识建立利用单连通区域内的调和函数确定解析函数的方法.

定义 2.3 若二元实函数 $H(x,y)$ 在区域 D 内具有二阶连续的偏导数,且满足

$$\frac{\partial^2 H}{\partial x^2} + \frac{\partial^2 H}{\partial y^2} = 0 \quad (\text{称为拉普拉斯方程})$$

则称 $H(x,y)$ 为 D 内的调和函数. 记 $\frac{\partial^2}{\partial x^2} + \frac{\partial^2}{\partial y^2} \overset{\Delta}{=\!=\!=} \Delta$ (称为拉普拉斯算子),则

$$\frac{\partial^2 H}{\partial x^2} + \frac{\partial^2 H}{\partial y^2} \overset{\Delta}{=\!=\!=} \Delta H$$

于是拉普拉斯方程可以简化为 $\Delta H = 0$.

定义 2.4 若 $u(x,y), v(x,y)$ 都是区域 D 内的调和函数,且在 D 内还满足柯西—黎曼条件,即

$$\frac{\partial u}{\partial x} = \frac{\partial v}{\partial y}, \quad \frac{\partial u}{\partial y} = -\frac{\partial v}{\partial x}$$

则称其中的 $v(x,y)$ 为 $u(x,y)$ 的共轭调和函数.

下面,我们来考虑解析函数实部、虚部的调和性.

设 $f(z) = u(x,y) + \mathrm{i}v(x,y)$ 在区域 D 内解析,由定理 2.3 和定理 2.4,$u(x,y)$ 和 $v(x,y)$ 在区域 D 内满足

$$\frac{\partial u}{\partial x} = \frac{\partial v}{\partial y}, \quad \frac{\partial u}{\partial y} = -\frac{\partial v}{\partial x}$$

且具有任意阶连续的偏导数. 所以

$$\frac{\partial^2 u}{\partial x^2} + \frac{\partial^2 u}{\partial y^2} = \frac{\partial^2 v}{\partial y \partial x} - \frac{\partial^2 v}{\partial x \partial y} = \frac{\partial^2 v}{\partial x \partial y} - \frac{\partial^2 v}{\partial x \partial y} = 0$$

$$\frac{\partial^2 v}{\partial x^2} + \frac{\partial^2 v}{\partial y^2} = -\frac{\partial^2 u}{\partial y \partial x} + \frac{\partial^2 u}{\partial x \partial y} = -\frac{\partial^2 u}{\partial x \partial y} + \frac{\partial^2 u}{\partial x \partial y} = 0$$

$$\frac{\partial^2 (-u)}{\partial x^2} + \frac{\partial^2 (-u)}{\partial y^2} = -\left(\frac{\partial^2 u}{\partial x^2} + \frac{\partial^2 u}{\partial y^2}\right) = 0$$

$$\frac{\partial v}{\partial x} = \frac{\partial (-u)}{\partial y}, \quad \frac{\partial v}{\partial y} = -\frac{\partial (-u)}{\partial x}.$$

于是,我们有下面的定理.

定理 2.5 若函数 $f(z) = u(x,y) + \mathrm{i}v(x,y)$ 在区域 D 内解析,则 $u(x,y)$ 和 $v(x,y)$ 都是 D 内的调和函数,并且 $v(x,y)$ 是 $u(x,y)$ 的共轭调和函数,$-u(x,y)$ 是 $v(x,y)$ 的共轭调和函数.

再结合定理 2.3 和定理 2.4,我们有下面的推论.

推论 2.1 若函数 $f(z)=u(x,y)+\mathrm{i}v(x,y)$ 在区域 D 内解析，则 $u(x,y)$ 和 $v(x,y)$ 的任意阶偏导数也是 D 内的调和函数．

推论 2.2 设 $u(x,y)$ 和 $v(x,y)$ 都是定义在区域 D 内的二元实函数，则：$v(x,y)$ 为 $u(x,y)$ 的共轭调和函数 $\Leftrightarrow f(z)=u(x,y)+\mathrm{i}v(x,y)$ 在区域 D 内解析．

注：实部、虚部二元实函数是区域 D 内的调和函数并不能保证由此产生的复变函数的解析性．例如，取 $u(x,y)=x,v(x,y)=-y$．易见，它们都是平面 **C** 上的调和函数，但 $f(z)=x-\mathrm{i}y=\bar{z}$ 在平面 **C** 上处处不解析，其原因是 $u(x,y)$ 和 $v(x,y)$ 在平面 **C** 上不满足 C—R 条件．这再次说明 C—R 条件是函数解析最核心的条件之一．

现在，我们利用数学分析的方法来建立单连通区域内解析函数的一种求法．

假设 D 是一个单连通区域，$u(x,y)$ 是区域 D 内的一个调和函数，即 $u(x,y)$ 在区域 D 内具有二阶连续的偏导数，且

$$\frac{\partial^2 u}{\partial x^2}+\frac{\partial^2 u}{\partial y^2}=0$$

从而 $-\dfrac{\partial u}{\partial y},\dfrac{\partial u}{\partial x}$ 在区域 D 内具有一阶连续的偏导数，且

$$\frac{\partial}{\partial y}\left(-\frac{\partial u}{\partial y}\right)=\frac{\partial}{\partial x}\left(\frac{\partial u}{\partial x}\right).$$

由数学分析中的格林公式得，存在区域 D 内的二元函数 $v(x,y)$，使得

$$\mathrm{d}v(x,y)=-\frac{\partial u}{\partial y}\mathrm{d}x+\frac{\partial u}{\partial x}\mathrm{d}y$$

于是

$$v(x,y)=\int_{(x_0,y_0)}^{(x,y)}-\frac{\partial u}{\partial y}\mathrm{d}x+\frac{\partial u}{\partial x}\mathrm{d}y+C$$

其中 (x_0,y_0) 是区域 D 内的一个定点，(x,y) 是区域 D 内的一个动点，C 是任意实常数．并且

$$\frac{\partial v}{\partial x}=-\frac{\partial u}{\partial y},\quad \frac{\partial v}{\partial y}=\frac{\partial u}{\partial x},\quad \text{即}\ \frac{\partial u}{\partial x}=\frac{\partial v}{\partial y},\quad \frac{\partial u}{\partial y}=-\frac{\partial v}{\partial x}$$

亦即 $u(x,y)$ 和 $v(x,y)$ 在区域 D 内满足柯西—黎曼条件，从而

$$\frac{\partial^2 v}{\partial x^2}+\frac{\partial^2 v}{\partial y^2}=-\frac{\partial^2 u}{\partial y\partial x}+\frac{\partial^2 u}{\partial x\partial y}=0$$

所以 $v(x,y)$ 也是区域 D 内的调和函数，并且 $v(x,y)$ 为 $u(x,y)$ 的共轭调和函数．由定理 2.5 的推论 2.2，我们构造函数 $f(z)=u(x,y)+\mathrm{i}v(x,y)$，$f(z)$ 就是区域 D 内以 $u(x,y)$ 为实部的解析函数．

综上所述，可得下面的定理．

定理 2.6 (1) 若 $u(x,y)$ 是单连通区域 D 内的一个调和函数，则存在函数 $v(x,y)$，使得

$$f(z)=u(x,y)+\mathrm{i}v(x,y)$$

为区域 D 内的解析函数,并且

$$v(x,y) = \int_{(x_0,y_0)}^{(x,y)} -\frac{\partial u}{\partial y}\mathrm{d}x + \frac{\partial u}{\partial x}\mathrm{d}y + C$$

其中 (x_0,y_0) 是区域 D 内的一个定点,(x,y) 是区域 D 内的一个动点,C 是任意实常数.

(2) 同理可得,若 $v(x,y)$ 是单连通区域 D 内的一个调和函数,则存在函数 $u(x,y)$,使得

$$f(z) = u(x,y) + \mathrm{i}v(x,y)$$

为区域 D 内的解析函数,并且

$$u(x,y) = \int_{(x_0,y_0)}^{(x,y)} \frac{\partial v}{\partial y}\mathrm{d}x - \frac{\partial v}{\partial x}\mathrm{d}y + C$$

其中 (x_0,y_0) 是区域 D 内的一个定点,(x,y) 是区域 D 内的一个动点,C 是任意实常数.

注:定理 2.6 给出了已知解析函数的实部(或虚部)求虚部(或实部),从而求出解析函数的一种方法.

例 2.10 验证 $u(x,y) = x^3 - 3xy^2$ 是平面上的调和函数,并求以 $u(x,y)$ 为实部的解析函数 $f(z)$,使得 $f(0) = \mathrm{i}$.

解 因 $\frac{\partial u}{\partial x} = 3x^2 - 3y^2, \frac{\partial u}{\partial y} = -6xy, \frac{\partial^2 u}{\partial x^2} = 6x, \frac{\partial^2 u}{\partial y^2} = -6x$,所以

$$\frac{\partial^2 u}{\partial x^2} + \frac{\partial^2 u}{\partial y^2} = 0$$

即 $u(x,y) = x^3 - 3xy^2$ 是平面上的调和函数.下面,我们用三种方法来求满足题设条件的解析函数.

方法 1 (曲线积分法)由定理 2.6,取 $(x_0,y_0) = (0,0)$ 以及如图 2.3 所示的积分路径

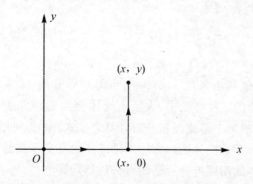

图 2.3 积分路径示意图

$$v(x,y) = \int_{(0,0)}^{(x,y)} -\frac{\partial u}{\partial y}\mathrm{d}x + \frac{\partial u}{\partial x}\mathrm{d}y + C$$
$$= \int_{(0,0)}^{(x,y)} 6xy\mathrm{d}x + (3x^2 - 3y^2)\mathrm{d}y + C$$
$$= 3x^2 y - y^3 + C$$

所以
$$f(z) = x^3 - 3xy^2 + \mathrm{i}(3x^2 y - y^3 + C).$$

再由条件 $f(0) = \mathrm{i}$,可得 $C = 1$. 故 $f(z) = x^3 - 3xy^2 + \mathrm{i}(3x^2 y - y^3 + 1) = z^3 + \mathrm{i}$.

方法 2 (微分方程中的常数变异法) 首先,由柯西 — 黎曼条件得

$$\frac{\partial v}{\partial y} = \frac{\partial u}{\partial x} = 3x^2 - 3y^2 \tag{2.5}$$

$$\frac{\partial v}{\partial x} = -\frac{\partial u}{\partial y} = -(-6xy) = 6xy \tag{2.6}$$

由式(2.5) 得
$$v(x,y) = 3x^2 y - y^3 + \varphi(x)$$

代入式(2.6) 得 $6xy + \varphi'(x) = 6xy$,即 $\varphi'(x) = 0, \varphi(x) = C$(常数),即
$$v(x,y) = 3x^2 y - y^3 + C$$

所以,所求解析函数为
$$f(z) = x^3 - 3xy^2 + \mathrm{i}(3x^2 y - y^3 + C)$$

再由条件 $f(0) = \mathrm{i}$,可得 $C = 1$. 故 $f(z) = x^3 - 3xy^2 + \mathrm{i}(3x^2 y - y^3 + 1) = z^3 + \mathrm{i}$.

方法 3 (求导公式法) 因
$$f'(z) = \frac{\partial u}{\partial x} + \mathrm{i}\frac{\partial v}{\partial x} \stackrel{\text{C.R.}}{=\!=} \frac{\partial u}{\partial x} - \mathrm{i}\frac{\partial u}{\partial y}$$

其中 $x = \frac{1}{2}(z + \bar{z}), y = \frac{1}{2\mathrm{i}}(z - \bar{z})$. 而 $\frac{\partial u}{\partial x} = 3x^2 - 3y^2, \frac{\partial u}{\partial y} = -6xy$,所以

$$f'(z) = \frac{\partial u}{\partial x} - \mathrm{i}\frac{\partial u}{\partial y} = 3x^2 - 3y^2 - \mathrm{i}(-6xy) = 3x^2 - 3y^2 + \mathrm{i}6xy$$

将 $x = \frac{1}{2}(z + \bar{z}), y = \frac{1}{2\mathrm{i}}(z - \bar{z})$ 代入上式整理得
$$f'(z) = 3x^2 - 3y^2 + \mathrm{i}6xy = 3z^2$$

所以 $f(z) = z^3 + C$. 再由条件 $f(0) = \mathrm{i}$,可得 $C = \mathrm{i}$. 故 $f(z) = z^3 + \mathrm{i}$.

从例 2.10 所给的三种方法中,大家不难体会到三种方法各自的特点:方法 1 利用了数学分析中的第二型曲线积分的计算方法;方法 2 利用了微分方程中的求解微分方程的方法(常数变异法);方法 3 是纯粹的复变函数的方法.大家在实际计算时,可以根据具体的问题选择合适的方法进行计算.

例 2.11 证明 $v(x,y) = \arctan \frac{y}{x}(x > 0)$ 是右半平面内的调和函数,并在右半平面内求以此为虚部的解析函数.

证明 因为 $\dfrac{\partial v}{\partial x} = \dfrac{-y}{x^2+y^2}, \dfrac{\partial v}{\partial y} = \dfrac{x}{x^2+y^2}$,则

$$\frac{\partial^2 v}{\partial x^2} = \frac{2xy}{(x^2+y^2)^2}, \quad \frac{\partial^2 v}{\partial y^2} = \frac{-2xy}{(x^2+y^2)^2}, \quad \frac{\partial^2 v}{\partial x^2} + \frac{\partial^2 v}{\partial y^2} = 0$$

故 $v(x,y) = \arctan\dfrac{y}{x}$ 是右半平面内的调和函数.

下面,我们用方法 2(微分方程中的常数变异法)来求解析函数的实部 $u(x,y)$.

首先,由柯西 — 黎曼条件得

$$\frac{\partial u}{\partial x} = \frac{\partial v}{\partial y} = \frac{x}{x^2+y^2} \tag{2.7}$$

$$\frac{\partial u}{\partial y} = -\frac{\partial v}{\partial x} = -\frac{-y}{x^2+y^2} = \frac{y}{x^2+y^2} \tag{2.8}$$

由式(2.7) 得 $u(x,y) = \dfrac{1}{2}\ln(x^2+y^2) + \varphi(y)$,代入式(2.8) 得

$$\frac{y}{x^2+y^2} + \varphi'(y) = \frac{y}{x^2+y^2}$$

即 $\varphi'(y) = 0, \quad \varphi(y) = C(常数), \quad u(x,y) = \dfrac{1}{2}\ln(x^2+y^2) + C.$

所以所求解析函数为

$$f(z) = \frac{1}{2}\ln(x^2+y^2) + C + \mathrm{i}\arctan\frac{y}{x}(x>0)$$
$$= \ln|z| + C + \mathrm{i}\arg z = \ln z + C(\mathrm{Re}\,z > 0).$$

◎ 思考题:试用方法 1 和方法 3 求例 2.11 中的解析函数.

2.1.4 复变函数 $f(z)$ 的形式二元函数表示 $f(z,\bar{z})$ *

作为本节的结束,本小节我们先引进复变函数的实可微以及形式算子 $\dfrac{\partial}{\partial z}$ 和 $\dfrac{\partial}{\partial \bar{z}}$,然后再建立函数解析的形式简捷的判断方法和求函数导数的形式简捷的计算方法.

设 $f(z) = u(x,y) + \mathrm{i}v(x,y)$ 定义在平面区域 $D \subset \mathbf{C}$ 上,显然我们可以将 $f(z)$ 看成两个实变量 x,y 的二元实变复值函数.

定义 2.5 若 $u(x,y)$ 和 $v(x,y)$ 在点 $z = x+\mathrm{i}y \in D$ 的偏导数存在,则类似于二元函数的偏导数的记号,我们定义

$$\frac{\partial f}{\partial x} = \frac{\partial u}{\partial x} + \mathrm{i}\frac{\partial v}{\partial x}, \quad \frac{\partial f}{\partial y} = \frac{\partial u}{\partial y} + \mathrm{i}\frac{\partial v}{\partial y} \tag{2.9}$$

分别称为 $f(z)$ 在点 $z = x+\mathrm{i}y$ 对 x,y 的偏导数. 若 $u(x,y)$ 和 $v(x,y)$ 在点 $z = x+\mathrm{i}y$ 可微,则称 $f(z)$ 在点 $z = x+\mathrm{i}y$ 实可微. 若 $f(z)$ 在区域 $D \subset \mathbf{C}$ 内的每

一点都实可微,则称 $f(z)$ 在区域 D 内实可微.

若 $f(z)$ 在点 $z_0 = x_0 + \mathrm{i}y_0 \in D$ 实可微,则由数学分析中二元实函数可微的定义

$$\begin{aligned}
\Delta f(z) &= f(z) - f(z_0) = \Delta u + \mathrm{i}\Delta v \\
&= \left(\frac{\partial u}{\partial x}\Delta x + \frac{\partial u}{\partial y}\Delta y + o(|\Delta z|)\right) + \mathrm{i}\left(\frac{\partial v}{\partial x}\Delta x + \frac{\partial v}{\partial y}\Delta y + o(|\Delta z|)\right) \\
&= \left(\frac{\partial u}{\partial x} + \mathrm{i}\frac{\partial v}{\partial x}\right)\Delta x + \left(\frac{\partial u}{\partial y} + \mathrm{i}\frac{\partial v}{\partial y}\right)\Delta y + o(|\Delta z|) \\
&= \frac{\partial f}{\partial x}\Delta x + \frac{\partial f}{\partial y}\Delta y + o(|\Delta z|)
\end{aligned}$$

即

$$\Delta f(z) = \frac{\partial f}{\partial x}\Delta x + \frac{\partial f}{\partial y}\Delta y + o(|\Delta z|) \tag{2.10}$$

现在,我们令 $z = x + \mathrm{i}y$,由于 $x = \frac{1}{2}(z + \bar{z}), y = \frac{1}{2\mathrm{i}}(z - \bar{z})$,因此

$$f(z) = u(x,y) + \mathrm{i}v(x,y)$$

也可以形式上视为两个独立复变量 $z, \bar{z}$ 的二元函数,记为 $f(z, \bar{z})$. 具体来讲,将 f 视为

$$f(x + \mathrm{i}y) = u(x,y) + \mathrm{i}v(x,y) \text{ 与 } x = \frac{1}{2}(z + \bar{z}) \text{ 和 } y = \frac{1}{2\mathrm{i}}(z - \bar{z})$$

复合而成的复合函数(可见,单复变函数可以自然看成一个形式的多复变函数).

定义 2.6 形式地借用数学分析中的复合函数求导的链式法则,我们定义

$$\frac{\partial f}{\partial z} \triangleq \frac{1}{2}\left(\frac{\partial f}{\partial x} - \mathrm{i}\frac{\partial f}{\partial y}\right), \quad \frac{\partial f}{\partial \bar{z}} \triangleq \frac{1}{2}\left(\frac{\partial f}{\partial x} + \mathrm{i}\frac{\partial f}{\partial y}\right) \tag{2.11}$$

分别称为 $f(z, \bar{z})$ 对 $z, \bar{z}$ 的偏导数.

将式(2.9)代入式(2.11)还可以得到 $\frac{\partial f}{\partial z}$ 和 $\frac{\partial f}{\partial \bar{z}}$ 的另外两种表示式

$$\frac{\partial f}{\partial z} = \frac{1}{2}\left[\left(\frac{\partial u}{\partial x} + \mathrm{i}\frac{\partial v}{\partial x}\right) - \mathrm{i}\left(\frac{\partial u}{\partial y} + \mathrm{i}\frac{\partial v}{\partial y}\right)\right] = \frac{1}{2}\left[\left(\frac{\partial u}{\partial x} + \frac{\partial v}{\partial y}\right) + \mathrm{i}\left(\frac{\partial v}{\partial x} - \frac{\partial u}{\partial y}\right)\right]$$

$$\frac{\partial f}{\partial \bar{z}} = \frac{1}{2}\left[\left(\frac{\partial u}{\partial x} + \mathrm{i}\frac{\partial v}{\partial x}\right) + \mathrm{i}\left(\frac{\partial u}{\partial y} + \mathrm{i}\frac{\partial v}{\partial y}\right)\right] = \frac{1}{2}\left[\left(\frac{\partial u}{\partial x} - \frac{\partial v}{\partial y}\right) + \mathrm{i}\left(\frac{\partial v}{\partial x} + \frac{\partial u}{\partial y}\right)\right]$$

由此可得,$u(x,y)$ 和 $v(x,y)$ 在区域 $D \subset \mathbf{C}$ 内满足的 C—R 条件可以改写成

$$\frac{\partial f}{\partial \bar{z}} = 0.$$

由定理 2.1,注意到 $f(z) = u(x,y) + \mathrm{i}v(x,y)$ 在区域 $D \subset \mathbf{C}$ 上可导,有

$$f'(z) = \frac{\partial u}{\partial x} + \mathrm{i}\frac{\partial v}{\partial x} = \frac{\partial v}{\partial y} - \mathrm{i}\frac{\partial u}{\partial y}$$

于是 $f(z)$ 的导数公式也可以改写成

$$f'(z) = \frac{\partial f}{\partial z}.$$

另外，我们再形式地记

$$\Delta x = \frac{1}{2}(\Delta z + \Delta \bar{z}), \quad \Delta y = \frac{1}{2\mathrm{i}}(\Delta z - \Delta \bar{z})$$

并将它们代入式(2.10)得

$$\Delta f(z) = \frac{\partial f}{\partial x} \cdot \frac{1}{2}(\Delta z + \Delta \bar{z}) + \frac{\partial f}{\partial y} \cdot \frac{1}{2\mathrm{i}}(\Delta z - \Delta \bar{z}) + o(|\Delta z|)$$

即

$$\Delta f(z) = \frac{1}{2}\left(\frac{\partial f}{\partial x} - \mathrm{i}\frac{\partial f}{\partial y}\right)\Delta z + \frac{1}{2\mathrm{i}}\left(\frac{\partial f}{\partial x} + \mathrm{i}\frac{\partial f}{\partial y}\right)\Delta \bar{z} + o(|\Delta z|)$$
$$= \frac{\partial f}{\partial z} \cdot \Delta z + \frac{\partial f}{\partial \bar{z}} \cdot \Delta \bar{z} + o(|\Delta z|).$$

于是，我们有以下结论.

定理 2.7 设 $f(z) = u(x,y) + \mathrm{i}v(x,y)$ 定义在平面区域 $D \subset \mathbf{C}$ 上，则 $f(z)$ 在区域 D 内实可微 $\Leftrightarrow$ 对任意 $z \in D$，有

$$\Delta f(z) = \frac{\partial f}{\partial z} \cdot \Delta z + \frac{\partial f}{\partial \bar{z}} \cdot \Delta \bar{z} + o(|\Delta z|).$$

定理 2.8 设 $f(z) = u(x,y) + \mathrm{i}v(x,y)$ 定义在平面区域 $D \subset \mathbf{C}$ 上，则 $f(z)$ 在点 $z \in D$ 可微(在区域 D 内解析)$\Leftrightarrow f(z)$ 在点 $z \in D$(区域 D 内) 实可微，且 $\frac{\partial f}{\partial \bar{z}} = 0$. 此时还有 $f'(z) = \frac{\partial f}{\partial z}$.

证明 仅证在点 $z \in D$ 可微的情形. 至于在区域 D 内解析的情形，只需注意到 z 的任意性即可.

"$\Leftarrow$" 若 $f(z)$ 在点 $z \in D$ 实可微，且 $\frac{\partial f}{\partial \bar{z}} = 0$，由定理 2.7 得

$$\Delta f(z) = \frac{\partial f}{\partial z} \cdot \Delta z + o(|\Delta z|)$$

所以，由可微的定义，$f(z)$ 在点 $z \in D$ 可微，且 $f'(z) = \frac{\partial f}{\partial z}$.

"$\Rightarrow$" 若 $f(z)$ 在点 $z \in D$ 可微，则易见 $f(z)$ 在点 z 实可微(因为 $u(x,y)$ 和 $v(x,y)$ 必在点 z 可微)，且 $\frac{\partial f}{\partial \bar{z}} = 0$(因为 $u(x,y)$ 和 $v(x,y)$ 在点 z 满足 C—R 条件).

例 2.12 设 $f(z) = (\mathrm{Re}z)^2$，试讨论 $f(z)$ 的可导性.

解 易见，$f(z) = (\mathrm{Re}z)^2$ 在平面上实可微. 因为 $f(z) = (\mathrm{Re}z)^2 = \left(\frac{z+\bar{z}}{2}\right)^2$，所以

$$\frac{\partial f}{\partial \bar{z}} = 2 \cdot \frac{1}{2}(z + \bar{z}) = \mathrm{Re}z$$

根据定理 2.8,当且仅当 $\mathrm{Re}z = 0$ 时,$f(z)$ 可导且此时

$$f'(z) = \frac{\partial f}{\partial z} = 2 \cdot \frac{1}{2}(z + \bar{z}) = \mathrm{Re}z = 0.$$

例 2.13 在 $\frac{\partial f}{\partial z} \triangleq \frac{1}{2}\left(\frac{\partial f}{\partial x} - \mathrm{i}\frac{\partial f}{\partial y}\right), \frac{\partial f}{\partial \bar{z}} \triangleq \frac{1}{2}\left(\frac{\partial f}{\partial x} + \mathrm{i}\frac{\partial f}{\partial y}\right)$ 中,再记形式算子

$$\frac{\partial}{\partial z} \triangleq \frac{1}{2}\left(\frac{\partial}{\partial x} - \mathrm{i}\frac{\partial}{\partial y}\right), \quad \frac{\partial}{\partial \bar{z}} \triangleq \frac{1}{2}\left(\frac{\partial}{\partial x} + \mathrm{i}\frac{\partial}{\partial y}\right).$$

由此,二元 Laplace 算子 $\Delta = \frac{\partial^2}{\partial x^2} + \frac{\partial^2}{\partial y^2}$ 可以改写成

$$\Delta = \frac{\partial^2}{\partial x^2} + \frac{\partial^2}{\partial y^2} = 4\frac{\partial^2}{\partial z \partial \bar{z}}$$

于是,要验证二元实函数 $u(x,y) = u(z,\bar{z})$ 是否为调和函数,只需计算 $\Delta u = 4\frac{\partial^2 u}{\partial z \partial \bar{z}}$ 是否为 0 即可. 试用这样的方法验证:函数 $u(x,y) = \ln|z|$ 在 $\mathbf{C}\backslash\{0\}$ 上的调和性.

解 因当 $z \in \mathbf{C}\backslash\{0\}$ 时,$u(x,y) = \ln|z| = \frac{1}{2}\ln|z|^2 = \frac{1}{2}\ln(z \cdot \bar{z})$,所以

$$\frac{\partial u}{\partial \bar{z}} = \frac{1}{2} \cdot \frac{z}{z \cdot \bar{z}} = \frac{1}{2} \cdot \frac{1}{\bar{z}}, \quad \frac{\partial^2 u}{\partial z \partial \bar{z}} = \frac{1}{2} \cdot \frac{\partial}{\partial z}\left(\frac{1}{\bar{z}}\right) = \frac{1}{2} \cdot 0 = 0$$

即 $u(x,y) = \ln|z|$ 是 $\mathbf{C}\backslash\{0\}$ 上的调和函数.

§2.2 初等单值解析函数

在 §2.1 中,我们得到了多项式函数和有理函数在其定义区域内的解析性. 本节,我们将进一步把数学分析中的一些常见初等函数推广到复数域上来,并讨论它们的解析性.

2.2.1 复指数函数

由 §2.1 中的例 2.8 知,函数 $f(z) = \mathrm{e}^x(\cos y + \mathrm{i}\sin y)$ 在 z 平面上解析,且 $f'(z) = f(z)$,并且由复数的乘法还可以验证,对任意两个复数 $z_1, z_2 \in \mathbf{C}$,总有

$$f(z_1 + z_2) = f(z_1) \cdot f(z_2).$$

显然,形式上这与实指数的加法法则一致. 因此,在复数域中,我们给出如下定义:

定义 2.7 对任意复数 $z = x + \mathrm{i}y \in \mathbf{C}$,我们称函数 $f(z) = \mathrm{e}^x(\cos y + \mathrm{i}\sin y)$ 为复指数函数,记为 e^z 或 $\mathrm{e}^{x+\mathrm{i}y}$,即

$$\mathrm{e}^z = \mathrm{e}^{x+\mathrm{i}y} = \mathrm{e}^x(\cos y + \mathrm{i}\sin y).$$

下面,我们给出复指数函数的一些常用性质:

性质 2.1 当 $z = x$(实数,此时虚部 $y = 0$)时,$\mathrm{e}^z = \mathrm{e}^x$,即此时复指数就是通常的实指数,这表明复指数函数是实指数函数在复数域上的推广.

性质 2.2 当 $z = \mathrm{i}y$(纯虚数,此时实部 $x = 0$) 时,$\mathrm{e}^z = \mathrm{e}^{\mathrm{i}y} = \cos y + \mathrm{i}\sin y$(欧拉公式).

性质 2.3 $|\mathrm{e}^z| = \mathrm{e}^x > 0$,$\mathrm{Arg}\,\mathrm{e}^z = y + 2k\pi\mathrm{i}(k \in \mathbf{Z})$,从而在 z 平面上 $\mathrm{e}^z \neq 0$,这表明复指数函数在 z 平面上无零点.

另外,由例 2.8 知,e^z 在 z 平面上解析,且 $(\mathrm{e}^z)' = \mathrm{e}^z$.

性质 2.4 加法法则成立,即对任意两个复数 $z_1, z_2 \in \mathbf{C}$,总有
$$\mathrm{e}^{z_1+z_2} = \mathrm{e}^{z_1} \cdot \mathrm{e}^{z_2}.$$

事实上,设 $z_1 = x_1 + \mathrm{i}y_1, z_2 = x_2 + \mathrm{i}y_2$,则
$$z_1 + z_2 = (x_1 + x_2) + \mathrm{i}(y_1 + y_2)$$
由复指数函数的定义
$$\mathrm{e}^{z_1+z_2} = \mathrm{e}^{x_1+x_2}[\cos(y_1+y_2) + \mathrm{i}\sin(y_1+y_2)],$$
$$\mathrm{e}^{z_1} \cdot \mathrm{e}^{z_2} = \mathrm{e}^{x_1}(\cos y_1 + \mathrm{i}\sin y_1) \cdot \mathrm{e}^{x_2}(\cos y_2 + \mathrm{i}\sin y_2)$$
$$= \mathrm{e}^{x_1+x_2}[\cos(y_1+y_2) + \mathrm{i}\sin(y_1+y_2)].$$
故加法法则成立.

性质 2.5 $\lim_{z \to \infty} \mathrm{e}^z$ 不存在(即 e^{∞} 无意义),且 e^z 是无界函数.

事实上,当 z 沿着实轴趋于 $+\infty$ 时,$\mathrm{e}^z \to +\infty$.而当 z 沿着实轴趋于 $-\infty$ 时,$\mathrm{e}^z \to 0$,故性质 2.5 的结论成立.

以上性质与实指数函数的性质相似,下面给出一个同实指数函数不同的性质.

性质 2.6 e^z 是以 $2\pi\mathrm{i}$ 为周期的周期函数(即 $\mathrm{e}^{z+2\pi\mathrm{i}} = \mathrm{e}^z$).

事实上,由定义易知,$\mathrm{e}^{2\pi\mathrm{i}} = 1$,所以由加法法则得
$$\mathrm{e}^{z+2\pi\mathrm{i}} = \mathrm{e}^z \cdot \mathrm{e}^{2\pi\mathrm{i}} = \mathrm{e}^z.$$
易见,$2k\pi\mathrm{i}$ 也是 e^z 的周期,从而 $\mathrm{e}^{z_1} = \mathrm{e}^{z_2} \Leftrightarrow z_2 = z_1 + 2k\pi\mathrm{i}(k \in \mathbf{Z})$.

例 2.14 求 $\mathrm{e}^{1+\mathrm{i}}, \mathrm{e}^{2k\pi\mathrm{i}}, \mathrm{e}^{\pi\mathrm{i}}$ 和 $\mathrm{e}^{\mathrm{i}\frac{\pi}{2}}$ 的值.

解 由复指数的定义
$$\mathrm{e}^{1+\mathrm{i}} = \mathrm{e}(\cos 1 + \mathrm{i}\sin 1), \quad \mathrm{e}^{2k\pi\mathrm{i}} = \mathrm{e}^0(\cos 2k\pi + \mathrm{i}\sin 2k\pi) = 1,$$
$$\mathrm{e}^{\pi\mathrm{i}} = \mathrm{e}^0(\cos\pi + \mathrm{i}\sin\pi) = -1, \quad \mathrm{e}^{\mathrm{i}\frac{\pi}{2}} = \mathrm{e}^0\left(\cos\frac{\pi}{2} + \mathrm{i}\sin\frac{\pi}{2}\right) = \mathrm{i}.$$

例 2.15 证明:减法法则对复指数也成立,即对任意 $z_1, z_2 \in \mathbf{C}$,则
$$\frac{\mathrm{e}^{z_1}}{\mathrm{e}^{z_2}} = \mathrm{e}^{z_1} \cdot \mathrm{e}^{-z_2} = \mathrm{e}^{z_1-z_2}.$$

证明 由复指数的加法法则,对任意复数 $z \in \mathbf{C}, \mathrm{e}^z \cdot \mathrm{e}^{-z} = \mathrm{e}^{z+(-z)} = \mathrm{e}^0 = 1$,所以 $\frac{1}{\mathrm{e}^z} = \mathrm{e}^{-z}$,于是,对任意 $z_1, z_2 \in \mathbf{C}, \frac{\mathrm{e}^{z_1}}{\mathrm{e}^{z_2}} = \mathrm{e}^{z_1} \cdot \mathrm{e}^{-z_2} = \mathrm{e}^{z_1-z_2}$,即减法法则成立.

例 2.16 据理说明数学分析中的微分中值定理对复指数函数不成立.

解 由复指数函数的周期性,对任意复数 $z \in \mathbf{C}, \mathrm{e}^{z+2\pi\mathrm{i}} = \mathrm{e}^z$.而由性质 2.3,$(\mathrm{e}^z)' = \mathrm{e}^z \neq 0$.所以,不存在 ξ,使得

$$0 = e^{z+2\pi i} - e^z = e^{\xi} \cdot 2\pi i.$$

即数学分析中的微分中值定理对复指数函数不成立.

2.2.2 复三角函数与复双曲函数

1. 复三角函数

首先,我们考察实正弦函数、实余弦函数的复数表示. 由欧拉公式得

$$e^{ix} = \cos x + i\sin x, \quad e^{-ix} = \cos x - i\sin x$$

两式相加或相减得

$$\cos x = \frac{e^{ix} + e^{-ix}}{2}, \quad \sin x = \frac{e^{ix} - e^{-ix}}{2i}.$$

我们将上面所得两式中的实数 $x \in \mathbf{R}$ 换成复数 $z \in \mathbf{C}$,并利用复指数可得如下定义:

定义 2.8 对任意复数 $z \in \mathbf{C}$,我们规定

$$\sin z = \frac{e^{iz} - e^{-iz}}{2i}, \quad \cos z = \frac{e^{iz} + e^{-iz}}{2}$$

分别称为 z 的复正弦函数和复余弦函数.

下面,我们再给出复正弦函数、复余弦函数的一些常用性质.

性质 2.7 当 $z = x$(实数,此时虚部 $y = 0$) 时,由定义 2.8 及欧拉公式

$$\sin z = \sin x, \quad \cos z = \cos x.$$

即此时复正弦函数、复余弦函数就是通常的实正弦函数、实余弦函数,这表明复正弦函数、复余弦函数是实正弦函数、实余弦函数在复数域上的推广.

性质 2.8 $\sin z, \cos z$ 都在 z 平面上解析,且 $(\sin z)' = \cos z, (\cos z)' = -\sin z$.

事实上,由解析函数的四则运算性、复合运算性以及 e^z 的解析性易知,$\sin z$,$\cos z$ 都在 z 平面上解析,并且

$$(\sin z)' = \left(\frac{e^{iz} - e^{-iz}}{2i}\right)' = \frac{1}{2}(e^{iz} + e^{-iz}) = \cos z$$

$$(\cos z)' = \left(\frac{e^{iz} + e^{-iz}}{2}\right)' = \frac{i}{2}(e^{iz} - e^{-iz}) = -\frac{1}{2i}(e^{iz} - e^{-iz}) = -\sin z.$$

性质 2.9 由定义不难证明 $\sin z$ 是奇函数,$\cos z$ 是偶函数,且满足通常的三角恒等式.

例如
$$\sin^2 z + \cos^2 z = 1, \quad \sin 2z = 2\sin z \cos z$$
$$\cos 2z = \cos^2 z - \sin^2 z = 2\cos^2 z - 1 = 1 - 2\sin^2 z$$
$$\sin(z_1 \pm z_2) = \sin z_1 \cos z_2 \pm \cos z_1 \sin z_2$$
$$\cos(z_1 \pm z_2) = \cos z_1 \cos z_2 \mp \sin z_1 \sin z_2.$$

事实上

$$\sin(-z) = \frac{e^{i(-z)} - e^{-i(-z)}}{2i} = -\frac{e^{iz} - e^{-iz}}{2i} = -\sin z$$

即 $\sin z$ 是奇函数,同理可得 $\cos z$ 是偶函数.

$$\sin(z_1 \pm z_2) = \frac{e^{i(z_1 \pm z_2)} - e^{-i(z_1 \pm z_2)}}{2i}$$

$$= \frac{e^{iz_1} - e^{-iz_1}}{2i} \cdot \frac{e^{iz_2} + e^{-iz_2}}{2i} \pm \frac{e^{iz_1} + e^{-iz_1}}{2i} \cdot \frac{e^{iz_2} - e^{-iz_2}}{2i}$$

$$= \sin z_1 \cos z_2 \pm \cos z_1 \sin z_2.$$

同理可证其他恒等式.

性质 2.10 $\sin z, \cos z$ 都是以 2π 为周期的周期函数.

事实上,由于 e^z 以 $2\pi i$ 为周期,所以

$$\sin(z + 2\pi) = \frac{e^{i(z+2\pi)} - e^{-i(z+2\pi)}}{2i} = \frac{e^{iz} - e^{-iz}}{2i} = \sin z$$

即 $\sin z$ 以 2π 为周期. 同理可得 $\cos z$ 以 2π 为周期.

性质 2.11 $\sin z$ 的零点为 $z = n\pi$ $(n = 0, \pm 1, \pm 2, \cdots)$; $\cos z$ 的零点为

$$z = \left(n + \frac{1}{2}\right)\pi \ (n = 0, \pm 1, \pm 2, \cdots).$$

下面,给出一个同实正弦函数、实余弦函数不同的性质.

性质 2.12 $\sin z, \cos z$ 在 z 平面上无界,从而 $|\sin z| \leqslant 1, |\cos z| \leqslant 1$ 一般不成立.

事实上,取 $z = iy(y > 0)$,则 $\cos(iy) = \frac{e^y + e^{-y}}{2} > \frac{e^y}{2} \to +\infty (y \to +\infty)$,所以 $\cos z$ 在 z 平面上无界. 同理可得 $\sin z$ 在 z 平面上无界.

例 2.17 求 $\sin(1 + i)$ 的值.

解 由正弦函数的定义

$$\sin(1 + i) = \frac{e^{i(1+i)} - e^{-i(1+i)}}{2i} = \frac{e^{-1+i} - e^{1-i}}{2i}$$

$$= \frac{e^{-1}(\cos 1 + i\sin 1) - e(\cos 1 - i\sin 1)}{2i}$$

$$= \frac{e + e^{-1}}{2}\sin 1 + i\frac{e - e^{-1}}{2}\cos 1$$

$$= \text{ch}1 \cdot \sin 1 + i\text{sh}1 \cdot \cos 1.$$

例 2.18 证明对任意复数 $z \in \mathbf{C}, e^{iz} = \cos z + i\sin z$(推广的欧拉公式).

这个结论由正弦函数、余弦函数的定义立即可得.

类似于实三角函数的定义,我们利用复正弦函数、复余弦函数还可以定义其他复三角函数.

定义 2.9 对于任意复数 $z \in \mathbf{C}$,我们称

$$\tan z = \frac{\sin z}{\cos z}, \quad \cot z = \frac{\cos z}{\sin z}, \quad \sec z = \frac{1}{\cos z}, \quad \csc z = \frac{1}{\sin z}$$

分别为复正切函数、复余切函数、复正割函数、复余割函数.

由复正弦函数、复余弦函数的性质易知,复正切函数、复余切函数、复正割函数、复余割函数都在 z 平面上使分母不为零的点处解析,且

$$(\tan z)' = \sec^2 z, (\cot z)' = -\csc^2 z$$
$$(\sec z)' = \sec z \cdot \tan z, (\csc z)' = -\csc z \cdot \cot z$$
$$\cot z = \frac{1}{\tan z}, \sec^2 z = 1 + \tan^2 z$$
$$\csc^2 z = 1 + \cot^2 z.$$

另外,我们还有复正切函数、复余切函数是以 π 为周期的周期函数,而复正割函数、复余割函数是以 2π 为周期的周期函数.

2. 复双曲函数

我们将实双曲函数中的实变量换成复变量可得以下定义.

定义 2.10 对任意复数 $z \in \mathbf{C}$,我们称

$$\sinh z = \frac{e^z - e^{-z}}{2}, \quad \cosh z = \frac{e^z + e^{-z}}{2}$$

$$\tanh z = \frac{\sinh z}{\cosh z}, \quad \coth z = \frac{\cosh z}{\sinh z} = \frac{1}{\tanh z}$$

$$\operatorname{sech} z = \frac{1}{\cosh z}, \quad \operatorname{csch} z = \frac{1}{\sinh z}$$

分别为复双曲正弦函数、复双曲余弦函数、复双曲正切函数、复双曲余切函数、复双曲正割函数、复双曲余割函数.

显然,上述函数都在其定义域内解析,且复双曲正弦函数、复双曲余弦函数、复双曲正割函数、复双曲余割函数都是以 $2\pi i$ 为周期的函数.

例 2.19 证明复双曲正切函数、复双曲余切函数是以 πi 为周期的函数.

证明 因为 $e^{\pm \pi i} = -1$,所以

$$\tanh(z + \pi i) = \frac{e^{z+\pi i} - e^{-(z+\pi i)}}{e^{z+\pi i} + e^{-(z+\pi i)}} = \frac{e^z - e^{-z}}{e^z + e^{-z}} = \tanh z$$

即复双曲正切函数是以 πi 为周期的函数. 同理可证,复双曲余切函数是以 πi 为周期的函数.

§2.3 初等多值解析函数

本节,我们将讨论一些具体的初等多值函数. 由于这些函数的多值性大多归结于辐角函数的多值性,为此,我们先考虑辐角函数.

2.3.1 辐角函数

首先,我们简要给出本节讨论多值函数的基本思想. 对多值函数的研究,通常是借助单值函数的研究方法来进行的,因此,我们对多值函数常常是先对多值函数

的定义域进行适当的处理(即用适当割线将其定义域割破),然后,再将多值函数在其处理后的定义域内单值化(即分出其单值分支函数),最后,用单值函数的研究方法再来研究各单值分支函数.

在第 1 章,我们考虑过函数
$$w = \text{Arg}z \ (z \neq 0)$$
我们称该函数为辐角函数.

由不为零的复数辐角的含义知,对任意 $z \neq 0$, $w = \text{Arg}z$ 有无穷多个不同的取值,因此,$w = \text{Arg}z$ 一般是一个多值函数. 如果我们用 $\arg z$ 表示 $z \neq 0$ 的一个确定的辐角,则辐角函数可以表示为
$$w = \text{Arg}z = \arg z + 2k\pi \ (z \neq 0)$$
称为辐角函数的分支表示,其中 k 为一切整数.

对每个固定的整数 k,记 $(w)_k = \arg z + 2k\pi$,称为辐角函数的第 k 分支函数. 当 $k = 0$ 时,
$$(w)_0 = \arg z \ (z \neq 0)$$
称为辐角函数的主值(支). 可见,辐角函数一般是由无穷多个分支函数构成的,且不难说明每个分支函数在 $z \neq 0$ 内仍是多值的.

下面,我们从两个角度来考虑如何将辐角函数的每个分支函数单值化.

首先,考虑复平面除去包括 0 点的负实轴所得的区域 $D = \{z \mid -\pi < \arg z < \pi\}$. 显然在区域 D 内,辐角函数的主值 $\arg z$ 是一个单值连续的函数,从而其每一个分支函数
$$(w)_k = \arg z + 2k\pi$$
在区域 D 内也是单值连续的函数,所以我们说辐角函数在上述区域 D 内可以分解出无穷多个单值连续的分支函数.

注:(1)上述区域 D 是将复平面沿包括 0 点的负实轴割开得到的. 习惯上,我们把包括 0 点的负实轴称为辐角函数的一条支割线,这条支割线是区域 D 的边界.

(2) 支割线的两侧,习惯上也称为两沿(或两岸),按照位置关系上述支割线的两沿分别称为上沿和下沿. 显然,我们只要补充辐角函数的各单值分支函数在上、下沿处的函数值(如补充主值支 $\arg z$ 在上、下沿处的函数值分别为 π 和 $-\pi$)就可以使各单值分支函数延拓成直到负实轴的上、下沿的连续函数.

(3) 各单值分支函数在上、下沿处补充的函数值,称为该分支函数在上、下沿处的函数值. 一般地,辐角函数的同一单值分支函数在上、下沿处的函数值是不相等的.

其次,再考虑如何在较一般的区域内将辐角函数单值化. 我们先简要分析一下辐角函数产生多值的原因.

记 $w = \arg z (z \neq 0)$ 为辐角函数的一个分支函数,z_0 为复平面上任意一点,并取 z_0 的一个充分小的邻域.

当 $z_0 \neq 0$ 时,此时还要求该邻域不含 0,我们在该邻域内任取一条围绕 z_0 的简单闭曲线 C,如图 2.4 所示.

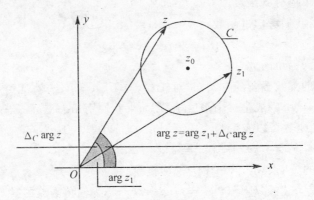

图 2.4 点 $z_0 \neq 0$ 不是辐角函数的支点的示意图

易见,当动点 z 从 C 上某一点 z_1(称为起始点)出发,沿 C 的正向或负向连续变化一周又回到起始点 z_1 时(此时的起始点也称为终点),辐角的连续改变量 $\Delta_C \arg z = 0$,所以辐角的值并没有改变. 记起始点 z_1 的辐角为 $\arg z|_{z=z_1(起)} = \theta_1$,动点 z 沿 C 的正向或负向连续变化一周又回到起始点 z_1 时的辐角为 $\arg z|_{z=z_1(终)} = \theta_1'$,则
$$\theta_1' - \theta_1 = \Delta_C \arg z = 0, \theta_1' = \theta_1$$
即 $\arg z$ 在 z_1 的值没有发生变化,这表明 $z_0 \neq 0$ 对分支函数 $\arg z$ 的多值没有影响.

当 $z_0 = 0$ 时,同上述方法,如图 2.5 所示,当动点 z 从 C 上某一点 z_1 出发,沿 C 的正向或负向连续变化一周又回到 z_1 时,辐角的连续改变量为
$$\Delta_C \arg z = \pm 2\pi$$
此时
$$\theta_1' = \theta_1 \pm 2\pi$$

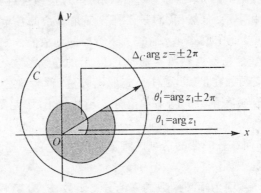

图 2.5 点 $z_0 = 0$ 是辐角函数的支点的示意图

即 argz 在 z_1 的值没有发生变化,这表明 $z_0 = 0$ 对分支函数 argz 的多值有影响.

从上面的分析可以看出,在复平面 **C** 上,原点 0 是导致辐角函数的值发生改变的点(称为辐角函数 $w = \text{Arg}z$ 的一个支点),而其他的点不会使辐角函数的值发生改变.

类似的方法可以得到,扩充复平面 $\mathbf{C}_\infty$ 上的无穷远点 ∞ 也是辐角函数 $w = \text{Arg}z$ 的一个支点.

一般地,设 $w = f(z)$ 是定义在区域 D 内的一个多值函数的分支函数,z_0 为复平面 **C**(或扩充复平面 $\mathbf{C}_\infty$)上的一点,如果在 z_0 的一个充分小的邻域内,存在一条仅围绕 z_0 的简单闭曲线 C,使得当动点 z 从 C 上某一点 z_1 出发,沿 C 的正向或负向连续变化一周又回到 z_1 时,$w = f(z)$ 的值会发生改变,即

$$[f(z)]_{z=z_1(\text{终})} - [f(z)]_{z=z_1(\text{起})} \stackrel{\Delta}{=\!=} \Delta_C f(z) \neq 0$$

则称 z_0 为该多值函数的支点,这是该函数产生多值的主要原因(也是客观原因).

可见,对 $w = \text{Arg}z$ 而言,使该函数产生多值的主要原因是该函数在扩充复平面 $\mathbf{C}_\infty$ 上有两个支点 0 和 ∞,且在其定义区域内,动点可以单独围绕各支点变化.因此,如果我们能对其定义区域作适当的处理(通常的做法是:用连接 0 和 ∞ 的连线作为割线(称为支割线)将定义区域割破),使得在处理后的区域内动点不能单独绕各支点变化,则在处理后的定义区域内 $w = \text{Arg}z$ 就能单值化,即该函数的每一个分支函数就成为单值连续分支函数.

一般地,支点是引起多值函数产生多值的主要原因.我们把连接多值函数所有支点的适当连线(这里的适当连线通常以保证动点不能穿过连线绕各支点变化为标准)称为支割线.沿支割线将多值函数的定义区域(如果需要)割破也就是使多值函数单值化(即使得多值函数的每一个分支函数成为单值函数)的方法.

现在,我们就可以给出在一般的区域内将辐角函数单值化的方法:

设 G 为复平面 **C** 上的一个区域,若 G 是不包含原点 0 的单连通区域,则在该区域内 $w = \text{Arg}z$ 的每个分支函数就是该区域内的单值连续的分支函数(即此时无须对 G 作任何处理,$w = \text{Arg}z$ 就可以单值化);否则可以用连接 0 和 ∞ 的连线作为支割线将 G 割破,则在割破的区域内 $w = \text{Arg}z$ 的各分支函数就是单值连续的分支函数(即 $w = \text{Arg}z$ 就可以单值化).

显然,当区域是复平面沿从原点 0 出发的负实轴作为支割线割开所得的区域时,也就是我们最开始所采用的将辐角函数单值化的方法.

注意:

(1) 辐角函数的支割线有无穷多条,任何一条从原点出发无限延伸的曲线都可以作为支割线.

(2) 今后,若无特别声明,辐角函数的单值连续分支都是指以从原点出发的负实轴作为支割线所分出的单值分支,其中 $k = 0$ 的那个分支,称为主值支,仍记为

$$w = \text{arg}z (-\pi < \text{arg}z < \pi).$$

(3) 以上讨论辐角函数的方法对本节所讨论的其他多值函数也适用.

(4) 已知:辐角函数的某一单值分支 $f(z)$ 在某一点 z_0 的值为 $\arg z_0$,则该分支函数在另一点 z_1 的值 $\arg z_1$ 需要按下面的公式计算

$$\arg z_1 = \arg z_0 + \Delta_C \arg z$$

其中 C 是该函数的定义域内,从 z_0 出发到 z_1 且不穿过支割线的任一条简单曲线,$\Delta_C \arg z$ 表示当动点 z 从 z_0 出发沿 C 连续变化到 z_1(方向是从 z_0 到 z_1)时,辐角的连续改变量,如图 2.6 所示.

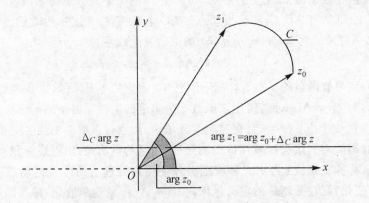

图 2.6 辐角与初始辐角之间的关系示意图

(5) 关于辐角的连续改变量,我们还有下面几个常用的关系:

① 如图 2.7 所示,若简单曲线 C 是由两条简单曲线 C_1,C_2 首尾衔接而成,且它们的方向一致,则

$$\Delta_C \arg z = \Delta_{C_1} \arg z + \Delta_{C_2} \arg z.$$

② 设 C 为一条简单曲线,$a,b \notin C$,则

$$\Delta_C \arg(z-a)(z-b) = \Delta_C \arg(z-a) + \Delta_C \arg(z-b)$$

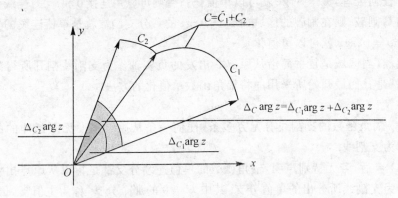

图 2.7 辐角增量关系示意图

$$\Delta_C \arg \frac{z-a}{z-b} = \Delta_C \arg(z-a) - \Delta_C \arg(z-b).$$

③ 设 C 为一条简单曲线, n 为正整数,则

$$\Delta_C \arg \sqrt[n]{z} = \frac{1}{n} \Delta_C \arg z.$$

例 2.20 在复平面 **C** 上作割线

$$K = \{z \mid |z+1| = 1, \operatorname{Im} z \geqslant 0\} \cup (-3, -2)$$
$$\cup \{z \mid |z+4| = 1, \operatorname{Im} z \leqslant 0\} \cup (-\infty, -5)$$

得区域 G,则在该区域内 $w = \operatorname{Arg} z$ 可以分出无穷多个单值连续分支函数,求 $w = \operatorname{Arg} z$ 满足条件 $\arg 1 = 0$ 的单值连续分支 $f(z) = \arg z$ 在点 $z = -1$ 和 $z = -4$ 处的值.

解 如图 2.8 所示,在 G 内分别任取从 1 出发不穿过支割线到 $z = -1$ 和 $z = -4$ 的简单曲线 C_1 和 C_2,易得

$$\Delta_{C_1} \arg z = -\pi, \quad \Delta_{C_2} \arg z = \pi$$

所以

$$f(-1) = \arg 1 + \Delta_{C_1} \arg z = -\pi, \quad f(-4) = \arg 1 + \Delta_{C_2} \arg z = \pi.$$

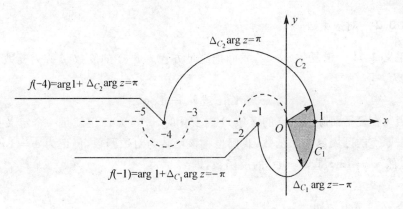

图 2.8 辐角关系示意图

例 2.21 如图 2.9 所示,设 $f_1(z) = z(z-1)(z-2)$, $f_2(z) = \dfrac{z-1}{z-2}$, C 平面上从 3 到 i 的折线

$$\{z = 3 + \mathrm{i}y \mid 0 \leqslant y \leqslant 1\} \cup \{z = x + \mathrm{i} \mid 0 \leqslant x \leqslant 3\}$$

则

$$\Delta_C f_1(z) = \Delta_C \arg z + \Delta_C \arg(z-1) + \Delta_C \arg(z-2)$$
$$= \frac{\pi}{2} + \frac{3\pi}{4} + \left(\pi - \arctan \frac{1}{2}\right) = \frac{9\pi}{4} \arctan \frac{1}{2}$$

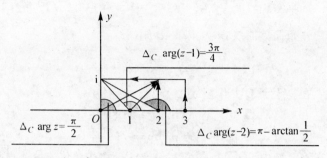

图 2.9 $\Delta_C \arg z, \Delta_C \arg(z-1)$ 和 $\Delta_C \arg(z-2)$ 示意图

$$\Delta_C \arg f_2(z) = \Delta_C \arg(z-1) - \Delta_C \arg(z-2)$$
$$= \frac{3\pi}{4} - \left(\pi - \arctan\frac{1}{2}\right) = -\frac{\pi}{4} + \arctan\frac{1}{2}$$
$$\Delta_C \arg \sqrt[3]{f_1(z)} = \frac{1}{3}\Delta_C \arg f_1(z) = \frac{1}{3}[\Delta_C \arg z + \Delta_C \arg(z-1) + \Delta_C \arg(z-2)]$$
$$= \frac{3\pi}{4} - \frac{1}{3}\arctan\frac{1}{2}.$$

2.3.2 对数函数

定义 2.11 设复数 $z \neq 0$,我们把满足方程 $z = e^w$ 的复数 w 称为复数 z 的对数,记为

$$w = \text{Ln}z \text{ 或 } w = \text{Log}z.$$

当 z 在复平面除去原点的区域 D 内变化时,$w = \text{Ln}z$ 也就是一个定义在复平面除去原点的区域 D 内的函数,我们也称该函数为对数函数,仍记为 $w = \text{Ln}z (z \in D)$,显然 $w = \text{Ln}z$ 是 $z = e^w$ 的反函数,即

$$z \equiv e^{\text{Ln}z}(z \neq 0).$$

令 $w = u + iv$,由 $z = e^{u+iv} = e^u \cdot e^{iv}$ 得

$$u = \ln|z|, \ v = \text{Arg}z$$

于是 $w = \text{Ln}z$ 可以表示为

$$w = \text{Ln}z = \ln|z| + i\text{Arg}z, z \in D (\text{称为对数函数的一般表示})$$

其中,$\ln|z|$ 是 $|z|$ 的通常的实对数,$\ln|z|$ 是一个单值函数,并且也是连续的.

由于 $\text{Arg}z$ 是无穷多值函数,所以 $w = \text{Ln}z$ 也是一个无穷多值函数(该函数的多值性是由 $\text{Arg}z$ 的多值性引起的).

由 $\text{Arg}z$ 的分支表示可得

$$w = \text{Ln}z = \ln|z| + i\text{Arg}z = \ln|z| + i\arg z + 2k\pi i$$
$$z \in D (\text{称为对数函数的分支表示})$$

其中 k 可以为一切整数. 对每个固定的整数 k
$$(w)_k = \ln|z| + i\arg z + 2k\pi i, z \in D$$
称为对数函数的第 k 分支函数. 当 $k = 0$ 时
$$(w)_0 = \ln|z| + i\arg z, z \in D$$
称为对数函数的主值(支),记为 $w = \ln z$.

于是,对数函数也可以表示成
$$w = \text{Ln} z = \ln|z| + i\text{Arg} z = \ln z + 2k\pi i, (z \in D, k \text{ 可以为一切整数})$$

可见,对数函数一般是由无穷多个分支函数构成的,并且任何不为零的复数有无穷多个对数,其中任意两个相差 $2\pi i$ 的整数倍. 如果 z 是正实数,且限制 $-\pi < \arg z < \pi$,则 $\text{Ln} z$ 的主值 $\ln z = \ln|z|$ 恰好就是通常的实对数.

注:(1) 在有些问题的讨论中,有时我们也把 $\text{Ln} z$ 的某一个确定的值记为 $\ln z$.

(2) 关于积和商的对数,我们有下面的法则:设 z_1, z_2 是不为零的复数,则
$$\text{Ln}(z_1 \cdot z_2) = \ln|z_1 \cdot z_2| + i\text{Arg}(z_1 \cdot z_2)$$
$$= \ln|z_1| + \ln|z_2| + i(\text{Arg} z_1 + \text{Arg} z_2)$$
$$= \text{Ln} z_1 + \text{Ln} z_2$$
$$\text{Ln}\frac{z_1}{z_2} = \ln\left|\frac{z_1}{z_2}\right| + i\text{Arg}\frac{z_1}{z_2}$$
$$= \ln|z_1| - \ln|z_2| + i(\text{Arg} z_1 - \text{Arg} z_2)$$
$$= \text{Ln} z_1 - \text{Ln} z_2.$$

注意:上面两个法则虽然形式上与实对数法则类似,但在理解时应按集合相等来理解.

例 2.22 $\ln i = \ln|i| + i\arg i = \frac{\pi}{2}i, \text{Ln} i = \ln i + 2k\pi i = \frac{\pi}{2}i + 2k\pi i = \frac{4k+1}{2}\pi i$
(k 为一切整数). 设 $a > 0$,则
$$\text{Ln} a = \ln a + 2k\pi i \ (k \text{ 为一切整数})$$
$$\text{Ln}(-a) = \ln(-a) + 2k\pi i = \ln a + \pi i + 2k\pi i$$
$$= \ln a + (2k+1)\pi i \ (k \text{ 为一切整数}).$$

特别地
$$\ln(-1) = \pi i, \text{Ln}(-1) = (2k+1)\pi i \ (k \text{ 为一切整数}).$$

现在,我们来分出对数函数的单值分支.

由于对数函数的多值性是由辐角函数的多值性引起的,由我们前面对辐角函数的讨论,对 $w = \text{Ln} z$ 而言,使该函数产生多值的主要原因也是由于该函数有两个支点 0 和 ∞,且在其定义区域内,动点可以单独围绕各支点变化. 因此,如果我们能对其定义区域作适当的处理(通常的做法也是用连接 0 和 ∞ 的连线作为支割线,将定义区域割破),则在处理后的区域内 $w = \text{Ln} z$ 就能单值化,即该函数的每一个分支函数就成为单值连续分支函数.

特别地，我们取从原点出发的负实轴作为支割线，并记将复平面沿该支割线割破所得的区域为 $G: -\pi < \arg z < \pi$，则 $w = \mathrm{Ln}z$ 在 G 内可以分出无穷多个单值连续分支函数

$$w = \mathrm{Ln}z = \ln|z| + \mathrm{i}\mathrm{Arg}z = \ln z + 2k\pi \mathrm{i}, (z \in G), (k \text{ 可以为一切整数})$$

其中 $k = 0$ 的那个分支仍称为主值支，并仍记为

$$w = \ln z \; (-\pi < \arg z < \pi).$$

下面，我们用一个定理给出对数函数各单值分支的解析性.

定理 2.9 对数函数 $w = \mathrm{Ln}z$ 的每一个单值分支函数 $f(z)$ 在区域 $G: -\pi < \arg z < \pi$ 内都是解析的，并且

$$f'(z) = \frac{1}{z}.$$

证明 任取 $z \in G$，由于 $z = \mathrm{e}^{f(z)}$，对于模充分小的复数 $h \neq 0$，我们还有

$$\frac{f(z+h) - f(z)}{h} = \frac{f(z+h) - f(z)}{\mathrm{e}^{f(z+h)} - \mathrm{e}^{f(z)}} = \frac{w_1 - w_0}{\mathrm{e}^{w_1} - \mathrm{e}^{w_0}} = \frac{1}{\dfrac{\mathrm{e}^{w_1} - \mathrm{e}^{w_0}}{w_1 - w_0}}$$

其中 $w_1 = f(z+h), w_0 = f(z)$.

由分支函数的连续性，当 h 充分小时，$w_1 \neq w_0$，且当 $h \to 0$ 时，$w_1 \to w_0$. 于是

$$\lim_{h \to 0} \frac{f(z+h) - f(z)}{h} = \frac{1}{\lim\limits_{w_1 \to w_0} \dfrac{\mathrm{e}^{w_1} - \mathrm{e}^{w_0}}{w_1 - w_0}} = \frac{1}{\mathrm{e}^{w_0}} = \frac{1}{z}$$

即 $f(z)$ 在 z 可微. 再由 z 的任意性知，$f(z)$ 在区域 G 内可微，所以 $f(z)$ 在区域 G 内解析.

注：(1) 对数函数 $\mathrm{Ln}z$ 在区域 G 内的每一个单值连续分支，也称为 $\mathrm{Ln}z$ 的单值解析分支. 可见，对数函数 $\mathrm{Ln}z$ 在区域 G 内可以分出无穷多个单值解析分支. 因此，我们有时也说 $\mathrm{Ln}z$ 是一个多值解析函数.

(2) 今后，我们说多值函数是解析函数，实际上是指该函数的每一个单值分支函数都是解析的.

(3) 已知：对数函数的某一单值分支 $f(z) = \ln z$ 在某一点 z_0 的值为 $f(z_0) = \ln|z_0| + \mathrm{i}\arg z_0$，则该分支函数在另一点 z_1 的值 $f(z_1)$ 需要按下面的公式计算

$$f(z_1) = \ln|z_1| + \mathrm{i}\arg z_1 = \ln|z_1| + \mathrm{i}\Delta_C \arg z + \mathrm{i}\arg z_0$$

其中 C 在该函数的定义域内，从 z_0 出发到 z_1 且不穿过支割线的任一条简单曲线，$\Delta_C \arg z$ 表示当动点 z 从 z_0 出发沿 C 连续变到 z_1（方向是从 z_0 到 z_1）时，辐角的连续改变量，$\arg z_0 = \mathrm{Im} f(z_0)$.

2.3.3 根式函数与一般幂函数

1. 根式函数

定义 2.12 对任意复数 $z \neq 0$，我们把 z 的 n 次方根所确定的函数称为根式函

数,仍记为 $w = \sqrt[n]{z}$,其中 n 为大于 0 的整数. 显然,该函数是指数为正整数的幂函数 $z = w^n$ 的反函数,且该函数的定义域是复平面 **C** 除去原点 0 所得的区域 $\mathbf{C}\setminus\{0\}$.

由第 1 章所得到的复数的 n 次方根

$$w = \sqrt[n]{z} = \sqrt[n]{|z|} \cdot \mathrm{e}^{\mathrm{i}\frac{\mathrm{Arg}z}{n}} = \sqrt[n]{|z|} \cdot \mathrm{e}^{\mathrm{i}\frac{\arg z + 2k\pi}{n}} (k = 0,1,2,\cdots,n-1), z \in \mathbf{C}\setminus\{0\}$$

可知,$w = \sqrt[n]{z}$ 在 $\mathbf{C}\setminus\{0\}$ 内是一个多值函数,且为 n 值的多值函数,其中 $\sqrt[n]{|z|}$ 表示通常正实数的算术根,而上述复数的方根表示也称为 $w = \sqrt[n]{z}$ 分支表示. 对每个固定的整数 k

$$(w)_k = \sqrt[n]{|z|} \cdot \mathrm{e}^{\mathrm{i}\frac{\arg z + 2k\pi}{n}}, \quad z \in \mathbf{C}\setminus\{0\}$$

称为根式函数的第 k 分支函数. 当 $k = 0$ 时

$$(w)_0 = \sqrt[n]{|z|} \cdot \mathrm{e}^{\mathrm{i}\frac{\arg z}{n}}, \quad z \in \mathbf{C}\setminus\{0\}$$

称为根式函数的主值(支). 可见,根式函数一般是由 n 个分支函数构成的.

注:虽然辐角 $\mathrm{Arg}z$ 有无穷多个取值,但 $\mathrm{e}^{\mathrm{i}\frac{\mathrm{Arg}z}{n}} = \mathrm{e}^{\mathrm{i}\frac{\arg z + 2k\pi}{n}}$ 只取 n 个不同的值. 这也是我们为什么称根式函数为 n 值多值函数的原因. 习惯上,根式函数的主值仍记为 $w = \sqrt[n]{z}$. 另外,在有些问题的讨论中,有时我们也可以把根式函数的某一个确定的值记为 $w = \sqrt[n]{z}$.

现在,我们来分出根式函数的单值分支.

由根式函数的表示知,根式函数的多值性是由辐角函数的多值性引起的. 因此,类似于对辐角函数的讨论,对 $w = \sqrt[n]{z}$ 而言,使该函数产生多值的主要原因也是该函数有两个支点 0 和 ∞,且在其定义区域内,动点可以单独围绕各支点变化. 因此,如果我们能对其定义区域作适当的处理(例如,用连接 0 和 ∞ 的连线作为支割线,将定义区域割破),则在处理后的区域内 $w = \sqrt[n]{z}$ 就能单值化,即该函数的每一个分支函数就成为单值分支函数. 另外,由于 $\sqrt[n]{|z|}$ 及辐角函数的各分支函数在上述处理后的区域内是连续的,由连续函数的四则运算性及复合函数的连续性易得,根式函数的每一个单值分支函数还是连续的,即都是单值连续分支函数.

特别地,我们取从原点出发的负实轴作为支割线,记将复平面沿该支割线割破所得的区域为

$$G_: -\pi < \arg z < \pi$$

则 $w = \sqrt[n]{z}$ 在区域 G 内可以分出 n 个单值连续分支函数

$$w = \sqrt[n]{z} = \sqrt[n]{|z|} \cdot \mathrm{e}^{\mathrm{i}\frac{\arg z + 2k\pi}{n}} (z \in G), k = 0,1,2,\cdots,n-1$$

其中 $k = 0$ 的那个单值分支,仍称为主值支,并记为

$$w = \sqrt[n]{z} \ (z \in G_: -\pi < \arg z < \pi).$$

类似于对数函数单值分支的解析性,我们可以证明,根式函数的每一个单值连续分支函数在区域 G 内也是解析的,并且

$$f'(z) = \frac{1}{n} \cdot \frac{f(z)}{z} (z \in G)$$

其中 $f(z)$ 为根式函数在区域 G 内的一个单值连续分支函数.

事实上,任取 $z \in G$,由于 $z = f^n(z)$,对于模充分小的复数 $h \neq 0$,我们有

$$\frac{f(z+h) - f(z)}{h} = \frac{f(z+h) - f(z)}{f^n(z+h) - f^n(z)} = \frac{w_1 - w_0}{w_1^n - w_0^n} = \frac{1}{\dfrac{w_1^n - w_0^n}{w_1 - w_0}}$$

其中 $w_1 = f(z+h), w_0 = f(z)$.由分支函数的连续性及连续的局部不等性知,当 h 充分小时,$w_1 \neq w_0$,且当 $h \to 0$ 时,$w_1 \to w_0$.于是

$$\lim_{h \to 0} \frac{f(z+h) - f(z)}{h} = \frac{1}{\lim\limits_{w_1 \to w_0} \dfrac{w_1^n - w_0^n}{w_1 - w_0}} = \frac{1}{n w_0^{n-1}} = \frac{1}{n} \cdot \frac{w_0}{w_0^n} = \frac{1}{n} \cdot \frac{f(z)}{z}$$

即 $f(z)$ 在 z 可微.再由 z 的任意性,$f(z)$ 在区域 G 内可微,所以 $f(z)$ 在区域 G 内解析.

注:(1) 根式函数在区域 G 内的每一个单值连续分支,也称为根式函数的单值解析分支.可见,根式函数在区域 G 内可以分出 n 个单值解析分支.

(2) 作变量代换 $u = z - a$,可以将对根式函数 $w = \sqrt[n]{z}$ 讨论的结果移植到函数 $w = \sqrt[n]{z-a}$ 得到类似的结论:该函数是一个 n 值多值函数,且以 $z = a$ 和 $z = \infty$ 为支点,我们以从 a 出发到 ∞ 的广义简单曲线(即连接 a 和 ∞ 连线)作为支割线将复平面割破,则在割破的复平面上该函数可以分出 n 个单值解析分支函数.

(3) 已知:多值函数的某一单值连续分支 $f(z)(f(z) \neq 0)$ 在一点 z_0 的值为 $f(z_0)$,则该单值连续分支在另一点 z_1 的值 $f(z_1)$ 总可以按下面的公式计算

$$f(z_1) = |f(z_1)| \cdot e^{i \arg f(z_1)} = |f(z_1)| \cdot e^{i \Delta_C \arg f(z)} \cdot e^{i \arg f(z_0)}$$

其中 $\arg f(z_1) = \arg f(z_0) + \Delta_C \arg f(z)$,$C$ 是该多值函数的单值化区域内,从 z_0 出发到 z_1 且不穿过支割线的任一条简单曲线,$\Delta_C \arg f(z)$ 表示当动点 z 从 z_0 出发沿 C 连续变化到 z_1(方向是从 z_0 到 z_1)时,$f(z)$ 的辐角的连续改变量.另外,$\Delta_C \arg f(z)$ 的值与 $\arg f(z_0)$ 的取值无关,$\arg f(z_0)$ 的取值可以相差 2π 的整数倍,如图 2.10 所示.

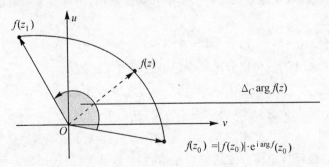

图 2.10 $f(z_1) = |f(z_1)| \cdot e^{i \Delta_C \arg f(z)} \cdot e^{i \arg f(z_0)}$ 的示意图

例 2.23 设 $w = \sqrt[3]{z}$ 确定在从原点起沿负实轴割破的复平面上,并且满足 $w(\mathrm{i}) = -\mathrm{i}$,求 $w(-\mathrm{i})$.

解法 1 如图 2.11 所示,记从原点起沿负实轴割破的复平面为 G,设根式函数在 G 内的单值分支函数为

$$w = \sqrt[3]{z} = \sqrt[3]{|z|} \cdot \mathrm{e}^{\mathrm{i}\frac{\arg z + 2k\pi}{3}} \quad (z \in G), k = 0, 1, 2$$

由题设,可以取 $\arg \mathrm{i} = \dfrac{\pi}{2}, \sqrt[3]{|\mathrm{i}|} = 1$,要使

$$-\mathrm{i} = \mathrm{e}^{\mathrm{i}\frac{\frac{\pi}{2} + 2k\pi}{3}} = \mathrm{e}^{\mathrm{i}\frac{(4k+1)\pi}{6}}$$

只需 $k = 2$,故满足题设条件的分支函数为

$$w = \sqrt[3]{z} = \sqrt[3]{|z|} \cdot \mathrm{e}^{\mathrm{i}\frac{\arg z + 4\pi}{3}}$$

又 $\sqrt[3]{|-\mathrm{i}|} = 1, \arg(-\mathrm{i}) = \arg \mathrm{i} + \Delta_C \arg z = \dfrac{\pi}{2} + (-\pi) = -\dfrac{\pi}{2}$,所以

$$w(-\mathrm{i}) = \sqrt[3]{|-\mathrm{i}|} \cdot \mathrm{e}^{\mathrm{i}\frac{-\frac{\pi}{2} + 4\pi}{3}} = \mathrm{e}^{\mathrm{i}\frac{7\pi}{6}} = -\mathrm{e}^{\frac{\pi}{6}\mathrm{i}}.$$

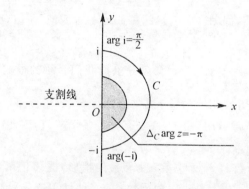

图 2.11 $\arg(-\mathrm{i}) = \arg \mathrm{i} + \Delta_C \arg z = -\dfrac{\pi}{2}$ 的示意图

注意:$\arg \mathrm{i}$ 的值还可以取为 $\dfrac{\pi}{2} + 2\pi, \dfrac{\pi}{2} - 2\pi, \cdots, \dfrac{\pi}{2} + 2n\pi, \cdots$,但此时 k 的取值会有变化,这并不影响最终所求 $w(-\mathrm{i})$ 的值.

解法 2 由题设易知

$$\arg w(\mathrm{i}) = -\dfrac{\pi}{2}, \quad \Delta_C \arg w(z) = \dfrac{1}{3} \Delta_C \arg z = -\dfrac{\pi}{3}, \quad |w(-\mathrm{i})| = 1.$$

所以

$$|w(-\mathrm{i})| = \mathrm{e}^{\mathrm{i}\Delta_C \arg w(z)} \cdot \mathrm{e}^{\mathrm{i}\arg w(\mathrm{i})} = \mathrm{e}^{-\mathrm{i}\frac{5}{6}\pi} = -\mathrm{e}^{\frac{1}{6}\pi\mathrm{i}}.$$

2. 一般幂函数

定义 2.13 设 α 为实常数或复常数,对任意复数 $z \neq 0$,定义 $z^\alpha = \mathrm{e}^{\alpha \mathrm{Ln} z}$,并称该

函数为 z 的一般幂函数.

不难看出,定义 2.13 在形式上是实数域中等式 $x^\alpha = e^{\alpha \ln x}(x > 0, \alpha 为实数)$ 在复数域中的推广. 由于 $\text{Ln} z = \ln z + 2k\pi i, k$ 为一切整数,其中 $\ln z = \ln|z| + i\arg z (z \neq 0)$ 为主值,则

$$z^\alpha = e^{\alpha \text{Ln} z} = e^{\alpha \ln z} \cdot e^{\alpha \cdot 2k\pi i}, (k 为一切整数) (称为一般幂函数的分支表示).$$

可见,对复数 $z \neq 0, z^\alpha = e^{\alpha \text{Ln} z}$ 的取值个数主要取决于因子"$e^{\alpha \cdot 2k\pi i}$"的取值个数.

下面,我们分三种情形来讨论一般幂函数.

当 α 为整数时,由于 $e^{\alpha \cdot 2k\pi i} = 1$,且

$$e^{\alpha \ln z} = e^{\alpha \ln|z| + i\alpha \arg z} = |z|^\alpha \cdot e^{i\alpha \arg z} = z^\alpha$$

所以,$z^\alpha = e^{\alpha \text{Ln} z}$ 是单值函数,且就是通常的指数为整数的幂函数.

当 α 为有理数时,由于有理数总可以表示成既约分数,即 $\alpha = \dfrac{m}{n}$,其中 $n > 1$,则

$$e^{\frac{m}{n} \cdot 2k\pi i} = e^{i\frac{2km\pi}{n}}$$

只有 n 个不同的取值,即 $km = 0, 1, 2, \cdots, n-1$ 时的值,所以,此时 $z^\alpha = e^{\alpha \text{Ln} z}$ 是一个 n 值多值函数.

特别地,当 $\alpha = \dfrac{1}{n}$ 时,$z^\alpha = e^{\alpha \text{Ln} z}$ 就是上面我们介绍的根式函数. 当 $\alpha = \dfrac{m}{n}$ 时,$z^\alpha = e^{\alpha \text{Ln} z}$ 恰好是幂函数 $w = u^m$ 与根式函数 $u = \sqrt[n]{z}$ 复合而成的函数.

当 α 为无理数或虚数时,由于 $e^{\alpha \cdot 2k\pi i}$ 有无穷多个取值,因此,$z^\alpha = e^{\alpha \text{Ln} z}$ 是一个无穷多值的多值函数.

总之,一般幂函数 $z^\alpha = e^{\alpha \text{Ln} z}$(除 α 为整数的情形)是多值函数,显然该函数的多值性是由对数函数(实质上是由辐角函数)的多值性引起的,因此,将 $z^\alpha = e^{\alpha \text{Ln} z}$ 单值化的方法与对数函数和辐角函数相同,即当 α 不是整数时,$z^\alpha = e^{\alpha \text{Ln} z}$ 有两个支点 0 和 ∞,且在其定义区域内,动点可以单独围绕各支点变化. 我们用连接 0 和 ∞ 的连线作为支割线,将其定义区域割破,则在割破的复平面所成的区域内,$z^\alpha = e^{\alpha \text{Ln} z}$ 就能单值化,即该函数的每一个分支函数就成为单值连续的分支函数.

注:(1) 习惯上,在一般幂函数 $z^\alpha = e^{\alpha \text{Ln} z}$ 中,$k = 0$ 的那个单值分支 $z^\alpha = e^{\alpha \ln z}$,称为主值支,仍记为 $z^\alpha(-\pi < \arg z < \pi)$. 在不引起混淆的情况下,有时我们也用 $z^\alpha(-\pi < \arg z < \pi)$ 表示 $z^\alpha = e^{\alpha \text{Ln} z}$ 的一个确定的单值分支.

(2) 记 $G = \{z | -\pi < \arg z < \pi\}$,由对数函数的各单值分支函数在区域 G 内的解析性以及复合函数的解析性知,$z^\alpha = e^{\alpha \text{Ln} z}$ 的各单值分支函数(仍以 $z^\alpha = e^{\alpha \ln z}$ 表示)在区域 G 内也是解析的,且

$$(z^\alpha)' = (e^{\alpha \ln z})' = e^{\alpha \ln z} \cdot (\alpha \ln z)' = z^\alpha \cdot \frac{\alpha}{z} = \alpha \cdot z^{\alpha-1}.$$

(3) 已知:幂函数的某一单值分支 $f(z) = z^{\alpha} = e^{\alpha \ln z}$ 在某一点 z_0 的值为
$$f(z_0) = e^{\alpha \ln z_0} = e^{\alpha \ln |z_0|} \cdot e^{i\alpha \arg z_0}$$
则该分支函数在另一点 z_1 的值 $f(z_1)$ 需要按下面的公式计算
$$f(z_1) = e^{\alpha \ln z_1} = e^{\alpha \ln |z_1|} \cdot e^{i\alpha \Delta_C \arg z} \cdot e^{i\alpha \arg z_0}$$
其中 C 是在该函数的定义域内,从 z_0 出发到 z_1 且不穿过支割线的任一条简单曲线,$\Delta_C \arg z$ 表示当动点 z 从 z_0 出发沿 C 连续变化到 z_1 (方向是从 z_0 到 z_1) 时,辐角的连续改变量.

例 2.24 求 i^i 和 2^{1+i} 并指出它们的主值.

解 $i^i = e^{i \text{Ln} i} = e^{i(\frac{\pi}{2} + 2k\pi i)} = e^{-(\frac{\pi}{2} + 2k\pi)} = e^{-\frac{4k+1}{2}\pi}$, k 为一切整数,其主值为 $e^{-\frac{\pi}{2}}$.

$$2^{1+i} = e^{(1+i)\text{Ln} 2} = e^{(1+i) \cdot (\ln 2 + 2k\pi i)} = e^{(\ln 2 - 2k\pi) + i(\ln 2 + 2k\pi)}$$
$$= e^{(\ln 2 - 2k\pi)}(\cos \ln 2 + i \sin \ln 2)$$

其中 k 为一切整数,其主值为
$$e^{\ln 2}(\cos \ln 2 + i \sin \ln 2) = 2(\cos \ln 2 + i \sin \ln 2).$$

2.3.4 形如 $\sqrt[n]{P(z)}$ 和 $\sqrt[n]{R(z)}$ 的函数及其值的计算

本小节,我们采用前面已介绍的研究多值函数的方法,来讨论形如
$$\sqrt[n]{P(z)} \text{ 和 } \sqrt[n]{R(z)}$$
的多值函数,其中 $P(z)$ 是一个 N 次多项式函数,$R(z)$ 是有理函数.

首先,我们考虑函数 $\sqrt[n]{P(z)}$. 由多项式的分解定理知
$$P(z) = A(z - a_1)^{k_1} \cdot (z - a_2)^{k_2} \cdots (z - a_m)^{k_m}$$
其中 $a_1, a_2, \cdots, a_m$ 是 $P(z)$ 的一切相异的零点,$k_1, k_2, \cdots, k_m$ 分别为它们的重数,满足
$$k_1 + k_2 + \cdots + k_m = N.$$

我们从一个具体例子出发归纳出寻求函数 $\sqrt[n]{P(z)}$ 的支点及支割线的方法.

例 2.25 确定下列函数的支点:

(1) $f(z) = \sqrt{z(1-z)}$; (2) $f(z) = \sqrt[3]{z(1-z)}$.

解 (1) 因 $f(z) = |f(z)| \cdot e^{i \arg f(z)}$,且对复平面上任意一条简单闭曲线 C,总有
$$\Delta_C \arg f(z) = \frac{1}{2} \Delta_C \arg z(1-z) = \frac{1}{2}(\Delta_C \arg z + \Delta_C \arg(1-z))$$

在复平面上任取一点 z_0,并取 z_0 的一个充分小的邻域.当 $z_0 \neq 0, z_0 \neq 1$ 时,要求上述邻域不含 0 和 1,我们在该邻域内任取一条围绕 z_0 的简单闭曲线 C,如图 2.12 所示,当动点 z 从 C 上某一点 z_1 出发,沿 C 的正向或负向连续变化一周又回到起始点 z_1 时
$$\Delta_C \arg z = 0, \quad \Delta_C \arg(1-z) = 0$$

所以 $\Delta_C \arg f(z) = 0$,从而 $f(z)$ 的值并没有改变,所以 z_0 不是 $f(z)$ 的支点.

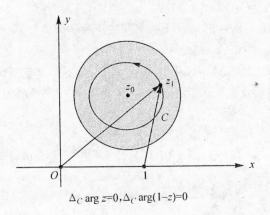

图 2.12 $z_0 \neq 0, 1$ 不是支点示意图($\Delta_C \arg f(z) = 0, e^{i(0)} = 1$)

当 $z_0 = 0$ 时,要求上述邻域不含 1. 同上述方法,如图 2.13 所示,当动点 z 从 C 上某一点 z_1 出发,沿 C 的正向或负向连续变化一周又回到 z_1 时

$$\Delta_C \arg z = \pm 2\pi, \quad \Delta_C \arg(1-z) = 0$$

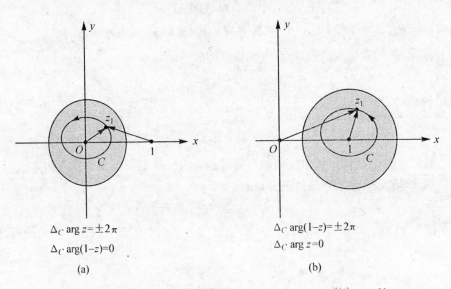

图 2.13 0 和 1 是支点的示意图($\Delta_C \arg f(z) = \pm \pi, e^{i(\pm \pi)} = -1$)

所以 $\Delta_C \arg f(z) = \pm \pi, e^{i(\pm \pi)} = -1$,可见 $f(z)$ 的值会发生改变.同理对 $z_0 = 1$ 也有类似的情形.所以 $z_0 = 0, z_0 = 1$ 都是 $f(z)$ 的支点.

当 z_0 为扩充复平面上的无穷远点时,要求上述邻域包含于 $|z| > 1$. 同前面的方法,如图 2.14 所示,当动点 z 从 C 上某一点 z_1 出发,沿 C 的正向或负向连续变化

一周又回到 z_1 时
$$\Delta_C \arg z = \pm 2\pi, \quad \Delta_C \arg(1-z) = \pm 2\pi.$$
所以 $\Delta_C \arg f(z) = \pm 2\pi, e^{i(\pm 2\pi)} = 1$,可见 $f(z)$ 的值没有改变,$z_0 = \infty$ 不是 $f(z)$ 的支点.

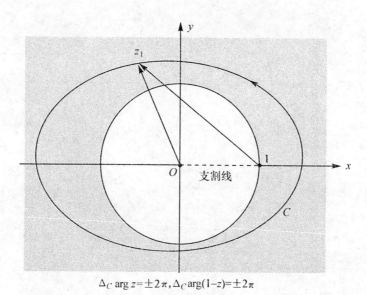

图 2.14　∞ 不是支点示意图($\Delta_C \arg f(z) = \pm 2\pi, e^{i(\pm 2\pi)} = 1$)

综上所述,$f(z) = \sqrt{z(1-z)}$ 只有两个支点 $z=0$ 和 $z=1$,因此我们只需取连接 0 和 1 的连线段作为割线将平面割破,则在割破的平面上,$f(z) = \sqrt{z(1-z)}$ 可以分出两个单值解析的分支函数
$$f(z) = \sqrt{z(1-z)} = \sqrt{|z(1-z)|} \cdot e^{i\frac{\arg z + \arg(1-z) + 2k\pi}{2}}, k = 0, 1$$
其中 z 属于上述割破的复平面.

(2) 因 $f(z) = |f(z)| \cdot e^{i\arg f(z)}$,且对复平面上任意一条简单闭曲线 C,总有
$$\Delta_C \arg f(z) = \frac{1}{3} \Delta_C \arg z(1-z) = \frac{1}{3}(\Delta_C \arg z + \Delta_C \arg(1-z)).$$

同(1)的讨论方法,类似可得,在复平面上,$z_0 = 0$ 和 $z_1 = 1$ 是 $f(z)$ 的支点.对扩充复平面上的无穷远点,任取既围绕 0 也围绕 1 的简单闭曲线 C,如图 2.15 所示,当动点 z 从 C 上某一点 z_1 出发,沿 C 的正向或负向连续变化一周又回到 z_1 时
$$\Delta_C \arg z = \pm 2\pi, \quad \Delta_C \arg(1-z) = \pm 2\pi$$
所以 $\Delta_C \arg f(z) = \pm \frac{4}{3}\pi, e^{i(\pm \frac{4}{3}\pi)} \neq 1$,可见 $f(z)$ 的值发生改变,$z_0 = \infty$ 是 $f(z)$ 的支点.

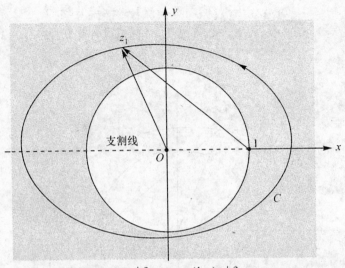

$\Delta_C \arg z = \pm 2\pi, \Delta_C \arg(1-z) = \pm 2\pi$

图 2.15 ∞ 是支点示意图($\Delta_C \arg f(z) = \pm \frac{4}{3}\pi, e^{i(\pm \frac{4}{3}\pi)} \neq 1$)

综上所述，$f(z) = \sqrt[3]{z(1-z)}$ 只有三个支点 $z=0$、$z=1$ 和 $z=\infty$，因此我们只要取连接 0 和 1 以及 ∞ 的连线作为割线将平面割破，则在割破的平面上，$f(z) = \sqrt[3]{z(1-z)}$ 可以分出三个单值解析的分支函数

$$f(z) = \sqrt[3]{z(1-z)} = \sqrt[3]{|z(1-z)|} \cdot e^{i\frac{\arg z + \arg(1-z) + 2k\pi}{3}}, k = 0, 1, 2$$

其中 z 属于上述割破的复平面.

注：支割线的作用，主要是保证将复平面沿该支割线割破之后，在割破的复平面内，当动点沿其中的任意一条简单闭曲线的正向或负向连续变化一周又回到起始点时，函数值不会发生改变. 因此，寻找支割线时，只需考虑连接函数支点的适当连线，该连线并不一定要把函数的所有支点连在一起（当然把所有的支点都连在一起的连线一定是支割线）.

例 2.26 求下列函数的支点：

(1) $f(z) = \sqrt{z(z-1)(z-2)}$； (2) $f(z) = \sqrt{z(z-1)(z-2)(z-3)}$.

解 同例 2.25 的讨论方法可以类似确定.

(1) $f(z) = \sqrt{z(z-1)(z-2)}$ 只有四个支点 $z=0, z=1, z=2$ 和 $z=\infty$，用连接 0 和 1 的直线段，加上连接 2 到 ∞ 的连线作为割线将平面割破（注意：此时割线并没有把 0 和 2，1 和 2 连起来），类似方法可以验证，如图 2.16 所示，对上述割破的平面上的任一条简单闭曲线 C，当 C 不围绕 0, 1, 2 时

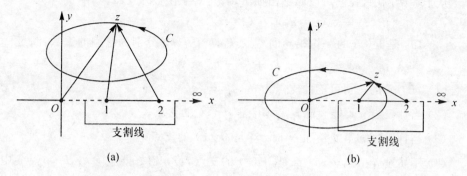

图 2.16 支点和支割线示意图

$$\Delta_C \arg f(z) = \frac{1}{2}(\Delta_C \arg z + \Delta_C \arg(z-1) + \Delta_C \arg(z-2)) = 0,$$

$$e^{i\Delta_C \arg f(z)} = e^{i \cdot 0} = 1.$$

当 C 仅围绕 0 和 1,但不围绕 2 时

$$\Delta_C \arg f(z) = \frac{1}{2}(\Delta_C \arg z + \Delta_C \arg(z-1) + \Delta_C \arg(z-2)) = \pm 2\pi,$$

$$e^{i\Delta_C \arg f(z)} = e^{i \cdot (\pm 2\pi)} = 1.$$

因此,在如此割破的平面上,$f(z) = \sqrt{z(z-1)(z-2)}$ 可以单值化.

(2) $f(z) = \sqrt{z(z-1)(z-2)(z-3)}$ 也只有四个支点 $z=0, z=1, z=2$ 和 $z=3$,同理验证用连接 0 和 1 的直线段,加上连接 2 到 3 的直线段作为割线将平面割破(注意:此时割线并没有把 0 和 2,1 和 2,0 和 3,1 和 3 连起来),则在如此割破的平面上 $f(z) = \sqrt{z(z-1)(z-2)(z-3)}$ 也可以单值化,如图 2.17 所示.

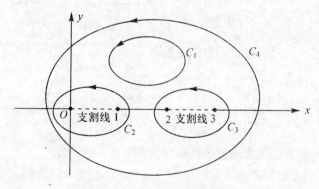

图 2.17 支点和支割线示意图

◎ 思考题:例 2.26 中还可以怎样作支割线?

从上述两例中,我们可以归纳出如下结论:对于函数 $\sqrt[n]{P(z)}$,其中
$$P(z) = A(z-a_1)^{k_1} \cdot (z-a_2)^{k_2} \cdots (z-a_m)^{k_m}$$
$a_1, a_2, \cdots, a_m$ 是 $P(z)$ 的一切相异的零点,$k_1, k_2, \cdots, k_m$ 分别为它们的重数,满足
$$k_1 + k_2 + \cdots + k_m = N.$$

(1) $\sqrt[n]{P(z)}$ 的一切可能的支点为 $a_1, a_2, \cdots, a_m$ 和 ∞;

(2) 当且仅当 n 不能整除 k_i 时,a_i 是 $\sqrt[n]{P(z)}$ 的支点;

(3) 当且仅当 n 不能整除 N 时,∞ 是 $\sqrt[n]{P(z)}$ 的支点;

(4) 不妨设 $a_1, a_2, \cdots, a_m$ 都是 $\sqrt[n]{P(z)}$ 的支点,若 n 恰好能整除 $k_1, k_2, \cdots, k_m$ 中若干个之和,则支割线应包括把 $a_1, a_2, \cdots, a_m$ 中对应的那几个支点都连起来的连线段;若 ∞ 也是支点,则支割线还应包括把不满足前面要求的余下支点与 ∞ 都连起来的连线.

例 2.27 作出一个含 i 的区域,使得函数 $f(z) = \sqrt{z(z-1)(z-2)}$ 在这个区域内可以分出单值解析分支,并求满足条件 $f(-1) = -\sqrt{6}i$ 的分支在 i 处的值.

解 由题设及上面的结论,因为 2 不能整除 1,也不能整除 3,所以该函数的支点为 0、1、2 和 ∞. 又 2 整除 2,所以我们可以取连接 0、1、2 和 ∞ 正实轴作为支割线或者取连接 0 和 1 的直线段,再从 2 沿正实轴到 ∞ 的射线作为支割线,则在沿这样的支割线将复平面割破所得的区域内
$$f(z) = \sqrt{z(z-1)(z-2)}$$
可以分出两个单值解析分支. 显然上面所得的区域是含有 i,如图 2.18 所示.

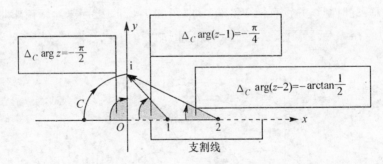

图 2.18 $f(z) = \sqrt{z(z-1)(z-2)}$ 的支点和支割线示意图

下面,用两种方法来求满足题设条件的分支在 i 处的值.

(方法 1) 记上面割破复平面所得的区域为 D,并设该函数的两个单值解析分支为
$$f(z) = \sqrt{|z(z-1)(z-2)|} \cdot e^{\frac{i}{2}[\arg z + \arg(z-1) + \arg(z-2) + 2k\pi]} \quad (z \in D), k = 0, 1$$
因 $\sqrt{|(-1)(-1-1)(-1-2)|} = \sqrt{6}$,$\arg(-1) = \arg(-1-1) = \arg(-1-$

2) $=\pi$,要使
$$\sqrt{6}\cdot e^{\frac{2k+3}{2}\pi i}=-\sqrt{6}i$$
必须有 $k=0$,所以满足条件的分支为
$$f(z)=\sqrt{|z(z-1)(z-2)|}\cdot e^{\frac{i}{2}[\arg z+\arg(z-1)+\arg(z-2)]}$$

又当 $z=i$ 时, $\sqrt{|i\cdot(i-1)(i-2)|}=\sqrt[4]{10}$. 在 D 内取定一条从 -1 出发不穿过支割线到 i 的简单曲线 C,由于
$$\Delta_C \arg z=-\frac{\pi}{2},\Delta_C \arg(z-1)=-\frac{\pi}{4},\Delta_C \arg(z-2)=-\arctan\frac{1}{2}$$

所以
$$\arg i=\arg(-1)+\Delta_C \arg z=\pi-\frac{\pi}{2}=\frac{\pi}{2}$$
$$\arg(i-1)=\arg(-1-1)+\Delta_C \arg(z-1)=\pi-\frac{\pi}{4}=\frac{3\pi}{4}$$
$$\arg(i-2)=\arg(-1-2)+\Delta_C \arg(z-2)=\pi-\arctan\frac{1}{2}.$$

故
$$f(i)=\sqrt{|i\cdot(i-1)(i-2)|}\cdot e^{\frac{i}{2}[\arg i+\arg(i-1)+\arg(i-2)]}$$
$$=-\sqrt[4]{10}\cdot e^{\frac{i}{2}\left(\frac{\pi}{4}-\arctan\frac{1}{2}\right)}=-\sqrt[4]{10}\cdot e^{\frac{i}{2}\arctan\frac{1}{3}}.$$

(方法 2)因为 $|f(i)|=\sqrt{|i\cdot(i-1)(i-2)|}=\sqrt[4]{10}$, $\arg f(-1)=-\frac{\pi}{2}$,记上面割破复平面所得的区域为 D,在 D 内取定一条从 -1 出发不穿过支割线到 i 的简单曲线 C,由于
$$\Delta_C \arg f(z)=\frac{1}{2}\Delta_C \arg z(z-1)(z-2)$$
$$=\frac{1}{2}(\Delta_C \arg z+\Delta_C \arg(z-1)+\Delta_C \arg(z-2))$$
$$=\frac{1}{2}\left(-\frac{\pi}{2}+\left(-\frac{\pi}{4}\right)+\left(-\arctan\frac{1}{2}\right)\right)$$
$$=-\frac{1}{2}\left(\frac{3\pi}{4}+\arctan\frac{1}{2}\right)$$

所以
$$f(i)=|f(i)|\cdot e^{i\arg f(-1)}\cdot e^{i\Delta_C \arg f(z)}=\sqrt[4]{10}\cdot e^{-\frac{\pi}{2}i}\cdot e^{-\frac{1}{2}\left(\frac{3\pi}{4}+\arctan\frac{1}{2}\right)i}$$
$$=\sqrt[4]{10}\cdot e^{-\frac{1}{2}\left(\frac{7\pi}{4}+\arctan\frac{1}{2}\right)i}=-\sqrt[4]{10}\cdot e^{\frac{i}{2}\left(\frac{\pi}{4}-\arctan\frac{1}{2}\right)}$$
$$=-\sqrt[4]{10}\cdot e^{\frac{i}{2}\arctan\frac{1}{3}}.$$

例 2.28 试证 $f(z)=\sqrt[3]{z(1-z)}$ 在将复平面适当割破后能分出三个单值解析分支,并求在 $z=2$ 取负值的那个分支在 $z=i$ 处的值.

证明 因为 3 不能整除 1,也不能整除 2,所以,该函数的支点为 0,1 和 ∞,并

且可以取连接1到0的直线段,再从0和∞的负虚轴作为支割线,则在沿这样的支割线将复平面割破所得的区域内,如图2.19所示,$f(z)=\sqrt[3]{z(1-z)}$可以分出三个单值解析分支.

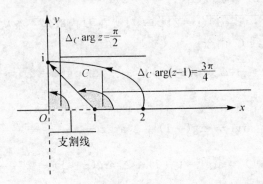

图 2.19 $f(z)=\sqrt[3]{z(1-z)}$ 的支点和支割线示意图

记上面割破复平面所得的区域为D,在D内取定一条从2出发不穿过支割线到i的简单曲线C,由于
$$|f(\mathrm{i})|=\sqrt[3]{|\mathrm{i}(1-\mathrm{i})|}=\sqrt[6]{2},\arg f(2)=\pi$$
$$\Delta_C\arg f(z)=\frac{1}{3}\Delta_C\arg z(1-z)=\frac{1}{3}(\Delta_C\arg z+\Delta_C\arg(1-z))$$
$$=\frac{1}{3}(\Delta_C\arg z+\Delta_C\arg(z-1))=\frac{1}{3}\left(\frac{\pi}{2}+\frac{3\pi}{4}\right)=\frac{5\pi}{12}$$

所以
$$f(\mathrm{i})=|f(\mathrm{i})|\cdot\mathrm{e}^{\mathrm{i}\arg f(2)}\cdot\mathrm{e}^{\mathrm{i}\Delta_C\arg f(z)}=\sqrt[6]{2}\cdot\mathrm{e}^{\pi\mathrm{i}}\cdot\mathrm{e}^{\frac{5\pi}{12}\mathrm{i}}=-\sqrt[6]{2}\cdot\mathrm{e}^{\frac{5\pi}{12}\mathrm{i}}.$$

注:$\Delta_C\arg(1-z)=\Delta_C\arg(-1)\cdot(z-1)=\Delta_C\arg(-1)+\Delta_C\arg(z-1)=\Delta_C\arg(z-1)$.

◎ **思考题**:(1) 试用例2.27的方法1再计算例2.28中的$f(\mathrm{i})$.

(2) 试用归纳$\sqrt[n]{P(z)}$的支点和支割线的方法,归纳出寻求$\mathrm{Ln}P(z)$的支点和支割线的方法,其中$P(z)$为多项式.

(3) 关于对数函数满足条件$\ln f(z_0)$的单值分支$\ln f(z)$,在z_1处的值,可以用下面的公式计算
$$\ln f(z_1)=\ln|f(z_1)|+\mathrm{i}\arg f(z_0)+\mathrm{i}\Delta_C\arg f(z)$$
其中C是该函数的定义域内,从z_0出发到z_1且不穿过支割线的任一条简单曲线,$\Delta_C\arg f(z)$表示当动点z从z_0出发沿C连续变化到z_1(方向是从z_0到z_1)时,$f(z)$的辐角的连续改变量. $\arg(z_0)$是$\ln f(z_0)=\ln|f(z_0)|+\mathrm{i}\arg f(z_0)$的虚部.

例 2.29 (1) 试讨论对数函数$\mathrm{Ln}(1-z^2)$的支点和支割线;

(2) 证明 $\text{Ln}(1-z^2)$ 在割去"从 -1 到 i 的直线段","从 i 到 1 的直线段"与射线"$x=0$ 且 $y \geqslant 1$"的平面内能分出单值解析分支. 并求 $z=0$ 时等于 0 的那一支在 $z=2$ 的值.

解 (1) 因 $\text{Ln}(1-z^2) = \ln|1-z^2| + i\arg(1-z^2) + 2k\pi i (k=0, \pm 1, \pm 2, \cdots)$,显然该函数的多值性只能由 $\arg(1-z^2)$ 引起,因为对复平面上任意一条简单闭曲线 C,总有

$$\Delta_C \arg(1-z^2) = \Delta_C \arg(1+z)(1-z) = \Delta_C \arg(1+z) + \Delta_C \arg(1-z).$$

在复平面上任取一点 z_0,并取 z_0 的一个充分小的邻域.

① 当 $z_0 \neq -1, z_0 \neq 1$ 时,要求上述邻域不含 -1 和 1,我们在该邻域内任取一条围绕 z_0 的简单闭曲线 C,易知,当动点 z 从 C 上某一点 z_1 出发,沿 C 的正向或负向连续变化一周又回到起始点 z_1 时

$$\Delta_C \arg(1+z) = 0, \quad \Delta_C \arg(1-z) = 0$$

所以 $\Delta_C \arg(1-z^2) = 0$,从而 $\text{Ln}(1-z^2)$ 的值并没有改变,所以 z_0 不是 $\text{Ln}(1-z^2)$ 的支点,如图 2.20 所示.

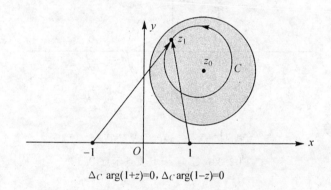

$\Delta_C \arg(1+z)=0, \Delta_C \arg(1-z)=0$

图 2.20 $z_0 \neq -1, 1$ 不是支点示意图

② 当 $z_0 = -1$ 时,要求上述邻域不含 1,同上述方法,当动点 z 从 C 上某一点 z_1 出发,沿 C 的正向或负向连续变化一周又回到 z_1 时

$$\Delta_C \arg(1+z) = \pm 2\pi, \quad \Delta_C \arg(1-z) = 0$$

所以 $\Delta_C \arg(1-z^2) = \pm 2\pi$,从而 $\text{Ln}(1-z^2)$ 的值会发生改变. 同理对 $z_0 = 1$ 也有类似的情形. 所以 $z_0 = -1, z_0 = 1$ 都是 $f(z)$ 的支点,如图 2.21 所示.

③ 当 $z_0 = \infty$ 时,此时要求上述邻域包含于 $|z| > 1$,同前面的方法,当动点 z 从 C 上某一点 z_1 出发,沿 C 的正向或负向连续变化一周又回到 z_1 时

$$\Delta_C \arg(1+z) = \pm 2\pi, \quad \Delta_C \arg(1-z) = \pm 2\pi$$

所以 $\Delta_C \arg(1-z^2) = \pm 4\pi$,从而 $\text{Ln}(1-z^2)$ 的值也发生改变,所以 $z_0 = \infty$ 也是 $f(z)$ 的支点,如图 2.22 所示.

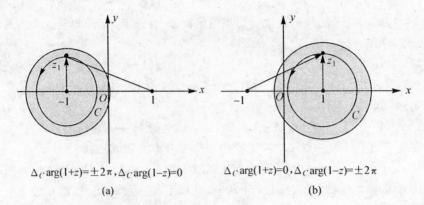

$\Delta_C\arg(1+z)=\pm 2\pi,\Delta_C\arg(1-z)=0$ 　　　$\Delta_C\arg(1+z)=0,\Delta_C\arg(1-z)=\pm 2\pi$

(a)　　　　　　　　　　　　　　(b)

图 2.21　$z_0=-1,1$ 不是支点示意图

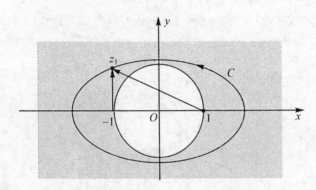

$\Delta_C\arg(1+z)=\pm 2\pi,\Delta_C\arg(1-z)=\pm 2\pi$

图 2.22　$z_0=\infty$ 是支点示意图

综上所述，$\mathrm{Ln}(1-z^2)$ 只有三个支点 $z=-1$、$z=1$ 和 $z=\infty$，因此我们只需取连接 -1 和 1 以及 ∞ 的连线作为割线将平面割破，则在割破的平面上，$\mathrm{Ln}(1-z^2)$ 可以分出无穷多个单值解析的分支函数

$$\mathrm{Ln}(1-z^2)=\ln|1-z^2|+\mathrm{i}\arg(1-z^2)+2k\pi\mathrm{i}\,(k=0,\pm 1,\pm 2,\cdots)$$

其中 z 属于上述割破的复平面.

(2) 由于"从 -1 到 i 的直线段"，"从 i 到 1 的直线段"与"射线 $x=0$ 且 $y\geqslant 1$"的割线恰好构成连接 -1 和 1 以及 ∞ 的连线，故根据(1)，$\mathrm{Ln}(1-z^2)$ 在割去"从 i 到 1 的直线段"，"从 i 到 1 的直线段"与"射线 $x=0$ 且 $y\geqslant 1$"的平面内能分出单值解析分支，如图 2.23 所示.

下面，我们来求满足题设条件的分支 $\ln(1-z^2)$ 在 $z=2$ 的值. 取 C 是从 0 到 2 不穿过支割线的简单曲线，由题设取 $\arg(1-z^2)\big|_{z=0}=0$，则由

$$\mathrm{Ln}(1-z^2)\big|_{z=0}=\ln|1-z^2|\big|_{z=0}+\mathrm{i}\arg(1-z^2)\big|_{z=0}+2k\pi\mathrm{i}=2k\pi\mathrm{i}=0$$

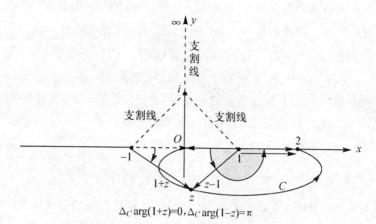

图 2.23 $\text{Ln}(1-z^2)$ 的支点和支割线示意图

知,$k=0$. 所以满足题设条件的分支为
$$\ln(1-z^2) = \ln|1-z^2| + i\arg(1-z^2).$$
又如图 2.23 所示
$$\begin{aligned}\Delta_C \arg(1-z^2) &= \Delta_C \arg(1+z)(1-z) \\ &= \Delta_C \arg(1+z) + \Delta_C \arg(1-z) \\ &= 0 + \pi = \pi\end{aligned}$$
所以
$$\arg(1-z^2)\big|_{z=2} = \arg(1-z^2)\big|_{z=0} + \Delta_C \arg(1-z^2) = 0 + \pi = \pi,$$
$$\ln(1-z^2)\big|_{z=2} = \ln|1-z^2|\big|_{z=2} + \pi i = \ln 3 + \pi i.$$

最后,我们简述一下函数 $\sqrt[n]{R(z)}$ $\left(\text{其中 } R(z) = \dfrac{P(z)}{Q(z)}, P(z) \text{ 和 } Q(z) \text{ 是复数域} \right.$ 内互质的多项式$\big)$ 的有关结论. 记
$$P(z) = A(z-a_1)^{k_1} \cdot (z-a_2)^{k_2} \cdots (z-a_m)^{k_m} \quad (A \neq 0)$$
$$Q(z) = B(z-b_1)^{\beta_1} \cdot (z-b_2)^{\beta_2} \cdots (z-b_p)^{\beta_p} \quad (B \neq 0)$$
其中 $a_i \neq b_j (i=1,2,\cdots,m, j=1,2,\cdots,p)$,$a_1,a_2,\cdots,a_m$ 是 $P(z)$ 的一切相异的零点,$k_1,k_2,\cdots,k_m$ 分别为它们的重数,满足
$$k_1 + k_2 + \cdots + k_m = N$$
$b_1,b_2,\cdots,b_p$ 是 $Q(z)$ 的一切相异的零点,$\beta_1,\beta_2,\cdots,\beta_p$ 分别为它们的重数,满足
$$\beta_1 + \beta_2 + \cdots + \beta_p = M.$$
对函数 $\sqrt[n]{R(z)}$,我们可以用类似于讨论函数 $\sqrt[n]{P(z)}$ 的方法得到如下结论:

(1) $\sqrt[n]{R(z)}$ 的一切可能的支点为 $a_1,a_2,\cdots,a_m,b_1,b_2,\cdots,b_p$ 和 ∞;

(2) 当且仅当 n 不能整除 k_i 和 β_j 时，a_i 和 b_j 是 $\sqrt[n]{R(z)}$ 的支点；

(3) 当且仅当 n 不能整除 $N-M$ 时，∞ 是 $\sqrt[n]{R(z)}$ 的支点；

(4) 不妨设 $a_1, a_2, \cdots, a_m, b_1, b_2, \cdots, b_p$ 都是 $\sqrt[n]{R(z)}$ 的支点，若 n 恰好能整除 $k_1, k_2, \cdots, k_m, -\beta_1, -\beta_2, \cdots, -\beta_p$ 中若干个之和，则支割线应包括把 $a_1, a_2, \cdots, a_m, b_1, b_2, \cdots, b_p$ 中对应的那几个都连起来的连线段；若 ∞ 也是支点，则支割线还应包括把不满足前面要求的余下支点与 ∞ 都连起来的连线.

例 2.30　设函数

$$w = \sqrt[3]{\frac{(z+1)(z-1)(z-2)}{z}}$$

试作出两种适当支割线，将这个函数单值解析化（即分出该函数的单值解析分支）. 如果还规定当 $z = 3$ 时，$w > 0$，求该函数满足条件的解析分支在 $z = i$ 的值.

解　根据上面的结论，易知该函数的支点为 $z = 0, z = \pm 1, z = 2, z = \infty$. 如图 2.24 所示分别作割线

$$K_1 = (-\infty, 2], \quad K_2 = [-1, 2] \cup \{z = iy \mid y \geqslant 0\}$$

易知它们都是该函数的支割线，记 $D_1 = \mathbf{C} - K_1, D_2 = \mathbf{C} - K_2$，则该函数分别在 D_1 和 D_2 内都可以分出单值解析分支.

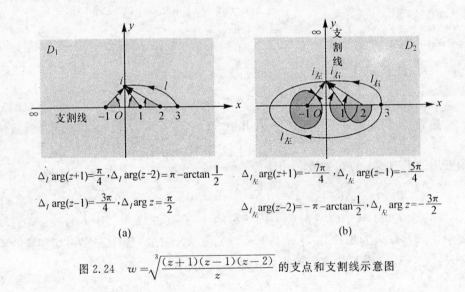

图 2.24　$w = \sqrt[3]{\dfrac{(z+1)(z-1)(z-2)}{z}}$ 的支点和支割线示意图

由题设，当 $z = 3$ 时，$w(3) > 0$，因此，可以取 $\arg w(3) = 0$. 记

$$R(z) = \frac{(z+1)(z-1)(z-2)}{z}.$$

(1) 当单值化区域取 D_1 时，如图 2.24(a) 所示

$$\Delta_l \arg R(z) = \Delta_l \arg \frac{(z+1)(z-1)(z-2)}{z}$$
$$= \Delta_l \arg(z+1) + \Delta_l \arg(z-1) + \Delta_l \arg(z-2) - \Delta_l \arg z$$
$$= \frac{\pi}{4} + \frac{3\pi}{4} + \pi - \arctan\frac{1}{2} - \frac{\pi}{2}$$
$$= \frac{3\pi}{2} - \arctan\frac{1}{2}$$

所以
$$w(\mathrm{i}) = \sqrt[3]{\left|\frac{(\mathrm{i}+1)(\mathrm{i}-1)(\mathrm{i}-2)}{\mathrm{i}}\right|} \cdot \mathrm{e}^{\mathrm{i}\frac{1}{3}\Delta_l \arg R(z)} \cdot \mathrm{e}^{\mathrm{i}\arg w(3)}$$
$$= \sqrt[6]{20} \cdot \mathrm{e}^{\mathrm{i}\frac{1}{3}\left(\frac{3\pi}{2}-\arctan\frac{1}{2}\right)} = \sqrt[6]{20} \cdot \mathrm{e}^{\mathrm{i}\left(\frac{\pi}{2}-\frac{1}{3}\arctan\frac{1}{2}\right)}$$
$$= \mathrm{i} \cdot \sqrt[6]{20} \cdot \mathrm{e}^{-\frac{1}{3}\mathrm{i}\arctan\frac{1}{2}}.$$

(2) 当单值化区域取 D_2 时，如图 2.24(b) 所示
$$\Delta_{l_{右}} \arg R(z) = \Delta_{l_{右}} \arg \frac{(z+1)(z-1)(z-2)}{z}$$
$$= \Delta_{l_{右}} \arg(z+1) + \Delta_{l_{右}} \arg(z-1) + \Delta_{l_{右}} \arg(z-2) - \Delta_{l_{右}} \arg z$$
$$= \frac{\pi}{4} + \frac{3\pi}{4} + \pi - \arctan\frac{1}{2} - \frac{\pi}{2}$$
$$= \frac{3\pi}{2} - \arctan\frac{1}{2}$$
$$\Delta_{l_{左}} \arg R(z) = \Delta_{l_{左}} \arg \frac{(z+1)(z-1)(z-2)}{z}$$
$$= \Delta_{l_{左}} \arg(z+1) + \Delta_{l_{左}} \arg(z-1) + \Delta_{l_{左}} \arg(z-2) - \Delta_{l_{左}} \arg z$$
$$= -\frac{7\pi}{4} - \frac{5\pi}{4} - \pi - \arctan\frac{1}{2} - \left(-\frac{3\pi}{2}\right)$$
$$= -\frac{5\pi}{2} - \arctan\frac{1}{2}$$

所以
$$w(\mathrm{i}_{右}) = \sqrt[3]{\left|\frac{(\mathrm{i}+1)(\mathrm{i}-1)(\mathrm{i}-2)}{\mathrm{i}}\right|} \cdot \mathrm{e}^{\mathrm{i}\frac{1}{3}\Delta_{l_{右}} \arg R(z)} \cdot \mathrm{e}^{\mathrm{i}\arg w(3)}$$
$$= \sqrt[6]{20} \cdot \mathrm{e}^{\mathrm{i}\frac{1}{3}\left(\frac{3\pi}{2}-\arctan\frac{1}{2}\right)} = \mathrm{i} \cdot \sqrt[6]{20} \cdot \mathrm{e}^{-\mathrm{i}\frac{1}{3}\arctan\frac{1}{2}}$$
$$w(\mathrm{i}_{左}) = \sqrt[3]{\left|\frac{(\mathrm{i}+1)(\mathrm{i}-1)(\mathrm{i}-2)}{\mathrm{i}}\right|} \cdot \mathrm{e}^{\mathrm{i}\frac{1}{3}\Delta_{l_{左}} \arg R(z)} \cdot \mathrm{e}^{\mathrm{i}\arg w(3)}$$
$$= \sqrt[6]{20} \cdot \mathrm{e}^{\mathrm{i}\frac{1}{3}\left(-\frac{5\pi}{2}-\arctan\frac{1}{2}\right)} = -\mathrm{i} \cdot \sqrt[6]{20} \cdot \mathrm{e}^{-\mathrm{i}\frac{1}{3}\left(\pi+\arctan\frac{1}{2}\right)}.$$

习 题 2

1. 讨论函数 $f(z) = \sqrt{|xy|}\ (z = x+\mathrm{i}y)$，在点 $z = 0$ 的可微性.

2. 讨论下列函数在复平面 **C** 上的可微性和解析性,并求它们在可微点处的导数:

(1) $f(z) = |z|$; 　　　　　　　(2) $f(z) = |z|^2$;

(3) $f(z) = |z|^k$ ($k > 1$ 为整数);　(4) $f(z) = \text{Re}z$;

(5) $f(z) = (\text{Re}z)^2$;　　　　　(6) $f(z) = (\text{Re}z)^k$ ($k > 1$ 为整数).

3. 讨论下列函数在复平面 **C** 上的可微性和解析性,并在可导的情况下求它们的导函数:

(1) $f(z) = x^2 + \mathrm{i}y^2$;　　　　(2) $f(z) = \mathrm{e}^x + \mathrm{i}\mathrm{e}^y$;

(3) $f(z) = x^3 - 3xy^2 + \mathrm{i}(3x^2y - y^3)$;

(4) $f(z) = \mathrm{e}^x(x\cos y - y\sin y) + \mathrm{i}\mathrm{e}^x(y\cos y + x\sin y)$.

4. 设 $f(z)$ 在区域 D 内解析,若下列关系之一成立.

(1) $\text{Im}[f(z)] \equiv c$,其中 c 为复常数;

(2) $\alpha \text{Re}[f(z)] + \beta \text{Im}[f(z)] = c$,其中 $\alpha, \beta, c \in \mathbf{R}$ 且 $\alpha^2 + \beta^2 \neq 0$;

(3) $\text{Re}[f(z)] = \{\text{Im}[f(z)]\}^2$,

则 $f(z)$ 在区域 D 内为常数.

5. 设 $f(z)$ 在区域 D 内解析,则下列关系等价:

(1) $f(z)$ 在区域 D 内为常数;

(2) $\text{Re}[f(z)]$(或 $\text{Im}[f(z)]$)在区域 D 内解析;

(3) $\overline{f(z)}$ 在区域 D 内解析.

6. 证明:

(1) $\overline{\mathrm{e}^z} = \mathrm{e}^{\bar{z}}$;　　　(2) $\overline{\sin z} = \sin \bar{z}$;　　　(3) $\overline{\cos z} = \cos \bar{z}$.

7. 据理说明下列函数在复平面 **C** 上不解析:

(1) $\text{Re}z^2$;　　(2) $\text{Im}(\cos z)$;　　(3) $\mathrm{e}^{\bar{z}}$;　　(4) $\sin \bar{z}$.

8. 设 $f(z)$ 在单位圆域 $|z| < 1$ 内解析,记 $F(z) = \overline{f\left(\dfrac{1}{\bar{z}}\right)}$ ($|z| > 1$),证明:

$F(z)$ 在 $|z| > 1$ 内也解析,且 $F'(z) = -\dfrac{1}{z^2} \cdot \overline{f'\left(\dfrac{1}{\bar{z}}\right)}$.

9. 设 $f(z) = u(x,y) + \mathrm{i}v(x,y)$ 在区域 D 内解析,证明:极坐标形式的柯西—黎曼条件为

$$\frac{\partial u}{\partial r} = \frac{1}{r} \cdot \frac{\partial v}{\partial \theta}, \frac{\partial v}{\partial r} = -\frac{1}{r} \cdot \frac{\partial u}{\partial \theta}$$

且

$$f'(z) = \frac{r}{z}\left(\frac{\partial u}{\partial r} + \mathrm{i}\frac{\partial v}{\partial r}\right) = \frac{1}{\mathrm{i}z}\left(\frac{\partial u}{\partial \theta} + \mathrm{i}\frac{\partial v}{\partial \theta}\right).$$

10. 证明下列等式:

(1) $\sin 2z = 2\sin z \cdot \cos z$;　　　(2) $1 - \cos 2z = 2\sin^2 z$;

(3) $1+\cos 2z = 2\cos^2 z$; (4) $1+\tan^2 z = \sec^2 z$;
(5) $\cosh^2 z - \sinh^2 z = 1$.

11. 对任意 $z = x+iy \in \mathbf{C}, |\operatorname{Im} z| = |y| \leqslant |\sin z| \leqslant e^{|y|} = e^{|\operatorname{Im} z|}$.

12. 若 $f(z), g(z)$ 在点 z_0 解析,且 $f(z_0) = 0, g(z_0) = 0, g'(z_0) \neq 0$,则
$$\lim_{z \to z_0} \frac{f(z)}{g(z)} = \frac{f'(z_0)}{g'(z_0)} = \lim_{z \to z_0} \frac{f'(z)}{g'(z)}.$$

13. 利用第 8 题求下列极限:

(1) $\lim\limits_{z \to 0} \dfrac{\sin z}{z}$; (2) $\lim\limits_{z \to 0} \dfrac{\tan z}{z}$;

(3) $\lim\limits_{z \to 0} \dfrac{e^z - 1}{z}$; (4) $\lim\limits_{z \to 0} \dfrac{1-\cos z}{z^2}$;

(5) $\lim\limits_{z \to 0} \dfrac{z - z\cos z}{z - \sin z}$;

(6) 对任意 $z \in \mathbf{C}, \lim\limits_{n \to \infty} \left(1 + \dfrac{z}{n}\right)^n = e^z.$

$\left(\text{提示}: \lim\limits_{n \to \infty}\left(1+\dfrac{z}{n}\right)^n = e^{\lim\limits_{n \to \infty} n\ln(1+\frac{z}{n})} = e^{z \lim\limits_{n \to \infty} \ln(1+\frac{z}{n})/\frac{z}{n}}\right)$

14. 求下列值:

(1) $\operatorname{Arg}(1+i)$; (2) $\operatorname{Ln}(1+i\sqrt{3})$;
(3) $1^{\sqrt{2}}$; (4) $(1-i)^{1+i}$.

15. 设 C 是上半平面内从点 3 到点 i 的任意一条简单光滑曲线,求:

(1) $\Delta_C \arg(z-1)(z-2)$; (2) $\Delta_C \arg \dfrac{z-1}{2-z}$; (3) $\Delta_C \arg \left(\dfrac{z-1}{2-z}\right)^2$.

16. 取 $D = \mathbf{C}\setminus\{z = iy \mid y \geqslant 0\}, \sqrt{z}$ 表示在正实轴上取正实数的一个解析分支, $\ln z$ 表示在正实轴上取实数的一个解析分支,试分别求出它们在上半虚轴左沿的点 $z = i$ 处的值和右沿的点 $z = i$ 处的值.

17. 取 $D = \mathbf{C}\setminus[0, +\infty), z^\alpha (-1 < \alpha < 0)$ 表示在正实轴上沿取正实数的一个解析分支,试分别求 z^α 在 $z = -1$ 处的值和正实轴下沿的值.

18. 求下列函数支点和单值化区域:

(1) $f(z) = \sqrt[3]{z(1-z)^2}$; (2) $f(z) = \sqrt[3]{\dfrac{z^2-1}{z}}$;

(3) $f(z) = \operatorname{Ln}[z(1-z)]$; (4) $f(z) = \operatorname{Ln}\dfrac{z}{1-z}$.

19. 证明:函数 $f(z) = \sqrt[3]{z(1-z)^2}$,在 $D = \mathbf{C}\setminus[0,1]$ 内能分出三个单值解析分支,并求在 $z = 2$ 取正值的那一支在 $z = i$ 的值 $f(i)$ 和 $f'(i)$.

20. 证明:函数 $f(z) = \operatorname{Ln}\dfrac{z}{1-z}$,在 $D = \mathbf{C}\setminus[0,1]$ 内能分出无穷多个单值解析分支,并求在 $(0,2)$ 的上沿取实数的那一支在 $z = i$ 的值 $f(i)$ 和 $f'(i)$.

21. 证明:线段 $\left[-\frac{1}{k},-1\right] \cup \left[1,\frac{1}{k}\right]$ 的外部是函数 $f(z)=\sqrt{(1-z^2)(1-k^2z^2)}$ ($0<k<1$) 的一个单值化区域,并求:

(1) 在 $z=0$ 取正值的那一支在线段 $\left(1,\frac{1}{k}\right)$ 上沿的值;

(2) 在线段 $\left(1,\frac{1}{k}\right)$ 上沿取负值的那一支在 $z=0$ 处的值,并说明这个值为什么与(1)中 $z=0$ 处的值不同.

22. 设 $f(z)=\sqrt[3]{\dfrac{(z+1)(z-1)(z-2)}{z}}$,

(1) 证明:区域 $D_1=\mathbf{C}\setminus(-\infty,2]$ 和 $D_2=\mathbf{C}\setminus\{[-1,2]\cup\{z=\mathrm{i}y\,|\,0\leqslant y<+\infty\}\}$ 都是函数 $f(z)$ 的单值化区域;

(2) 分别在上面两种单值化方法下求出在 $z=3$ 取正值的那一支在 $z=\mathrm{i}$ 的值.

23. 设 $f(z)=\mathrm{Ln}\dfrac{(z+1)(z-1)(z-2)}{z}$.

(1) 证明:区域 $D_1=\mathbf{C}\setminus(-\infty,2]$ 和 $D_2=\mathbf{C}\setminus\{[-1,2]\cup\{z=\mathrm{i}y\,|\,0\leqslant y<+\infty\}\}$ 都是函数 $f(z)$ 的单值化区域;

(2) 分别在上面两种单值化方法下求出在 $z=3$ 取正值的那一支在 $z=\mathrm{i}$ 的值.

24. 验证下列二元实函数 $u(x,y)$ 和 $v(x,y)$ 是复平面 $\mathbf{C}$ 上的调和函数,并分别求出以 $u(x,y)$ 为实部和 $v(x,y)$ 为虚部的解析函数 $f(z)=u(x,y)+\mathrm{i}v(x,y)$:

(1) $u(x,y)=x^2+xy-y^2$; (2) $v(x,y)=\mathrm{e}^x(y\cos y+x\sin y)$.

25. 设 $f(z)$ 在区域 D 内解析,且 $f(z)\neq 0$,证明:$\ln|f(z)|$ 是区域 D 内的调和函数.

26. 设 $f(z)$ 在区域 D 内解析,记 $\Delta=\dfrac{\partial^2}{\partial x^2}+\dfrac{\partial^2}{\partial y^2}$,证明:
$$\Delta(|f(z)|^2)=4|f'(z)|^2.$$

27. 设 $f(z)$ 在区域 D 内解析,证明:
$$\Delta\ln(1+|f(z)|^2)=\dfrac{4|f'(z)|^2}{[1+|f(z)|^2]^2}.$$

28. 定义算子
$$\frac{\partial}{\partial z}=\frac{1}{2}\left(\frac{\partial}{\partial x}-\mathrm{i}\frac{\partial}{\partial y}\right),\quad \frac{\partial}{\partial \bar{z}}=\frac{1}{2}\left(\frac{\partial}{\partial x}+\mathrm{i}\frac{\partial}{\partial y}\right).$$

证明:

(1) 若 $f(z)=u(x,y)+\mathrm{i}v(x,y)$ 在区域 D 内解析,则 $\dfrac{\partial f}{\partial z}=f'(z),\dfrac{\partial f}{\partial \bar{z}}=0$;

(2) 若 $u(x,y)$ 是区域 D 内的调和函数,则 $\dfrac{\partial u}{\partial z}$ 是区域 D 内的解析函数,且
$$\frac{\partial u}{\partial \bar{z}}=\overline{\left(\frac{\partial u}{\partial z}\right)};$$

(3) 若 $f(z) = u(x,y) + \mathrm{i}v(x,y)$ 在区域 D 内解析,则
$$\frac{\partial \overline{f}}{\partial \overline{z}} = \overline{\left(\frac{\partial f}{\partial z}\right)} = \overline{f'(z)}, \quad \frac{\partial \overline{f}}{\partial z} = \overline{\left(\frac{\partial f}{\partial \overline{z}}\right)} = 0;$$

(4) 若 $u(x,y)$ 和 $v(x,y)$ 在区域 D 内可微,则
$$\frac{\partial}{\partial z}(u \pm v) = \frac{\partial u}{\partial z} \pm \frac{\partial v}{\partial z}, \quad \frac{\partial}{\partial z}(uv) = v\frac{\partial u}{\partial z} + u\frac{\partial v}{\partial z}$$
$$\frac{\partial}{\partial z}\left(\frac{u}{v}\right) = \frac{v\dfrac{\partial u}{\partial z} - u\dfrac{\partial v}{\partial z}}{v^2}(v \neq 0), \quad \frac{\partial}{\partial z}(u^\alpha) = \alpha u^{\alpha-1}\frac{\partial u}{\partial z}\ (\alpha \in \mathbf{R});$$

(5) 在(4)中将 $u(x,y)$ 和 $v(x,y)$ 换为实部和虚部都可微的复函数 $f(z)$ 和 $g(z)$ 或将算子"$\dfrac{\partial}{\partial z}$"换为"$\dfrac{\partial}{\partial \overline{z}}$"结论仍成立.

29. 利用第 28 题中的算子记号,再定义算子
$$\frac{\partial^2}{\partial z \partial \overline{z}} \stackrel{\Delta}{=\!=} \frac{\partial}{\partial z} \cdot \frac{\partial}{\partial \overline{z}} = \frac{1}{4}\left(\frac{\partial^2}{\partial x^2} + \frac{\partial^2}{\partial y^2}\right).$$

设 $f(z) = u(x,y) + \mathrm{i}v(x,y)$ 在区域 D 内解析,且 $f(z) \neq 0$,证明:

(1) $\dfrac{\partial^2 u}{\partial z \partial \overline{z}} = 0, \dfrac{\partial^2 v}{\partial z \partial \overline{z}} = 0, \dfrac{\partial^2 f}{\partial z \partial \overline{z}} = 0$;

(2) $\dfrac{\partial}{\partial z}|f(z)|^2 = \overline{f(z)} \cdot \dfrac{\partial f}{\partial z} = \overline{f(z)} \cdot f'(z), \dfrac{\partial}{\partial \overline{z}}|f(z)|^2$
$$= f(z) \cdot \overline{\left(\frac{\partial f}{\partial z}\right)} = f(z) \cdot \overline{f'(z)};$$

(3) $4\dfrac{\partial^2}{\partial z \partial \overline{z}}(|f(z)|^2) = 4|f'(z)|^2$;

(4) $4\dfrac{\partial^2}{\partial z \partial \overline{z}}(|f(z)|) = |f'(z)|^2/|f(z)|$;

(5) $4\dfrac{\partial^2}{\partial z \partial \overline{z}}(|f(z)|^p) = p^2|f(z)|^{p-2}|f'(z)|^2$($p$ 为正整数).

第 3 章 复变函数的积分

复变函数的积分(以下简称为复积分)是研究解析函数的重要工具之一.我们可以用这种工具证明解析函数的许多重要性质.例如,解析函数导数的连续性,解析函数的无穷可微性等,这些表面看起来只与微分学有关的命题,都可以用复积分这一工具得到比较好地解决.另外,对解析函数,我们完全可以通过函数的连续性,再结合函数的适当积分特征(积分与路径无关)来加以刻画,从而使对解析函数的研究摆脱了已往过分依赖实部、虚部二元实函数,受数学分析知识的限制这种尴尬的境地,为解析函数的研究开辟了新的途径和新的思路(实际上,解析函数的许多进一步研究,正是在有了积分定义法之后,才得以进一步深入的).

本章,我们首先建立复变函数积分的概念,然后建立柯西积分定理和柯西积分公式,柯西积分定理和柯西积分公式是复变函数论的基本定理和基本公式,是研究解析函数性质所采用的具体工具.

§3.1 复积分的概念、基本性质与基本计算

3.1.1 复积分的定义

复变函数的积分是指复变函数沿着平面上可求长连续有向曲线的积分,复积分的定义与数学分析中的实函数的第二型曲线积分的定义类似.为了叙述的方便且又不妨碍实际的应用,我们作如下约定:

1. 本章及以后所提到的曲线都是简单光滑或分段光滑曲线(从而这类曲线必可求长);分段光滑的简单闭曲线称为围线或周线;

2. 曲线方向的规定:对非封闭曲线 C 只需规定曲线的起点和终点,则曲线的正向是从起点到终点的方向,否则就是负向;对于围线 C,则规定"逆时针"为曲线的正向,而"顺时针"为曲线的负向;对于有界区域 D 的边界曲线 C,则按左手法则规定曲线的正向,即当某人站在边界曲线 C 上沿某一方向行走时,区域 D 始终在此人的左手边,则规定此方向为 C 的正向,否则为 C 的负向.习惯上,曲线 C 的正向记为 C^+ 或 C,而 C 的负向记为 C^-.

定义 3.1 设 C 是复平面上连接 a 和 b 两点的有向曲线,其中 a 是起点,b 是终点.函数 $f(z)$ 定义在曲线 C 上.在 C 上,我们沿 C 的方向顺次插入有限个分点,如

图 3.1 所示.
$$a = z_0, z_1, z_2, \cdots, z_{n-1}, z_n = b$$
把曲线 C 分成有限个小的有向弧段(方向与 C 的方向一致) $\widehat{z_{i-1}z_i}(i=1,2,\cdots,n)$(这一过程也称为对曲线 C 的一个有向分割,记为 T).

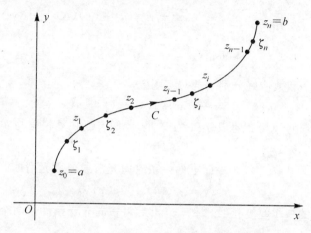

图 3.1　复积分定义中对曲线的分割示意图

在每个小弧段上任取 $\zeta_i \in \widehat{z_{i-1}z_i}$,作和数
$$S(f,T) = \sum_{i=1}^{n} f(\zeta_i)\Delta z_i$$
其中 $\Delta z_i = z_i - z_{i-1}$,并记 $\|T\| = \max_{1\leqslant i\leqslant n}\{|\Delta z_i|\}$ 称为分割 T 的模. 如果
$$\lim_{\|T\|\to 0} S(f,T) = \lim_{\|T\|\to 0} \sum_{i=1}^{n} f(\zeta_i)\Delta z_i = J$$
存在,且极限值 J 与对 C 的分割 T 以及点 $\zeta_i \in \widehat{z_{i-1}z_i}$ 的取法均无关,即对任意 $\varepsilon > 0$,存在 $\delta > 0$,使得对 C 的任意分割 T,只要 $\|T\| < \delta$,总有
$$\left|\sum_{i=1}^{n} f(\zeta_i)\Delta z_i - J\right| < \varepsilon$$
则称函数 $f(z)$ 沿曲线 C(从 a 到 b)可积,J 称为 $f(z)$ 沿曲线 C(从 a 到 b)的积分,记为
$$J = \int_C f(z)\mathrm{d}z \tag{3.1}$$
其中 C 称为积分路径,$\int_C f(z)\mathrm{d}z$ 表示沿 C 的正向的积分,$\int_{C^-} f(z)\mathrm{d}z$ 表示沿 C 的负向的积分.

注:关于复积分存在的条件,有一些与实积分类似的结果,例如,$f(z)$ 沿曲线 C 可积的必要条件是 $f(z)$ 在 C 上有界;若 $f(z)$ 在曲线 C 上连续,则 $f(z)$ 沿 C 可

积,等等,这里不再赘述.

在定义 3.1 中,记 $z = x + \mathrm{i}y, f(z) = u(x,y) + \mathrm{i}v(x,y), z_i = x_i + \mathrm{i}y_i, \Delta x_i = x_i - x_{i-1}, \Delta y_i = y_i - y_{i-1}, \zeta_i = \xi_i + \mathrm{i}\eta_i, u(\xi_i, \eta_i) = u_i, v(\xi_i, \eta_i) = v_i$,则

$$\Delta z_i = z_i - z_{i-1} = \Delta x_i + \mathrm{i}\Delta y_i$$

$$S(f,T) = \sum_{i=1}^{n} f(\zeta_i)\Delta z_i = \sum_{i=1}^{n}(u_i + \mathrm{i}v_i)(\Delta x_i + \mathrm{i}\Delta y_i)$$

$$= \sum_{i=1}^{n}(u_i \Delta x_i - v_i \Delta y_i) + \mathrm{i}\sum_{i=1}^{n}(u_i \Delta y_i + v_i \Delta x_i)$$

上式右端的两个和数恰好分别为两对实函数

$$u(x,y) \text{ 与 } -v(x,y), v(x,y) \text{ 与 } u(x,y)$$

关于有向曲线 C 的分割 T 的积分和数. 于是,我们有反映复积分与实积分关系的如下定理.

定理 3.1 设曲线 C 为平面上的一条有向光滑或分段光滑曲线.

$$f(z) = u(x,y) + \mathrm{i}v(x,y)$$

为定义在 C 上的一个复变函数,则 $f(z)$ 沿 C 可积的充要条件是两个第二型曲线积分

$$\int_C u\mathrm{d}x - v\mathrm{d}y \text{ 与 } \int_C v\mathrm{d}x + u\mathrm{d}y$$

都存在,并且进一步还有

$$\int_C f(z)\mathrm{d}z = \int_C u\mathrm{d}x - v\mathrm{d}y + \mathrm{i}\int_C v\mathrm{d}x + u\mathrm{d}y \stackrel{\Delta}{=} \int_C (u+\mathrm{i}v)(\mathrm{d}x+\mathrm{i}\mathrm{d}y) \quad (3.2)$$

注:公式(3.2) 表明复积分可以用两个适当第二型曲线积分来计算.

例 3.1 设曲线 C 是平面上连接 a 和 b 两点的有向曲线(方向是从 a 到 b),证明:

(1) $\int_C \mathrm{d}z = b - a$; (2) $\int_C z\mathrm{d}z = \frac{1}{2}(b^2 - a^2)$.

证明 (1) 方法 1:用定理 3.1. 记 $a = a_1 + \mathrm{i}a_2, b = b_1 + \mathrm{i}b_2$. 由定理 3.1

$$\int_C \mathrm{d}z = \int_C \mathrm{d}x + \mathrm{i}\int_C \mathrm{d}y = x\big|_{(a_1,a_2)}^{(b_1,b_2)} + \mathrm{i}y\big|_{(a_1,a_2)}^{(b_1,b_2)} = b_1 - a_1 + \mathrm{i}(b_2 - a_2) = b - a.$$

方法 2:用积分的定义. 任取曲线 C 的一个有向分割

$$T: a = z_0, z_1, z_2, \cdots, z_{n-1}, z_n = b$$

因为 $f(z) = 1$,所以

$$S(f,T) = \sum_{i=1}^{n} \Delta z_i = \sum_{i=1}^{n}(z_i - z_{i-1}) = z_n - z_0 = b - a$$

从而 $\lim\limits_{\|T\| \to 0} S(f,T) = \lim\limits_{\|T\| \to 0} \sum_{i=1}^{n} \Delta z_i = b - a$,即 $\int_C \mathrm{d}z = b - a$.

(2) 方法 1:用定理 3.1. 记 $a = a_1 + ia_2, b = b_1 + ib_2$. 由定理 3.1

$$\int_C z\,\mathrm{d}z = \int_C x\,\mathrm{d}x - y\,\mathrm{d}y + \mathrm{i}\int_C y\,\mathrm{d}x + x\,\mathrm{d}y = \frac{1}{2}(x^2-y^2)\Big|_{(a_1,a_2)}^{(b_1,b_2)} + \mathrm{i}(xy)\Big|_{(a_1,a_2)}^{(b_1,b_2)}$$
$$= \frac{1}{2}(b^2 - a^2).$$

方法 2：用积分的定义. 记 $f(z) = z$，任取曲线 C 的一个有向分割
$$T: a = z_0, z_1, z_2, \cdots, z_{n-1}, z_n = b$$
先在每个小弧段上取 $\zeta_i = z_{i-1}$ 得
$$S_1(f, T) = \sum_{i=1}^n z_{i-1}\Delta z_i = \sum_{i=1}^n z_{i-1}(z_i - z_{i-1})$$
再在每个小弧段上取 $\zeta_i = z_i$ 得
$$S_2(f, T) = \sum_{i=1}^n z_i \Delta z_i = \sum_{i=1}^n z_i (z_i - z_{i-1})$$
上面两式相加得
$$\frac{1}{2}[S_1(f,T) + S_2(f,T)] = \frac{1}{2}\sum_{i=1}^n (z_i^2 - z_{i-1}^2) = \frac{1}{2}(b^2 - a^2).$$

因 $f(z) = z$ 连续，则 $f(z)$ 在曲线 C 上可积. 由积分的定义
$$\int_C z\,\mathrm{d}z = \lim_{\|T\|\to 0}\frac{1}{2}[S_1(f,T) + S_2(f,T)] = \frac{1}{2}(b^2 - a^2).$$

注：由上面两例的结果知，当曲线 C 是闭曲线时，$\int_C \mathrm{d}z = 0, \int_C z\,\mathrm{d}z = 0$.

3.1.2 复积分的参数方程计算公式

关于复积分的计算，我们可以利用定理 3.1 建立下面的方法.

设有向光滑曲线 $C = \widehat{AB}$ 的参数方程为
$$z = z(t) = x(t) + \mathrm{i}y(t) \quad (\alpha \leqslant t \leqslant \beta) \tag{3.3}$$
其中 $z(t)$ 在 $[\alpha, \beta]$ 上具有一阶连续的导数，$A = z(\alpha), B = z(\beta)$，且
$$z'(t) = x'(t) + \mathrm{i}y'(t) \neq 0.$$
又设 $f(z) = u(x,y) + \mathrm{i}v(x,y)$ 在 C 上连续. 由定理 3.1 及第二型曲线积分的参数方程计算公式得
$$\int_C f(z)\,\mathrm{d}z = \int_C u\,\mathrm{d}x - v\,\mathrm{d}y + \mathrm{i}\int_C v\,\mathrm{d}x + u\,\mathrm{d}y$$
$$= \int_\alpha^\beta [u(t)x'(t) - v(t)y'(t)]\,\mathrm{d}t + \mathrm{i}\int_\alpha^\beta [v(t)x'(t) + u(t)y'(t)]\,\mathrm{d}t$$
$$= \int_\alpha^\beta [u(t) + \mathrm{i}v(t)][x'(t) + \mathrm{i}y'(t)]\,\mathrm{d}t = \int_\alpha^\beta f[z(t)]z'(t)\,\mathrm{d}t. \tag{3.4}$$

公式 (3.4) 称为复积分的参数方程计算公式.

注：(1) 公式 (3.4) 右边的定积分的上、下限的确定遵循下面的原则：

下限对应曲线 C 的起点；上限对应曲线 C 的终点.

(2) 实际计算时,公式(3.4)还可以变为

$$\int_C f(z)\mathrm{d}z = \int_\alpha^\beta f[z(t)]z'(t)\mathrm{d}t = \int_\alpha^\beta \mathrm{Re}\{f[z(t)]z'(t)\}\mathrm{d}t + \mathrm{i}\int_\alpha^\beta \mathrm{Im}\{f[z(t)]z'(t)\}\mathrm{d}t \tag{3.5}$$

(3) 若能先计算出积分 $\int_C f(z)\mathrm{d}z$,则可以通过比较公式(3.5)两边的实部和虚部,计算出数学分析中的某些定积分的值.

例 3.2 计算积分 $\int_C \mathrm{Re}z\mathrm{d}z$,其中积分路径 C 如图 3.2 所示:

(1) 由 0 到 $1+\mathrm{i}$ 的有向直线段;

(2) 由 0 先到 1 的直线段,再由 1 到 $1+\mathrm{i}$ 的直线段构成的折线.

解 (1) 连接 0 到 $1+\mathrm{i}$ 的直线段的参数方程为 $z = (1+\mathrm{i})t (0\leqslant t\leqslant 1)$. 由公式(3.4)

$$\int_C \mathrm{Re}z\mathrm{d}z = (1+\mathrm{i})\int_0^1 t\mathrm{d}t = \frac{1}{2}(1+\mathrm{i}).$$

(2) 连接 0 到 1 的直线段的参数方程为:$z = t(0\leqslant t\leqslant 1)$;连接 1 到 $1+\mathrm{i}$ 的直线段的参数方程为

$$z = 1+\mathrm{i}t \quad (0\leqslant t\leqslant 1).$$

由下面复积分的曲线可加性及公式(3.4)

$$\int_C \mathrm{Re}z\mathrm{d}z = \int_0^1 t\mathrm{d}t + \mathrm{i}\int_0^1 \mathrm{d}t = \frac{1}{2} + \mathrm{i}.$$

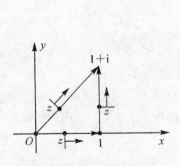

图 3.2 积分路径示意图

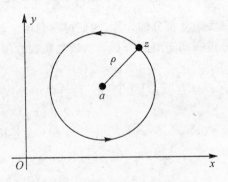

图 3.3 积分路径示意图

例 3.3 如图 3.3 所示,证明(一个常用积分)

$$\int_C \frac{\mathrm{d}z}{(z-a)^n} = \begin{cases} 2\pi\mathrm{i}, & \text{当 } n = 1 \\ 0, & \text{当 } n \neq 1 \text{ 为整数} \end{cases}, \text{其中 } C:|z-a|=\rho \quad (\rho > 0).$$

证明 曲线 C 的参数方程为 $z = a + \rho\mathrm{e}^{\mathrm{i}\theta}, 0\leqslant \theta\leqslant 2\pi$. 由公式(3.4)

$$\int_C \frac{\mathrm{d}z}{(z-a)^n} = \int_0^{2\pi} \frac{\mathrm{i}\rho\mathrm{e}^{\mathrm{i}\theta}}{\rho^n\mathrm{e}^{\mathrm{i}n\theta}}\mathrm{d}\theta = \frac{\mathrm{i}}{\rho^{n-1}}\int_0^{2\pi} \mathrm{e}^{\mathrm{i}(1-n)\theta}\mathrm{d}\theta$$

$$= \frac{\mathrm{i}}{\rho^{n-1}}\left[\int_0^{2\pi} \cos(n-1)\theta \mathrm{d}\theta - \mathrm{i}\int_0^{2\pi}\sin(n-1)\theta \mathrm{d}\theta\right]$$
$$= \begin{cases} 2\pi\mathrm{i}, & \text{当 } n = 1 \\ 0, & \text{当 } n \neq 1 \text{ 为整数} \end{cases}.$$

注:例 3.3 的积分结果今后可以作为公式,这个公式是后面的许多积分问题证明中经常用到的变形技巧.

例 3.4 计算积分 $I = \int_C \dfrac{\mathrm{d}z}{\bar{z}}$,其中 C 是圆环 $\{z \mid 1 \leqslant |z| \leqslant 2\}$ 在第一象限部分的边界,方向取正向,如图 3.4 所示.

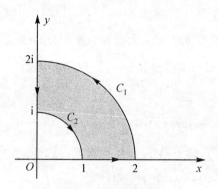

图 3.4 积分路径示意图

解 由下面复积分的曲线可加性,
$$I = \int_C \frac{\mathrm{d}z}{\bar{z}} = \int_{\overrightarrow{1,2}} \frac{\mathrm{d}z}{\bar{z}} + \int_{C_1} \frac{\mathrm{d}z}{\bar{z}} + \int_{\overrightarrow{2\mathrm{i},\mathrm{i}}} \frac{\mathrm{d}z}{\bar{z}} + \int_{C_2} \frac{\mathrm{d}z}{\bar{z}}.$$

因为 $\overrightarrow{1,2}: z = t (1 \leqslant t \leqslant 2); \overrightarrow{2\mathrm{i},\mathrm{i}}: z = \mathrm{i} \cdot t (1 \leqslant t \leqslant 2); C_1: |z| = 2; C_2: |z| = 1$,所以,由公式(3.4)和例 3.1(2),得
$$I = \int_1^2 \frac{\mathrm{d}t}{t} + \int_2^1 \frac{\mathrm{i} \cdot \mathrm{d}t}{-\mathrm{i} \cdot t} + \int_{C_1} \frac{z\mathrm{d}z}{\bar{z} \cdot z} + \int_{C_2} \frac{z\mathrm{d}z}{\bar{z} \cdot z}$$
$$= 2\ln 2 + \frac{1}{4}\int_{C_1} z\mathrm{d}z + \int_{C_2} z\mathrm{d}z = 2\ln 2 + \frac{1}{8}[(2\mathrm{i})^2 - 2^2] + \frac{1}{2}[1^2 - \mathrm{i}^2] = 2\ln 2.$$

例 3.5 设 D 为一个区域,$C = \widehat{AB}$ 为 D 的一条有向光滑曲线,其参数方程为
$$z = z(t) = x(t) + \mathrm{i}y(t) \quad (\alpha \leqslant t \leqslant \beta)$$
其中 $A = z(\alpha), B = z(\beta)$. 函数 $f(z), F(z)$ 定义在区域 D 内,满足:$F'(z) = f(z)$(称 $F(z)$ 为 $f(z)$ 在区域 D 内的一个原函数).证明
$$\int_C f(z)\mathrm{d}z = F(B) - F(A).$$

证明 由第 2 章的解析函数无穷可微性,$f(z)$ 在区域 D 内也解析,从而连续. 由公式(3.4)

$$\int_C f(z)\mathrm{d}z = \int_\alpha^\beta f[z(t)] \cdot z'(t)\mathrm{d}t = \int_\alpha^\beta F'[z(t)] \cdot z'(t)\mathrm{d}t = F[z(t)]\Big|_\alpha^\beta$$
$$= F[z(\beta)] - F[z(\alpha)] = F(B) - F(A).$$

3.1.3 复积分的基本性质

根据复积分的定义,不难得到复积分的如下基本性质:设 $f(z),g(z)$ 都在简单曲线 C 上连续,则有以下性质.

性质 3.1 (数乘性) $\int_C kf(z)\mathrm{d}z = k\int_C f(z)\mathrm{d}z$, k 为复常数.

性质 3.2 (加减性) $\int_C [f(z) \pm g(z)]\mathrm{d}z = \int_C f(z)\mathrm{d}z \pm \int_C g(z)\mathrm{d}z$.

上面的性质 3.1, 性质 3.2 习惯上统称为复积分的线性性,可以统一地表示成
$$\int_C [\alpha f(z) + \beta g(z)]\mathrm{d}z = \alpha\int_C f(z)\mathrm{d}z + \beta\int_C g(z)\mathrm{d}z.$$

性质 3.3 (曲线可加性)
$$\int_C f(z)\mathrm{d}z = \int_{C_1} f(z)\mathrm{d}z + \int_{C_2} f(z)\mathrm{d}z + \cdots + \int_{C_n} f(z)\mathrm{d}z$$
其中 C 是由有向曲线 $C_1, C_2, \cdots, C_n$ 首尾衔接成,且方向与 C 的方向一致.

性质 3.4 $\int_{C^-} f(z)\mathrm{d}z = -\int_C f(z)\mathrm{d}z$.

性质 3.5 $\left|\int_C f(z)\mathrm{d}z\right| \leqslant \int_C |f(z)||\mathrm{d}z| = \int_C |f(z)|\mathrm{d}s$, 其中 $\mathrm{d}s = |\mathrm{d}z|$ 表示曲线 C 上弧长的微分(即弧微元).

如果进一步还有 $|f(z)| \leqslant M, M > 0, L > 0$ 表示 C 的长度,则
$$\left|\int_C f(z)\mathrm{d}z\right| \leqslant M \cdot L \quad (称为积分的估值性)$$

证明 仅证性质 3.5, 其余的留给读者证明. 事实上, 只要注意到下面的不等式
$$\left|\sum_{i=1}^n f(\zeta_i)\Delta z_i\right| \leqslant \sum_{i=1}^n |f(\zeta_i)||\Delta z_i| \leqslant \sum_{i=1}^n |f(\zeta_i)|\Delta s_i \leqslant M\sum_{i=1}^n \Delta s_i = M \cdot L$$
两边取极限即可得证.

◎ **思考题**:试给出上面的性质 3.1 ~ 性质 3.4 的证明.

例 3.6 证明:$\left|\int_C \dfrac{\mathrm{d}z}{z^2}\right| \leqslant 2$, 其中积分路径 C 是连接 i 和 $2 + \mathrm{i}$ 的直线段.

证明 C 的参数方程为:$z = (1-t)\mathrm{i} + t(2+\mathrm{i}) = 2t + \mathrm{i}(0 \leqslant t \leqslant 1)$. 显然 $\dfrac{1}{z^2}$ 在 C 上连续,且
$$\left|\frac{1}{z^2}\right| = \frac{1}{|z^2|} = \frac{1}{4t^2 + 1} \leqslant 1$$

而曲线 C 的长度为 2,由积分的估值性, $\left|\int_C \dfrac{\mathrm{d}z}{z^2}\right| \leqslant 2$.

例 3.7 证明:(1) 若函数 $f(z)$ 在 $z=a$ 的某邻域内连续,则
$$\lim_{r\to 0}\int_{|z-a|=r}\frac{f(z)}{z-a}\mathrm{d}z = 2\pi\mathrm{i}\cdot f(a).$$

(2) 若函数 $f(z)$ 在 $z=0$ 的某邻域内连续,则
$$\lim_{r\to 0}\int_0^{2\pi} f(re^{\mathrm{i}\theta})\mathrm{d}\theta = 2\pi\cdot f(0).$$

证明 (1) 由 $f(z)$ 在点 $z=a$ 连续,对任意 $\varepsilon > 0$,存在正数 δ,使得当 $|z-a|<\delta$ 时,总有
$$|f(z)-f(a)|<\varepsilon$$
所以,当 $r<\delta$ 时,在圆周 $|z-a|=r$ 上
$$\left|\frac{f(z)-f(a)}{z-a}\right|<\frac{\varepsilon}{r}.$$

又由例 3.3
$$\int_{|z-a|=r}\frac{f(z)}{z-a}\mathrm{d}z - 2\pi\mathrm{i}\cdot f(a) = \int_{|z-a|=r}\frac{f(z)-f(a)}{z-a}\mathrm{d}z$$

由积分的估值性,当 $r<\delta$ 时
$$\left|\int_{|z-a|=r}\frac{f(z)}{z-a}\mathrm{d}z - 2\pi\mathrm{i}\cdot f(a)\right| = \left|\int_{|z-a|=r}\frac{f(z)-f(a)}{z-a}\mathrm{d}z\right| < \frac{\varepsilon}{r}\cdot 2\pi r = 2\pi\varepsilon$$

故结论成立.

(2) 由(1)知
$$\lim_{r\to 0}\int_{|z|=r}\frac{f(z)}{z}\mathrm{d}z = 2\pi\mathrm{i}\cdot f(0)$$

而令 $z=re^{\mathrm{i}\theta}, 0\leqslant\theta\leqslant 2\pi$,有
$$\int_{|z|=r}\frac{f(z)}{z}\mathrm{d}z = \int_0^{2\pi}\frac{f(re^{\mathrm{i}\theta})\mathrm{i}re^{\mathrm{i}\theta}}{re^{\mathrm{i}\theta}}\mathrm{d}\theta = \mathrm{i}\int_0^{2\pi}f(re^{\mathrm{i}\theta})\mathrm{d}\theta$$

所以
$$\lim_{r\to 0}\int_0^{2\pi}f(re^{\mathrm{i}\theta})\mathrm{d}\theta = 2\pi\cdot f(0).$$

注:有关复积分的模不等式和复积分的极限问题,常常用到积分的估值性.

§3.2 柯西积分定理

本节,我们主要介绍解析函数的积分特征(即柯西(Cauchy)积分定理)以及柯西积分定理在复积分计算中的应用.柯西积分定理通常有三种典型的形式:基本形式,推广形式和复合闭路原理.

3.2.1 单连通区域内的柯西积分定理(基本形式)

根据复积分的定义,复积分的值一般不仅依赖于函数 $f(z)$,而且还依赖于所

取的积分路径C(例如§3.1中的例3.2).由§3.1中的例3.1知,对有些函数的积分,只要积分路径的起点和终点给定了,无论从起点到终点的积分路径怎么取,积分值总是相同的,即积分与路径无关(注意:在区域内,复积分与路径无关与实函数的第二型曲线积分与路径无关的含义类似,也等价于沿区域内任意闭曲线的积分为零).为什么会产生这样的差异?比较例3.1和例3.2的被积函数,不难发现例3.2中的被积函数$f(z) = \text{Re}\,z$在复平面上是不解析的,而例3.1中的被积函数$f(z) = 1$和$f(z) = z$都在复平面上解析.可见,复积分的值是否与路径无关,可能与被积函数的解析性有关.另外,由§3.1中的例3.3还知,虽然函数$f(z) = \dfrac{1}{z-a}$在复平面除去点a所得的区域(非单连通的)内解析,但

$$\int_C \frac{\mathrm{d}z}{z-a} = 2\pi\mathrm{i} \neq 0$$

其中$C: |z-a| = \rho(\rho > 0)$.可见,复积分的值是否与路径无关,可能还与使被积函数解析的区域是否单连通有关.

定理 3.2 (柯西(Cauchy),1789—1857,法国数学家、力学家,定理的基本形式) 设函数$f(z)$在单连通区域D内解析,C为D内任一条围线,则

$$\int_C f(z)\mathrm{d}z = 0.$$

现在,我们先给出定理3.2在附加条件"$f'(z)$在D内连续"下的简单说明,其严格证明,我们将在本节的最后给出.

事实上,记$z = x + \mathrm{i}y$,$f(z) = u(x,y) + \mathrm{i}v(x,y)$,由上节给出的复积分与实曲线积分的关系,有

$$\int_C f(z)\mathrm{d}z = \int_C u\mathrm{d}x - v\mathrm{d}y + \mathrm{i}\int_C v\mathrm{d}x + u\mathrm{d}y$$

因"$f'(z)$在D内连续"可得,u_x, u_y, v_x和v_y都在区域D内连续,且满足柯西—黎曼条件

$$u_x = v_y, \quad u_y = -v_x$$

所以,由实曲线积分的格林公式得

$$\int_C u\mathrm{d}x - v\mathrm{d}y = 0, \quad \int_C v\mathrm{d}x + u\mathrm{d}y = 0$$

即

$$\int_C f(z)\mathrm{d}z = 0.$$

推论 3.1 设函数$f(z)$在单连通区域D内解析,如图3.5所示,C为D内任一条闭曲线(不必为围线),则$\int_C f(z)\mathrm{d}z = 0$.

证明 由于闭曲线C总可以看成由区域D内有限条围线衔接而成,因此,由复积分的曲线可加性及定理3.2即可得结论.

推论 3.2 设函数$f(z)$在单连通区域D内解析,则$f(z)$在D内的积分与路

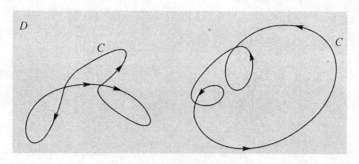

图 3.5　各种封闭曲线示意图

径无关,即对 D 内任意两点 z_0,z_1 以及 D 内任意两条以 z_0 为起点,z_1 为终点的路径 C 和 C_1(如图 3.6 所示),总有

$$\int_C f(z)\mathrm{d}z = \int_{C_1} f(z)\mathrm{d}z.$$

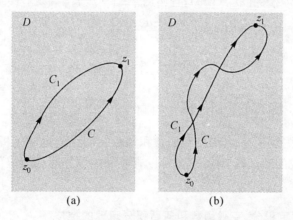

图 3.6　以 z_0 和 z_1 分别为起点和终点的各种积分路径的示意图

证明　如图 3.6 所示,将 C 和 C_1 的负向 C_1^- 衔接成 D 内的一条闭曲线 Γ,由推论 3.1 及复积分的曲线可加性知

$$0 = \int_\Gamma f(z)\mathrm{d}z = \int_C f(z)\mathrm{d}z + \int_{C_1^-} f(z)\mathrm{d}z = \int_C f(z)\mathrm{d}z - \int_{C_1} f(z)\mathrm{d}z$$

所以
$$\int_C f(z)\mathrm{d}z = \int_{C_1} f(z)\mathrm{d}z.$$

例 3.8　再证:(1) $\int_C \mathrm{d}z = b - a$;(2) $\int_C z\mathrm{d}z = \frac{1}{2}(b^2 - a^2)$.其中曲线 C 是平面上连接 a 和 b 两点的有向曲线(方向是从 a 到 b).

证明　因为 1 和 z 都在复平面上解析,由推论 3.2,取从 a 到 b 的有向直线段

$\overrightarrow{ab}$ 代替曲线 C, $\overrightarrow{ab}$ 的参数方程为
$$z = t \cdot b + (1-t) \cdot a = a + t(b-a) \quad (0 \leqslant t \leqslant 1)$$
则

(1) $\int_C \mathrm{d}z = \int_{\overrightarrow{ab}} \mathrm{d}z = \int_0^1 (b-a)\mathrm{d}t = b - a$.

(2) $\int_C z \mathrm{d}z = \int_{\overrightarrow{ab}} z \mathrm{d}z = \int_0^1 [a + t(b-a)](b-a)\mathrm{d}t = \frac{1}{2}[a + t(b-a)]^2 \Big|_0^1$
$= \frac{1}{2}(b^2 - a^2)$.

注：积分与路径无关是简化单连通区域内解析函数积分的一种常用的、有效的方法．

例 3.9 计算 (1) $\int_{|z|=1} \frac{\mathrm{d}z}{z^2 + 2}$； (2) $\int_{|z|=1} \frac{\mathrm{d}z}{\cos z}$．

解 (1) 因为 $\frac{1}{z^2+2}$ 在 $|z| < \sqrt{2}$（单连通区域）内解析（因为该被积函数的不解析点为 $z = \pm\sqrt{2}\mathrm{i} \notin |z| < \sqrt{2}$），且圆周 $|z| = 1$ 属于 $|z| < \sqrt{2}$．由定理 3.2
$$\int_{|z|=1} \frac{\mathrm{d}z}{z^2 + 2} = 0.$$

(2) 因为 $\frac{1}{\cos z}$ 在 $|z| < \frac{\pi}{2}$（单连通区域）内解析（因为该被积函数的不解析点为 $z = \frac{\pi}{2} + k\pi \notin |z| < \frac{\pi}{2}$），且圆周 $|z| = 1$ 属于 $|z| < \frac{\pi}{2}$．由定理 3.2，$\int_{|z|=1} \frac{\mathrm{d}z}{\cos z} = 0$.

注：在计算围线积分时，若能说明被积函数在围线的内部解析，且在围线的内部及围线所围成的闭区域上连续，则可以直接利用单连通区域上的柯西积分定理得出积分值为零．

3.2.2 不定积分，变限函数和柯西积分定理的推广

类似于实函数中的不定积分或原函数，我们在复变函数中给出如下定义．

定义 3.2 设函数 $f(z)$ 定义在区域 D 内，如果存在 D 内的单值函数 $F(z)$，满足
$$F'(z) = f(z)$$
则称 $F(z)$ 为 $f(z)$ 在 D 内的一个单值原函数（简称为原函数）或不定积分（显然 $F(z)$ 在 D 内解析）．

易知，若函数 $f(z)$ 在区域 D 内连续，且存在原函数 $F(z)$，则 $f(z)$ 的原函数不唯一，$f(z)$ 的任何一个原函数 $\Phi(z)$ 都可以表示成 $\Phi(z) = F(z) + C$，其中 C 为复常数．事实上，在区域 D 内
$$[\Phi(z) - F(z)]' = \Phi'(z) - F'(z) = f(z) - f(z) = 0$$
从而 $\Phi(z) - F(z) = C$.

下面,我们来研究解析函数是否存在原函数.

定义 3.3 设函数 $f(z)$ 在区域 D 内连续,z_0 为 D 内的一个定点,z 为 D 内的动点,曲线 C 为 D 内以 z_0 为起点,z 为终点的任一条曲线,记

$$F(z) = \int_{z_0}^{z} f(\zeta)\mathrm{d}\zeta = \int_{C} f(\zeta)\mathrm{d}\zeta$$

则称 $F(z)$ 为由 $f(z)$ 在 D 内定义的一个变上限函数.

由推论 3.2 易知,若 $f(z)$ 在单连通区域 D 内解析,则变上限函数

$$F(z) = \int_{z_0}^{z} f(\zeta)\mathrm{d}\zeta = \int_{C} f(\zeta)\mathrm{d}\zeta$$

必为区域 D 内的一个单值函数,并且有如下定理.

定理 3.3 设 $f(z)$ 在单连通区域 D 内解析,则变上限函数

$$F(z) = \int_{z_0}^{z} f(\zeta)\mathrm{d}\zeta = \int_{C} f(\zeta)\mathrm{d}\zeta$$

在区域 D 内解析,且 $F'(z) = f(z)$,即 $F(z)$ 为 $f(z)$ 在 D 内的一个原函数.

证明 如图 3.7 所示,任取 $a \in D$,下面用导数的定义证明: $F'(a) = f(a)$.

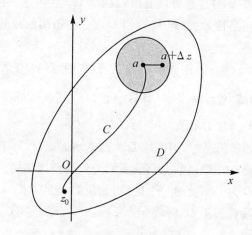

图 3.7 积分路径示意图

事实上,以 a 为圆心作一个含于 D 内的小圆域,并在小圆域内取动点 $a + \Delta z$ ($\Delta z \neq 0$). 根据推论 3.2,我们在 D 内任取从 z_0 到 a 的积分路径 C,而从 z_0 到 $a + \Delta z$ 的积分路径按下面的方法取:先从 z_0 沿 C 到 a,再从 a 沿直线段到 $a + \Delta z$. 则

$$\begin{aligned}\frac{F(a+\Delta z) - F(a)}{\Delta z} &= \frac{1}{\Delta z}\left[\int_{z_0}^{a+\Delta z} f(\zeta)\mathrm{d}\zeta - \int_{z_0}^{a} f(\zeta)\mathrm{d}\zeta\right] \\ &= \frac{1}{\Delta z}\left[\int_{z_0}^{a} f(\zeta)\mathrm{d}\zeta + \int_{a}^{a+\Delta z} f(\zeta)\mathrm{d}\zeta - \int_{z_0}^{a} f(\zeta)\mathrm{d}\zeta\right] \\ &= \frac{1}{\Delta z}\int_{a}^{a+\Delta z} f(\zeta)\mathrm{d}\zeta.\end{aligned}$$

注意到 $\dfrac{1}{\Delta z}\int_a^{a+\Delta z} f(a)\mathrm{d}\zeta = \dfrac{f(a)}{\Delta z}\int_a^{a+\Delta z}\mathrm{d}\zeta = \dfrac{f(a)}{\Delta z}\cdot \Delta z = f(a)$，有

$$\frac{F(a+\Delta z)-F(a)}{\Delta z} - f(a) = \frac{1}{\Delta z}\int_a^{a+\Delta z}[f(\zeta)-f(a)]\mathrm{d}\zeta.$$

因为 $f(z)$ 在点 a 连续，所以对任意 $\varepsilon>0$，存在正数 δ，使得当 $|\zeta-a|<\delta$ 时，总有

$$|f(\zeta)-f(a)|<\varepsilon$$

由积分的估值性，当 $|\Delta z|<\delta$ 时

$$\left|\frac{F(a+\Delta z)-F(a)}{\Delta z}-f(a)\right| = \frac{1}{|\Delta z|}\left|\int_a^{a+\Delta z}[f(\zeta)-f(a)]\mathrm{d}\zeta\right|$$

$$\leqslant \frac{1}{|\Delta z|}\varepsilon|\Delta z| = \varepsilon,$$

即 $\lim\limits_{\Delta z\to 0}\dfrac{F(a+\Delta z)-F(a)}{\Delta z} = f(a)$，所以，$F'(a) = f(a)$.

最后，再由 a 的任意性得定理 3.3 的结论成立.

注：由定理 3.3 的证明过程可以看出：只要 $f(z)$ 在单连通区域 D 内连续，$f(z)$ 在区域 D 内的积分与路径无关（即 $f(z)$ 沿 D 内任一条闭曲线的积分为零），则定理 3.3 的结论仍成立.

定理 3.4 设 $f(z)$ 在单连通区域 D 内连续，且 $f(z)$ 在区域 D 内的积分与路径无关，则变上限函数 $F(z) = \int_{z_0}^z f(\zeta)\mathrm{d}\zeta = \int_C f(\zeta)\mathrm{d}\zeta$ 在区域 D 内解析，且 $F'(z) = f(z)$，即 $F(z)$ 为 $f(z)$ 在 D 内的一个原函数.

借用定理 3.3 的证明思想，当区域 D 为凸区域时，可以不利用柯西积分定理证明其上的解析函数必存在原函数. 为此，我们先给出凸区域的定义.

定义 3.4 设 D 为平面上的一个区域，如果 D 满足：对于 D 内任意两点 α 和 β，总有这两点的连线段仍属于 D，即 $\overline{\alpha\beta} = \{(1-t)\alpha+t\beta\mid t\in[0,1]\}\subset D$，则称 D 为凸区域，如图 3.8 所示.

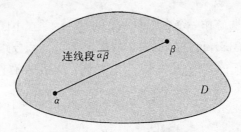

图 3.8　凸区域示意图

引理 3.1 若 $f(z)$ 在闭三角形区域 Δ 上解析,其边界仍记为 Δ,则
$$\int_\Delta f(z)\,\mathrm{d}z = 0.$$

证明 记 $\left|\int_\Delta f(z)\mathrm{d}z\right| = M$,下面,我们采用等分三角形的方法证明 $M=0$.

如图 3.9 所示,等分闭三角形区域 Δ 的每一边,并两两连接每一边的中点,该三角形 Δ 就被分成四个全等的三角形 $\Delta_1,\Delta_2,\Delta_3,\Delta_4$,它们的边界仍分别记为 $\Delta_1,\Delta_2,\Delta_3,\Delta_4$. 由积分的曲线可加性,并注意到在每条连接中点的线段上,积分恰好沿相反的两个方向各取了一次,因而在相加的过程中相互抵消,有
$$\int_\Delta f(z)\mathrm{d}z = \int_{\Delta_1} f(z)\mathrm{d}z + \int_{\Delta_2} f(z)\mathrm{d}z + \int_{\Delta_3} f(z)\mathrm{d}z + \int_{\Delta_4} f(z)\mathrm{d}z.$$

由 $\left|\int_\Delta f(z)\mathrm{d}z\right| = M$ 易知,$\Delta_k(k=1,2,3,4)$ 中至少存在一个三角形,不妨设为 Δ_1,使得
$$\left|\int_{\Delta_1} f(z)\mathrm{d}z\right| \geqslant \frac{M}{4}.$$

否则,$M = \left|\int_\Delta f(z)\mathrm{d}z\right| \leqslant \left|\int_{\Delta_1} f(z)\mathrm{d}z\right| + \left|\int_{\Delta_2} f(z)\mathrm{d}z\right| + \left|\int_{\Delta_3} f(z)\mathrm{d}z\right| + \left|\int_{\Delta_4} f(z)\mathrm{d}z\right| < M$,矛盾.

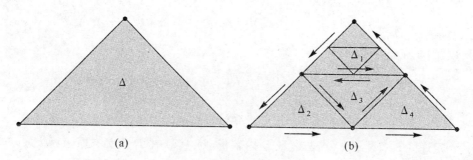

图 3.9　等分三角形示意图

记 $\Delta_1 = \Delta^{(1)}$,对三角形 Δ_1,用同样的方法,把 Δ_1 分成四个全等三角形,同理存在一个三角形 $\Delta^{(2)}$,其边界仍记为 $\Delta^{(2)}$,使得
$$\left|\int_{\Delta^{(2)}} f(z)\mathrm{d}z\right| \geqslant \frac{M}{4^2}.$$

按上述方法无限进行下去,我们可以得到具有边界为:$\Delta = \Delta^{(0)},\Delta^{(1)},\Delta^{(2)},\cdots,\Delta^{(n)},\cdots$ 的三角形序列 $\{\Delta^{(n)}\}$,满足:$\Delta^{(n)} \supset \Delta^{(n+1)}$,且
$$\left|\int_{\Delta^{(n)}} f(z)\mathrm{d}z\right| \geqslant \frac{M}{4^n} \quad (n=1,2,\cdots).$$

用 L 表示 Δ 的边界的长度，则 $\Delta^{(n)}$ 的边界的长度为 $\dfrac{L}{2^n}(n=1,2,\cdots)$. 现在，我们来估计

$$\left|\int_{\Delta^{(n)}} f(z)\mathrm{d}z\right|.$$

因 $\Delta^{(n)} \supset \Delta^{(n+1)}(n=1,2,\cdots)$，且 $\dfrac{L}{2^n} \to 0(n\to+\infty)$，所以，由 Cantor 闭集套定理，存在唯一的 $z_0 \in \Delta^{(n)}(n=1,2,\cdots)$. 又 $f(z)$ 在 z_0 可导，所以，对任意 $\varepsilon>0$，存在 $\delta>0$，当 $0<|z-z_0|<\delta$ 时，有

$$\left|\dfrac{f(z)-f(z_0)}{z-z_0}-f'(z_0)\right|<\varepsilon$$

于是

$$|f(z)-f(z_0)-f'(z_0)(z-z_0)|<\varepsilon|z-z_0|.$$

又当 n 充分大时，$\Delta^{(n)}$ 包含于 $|z-z_0|<\delta$，所以当 $z\in \Delta^{(n)}$ 时，因 $|z-z_0|<\dfrac{L}{2^n}$，有

$$|f(z)-f(z_0)-f'(z_0)(z-z_0)|<\dfrac{L}{2^n}\varepsilon.$$

由例 3.1，$\int_{\Delta_n}\mathrm{d}z=0, \int_{\Delta_n}z\mathrm{d}z=0$，可得，$\int_{\Delta_n}f'(z_0)(z-z_0)\mathrm{d}z=0$，从而

$$\int_{\Delta^{(n)}}f(z)\mathrm{d}z=\int_{\Delta^{(n)}}[f(z)-f(z_0)-f'(z_0)(z-z_0)]\mathrm{d}z$$

所以，当 n 充分大时

$$\dfrac{M}{4^n}\leqslant\left|\int_{\Delta^{(n)}}f(z)\mathrm{d}z\right|=\left|\int_{\Delta^{(n)}}[f(z)-f(z_0)-f'(z_0)(z-z_0)]\mathrm{d}z\right|<\dfrac{L}{2^n}\cdot\dfrac{L}{2^n}\varepsilon$$

即 $M<L^2\varepsilon$. 再由 ε 的任意性得，$M=0$. 故 $\int_{\Delta}f(z)\mathrm{d}z=0$.

定理 3.5 设 $f(z)$ 在凸区域 D 内解析，则 $f(z)$ 在 D 内必有原函数.

证明 取定 $a\in D$. 任取 $z\in D$，因 D 为凸区域，则直线段 $\overrightarrow{az}\subset D$. 记

$$F(z)=\int_{\overrightarrow{az}}f(\zeta)\mathrm{d}\zeta$$

显然 $F(z)$ 是定义在 D 内的一个单值函数. 下证 $F(z)$ 就是 $f(z)$ 的一个原函数，即

$$F'(z)=f(z).$$

事实上，如图 3.10 所示，任取 $z_0,z_0+\Delta z\in D$，考虑以 a,z_0 和 $z_0+\Delta z$ 为顶点的三角形，由引理 3.1

$$F(z_0+\Delta z)-F(z_0)=\int_{\overrightarrow{a(z_0+\Delta z)}}f(\zeta)\mathrm{d}\zeta-\int_{\overrightarrow{az_0}}f(\zeta)\mathrm{d}\zeta=\int_{\overrightarrow{z_0(z_0+\Delta z)}}f(\zeta)\mathrm{d}\zeta.$$

直线段 $\overrightarrow{z_0(z_0+\Delta z)}$ 的参数方程为：$\zeta=(1-t)z_0+t(z_0+\Delta z)(0<t<1)$，所以

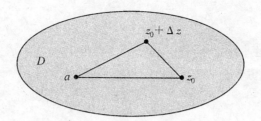

图 3.10 积分路径示意图

$$F(z_0 + \Delta z) - F(z_0) = \int_{\overrightarrow{z_0(z_0+\Delta z)}} f(\zeta)d\zeta = \Delta z \cdot \int_0^1 f[(1-t)z_0 + t(z_0 + \Delta z)]dt$$

$$\frac{F(z_0 + \Delta z) - F(z_0)}{\Delta z} = \int_0^1 f[(1-t)z_0 + t(z_0 + \Delta z)]dt$$

$$\frac{F(z_0 + \Delta z) - F(z_0)}{\Delta z} - f(z_0) = \int_0^1 \{f[(1-t)z_0 + t(z_0 + \Delta z)] - f(z_0)\}dt.$$

又 $f(z)$ 在 z_0 连续,对任意 $\varepsilon > 0$,存在 $\delta > 0$,当 $|z - z_0| < \delta$ 时,有

$$|f(z) - f(z_0)| < \varepsilon$$

于是,当 $|\Delta z| < \delta$ 时,注意到 $|(1-t)z_0 + t(z_0 + \Delta z) - z_0| = |t\Delta z| \leqslant |\Delta z| < \delta$,则

$$|f[(1-t)z_0 + t(z_0 + \Delta z)] - f(z_0)| < \varepsilon$$

所以

$$\left|\frac{F(z_0 + \Delta z) - F(z_0)}{\Delta z} - f(z_0)\right| = \left|\int_0^1 \{f[(1-t)z_0 + t(z_0 + \Delta z)] - f(z_0)\}dt\right|$$

$$\leqslant \int_0^1 |f[(1-t)z_0 + t(z_0 + \Delta z)] - f(z_0)|d(t) < \varepsilon$$

即 $F'(z_0) = f(z_0)$. 再由 z_0 的任意性得,在区域 D 内有 $F'(z) = f(z)$,即 $F(z)$ 就是 $f(z)$ 的一个原函数.

由定理 3.3 或定理 3.4 可得单连通区域内复积分的牛顿 — 莱布尼茨公式.

定理 3.6 在定理 3.3 或定理 3.4 的条件下,若 $\Phi(z)$ 为 $f(z)$ 在单连通区域 D 内的一个原函数,则

$$\int_{z_0}^z f(\zeta)d\zeta = \Phi(z) - \Phi(z_0)$$

其中 z_0, z 为 D 内的两点,$\int_{z_0}^z f(\zeta)d\zeta$ 表示 $f(\zeta)$ 沿 D 内以 z_0 为起点,z 为终点的任一条曲线的积分.

更一般地,有以下定理.

定理 3.7 设 $f(z)$ 在区域 D 内连续,并且在 D 内存在原函数 $F(z)$,z_0 和 z 为 D 内的两点,曲线 C 为 D 内以 z_0 为起点,z 为终点的任一条光滑的积分路径,

则
$$\int_C f(z)\mathrm{d}z = F(z) - F(z_0).$$

证明 记光滑曲线 C 的参数方程为：$z = z(t)(a < t < b), z(a) = z_0, z(b) = z$. 由复积分的参数方程公式得
$$\int_C f(z)\mathrm{d}z = \int_a^b f(z(t))z'(t)\mathrm{d}t$$
而 $[f(z(t))]' = F'(z(t)) \cdot z'(t) = f(z(t)) \cdot z'(t)$，所以，由实积分的牛顿—莱布尼茨公式得
$$\int_C f(z)\mathrm{d}z = \int_a^b f(z(t))z'(t)\mathrm{d}t = F(z(t))\Big|_a^b$$
$$= F(z(b)) - F(z(a)) = F(z) - F(z_0).$$

例3.10 在单连通区域 $D: -\pi < \arg z < \pi$ 内，$\ln z(\ln 1 = 0$ 的分支，即主值支) 是 $\dfrac{1}{z}$ 的一个原函数，而 $\dfrac{1}{z}$ 在 D 内解析，由定理 3.7
$$\int_1^z \frac{1}{\zeta}\mathrm{d}\zeta = \ln z - \ln 1 = \ln z \quad (z \in D).$$

注：若例 3.10 中 $\ln z$ 是满足 $\ln 1 = 2k\pi\mathrm{i}$ 的分支，则
$$\int_1^z \frac{1}{\zeta}\mathrm{d}\zeta = \ln z - \ln 1 = \ln z - 2k\pi\mathrm{i}$$
即 $\ln z = \int_1^z \dfrac{1}{\zeta}\mathrm{d}\zeta + 2k\pi\mathrm{i}(z \in D)$，这就是对数函数的单值分支函数的积分表示。

例3.11 计算积分 $\int_C \dfrac{1}{z^2}\mathrm{d}z$，其中 C 表示从 $-3\mathrm{i}$ 到 $3\mathrm{i}$ 的右半圆周：$|z| = 3$, $\operatorname{Re}z \geqslant 0$.

解 因为 $\dfrac{1}{z^2}$ 在 $\operatorname{Re}z \geqslant 0$ 且 $z \neq 0$ 上解析，$-\dfrac{1}{z}$ 是 $\dfrac{1}{z^2}$ 的一个原函数，所以
$$\int_C \frac{1}{z^2}\mathrm{d}z = \left(-\frac{1}{z}\right)\Big|_{-3\mathrm{i}}^{3\mathrm{i}} = \frac{2\mathrm{i}}{3}.$$

◎ **思考题**：例 3.11 中的 C 改为左半圆周：$|z| = 3, \operatorname{Re}z \leqslant 0$，则结果如何？

下面的定理给出了单连通区域上柯西积分定理的一般形式。

定理3.8 （单连通区域上柯西积分定理的推广形式）设 D 是一个有界单连通区域，C 为 D 的边界，函数 $f(z)$ 在 D 内解析，在闭域 $\overline{D} = D + C$ 上连续，则 $\int_C f(z)\mathrm{d}z = 0$.

定理 3.8 的证明需要用到逼近的思想，读者只需记住这个结论，并用这个结论考虑积分问题即可，其证明（见参考文献[3]P55～57）省略。

例3.12 计算积分 $\int_{|z-1|=1} \sqrt{z}\mathrm{d}z$，其中 $\sqrt{z}$ 是根式函数的单值解析分支。

解 因为根式函数的两个支点 0 和 ∞ 都不属于 $|z - 1| < 1$，所以，$\sqrt{z}$ 在

$|z-1|<1$ 内解析，并且只要补充定义 $\sqrt{z}|_{z=0}=0$，$\sqrt{z}$ 在 $|z-1|\leqslant 1$ 上连续，由定理 3.8，$\int_{|z-1|=1}\sqrt{z}\mathrm{d}z=0$.

3.2.3 多连通区域上的柯西积分定理（复合闭路原理）

前面，我们考虑的柯西积分定理都是针对单连通区域内的解析函数或在单连通区域内解析，在单连通闭区域上连续的函数而言，现在把柯西积分定理推广到多连通区域的情形.

定义 3.5 设有 $n+1$ 条简单闭曲线 $C_0, C_1, \cdots, C_n$ 满足 $C_1, C_2, \cdots, C_n$ 中的每一条都在其余各条的外部，而且它们又都在 C_0 的内部，显然 C_0 以及 $C_1, C_2, \cdots, C_n$ 围成了一个有界多连通区域 D，而 D 的边界恰好由这 $n+1$ 条简单闭曲线构成，此时，我们称 D 的边界为一条复合闭路或者一条复围线，如图 3.11 所示，记为 C，其中 C_0 称为 D 的外边界，而 $C_1, C_2, \cdots, C_n$ 称为 D 的内边界，其正向按左手法则规定，即
$$C = C_0 + C_1^- + C_2^- + \cdots + C_n^-.$$

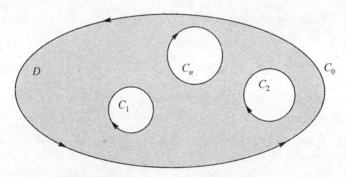

图 3.11 复合闭路 $C = C_0 + C_1^- + C_2^- + \cdots + C_n^-$ 示意图

定理 3.9 （复合闭路原理）设 D 是由一条复合闭路 $C = C_0 + C_1^- + C_2^- + \cdots + C_n^-$ 围成的有界多连通区域，若函数 $f(z)$ 在区域 D 内解析，在闭区域 $\overline{D} = D + C$ 上连续，则 $\int_C f(z)\mathrm{d}z = 0$，或者
$$\int_{C_0} f(z)\mathrm{d}z + \int_{C_1^-} f(z)\mathrm{d}z + \cdots + \int_{C_n^-} f(z)\mathrm{d}z = 0$$
或者
$$\int_{C_0} f(z)\mathrm{d}z = \int_{C_1} f(z)\mathrm{d}z + \cdots + \int_{C_n} f(z)\mathrm{d}z.$$

证明 取 $n+1$ 条互不相交且全含在 D（除端点外）内的简单曲线 $L_0, L_1, \cdots, L_n$ 作为割线，如图 3.12 所示，并顺次沿这些割线将 D 割破，则 D 就被分成两个单连通区域，其边界分别记为 Γ_1 和 Γ_2. 由定理 3.8，我们有

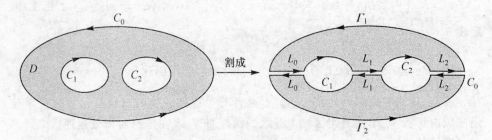

图 3.12 多连通区域分割成单连通区域示意图

$$\int_{\Gamma_1} f(z)\mathrm{d}z = 0, \quad \int_{\Gamma_2} f(z)\mathrm{d}z = 0.$$

将上面两个等式相加,并注意到沿割线 $L_0, L_1, \cdots, L_n$ 的积分,从相反的两个方向各取了一次,在相加的过程中相互抵消. 于是,由复积分的曲线可加性得

$$\int_C f(z)\mathrm{d}z = 0.$$

定理最后的两个公式,由复积分的曲线可加性及沿正向积分、负向积分之间的关系立即可得.

注:定理 3.9 中的公式 $\int_{C_0} f(z)\mathrm{d}z = \int_{C_1} f(z)\mathrm{d}z + \cdots + \int_{C_n} f(z)\mathrm{d}z$ 表明,在定理 3.9 的条件下,$f(z)$ 沿区域 D 的外边界正向的积分恰好等于 $f(z)$ 沿区域 D 的所有内边界正向积分之和.

例 3.13 设 a 为围线 C 内部的一点,则

$$\int_C \frac{\mathrm{d}z}{(z-a)^n} = \begin{cases} 2\pi\mathrm{i}, & \text{当 } n = 1 \\ 0, & \text{当 } n \neq 1 \text{ 为整数} \end{cases}.$$

证明 以 a 为圆心在 C 的内部作圆周 $\Gamma: |z-a| = \rho (\rho > 0)$,显然 C 与 Γ 构成了一个复合闭路,且 $\dfrac{1}{(z-a)^n}$ 在该复合闭路围成的区域内解析,由定理 3.9 得

$$\int_C \frac{\mathrm{d}z}{(z-a)^n} = \int_{|z-a|=\rho} \frac{\mathrm{d}z}{(z-a)^n} = \begin{cases} 2\pi\mathrm{i}, & \text{当 } n = 1 \\ 0, & \text{当 } n \neq 1 \text{ 为整数} \end{cases}.$$

注:例 3.13 的结果,今后也可以作为结论直接应用,这个结果是积分问题变形中常用的技巧.

例 3.14 计算积分 $\int_{|z|=3} \dfrac{1}{z^2 - 3z + 2}\mathrm{d}z$.

解 (方法 1) 因为 $\dfrac{1}{z^2 - 3z + 2} = \dfrac{1}{(z-1)(z-2)} = \dfrac{1}{z-2} - \dfrac{1}{z-1}$,如图 3.13 所示作圆周: $|z-1| = \dfrac{1}{4}$ 和 $|z-2| = \dfrac{1}{4}$. 显然这两个圆周都包含在圆周 $|z| = $

3 的内部,且 $\frac{1}{z-1}$ 在 $|z-2|=\frac{1}{4}$ 的内部解析,$\frac{1}{z-2}$ 在 $|z-1|=\frac{1}{4}$ 的内部解析,由定理 3.9 和定理 3.2,得

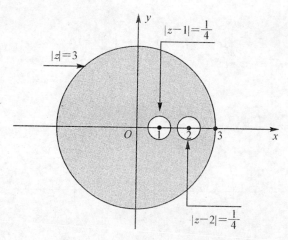

图 3.13 挖洞法示意图

$$\int_{|z|=3}\frac{1}{z^2-3z+2}\mathrm{d}z=\int_{|z|=3}\left(\frac{1}{z-2}-\frac{1}{z-1}\right)\mathrm{d}z=\int_{|z|=3}\frac{1}{z-2}\mathrm{d}z-\int_{|z|=3}\frac{1}{z-1}\mathrm{d}z$$
$$=\int_{|z-1|=\frac{1}{4}}\frac{1}{z-2}\mathrm{d}z+\int_{|z-2|=\frac{1}{4}}\frac{1}{z-2}\mathrm{d}z-\left(\int_{|z-1|=\frac{1}{4}}\frac{1}{z-1}\mathrm{d}z+\int_{|z-2|=\frac{1}{4}}\frac{1}{z-1}\mathrm{d}z\right)$$
$$=0+2\pi\mathrm{i}-(2\pi\mathrm{i}+0)=0.$$

(方法 2) 因为 $\lim\limits_{z\to\infty}z^2\cdot\frac{1}{z^2-3z+2}=1$,且 $\frac{1}{z^2-3z+2}$ 在 $\{z\mid 3\leqslant|z|<+\infty\}$ 上解析,所以由下面推论 3.3 得 $\int_{|z|=3}\frac{1}{z^2-3z+2}\mathrm{d}z=0$.

注:当被积函数在围线内部有有限个不解析点时,我们常常可以先以每个不解析点为圆心,以充分小的正数为半径,在围线内部作小圆周,然后考虑以围线和这些小圆周为边界所围成的有界多连通区域,在该多连通区域上利用复合闭路原理,将原来的积分转化为沿这些小圆周的积分来计算. 我们把这种方法称为挖洞法,挖洞法也是利用柯西积分定理计算复积分的一种有效方法.

由定理 3.9,我们可以得到下面的推论.

推论 3.3 (含 ∞ 的柯西积分定理) 设 $C=C_1^-+C_2^-+\cdots+C_n^-$,其中 C_1^-,C_2^-,$\cdots$,C_n^- 都是围线,方向为负向(即顺时针方向),且每一条都在其余各条的外部,D 是以 C 为边界的无界区域,若函数 $f(z)$ 在 $D\backslash\{\infty\}$ 内解析,在 $\overline{D}\backslash\{\infty\}$ 上连续,且 $\lim\limits_{z\to\infty}z^2f(z)=a$ 存在,则 $\int_C f(z)\mathrm{d}z=0$.

证明 如图 3.14 所示,作充分大的圆周 $C_0: |z| = R$,使 $C_1^-, C_2^-, \cdots, C_n^-$ 都包含在 C_0 的内部. 由题设条件及定理 3.9 和积分的曲线可加性得

$$\int_{C_0} f(z) \mathrm{d}z = -\left(\int_{C_1^-} f(z) \mathrm{d}z + \int_{C_2^-} f(z) \mathrm{d}z + \cdots + \int_{C_n^-} f(z) \mathrm{d}z \right) = -\int_C f(z) \mathrm{d}z$$

于是

$$\lim_{R \to +\infty} \int_{C_0} f(z) \mathrm{d}z = -\int_C f(z) \mathrm{d}z.$$

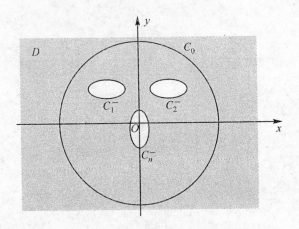

图 3.14 含 ∞ 的柯西积分定理

下面,我们证明 $\lim\limits_{R \to +\infty} \int_{C_0} f(z) \mathrm{d}z = 0$ 即可.

事实上,由极限的局部有界性,因为 $\lim\limits_{z \to \infty} z^2 f(z) = a$ 存在,所以存在 $R_0 > 0$ 和正数 M,当 $|z| > R_0$ 时,$|z^2 f(z)| \leqslant M$. 由积分的估值性,当 $|z| = R > R_0$ 时

$$\left| \int_{C_0} f(z) \mathrm{d}z \right| = \left| \int_{C_0} z^2 f(z) \frac{\mathrm{d}z}{z^2} \right| \leqslant \frac{2\pi R}{R^2} \cdot M = \frac{2\pi M}{R} \to 0 \quad (R \to +\infty).$$

所以 $\lim\limits_{R \to +\infty} \int_{C_0} f(z) \mathrm{d}z = 0$,从而 $\int_C f(z) \mathrm{d}z = 0$.

本节的最后,我们通过一个例子简要讨论一下多连通区域内变上限函数的特点.

例 3.15 设 $G = \mathbf{C} \setminus \{0\}$,显然,$G$ 是一个多连通区域,C 是 G 内以 1 为起点,以 $z \neq 0 (-\pi < \arg z < \pi)$ 为终点的任一条简单曲线,试讨论变上限函数 $F(z) = \int_C \frac{1}{\zeta} \mathrm{d}\zeta \triangleq \int_1^z \frac{1}{\zeta} \mathrm{d}\zeta$ 的取值情况.

解 如图 3.15 所示,在 G 内取两条从 1 到 $z \neq 0$ 的积分路径 C 分别为 L、l,其中 L 是从 1 出发绕原点若干周(不妨设绕原点两周)到 $z \neq 0$ 的积分路径,而 l 是从 1 出发不绕原点且不穿过负实轴到 $z \neq 0$ 的积分路径.

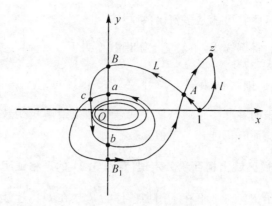

图 3.15 积分路径示意图

由于
$$L = \widehat{ABcB_1A} + \widehat{cbac} + \widehat{1Az}$$

其中 $\widehat{ABcB_1A}$ 和 $\widehat{cbac}$ 均为围绕原点一周的围线,而 $(\widehat{1Az})^- + l$ 恰好构成不围绕原点的围线,所以,由复积分的曲线可加性,例 3.13 及定理 3.9 得

$$\int_L \frac{1}{\zeta} d\zeta = \int_{\widehat{ABcB_1A}} \frac{1}{\zeta} d\zeta + \int_{\widehat{cbac}} \frac{1}{\zeta} d\zeta + \int_{\widehat{1Az}} \frac{1}{\zeta} d\zeta = 2 \cdot 2\pi i + \int_{\widehat{1Az}} \frac{1}{\zeta} d\zeta$$

由定理 3.2 得, $\int_{(\widehat{1Az})^-} \frac{1}{\zeta} d\zeta + \int_l \frac{1}{\zeta} d\zeta = 0$,即

$$\int_l \frac{1}{\zeta} d\zeta = -\int_{(\widehat{1Az})^-} \frac{1}{\zeta} d\zeta = \int_{\widehat{1Az}} \frac{1}{\zeta} d\zeta$$

所以
$$\int_L \frac{1}{\zeta} d\zeta = 2 \cdot 2\pi i + \int_{\widehat{1Az}} \frac{1}{\zeta} d\zeta = 2 \cdot 2\pi i + \int_l \frac{1}{\zeta} d\zeta$$

再注意到例 3.10,在区域 $-\pi < \arg z < \pi$ 内

$$\int_l \frac{1}{\zeta} d\zeta = \ln z$$

其中 $\ln z$ 是对数函数的主值支,所以

$$F(z) = \int_L \frac{1}{\zeta} d\zeta = 2 \cdot 2\pi i + \int_{\widehat{1Az}} \frac{1}{\zeta} d\zeta = 2 \cdot 2\pi i + \int_l \frac{1}{\zeta} d\zeta$$
$$= \ln z + 2 \cdot 2\pi i \quad (-\pi < \arg z < \pi).$$

一般地,若 L 是沿正向或负向绕原点 n 周从 1 到点 $z \neq 0$ 的积分路径,同理可得

$$F(z) = \int_L \frac{1}{\zeta} d\zeta = n \cdot 2\pi i + \int_l \frac{1}{\zeta} d\zeta = \ln z + n \cdot 2\pi i \quad (-\pi < \arg z < \pi, n \in \mathbf{Z})$$

可见,当区域为多连通区域时,其上的连续函数或解析函数所定义的变上限函数不

一定再是单值函数,而有可能是多值函数.

注意:如果我们将例 3.15 中的变上限函数换为 $F(z) = \int_C \frac{1}{\zeta^2}\mathrm{d}\zeta \triangleq \int_1^z \frac{1}{\zeta^2}\mathrm{d}\zeta$,由于对任意围绕原点的围线 Γ,由例 3.13,$\int_\Gamma \frac{1}{\zeta^2}\mathrm{d}\zeta = 0$,所以 $F(z) = \int_C \frac{1}{\zeta^2}\mathrm{d}\zeta \triangleq \int_1^z \frac{1}{\zeta^2}\mathrm{d}\zeta$ 不是多值函数,这表明并非多连通区域上的连续函数或解析函数所定义的变上限函数都是多值函数,而有可能还是单值函数.

3.2.4 单连通区域上柯西积分定理(定理 3.2)的严格证明

本小节,我们给出定理 3.2 在不附加条件"$f'(z)$ 在 D 内连续"下的严格证明,这个证明的基本思想属于数学家古刹(Goursat,1900 年).首先,我们建立两个引理.

引理 3.2 设 $f(z)$ 在单连通区域 D 内解析,若曲线 C 是区域 D 内一个多边形闭区域的边界,则
$$\int_C f(z)\mathrm{d}z = 0.$$

证明 事实上,如图 3.16 所示,我们总可以用多边形的对角线将以 C 为边界的多边形分成有限个三角形,于是,由引理 3.1 以及积分的曲线可加性,并注意到在每一条对角线上,积分恰好沿相反的两个方向各取了一次,因而在相加的过程中相互抵消,可得
$$\int_C f(z)\mathrm{d}z = 0.$$

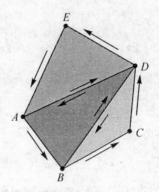

图 3.16 多边形分成三角形示意图

引理 3.3 设 $f(z)$ 在区域 D 内连续,C 为区域 D 内的一条光滑曲线或分段光滑曲线,则对任意 $\varepsilon > 0$,存在内接于 C 且完全含于区域 D 内的折线 P,使得
$$\left|\int_C f(z)\mathrm{d}z - \int_P f(z)\mathrm{d}z\right| < \varepsilon.$$

证明 不妨设区域 D 是有界的(否则,由 C 的有界性,可以用 $\{z\mid|z|<M\}\cap D$ 代替 D). 由有限覆盖定理,我们总可以找到区域 D 的一个子区域 G,使得 $C\subset G$,且 $\overline{G}\subset D$,记 C 的长度为 L.

由题设 $f(z)$ 在 $\overline{G}$ 上连续,从而一致连续,所以对任意 $\varepsilon>0$,存在 $\delta>0$,当 z, z' 属于 $\overline{G}$,且 $|z-z'|<\delta$ 时,有
$$|f(z)-f(z')|<\frac{\varepsilon}{2L}.$$

如图 3.17 所示,在 C 上依次取分点 $a=z_0,z_1,\cdots,z_{n-1},z_n=b$($a,b$ 分别为 C 的起点和终点),把 C 分成 n 段,记第 i 段为 C_i,其长度为 s_i,且满足 $s_i<\delta$,直线段 $\overrightarrow{z_{i-1}z_i}$ $\subset\overline{G}(i=1,2,\cdots,n)$. 因此,以这些分点为顶点的折线(记为 P)就属于 $\overline{G}$,从而也属于 D. 下面,我们说明该折线 P 就满足要求.

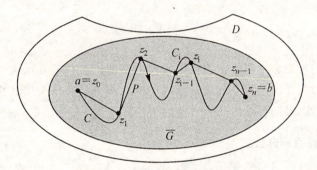

图 3.17 分割曲线作折线示意图

事实上,由于
$$C=C_1+C_2+\cdots+C_n,\quad P=\overrightarrow{z_0z_1}+\overrightarrow{z_1z_2}+\cdots+\overrightarrow{z_{n-1}z_n}$$
且当 $z\in C_i$ 时, $|z-z_{i-1}|\leqslant s_i<\delta$. 由例 3.1
$$\int_{C_i}f(z_{i-1})\mathrm{d}z=f(z_{i-1})\cdot\int_{C_i}\mathrm{d}z=f(z_{i-1})(z_i-z_{i-1})$$
$$-\int_{\overrightarrow{z_{i-1}z_i}}f(z_{i-1})\mathrm{d}z=f(z_{i-1})\cdot\int_{\overrightarrow{z_{i-1}z_i}}\mathrm{d}z.$$
于是有
$$\left|\int_C f(z)\mathrm{d}z-\int_P f(z)\mathrm{d}z\right|=\left|\sum_{i=1}^n\int_{C_i}f(z)\mathrm{d}z-\sum_{i=1}^n\int_{\overrightarrow{z_{i-1}z_i}}f(z)\mathrm{d}z\right|$$
$$=\left|\sum_{i=1}^n\int_{C_i}[f(z)-f(z_{i-1})]\mathrm{d}z-\sum_{i=1}^n\int_{\overrightarrow{z_{i-1}z_i}}[f(z)-f(z_{i-1})]\mathrm{d}z\right|$$
$$\leqslant\sum_{i=1}^n\int_{C_i}|[f(z)-f(z_{i-1})]||\mathrm{d}z|+\sum_{i=1}^n\int_{\overrightarrow{z_{i-1}z_i}}|[f(z)-f(z_{i-1})]||\mathrm{d}z|$$
$$<\sum_{i=1}^n\frac{\varepsilon}{2L}s_i+\sum_{i=1}^n\frac{\varepsilon}{2L}s_i=2\cdot\frac{\varepsilon}{2L}L=\varepsilon.$$

注意,上式最后一个等式中用到了 C 的长度为 L 等于 n 段小曲线 $C_i(i=1,2,\cdots,n)$ 的长度总和,即 $\sum_{i=1}^{n} s_i = L$.

下面,给出定理 3.2 的严格证明.

定理 3.2 的证明   事实上,由引理 3.3 得,对任意 $\varepsilon > 0$,存在内接于 C 且完全含于 D 内的封闭折线 P,使得

$$\left| \int_C f(z)\mathrm{d}z - \int_P f(z)\mathrm{d}z \right| < \varepsilon.$$

由引理 3.2 得,$\int_P f(z)\mathrm{d}z = 0$. 所以,$\left| \int_C f(z)\mathrm{d}z \right| < \varepsilon$. 再由 ε 的任意性

$$\int_C f(z)\mathrm{d}z = 0.$$

§3.3   柯西积分公式

本节,我们首先介绍解析函数在区域内的取值用该函数在区域边界上的取值表示的一个公式,即柯西积分公式,然后,用柯西积分公式作为工具来研究解析函数的无穷可微性,最后再给出几个重要的结论.

3.3.1   柯西积分公式

定理 3.10   设 D 是一个有界区域,其边界为 C(当 D 为单连通区域时,C 是一条围线;当 D 为多连通区域时,C 就是一条复合闭路),如果函数 $f(z)$ 在区域 D 内解析,在闭区域 $\overline{D} = D + C$ 上连续,则对任意 $z \in D$,总有

$$f(z) = \frac{1}{2\pi\mathrm{i}} \int_C \frac{f(\zeta)}{\zeta - z}\mathrm{d}\zeta \tag{3.6}$$

式(3.6)称为柯西积分公式,式(3.6)也称为解析函数的积分表示,式(3.6)表明解析函数在区域内任一点的值完全可以用该函数在区域边界上的值表示出来.

证明   任意固定 $z \in D$,显然 $\frac{f(\zeta)}{\zeta - z}$ 在区域 D 内除 $\zeta = z$ 外是解析的. 如图 3.18 所示,以 z 为圆心,充分小的 $\rho > 0$ 为半径作闭圆盘,使得该闭圆盘仍含于区域 D. 记闭圆盘的边界为圆周 C_ρ,从而 $\frac{f(\zeta)}{\zeta - z}$ 在复合闭路 $C + C_\rho^-$ 所围成的区域内解析,在所围成的闭区域上连续. 于是,由复合闭路原理

$$\int_C \frac{f(\zeta)}{\zeta - z}\mathrm{d}\zeta = \int_{C_\rho} \frac{f(\zeta)}{\zeta - z}\mathrm{d}\zeta$$

又由例 3.7(1) 得

$$\lim_{\rho \to 0} \int_{C_\rho} \frac{f(\zeta)}{\zeta - z}\mathrm{d}\zeta = 2\pi\mathrm{i} \cdot f(z)$$

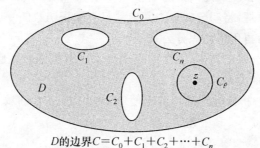

D的边界$C=C_0+C_1+C_2+\cdots+C_n$

图 3.18　作 D 内以 z 为圆心的适当小的圆周示意图

所以

$$\int_C \frac{f(\zeta)}{\zeta-z}d\zeta = \lim_{\rho\to 0}\int_{C_\rho}\frac{f(\zeta)}{\zeta-z}d\zeta = 2\pi i \cdot f(z)$$

故定理得证.

◎ **思考题**:在定理 3.10 的条件下,若 $z \notin \overline{D}$,则 $\frac{1}{2\pi i}\int_C \frac{f(\zeta)}{\zeta-z}d\zeta = ?$

例 3.16　计算积分 (1) $\int_{|z|=2}\frac{1}{(9-z^2)(z+i)}dz$; (2) $\int_{|z|=3}\frac{1}{z^2-4}dz$.

解　(1) 由于 $-i \in |z|<2$,$\frac{z}{9-z^2}$ 的不解析点 $z=\pm 3 \notin |z|\leqslant 2$,所以 $\frac{z}{9-z^2}$ 在闭圆盘 $|z|\leqslant 2$ 上解析. 由柯西积分公式

$$\int_{|z|=2}\frac{z}{(9-z^2)(z+i)}dz = \int_{|z|=2}\frac{\frac{z}{9-z^2}}{z-(-i)}dz = 2\pi i\frac{z}{9-z^2}\bigg|_{z=-i}=\frac{\pi}{5}.$$

注:在柯西积分公式中,只有当 $\frac{f(\zeta)}{\zeta-z}$ 在区域内仅有一个不解析点时,才能直接用式(3.6),否则必须变形之后才能考虑使用式(3.6).

(2) 因 $\frac{1}{z^2-4}$ 的不解析点 $z=\pm 2 \in |z|<3$,于是,在 $|z|<3$ 内,我们分别以 $z=\pm 2$ 为圆心,以 $\frac{1}{2}$ 为半径作圆周 C_1:$|z+2|=\frac{1}{2}$ 和 C_2:$|z-2|=\frac{1}{2}$. 由复合闭路原理及柯西积分公式

$$\int_{|z|=3}\frac{1}{z^2-4}dz = \int_{C_1}\frac{1}{z^2-4}dz + \int_{C_2}\frac{1}{z^2-4}dz = \int_{C_1}\frac{\frac{1}{z-2}}{z+2}dz + \int_{C_2}\frac{\frac{1}{z+2}}{z-2}dz$$
$$= 2\pi i\frac{1}{z-2}\bigg|_{z=-2} + 2\pi i\frac{1}{z+2}\bigg|_{z=2} = 0.$$

注：当被积函数在围线的内部含有多个不解析点时，一般可以先用挖洞的方法，利用复合闭路原理，将积分转化为其内部只有被积函数的一个不解析点的各个小围线的积分，然后再用柯西积分公式.

作为柯西积分公式的特例，下面的定理反映了解析函数在圆心处的值与该函数在圆周上的取值的关系.

定理 3.11 （解析函数的平均值定理）若函数 $f(z)$ 在圆域 $|z-a|<R$ 内解析，在闭圆盘 $|z-a|\leqslant R$ 上连续，则

$$f(a) = \frac{1}{2\pi}\int_0^{2\pi} f(a+R\cdot e^{i\theta})d\theta \tag{3.7}$$

即 $f(z)$ 在圆心 a 的值等于 $f(z)$ 在圆周上的值的算术平均值.

证明 如图 3.19 所示，因为圆周 $|z-a|=R$ 的参数方程为：$z=a+R\cdot e^{i\theta}$ ($0\leqslant\theta\leqslant 2\pi$)，则由柯西积分公式及复积分的参数方程公式即可得结论.

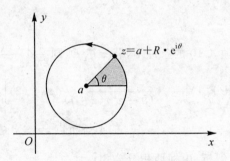

图 3.19 圆周参数方程示意图

例 3.17 设函数 $f(z)$ 在闭圆盘 $|z|\leqslant R$ 上解析，若存在 $a>0$，使得当 $|z|=R$ 时，$|f(z)|>a$，并且 $|f(0)|<a$，则 $f(z)$ 在圆域 $|z|<R$ 内至少存在一个零点.

证明 （反证法）假设 $f(z)$ 在圆域 $|z|<R$ 内无零点，则由题设 $f(z)$ 在闭圆盘 $|z|\leqslant R$ 上恒不为零. 令

$$F(z) = \frac{1}{f(z)}$$

则 $F(z)$ 在闭圆盘 $|z|\leqslant R$ 上解析. 由定理 3.11，$F(0)=\frac{1}{2\pi}\int_0^{2\pi}F(R\cdot e^{i\theta})d\theta$. 于是

$$\frac{1}{a} < |F(0)| = \frac{1}{2\pi}\left|\int_0^{2\pi}F(R\cdot e^{i\theta})d\theta\right| \leqslant \frac{1}{2\pi}\int_0^{2\pi}|F(R\cdot e^{i\theta})|d\theta$$

$$< \frac{1}{2\pi}\cdot\frac{1}{a}\cdot 2\pi = \frac{1}{a}$$

这显然矛盾. 所以 $f(z)$ 在圆域 $|z|<R$ 内至少存在一个零点.

3.3.2 解析函数的若干性质

1. 解析函数的无穷可微性

定理 3.12 设 D 是一个有界区域,其边界为 C,若函数 $f(z)$ 在区域 D 内解析,在闭区域 $\overline{D} = D + C$ 上连续,则 $f(z)$ 在区域 D 内有任意阶导数,且

$$f^{(n)}(z) = \frac{n!}{2\pi i}\int_C \frac{f(\zeta)}{(\zeta - z)^{n+1}}d\zeta \quad (z \in D) \tag{3.8}$$

式(3.8)称为解析函数的高阶导数公式.

证明 我们利用导数的定义及数学归纳法证明.

当 $n = 1$ 时,在区域 D 内任取一点 $z + h (h \neq 0)$,由柯西积分公式,考虑

$$\frac{f(z+h) - f(z)}{h} - \frac{1}{2\pi i}\int_C \frac{f(\zeta)}{(\zeta - z)^2}d\zeta$$

$$= \frac{1}{2\pi i \cdot h}\left[\int_C \frac{f(\zeta)}{\zeta - z - h}d\zeta - \int_C \frac{f(\zeta)}{\zeta - z}d\zeta - h\int_C \frac{f(\zeta)}{(\zeta - z)^2}d\zeta\right]$$

$$= \frac{h}{2\pi i}\int_C \frac{f(\zeta)}{(\zeta - z - h)(\zeta - z)^2}d\zeta$$

如图 3.20 所示,取以 z 为圆心,以 2δ 为半径的圆域完全包含在区域 D 内,则当 $0 < |h| < \delta$ 时,对任意 $\zeta \in C$,有

$$|\zeta - z| > \delta, \quad |\zeta - z - h| > \delta.$$

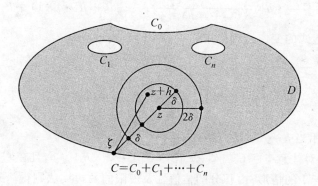

图 3.20 圆域示意图

记 $M = \sup\limits_{z \subset C} |f(z)|$(由可积的必要条件得,$0 \leqslant M < +\infty$),$C$ 的长度为 L. 由积分的估值性,得

$$\left|\frac{f(z+h) - f(z)}{h} - \frac{1}{2\pi i}\int_C \frac{f(\zeta)}{(\zeta - z)^2}d\zeta\right| = \left|\frac{h}{2\pi i}\int_C \frac{f(\zeta)}{(\zeta - z - h)(\zeta - z)^2}d\zeta\right|$$

$$\leqslant \frac{|h|}{2\pi} \cdot \frac{M \cdot L}{\delta^3}$$

让 $h \to 0$ 得

$$f'(z) = \lim_{h \to 0} \frac{f(z+h) - f(z)}{h} = \frac{1}{2\pi i} \int_C \frac{f(\zeta)}{(\zeta - z)^2} d\zeta.$$

假设当 $n = k$ 时结论成立，即

$$f^{(k)}(z) = \frac{k!}{2\pi i} \int_C \frac{f(\zeta)}{(\zeta - z)^{k+1}} d\zeta.$$

当 $n = k+1$ 时，同上面 h 的取法，类似可得

$$\frac{f^{(k)}(z+h) - f^{(k)}(z)}{h} - \frac{(k+1)!}{2\pi i} \int_C \frac{f(\zeta)}{(\zeta - z)^{k+2}} d\zeta$$

$$= \frac{1}{h} \cdot \frac{k!}{2\pi i} \left[\int_C \frac{f(\zeta)}{(\zeta - z - h)^{k+1}} d\zeta - \int_C \frac{f(\zeta)}{(\zeta - z)^{k+1}} d\zeta \right] - \frac{(k+1)!}{2\pi i} \int_C \frac{f(\zeta)}{(\zeta - z)^{k+2}} d\zeta$$

$$= \frac{1}{h} \cdot \frac{k!}{2\pi i} \int_C f(\zeta) \cdot \frac{(\zeta - z)^{k+1} - (\zeta - z - h)^{k+1}}{(\zeta - z - h)^{k+1}(\zeta - z)^{k+1}} d\zeta - \frac{(k+1)!}{2\pi i} \int_C \frac{f(\zeta)}{(\zeta - z)^{k+2}} d\zeta$$

$$= \frac{1}{h} \cdot \frac{k!}{2\pi i} \int_C f(\zeta) \cdot \frac{(k+1)(\zeta - z)^k h + h^2 \cdot O(1)}{(\zeta - z - h)^{k+1}(\zeta - z)^{k+1}} d\zeta - \frac{(k+1)!}{2\pi i} \int_C \frac{f(\zeta)}{(\zeta - z)^{k+2}} d\zeta$$

$$= \frac{(k+1)!}{2\pi i} \int_C f(\zeta) \cdot \left[\frac{1}{(\zeta - z - h)^{k+1}(\zeta - z)} - \frac{1}{(\zeta - z)^{k+2}} \right] d\zeta + h \cdot O(1)$$

$$= \frac{(k+1)!}{2\pi i} \int_C f(\zeta) \cdot \frac{(\zeta - z)^{k+1} - (\zeta - z - h)^{k+1}}{(\zeta - z - h)^{k+1}(\zeta - z)^{k+2}} d\zeta + h \cdot O(1)$$

$$= \frac{(k+1)!}{2\pi i} \int_C f(\zeta) \cdot \frac{(k+1)(\zeta - z)^k h + h^2 \cdot O(1)}{(\zeta - z - h)^{k+1}(\zeta - z)^{k+2}} d\zeta + h \cdot O(1)$$

$$= \frac{(k+1)(k+1)!}{2\pi i} \cdot h \int_C \frac{f(\zeta)}{(\zeta - z - h)^{k+1}(\zeta - z)^2} d\zeta + h^2 \cdot O(1) + h \cdot O(1).$$

注意：在上式的变形过程中用到了下面的等式

$$(\zeta - z)^{k+1} - (\zeta - z - h)^{k+1} = (k+1)(\zeta - z)^k h - \frac{(k+1)k}{2}(\zeta - z)^{k-1} h^2$$
$$+ \cdots + (-1)^{k+2} h^{k+1}$$
$$= (k+1)(\zeta - z)^k h + h^2 O(1).$$

其中 $O(1)$ 表示当 $h \to 0$ 时的有界量.

再注意到对任意 $\zeta \in C, |\zeta - z| > \delta, |\zeta - z - h| > \delta$，且在 C 上 $|f(\zeta)| \leqslant M$，类似于 $n = 1$ 的情形，由积分的估值性及极限的两边夹法则得

$$f^{(k+1)}(z) = \lim_{h \to 0} \frac{f^{(k)}(z+h) - f^{(k)}(z)}{h} = \frac{(k+1)!}{2\pi i} \int_C \frac{f(\zeta)}{(\zeta - z)^{k+2}} d\zeta$$

即结论当 $n = k+1$ 时也成立. 证毕.

◎ **思考题**：在定理 3.12 的条件下，若 $z \notin \overline{D}$，则 $\frac{n!}{2\pi i} \int_C \frac{f(\zeta)}{(\zeta - z)^{n+1}} d\zeta = ?$

由定理 3.12 立即可得以下推论.

推论 3.4 （解析函数的无穷可微性）若函数 $f(z)$ 在区域 D 内解析，则 $f(z)$ 在区域 D 内具有任意阶导数，从而 $f(z)$ 在区域 D 内的任意阶导数也是区域 D 内的解析函数.

证明 在区域 D 内任取一点 a,并取以 a 为圆心,完全包含于区域 D 的闭圆盘,在该闭圆盘上用定理 3.12 即可得证.

◎ **思考题**:比较复变函数与实函数在区域内可微性的差异.

推论 3.5 (含 ∞ 的柯西公式和高阶导数公式) 设 $C = C_1^- + C_2^- + \cdots + C_n^-$,其中 $C_1^-, C_2^-, \cdots, C_n^-$ 都是围线,方向为负向(即顺时针方向),且每一条都在其余各条的外部,区域 D 是以 C 为边界的无界区域,若函数 $f(z)$ 在 $D \setminus \{\infty\}$ 内解析,在 $\overline{D} \setminus \{\infty\}$ 上连续,且满足 $\lim_{z \to \infty} f(z) = a$,则对任意 $z \in D \setminus \{\infty\}$

$$f(z) = a + \frac{1}{2\pi i} \int_C \frac{f(\zeta)}{\zeta - z} d\zeta, \quad f^{(n)}(z) = \frac{n!}{2\pi i} \int_C \frac{f(\zeta)}{(\zeta - z)^{n+1}} d\zeta.$$

证明 任取 $z_0 \in D \setminus \{\infty\}$,如图 3.21 所示,作充分大的圆周 $C_0: |z| = R$,使 $z_0, C_1^-, C_2^-, \cdots, C_n^-$ 都包含在 C_0 的内部.由题设条件及定理 3.10 和定理 3.12 得

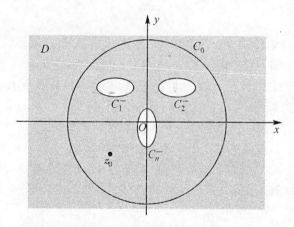

图 3.21 含 ∞ 的柯西公式和高阶导数公式区域示意图

$$f(z_0) = \frac{1}{2\pi i} \int_{C_0} \frac{f(\zeta)}{\zeta - z_0} d\zeta + \frac{1}{2\pi i} \int_C \frac{f(\zeta)}{\zeta - z_0} d\zeta$$

$$f^{(n)}(z_0) = \frac{n!}{2\pi i} \int_{C_0} \frac{f(\zeta)}{(\zeta - z_0)^{n+1}} d\zeta + \frac{n!}{2\pi i} \int_C \frac{f(\zeta)}{(\zeta - z_0)^{n+1}} d\zeta.$$

因为 $\lim_{z \to \infty} f(z) = a$ 存在,所以对任意 $\varepsilon > 0$,存在 $R_0 > 0$,当 $|z| = R > R_0$ 时,$|f(z) - a| < \varepsilon$. 由积分的估值性,并注意到 $\frac{1}{2\pi i} \int_{C_0} \frac{a}{\zeta - z_0} d\zeta = a$ 得,当 $|z| = R > \max\{R_0, 2|z_0|\}$ 时

$$\left| \frac{1}{2\pi i} \int_{C_0} \frac{f(\zeta)}{\zeta - z_0} d\zeta - a \right| = \left| \frac{1}{2\pi i} \int_{C_0} \frac{f(\zeta) - a}{\zeta - z_0} d\zeta \right| \leq \frac{1}{2\pi} \varepsilon \frac{2\pi R}{R - |z_0|} < 2\varepsilon$$

所以

$$f(z_0) = \lim_{R \to \infty} \frac{1}{2\pi i} \int_{C_0} \frac{f(\zeta)}{\zeta - z_0} d\zeta + \frac{1}{2\pi i} \int_C \frac{f(\zeta)}{\zeta - z_0} d\zeta = a + \frac{1}{2\pi i} \int_C \frac{f(\zeta)}{\zeta - z_0} d\zeta$$

由于 $\lim\limits_{z\to\infty}z^2\dfrac{f(z)}{(z-z_0)^{n+1}}=\begin{cases}a,n=1\\0,n>1\end{cases}$,由推论 3.3 得

$$\int_{C_0^-}\dfrac{f(\zeta)}{(\zeta-z_0)^{n+1}}\mathrm{d}\zeta=-\int_{C_0^-}\dfrac{f(\zeta)}{(\zeta-z_0)^{n+1}}\mathrm{d}\zeta=0.$$

所以

$$f^{(n)}(z_0)=\dfrac{n!}{2\pi\mathrm{i}}\int_{C_0}\dfrac{f(\zeta)}{(\zeta-z_0)^{n+1}}\mathrm{d}\zeta+\dfrac{n!}{2\pi\mathrm{i}}\int_C\dfrac{f(\zeta)}{(\zeta-z_0)^{n+1}}\mathrm{d}\zeta=\dfrac{n!}{2\pi\mathrm{i}}\int_C\dfrac{f(\zeta)}{(\zeta-z_0)^{n+1}}\mathrm{d}\zeta.$$

最后,由 z_0 的任意性得结论成立.

2. 解析函数的积分定义

我们先给出柯西积分定理的逆定理.

定理 3.13 (莫勒拉定理) 若函数 $f(z)$ 在区域 D 内连续,且对区域 D 内任一条围线 C,总有

$$\int_C f(z)\mathrm{d}z=0$$

即 $f(z)$ 在区域 D 内的积分与路径无关,则 $f(z)$ 在区域 D 内解析.

证明 在区域 D 内任取一点 a,并取以 a 为圆心,完全包含于区域 D 的圆域 K. 在 K 内利用定理 3.4,$f(z)$ 在 K 内存在原函数 $F(z)$,即在 K 内,$F'(z)=f(z)$,所以 $F(z)$ 在 K 内解析.再由定理 3.12 的推论得,$F'(z)=f(z)$ 在 K 内也解析,当然在点 a 也解析.再由 a 的任意性,$f(z)$ 在区域 D 内解析.

由定理 3.13 和定理 3.2 立即可得下面定理.

定理 3.14 (解析函数的积分定理) 设函数 $f(z)$ 在区域 D 内连续,则 $f(z)$ 在区域 D 内解析的充要条件是对于区域 D 内任一条围线 C,只要 C 的内部仍含于区域 D,总有

$$\int_C f(z)\mathrm{d}z=0. \tag{3.9}$$

3.3.3 几个重要的结论

1. 柯西不等式

定理 3.15 (柯西不等式) 若函数 $f(z)$ 在圆域 $K: |z-a|<R$ 内解析,在闭圆盘 $\overline{K}: |z-a|\leqslant R$ 上连续,则

$$|f^{(n)}(a)|\leqslant\dfrac{n!\cdot M(R)}{R^n} \tag{3.10}$$

其中 $M(R)=\max\limits_{|z-a|=R}|f(z)|$.

证明 由定理 3.12 和积分的估值性

$$|f^{(n)}(a)|=\left|\dfrac{n!}{2\pi\mathrm{i}}\int_{|z-a|=R}\dfrac{f(z)}{(z-a)^{n+1}}\mathrm{d}z\right|\leqslant\dfrac{n!}{2\pi}\cdot\dfrac{M(R)}{R^{n+1}}\cdot 2\pi R=\dfrac{n!\cdot M(R)}{R^n}.$$

注:由于对任意 $0<r\leqslant R$,$\int_{|z-a|=R}\dfrac{f(z)}{(z-a)^{n+1}}\mathrm{d}z=\int_{|z-a|=r}\dfrac{f(z)}{(z-a)^{n+1}}\mathrm{d}z$,上述

不等式中 R 可以换成 $0 < r \leqslant R$ 的任意的正数 r. 这表明解析函数 $f(z)$ 在 a 点的值以及各阶导数的值可以用 $|f(z)|$ 在圆周 $|z-a| = r(0 < r \leqslant R)$ 上的最大值来估计.

2. 刘维尔(Liouville)定理

定义 3.6 若函数 $f(z)$ 在整个复平面 $\mathbf{C}$ 上解析,则称 $f(z)$ 为整函数.

例如,多项式函数 $P(z) = a_0 z^n + a_1 z^{n-1} + \cdots + a_{n-1} z + a_n (a_0 \neq 0)$,指数函数 e^z,三角函数 $\sin z$、$\cos z$,双曲函数 $\operatorname{sh} z$、$\operatorname{ch} z$ 等都是整函数. 利用柯西不等式可以得到下面有关整函数的一个重要定理.

定理 3.16 (刘维尔(Liouville)定理) 有界整函数必为常数.

证明 (方法 1) 设 $f(z)$ 为整函数且有界,即存在 $M > 0$,使得 $|f(z)| \leqslant M$. 在复平面上任取一点 a 及充分大的正数 R. 显然 $f(z)$ 在闭圆盘 $|z-a| \leqslant R$ 上解析,由柯西不等式,取 $n = 1$ 并注意到 $M(R) \leqslant M$,有

$$|f'(a)| \leqslant \frac{M(R)}{R} \leqslant \frac{M}{R}$$

让 $R \to +\infty$ 得

$$f'(a) = 0$$

再由 a 的任意性,在整个复平面 $\mathbf{C}$ 上 $f'(z) = 0$,所以 $f(z)$ 为常数.

(方法 2) 在复平面 $\mathbf{C}$ 上任取两点 a, b,并取充分大的正数 R,使得 $|a| < R$,$|b| < R$,因 $f(z)$ 为整函数,由柯西公式有

$$f(a) - f(b) = \frac{1}{2\pi i}\left[\int_{|z|=R} \frac{f(z)}{z-a}dz - \int_{|z|=R} \frac{f(z)}{z-b}dz\right]$$

$$= \frac{1}{2\pi i}\int_{|z|=R} \frac{(a-b)f(z)}{(z-a)(z-b)}dz$$

注意到在复平面 $\mathbf{C}$ 上,$|f(z)| \leqslant M$,而在圆周 $|z| = R$ 上

$$\left|\frac{1}{(z-a)(z-b)}\right| \leqslant \left|\frac{1}{(|z|-|a|)(|z|-|b|)}\right| \leqslant \frac{1}{(R-|a|)(R-|b|)}$$

由积分的估值性

$$|f(a) - f(b)| = \frac{1}{2\pi}\left|\int_{|z|=R} \frac{(a-b)f(z)}{(z-a)(z-b)}dz\right|$$

$$\leqslant \frac{|a-b|R \cdot M}{(R-|a|)(R-|b|)} \to 0 \quad (R \to +\infty)$$

得 $f(a) = f(b)$,故 $f(z)$ 为常数.

由定理 3.16 易得,(1) 设 $f(z)$ 为整函数,则 $f(z)$ 为常数 $\Leftrightarrow f(z)$ 有界;(2) 非常数的整函数必无界.

3. 代数学基本定理

作为刘维尔定理的应用,下面,我们给出著名的代数学基本定理的一个简单的证明.

定理 3.17 （代数学基本定理）在复平面 **C** 上，任何非零次多项式
$$P(z) = a_0 z^n + a_1 z^{n-1} + \cdots + a_{n-1} z + a_n \quad (a_0 \neq 0, n \geq 1 \text{ 为整数})$$
至少有一个零点.

证明 （反证法）假设 $P(z)$ 在复平面 **C** 上无零点，则 $\dfrac{1}{P(z)}$ 在复平面 **C** 上也解析，即 $\dfrac{1}{P(z)}$ 也是整函数. 下证 $\dfrac{1}{P(z)}$ 在复平面 **C** 上有界. 事实上，因
$$\lim_{z \to \infty} P(z) = \lim_{z \to \infty} z^n \left(a_0 + a_1 \cdot \frac{1}{z} + \cdots + a_{n-1} \cdot \frac{1}{z^{n-1}} + a_n \cdot \frac{1}{z^n} \right) = \infty$$
所以
$$\lim_{z \to \infty} \frac{1}{P(z)} = 0.$$

由极限的定义，存在充分大的 $R > 0$，使得当 $|z| > R$ 时，$\left| \dfrac{1}{P(z)} \right| < 1$. 又 $\dfrac{1}{P(z)}$ 在闭圆盘 $|z| \leq R$ 上连续，从而在闭圆盘 $|z| \leq R$ 上有界，即存在 $M > 0$，使得在闭圆盘 $|z| \leq R$ 上
$$\left| \frac{1}{P(z)} \right| < M$$
所以，在整个复平面 **C** 上有
$$\left| \frac{1}{P(z)} \right| < M + 1$$

即 $\dfrac{1}{P(z)}$ 是有界的. 由定理 3.16，$\dfrac{1}{P(z)}$ 为常数，即 $P(z)$ 为常数（即零次多项式），这与题设条件矛盾. 故定理得证.

推论 3.6 记 $P(z) = a_0 z^n + a_1 z^{n-1} + \cdots + a_{n-1} z + a_n (a_0 \neq 0, n \geq 1$ 为整数$)$.

(1) 若 z_0 为 $P(z)$ 的一个零点，则
$$P(z) = (z - z_0) Q(z)$$
其中 $Q(z)$ 为首项系数为 a_0 的 $n - 1$ 次的多项式.

(2) $P(z) = a_0 (z - z_0)(z - z_1) \cdots (z - z_n)$，其中 $z_0, z_1, \cdots, z_n$ 都是 $P(z)$ 的零点.

证明

(1) 因 $P(z_0) = 0$，所以
$$\begin{aligned}
P(z) &= P(z) - P(z_0) = a_0 (z^n - z_0^n) + a_1 (z^{n-1} - z_0^{n-1}) + \cdots + a_{n-1}(z - z_0) \\
&= (z - z_0) [a_0 z^{n-1} + (a_0 z_0 + a_1) z^{n-2} + \cdots + (a_0 z_0^{n-1} + a_1 z_0^{n-2} + \cdots + a_{n-1})] \\
&= (z - z_0) Q(z)
\end{aligned}$$
其中 $Q(z) = a_0 z^{n-1} + (a_0 z_0 + a_1) z^{n-2} + \cdots + (a_0 z_0^{n-1} + a_1 z_0^{n-2} + \cdots + a_{n-1})$.

(2) 反复利用定理 3.17 和 (1) 即可证明.

注：推论 3.6 表明任意复系数 n 次多项式在复数范围内有且仅有 n 个零点.

例 3.18 若 $f(z)$ 为整函数,且 $\mathrm{Re}f(z) \leqslant M, M$ 为实常数,则 $f(z)$ 也是常数.

证明 令 $F(z) = \mathrm{e}^{f(z)}$,则 $F(z)$ 也是整函数,且 $|F(z)| = |\mathrm{e}^{f(z)}| = \mathrm{e}^{\mathrm{Re}f(z)} \leqslant \mathrm{e}^M$,即 $F(z)$ 有界. 由定理 3.16,$F(z)$ 为常数,从而 $f(z)$ 也是常数.

例 3.19 设 $f(z)$ 为整函数,n 为正整数,若 $\lim\limits_{z \to \infty} \dfrac{f(z)}{z^n} = 0$,则 $f(z)$ 必为至多 $n-1$ 次的多项式.

证明 要证结论成立,只需证明对任意的 $z \in \mathbf{C}$,总有 $f^{(n)}(z) = 0$ 即可.

事实上,由题设 $\lim\limits_{z \to \infty} \dfrac{f(z)}{z^n} = 0$ 可得,对任意 $\varepsilon > 0$,存在 $R > 0$,使得当 $|z| > R$ 时有
$$|f(z)| < \varepsilon |z|^n.$$

在复平面上任取一点 a,以及以 a 为圆心,以充分大的正数 r 为半径的圆周 C,使得圆周 $C_1: |z| = R$ 全含在其内部. 于是 $r > |a|$,且当 $z \in C$ 时,必有 $|z| > R$,从而
$$|f(z)| < \varepsilon |z|^n < \varepsilon (|z| + r)^n$$

所以,由定理 3.15
$$|f^{(n)}(a)| \leqslant \dfrac{n!}{r^n} \varepsilon (|z| + r)^n = n! \varepsilon \left(\dfrac{|z|}{r} + 1 \right)^n < n! 2^n \varepsilon$$

再由 $\varepsilon > 0$ 的任意性,$f^{(n)}(a) = 0$. 又 a 是平面上的任一点,所以在平面上恒有 $f^{(n)}(z) = 0$. 故命题成立.

3.3.4 柯西(Cauchy)型积分

由定理 3.12 的证明过程可以看出,柯西积分公式的作用仅仅是给出了 z 的函数 $\dfrac{1}{2\pi \mathrm{i}} \displaystyle\int_C \dfrac{f(\zeta)}{\zeta - z} \mathrm{d}\zeta$ 的一种表示. 一般地,我们有以下定义.

定义 3.7 设 C 是复平面 $\mathbf{C}$ 上的一条有向简单曲线(不必为简单闭曲线),函数 $f(z)$ 在 C 上连续,$D \triangleq \mathbf{C} - C$,通常我们把下面的积分
$$F(z) = \dfrac{1}{2\pi \mathrm{i}} \int_C \dfrac{f(\zeta)}{\zeta - z} \mathrm{d}\zeta, z \notin C (\text{即 } z \in D) \tag{3.11}$$
称为柯西(Cauchy)型积分. 显然,$F(z)$ 是定义在 D 内的一个复变函数.

定理 3.18 设 C 是复平面 $\mathbf{C}$ 上的一条有向简单曲线,$D \triangleq \mathbf{C} - C$,若函数 $f(z)$ 在 C 上连续,记 $F(z) = \dfrac{1}{2\pi \mathrm{i}} \displaystyle\int_C \dfrac{f(\zeta)}{\zeta - z} \mathrm{d}\zeta (z \in D)$,则:

(1) $F(z)$ 在 D 内连续;

(2) $F(z)$ 在 D 的每一个区域内解析;

(3) 对于任意 $z \in D$,总有

$$F^{(n)}(z) = \frac{n!}{2\pi i} \int_C \frac{f(\zeta)}{(\zeta-z)^{n+1}} d\zeta \quad (n=1,2,\cdots) \tag{3.12}$$

证明 (1) $\forall a \in D$,记 $M = \sup\limits_{z \subset C} |f(z)|$,$C$ 的长度为 L. 如图 3.22 所示,取 a 的圆邻域 $U(a,2\delta) \subset D$,限制 $z \in U(a,\delta)$,则当 $\zeta \in C$ 时,有
$$|\zeta - z| \geqslant |\zeta - a| - |z - a| \geqslant 2\delta - \delta = \delta, \quad |\zeta - a| \geqslant \delta$$

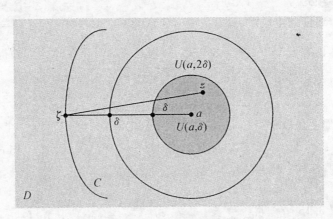

图 3.22 圆邻域示意图

注意到
$$F(z) - F(a) = \frac{1}{2\pi i} \int_C \frac{f(\zeta)}{\zeta - z} d\zeta - \frac{1}{2\pi i} \int_C \frac{f(\zeta)}{\zeta - a} d\zeta = \frac{z-a}{2\pi i} \int_C \frac{f(\zeta)}{(\zeta-z)(\zeta-a)} d\zeta$$

由积分的估值性可得
$$|F(z) - F(a)| \leqslant \frac{|z-a|}{2\pi} \cdot \frac{M}{\delta^2} \cdot L \to 0 \quad (z \to a)$$

故 $F(z)$ 在点 a 连续,再由 a 的任意性得,$F(z)$ 在 D 内连续.

(2)(方法 1):$\forall a \in D$,如图 3.22 所示,取 a 的圆邻域 $U(a,2\delta) \subset D$,限制 $z \in U(a,\delta)$,则当 $\zeta \in C$ 时,有
$$|\zeta - z| \geqslant |\zeta - a| - |z - a| \geqslant 2\delta - \delta = \delta, \quad |\zeta - a| \geqslant \delta$$
于是
$$\frac{f(z) - f(a)}{z - a} - \frac{1}{2\pi i} \int_C \frac{f(\zeta)}{(\zeta-a)^2} d\zeta$$
$$= \frac{1}{2\pi i \cdot (z-a)} \left[\int_C \frac{f(\zeta)}{\zeta - z} d\zeta - \int_C \frac{f(\zeta)}{\zeta - a} d\zeta - (z-a) \int_C \frac{f(\zeta)}{(\zeta-a)^2} d\zeta \right]$$
$$= \frac{z-a}{2\pi i} \int_C \frac{f(\zeta)}{(\zeta-z)(\zeta-a)^2} d\zeta$$

类似于(1)的方法,由积分的估值性,$\lim\limits_{z \to a} \dfrac{F(z) - F(a)}{z - a} = \dfrac{1}{2\pi i} \int_C \dfrac{f(\zeta)}{(\zeta-a)^2} d\zeta$,即

$$F'(a) = \frac{1}{2\pi i}\int_C \frac{f(\zeta)}{(\zeta-a)^2}d\zeta$$

再由 a 的任意性得,$F'(z) = \frac{1}{2\pi i}\int_C \frac{f(\zeta)}{(\zeta-z)^2}d\zeta (z \in D)$. 这就证明了 $F(z)$ 在 D 的每一个区域内解析.

（方法 2）:$\forall a \in D$,由于 $\frac{F(z)-F(a)}{z-a} = \frac{1}{2\pi i}\int_C \frac{f(\zeta)}{(\zeta-z)(\zeta-a)}d\zeta$,记 $f_1(\zeta) = \frac{f(\zeta)}{\zeta-a}$,显然 $f_1(\zeta)$ 也在 C 上连续,且

$$\frac{F(z)-F(a)}{z-a} = \frac{1}{2\pi i}\int_C \frac{f_1(\zeta)}{\zeta-z}d\zeta$$

所以,由(1)得,$\frac{1}{2\pi i}\int_C \frac{f_1(\zeta)}{\zeta-z}d\zeta$ 在点 a 连续,即

$$\lim_{z\to a}\frac{F(z)-F(a)}{z-a} = \lim_{z\to a}\frac{1}{2\pi i}\int_C \frac{f_1(\zeta)}{\zeta-z}d\zeta = \frac{1}{2\pi i}\int_C \frac{f_1(\zeta)}{\zeta-a}d\zeta = \frac{1}{2\pi i}\int_C \frac{f(\zeta)}{(\zeta-a)^2}d\zeta$$

亦即

$$F'(a) = \frac{1}{2\pi i}\int_C \frac{f(\zeta)}{(\zeta-a)^2}d\zeta$$

再由 a 的任意性得,$F'(z) = \frac{1}{2\pi i}\int_C \frac{f(\zeta)}{(\zeta-z)^2}d\zeta \quad (z \in D)$.

(3)（方法 1）:$\forall a \in D$,当 $n = 1$ 时,由(2)得结论成立.假设当 $n = k$ 时结论成立,即

$$F^{(k)}(a) = \frac{k!}{2\pi i}\int_C \frac{f(\zeta)}{(\zeta-a)^{k+1}}d\zeta$$

当 $n = k+1$ 时,类似于(2)的方法 1,可得

$$\frac{F^{(k)}(z)-F^{(k)}(a)}{z-a} - \frac{(k+1)!}{2\pi i}\int_C \frac{f(\zeta)}{(\zeta-a)^{k+2}}d\zeta$$

$$= \frac{1}{z-a}\cdot\frac{k!}{2\pi i}\left[\int_C \frac{f(\zeta)}{(\zeta-z)^{k+1}}d\zeta - \int_C \frac{f(\zeta)}{(\zeta-a)^{k+1}}d\zeta\right] - \frac{(k+1)!}{2\pi i}\int_C \frac{f(\zeta)}{(\zeta-a)^{k+2}}d\zeta$$

$$= \frac{1}{z-a}\cdot\frac{k!}{2\pi i}\int_C f(\zeta)\cdot\frac{(\zeta-a)^{k+1}-(\zeta-z)^{k+1}}{(\zeta-z)^{k+1}(\zeta-a)^{k+1}}d\zeta - \frac{(k+1)!}{2\pi i}\int_C \frac{f(\zeta)}{(\zeta-a)^{k+2}}d\zeta$$

$$= \frac{1}{z-a}\cdot\frac{k!}{2\pi i}\int_C f(\zeta)\cdot\frac{(k+1)(\zeta-a)^k(z-a)+(z-a)^2\cdot O(1)}{(\zeta-z)^{k+1}(\zeta-a)^{k+1}}d\zeta -$$

$$\frac{(k+1)!}{2\pi i}\int_C \frac{f(\zeta)}{(\zeta-a)^{k+2}}d\zeta$$

$$= \frac{(k+1)!}{2\pi i}\int_C f(\zeta)\cdot\left[\frac{1}{(\zeta-z)^{k+1}(\zeta-a)} - \frac{1}{(\zeta-a)^{k+2}}\right]d\zeta + (z-a)\cdot O(1)$$

$$= \frac{(k+1)!}{2\pi i}\int_C f(\zeta)\cdot\frac{(\zeta-a)^{k+1}-(\zeta-z)^{k+1}}{(\zeta-z)^{k+1}(\zeta-a)^{k+2}}d\zeta + h\cdot O(1)$$

$$= \frac{(k+1)!}{2\pi i} \int_C f(\zeta) \cdot \frac{(k+1)(\zeta-a)^k(z-a) + (z-a)^2 \cdot O(1)}{(\zeta-z)^{k+1}(\zeta-a)^{k+2}} d\zeta + (z-a) \cdot O(1)$$

$$= \frac{(k+1)(k+1)!}{2\pi i} \cdot (z-a) \cdot \int_C \frac{f(\zeta)}{(\zeta-z)^{k+1}(\zeta-a)^2} d\zeta + (z-a)^2 \cdot O(1) +$$

$$(z-a) \cdot O(1).$$

注意:在上式的变形过程中用到了下面的等式

$$(\zeta-a)^{k+1} - (\zeta-z)^{k+1} = (k+1)(\zeta-a)^k(z-a) - \frac{(k+1)k}{2}(\zeta-a)^{k-1}(z-a)^2$$

$$+ \cdots + (-1)^{k+2}(z-a)^{k+1}$$

$$= (k+1)(\zeta-a)^k(z-a) + (z-a)^2 O(1)$$

其中 $O(1)$ 表示 $z \to a$ 时的有界量.

再注意到对任意 $\zeta \in C$,$|\zeta-z| > \delta$,$|\zeta-a| > \delta$,且在 C 上 $|f(\zeta)| \leqslant M$,由积分的估值性得

$$F^{(k+1)}(a) = \lim_{z \to a} \frac{F^{(k)}(z) - F^{(k)}(a)}{z-a} = \frac{(k+1)!}{2\pi i} \int_C \frac{f(\zeta)}{(\zeta-a)^{k+2}} d\zeta$$

即结论当 $n = k+1$ 时也成立. 证毕.

(方法2):$\forall a \in D$,当 $n = 1$ 时,由(2)得结论成立.假设当 $1 \leqslant k \leqslant n-1$ 时,有

$$F^{(k)}(a) = \frac{k!}{2\pi i} \int_C \frac{f(\zeta)}{(\zeta-a)^{k+1}} d\zeta, \quad 1 \leqslant k \leqslant n-1$$

于是,当 $k = n$ 时

$$F^{(n-1)}(z) - F^{(n-1)}(a) = \frac{(n-1)!}{2\pi i} \left[\int_C \frac{f(\zeta)}{(\zeta-z)^n} d\zeta - \int_C \frac{f(\zeta)}{(\zeta-a)^n} d\zeta \right]$$

$$= \frac{(n-1)!}{2\pi i} \left[\int_C \frac{f(\zeta)(\zeta-z+z-a)}{(\zeta-z)^n(\zeta-a)} d\zeta - \int_C \frac{f(\zeta)}{(\zeta-a)^n} d\zeta \right]$$

$$= \frac{(n-1)!}{2\pi i} \left[\int_C \frac{f(\zeta)}{(\zeta-z)^{n-1}(\zeta-a)} d\zeta - \int_C \frac{f(\zeta)}{(\zeta-a)^n} d\zeta \right] +$$

$$(z-a) \frac{(n-1)!}{2\pi i} \int_C \frac{f(\zeta)}{(\zeta-z)^n(\zeta-a)} d\zeta.$$

记 $f_1(\zeta) = \frac{f(\zeta)}{\zeta-a}$,有

$$\frac{F^{(n-1)}(z) - F^{(n-1)}(a)}{z-a} = \frac{n-1}{z-a} \cdot \left[\frac{(n-2)!}{2\pi i} \int_C \frac{f_1(\zeta)}{(\zeta-z)^{n-1}} d\zeta \right.$$

$$\left. - \frac{(n-2)!}{2\pi i} \int_C \frac{f_1(\zeta)}{(\zeta-a)^{n-1}} d\zeta \right] + \frac{(n-1)!}{2\pi i} \int_C \frac{f_1(\zeta)}{(\zeta-z)^n} d\zeta.$$

类似(1)的方法可得,$\frac{(n-1)!}{2\pi i} \int_C \frac{f_1(\zeta)}{(\zeta-z)^{n-1}} d\zeta$ 在 a 连续.再注意到归纳假设可得

$$\frac{n-1}{z-a} \cdot \left[\frac{(n-2)!}{2\pi i}\int_C \frac{f_1(\zeta)}{(\zeta-z)^{n-1}}\mathrm{d}\zeta - \frac{(n-2)!}{2\pi i}\int_C \frac{f_1(\zeta)}{(\zeta-a)^{n-1}}\mathrm{d}\zeta\right]$$
$$\to (n-1)\cdot\frac{(n-1)!}{2\pi i}\int_C \frac{f_1(\zeta)}{(\zeta-a)^n}\mathrm{d}\zeta = (n-1)\cdot\frac{(n-1)!}{2\pi i}\int_C \frac{f(\zeta)}{(\zeta-a)^{n+1}}\mathrm{d}\zeta \quad (z\to a)$$

所以
$$\lim_{z\to a}\frac{F^{(n-1)}(z)-F^{(n-1)}(a)}{z-a}$$
$$= (n-1)\cdot\frac{(n-1)!}{2\pi i}\int_C \frac{f(\zeta)}{(\zeta-a)^{n+1}}\mathrm{d}\zeta + \frac{(n-1)!}{2\pi i}\int_C \frac{f_1(\zeta)}{(\zeta-a)^n}\mathrm{d}\zeta$$
$$= (n-1)\cdot\frac{(n-1)!}{2\pi i}\int_C \frac{f(\zeta)}{(\zeta-a)^{n+1}}\mathrm{d}\zeta + \frac{(n-1)!}{2\pi i}\int_C \frac{f(\zeta)}{(\zeta-a)^{n+1}}\mathrm{d}\zeta$$
$$= \frac{n!}{2\pi i}\int_C \frac{f(\zeta)}{(\zeta-a)^{n+1}}\mathrm{d}\zeta$$

即
$$F^{(n)}(a) = \frac{n!}{2\pi i}\int_C \frac{f(\zeta)}{(\zeta-a)^{n+1}}\mathrm{d}\zeta$$

再由 a 的任意性得,在区域 D 内
$$F^{(n)}(z) = \frac{n!}{2\pi i}\int_C \frac{f(\zeta)}{(\zeta-z)^{n+1}}\mathrm{d}\zeta.$$

(方法 3):证明分三步:

第 1 步:记 $F_n(z) = \frac{1}{2\pi i}\int_C \frac{f(\zeta)}{(\zeta-z)^n}\mathrm{d}\zeta, n \geqslant 1$ 为整数,先证 $F_n(z)$ 在 D 内连续.

任取 $a \in D$,记 a 到有界闭集 C 的距离为 $2\delta = 2\delta(a,C) > 0$,如图 3.23 所示,作圆域:$U(a,2\delta)$.

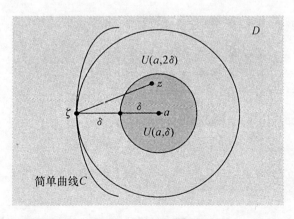

图 3.23 圆域示意图

显然 $U(a,2\delta) \subset D$. 对任意 $z \in U(a,\delta)$,注意到

$$\frac{1}{(\zeta-z)^n} - \frac{1}{(\zeta-a)^n} = \left(\frac{1}{\zeta-z} - \frac{1}{\zeta-a}\right) \cdot \sum_{k=1}^{n} \frac{1}{(\zeta-z)^{n-k}(\zeta-a)^{k-1}}$$

$$= (z-a) \cdot \sum_{k=1}^{n} \frac{1}{(\zeta-z)^{n-k+1}(\zeta-a)^k}$$

从而

$$F_n(z) - F_n(a) = \frac{1}{2\pi i} \int_C f(\zeta) \left[\frac{1}{(\zeta-z)^n} - \frac{1}{(\zeta-a)^n}\right] d\zeta$$

$$= (z-a) \sum_{k=1}^{n} \frac{1}{2\pi i} \int_C \frac{f(\zeta)}{(\zeta-z)^{n-k+1}(\zeta-a)^k} d\zeta$$

当 $\zeta \in C$ 时,有

$$|\zeta-z| \geq |\zeta-a| - |z-a| \geq 2\delta - \delta = \delta, \quad |\zeta-a| \geq 2\delta > \delta$$

记 $M = \int_C |f(\zeta)| ds$,由积分的估值性

$$|F_n(z) - F_n(a)| \leq |z-a| \cdot \sum_{k=1}^{n} \frac{1}{2\pi} \int_C \frac{|f(\zeta)|}{|\zeta-z|^{n-k+1}|\zeta-a|^k} ds$$

$$\leq \frac{n \cdot M}{2\pi \cdot \delta^{n+1}} |z-a| \to 0 \quad (z \to a)$$

故 $F_n(z)$ 在 a 连续,再由 a 的任意性,$F_n(z)$ 在 D 内连续.

第 2 步:证明 $(F_n(z))' = n \cdot \frac{1}{2\pi i} \int_C \frac{f(\zeta)}{(\zeta-z)^{n+1}} d\zeta = n \cdot F_{n+1}(z) \quad (z \in D)$.

事实上,任取 $a \in D$,由于

$$\frac{F_n(z) - F_n(a)}{z-a} = \sum_{k=1}^{n} \frac{1}{2\pi i} \int_C \frac{f(\zeta)}{(\zeta-z)^{n-k+1}(\zeta-a)^k} d\zeta = \sum_{k=1}^{n} \frac{1}{2\pi i} \int_C \frac{f(\zeta)(\zeta-a)^{-k}}{(\zeta-z)^{n-k+1}} d\zeta$$

对每个 $k, 1 \leq k \leq n$,用 $f(\zeta)(\zeta-a)^{-k}$ 代替 $f(\zeta)$, $(\zeta-z)^{n-k+1}$ 代替 $(\zeta-z)^n$,由第 1 步的结论得

$$(F_n(a))' = \lim_{z \to a} \frac{F_n(z) - F_n(a)}{z-a} = \sum_{k=1}^{n} \lim_{z \to a} \frac{1}{2\pi i} \int_C \frac{f(\zeta)(\zeta-a)^{-k}}{(\zeta-z)^{n-k+1}} d\zeta$$

$$= \sum_{k=1}^{n} \frac{1}{2\pi i} \int_C \frac{f(\zeta)}{(\zeta-a)^{n+1}} d\zeta = n \cdot F_{n+1}(a)$$

再由 a 的任意性得结论成立.

第 3 步:反复利用第 2 步的结论,并注意到 $F(z) = \frac{1}{2\pi i} \int_C \frac{f(\zeta)}{\zeta-z} d\zeta = F_1(z)$,易得

$$F^{(n)}(z) = \frac{n!}{2\pi i} \int_C \frac{f(\zeta)}{(\zeta-z)^{n+1}} d\zeta \quad (z \in D), n = 0, 1, 2, \cdots.$$

习 题 3

1. 计算积分 $I = \int_C \bar{z} dz$,其中积分路径 C 是:

(1) 直线段 $\overrightarrow{-1,1}$；

(2) 从 -1 到 1 的上半单位圆周 $|z|=1$；

(3) 从 -1 到 1 的下半单位圆周 $|z|=1$.

2. 计算积分 $I = \int_C \mathrm{Im}z \, \mathrm{d}z$，其中积分路径 C 是：

(1) 按逆时针从 1 到 1 的单位圆周 $|z|=1$；

(2) 直线段 $\overrightarrow{a,b}(a,b \in \mathbf{C})$.

3. 计算下列积分

$$I_1 = \int_C \frac{1}{z-a} \mathrm{d}z, \quad I_2 = \int_C \overline{z-a} \, \mathrm{d}z$$

其中积分路径 C 是圆周 $|z-a|=R$ 上从点 $A = a + R \cdot \mathrm{e}^{\mathrm{i}\theta_1}$ 按逆时针到点 $B = a + R \cdot \mathrm{e}^{\mathrm{i}\theta_2}$ 的一段弧 $(0 \leqslant \theta_1 < \theta_2 \leqslant 2\pi)$.

4. 计算积分 $I = \int_C \frac{1}{\overline{z}} \mathrm{d}z$，其中积分路径 C 是圆环形闭区域 $\{z \mid 1 \leqslant |z| \leqslant 2\}$ 位于第一象限部分的边界，方向为逆时针.

5. (1) 计算下列积分

$$I_1 = \int_C \frac{1}{z-1} \mathrm{d}z, \quad I_2 = \int_C \frac{1}{(z-1)^2} \mathrm{d}z$$

其中积分路径 C 是从 2 到 3 的任意不过 1 简单光滑曲线；

(2) 试归纳出积分

$$I_n = \int_C \frac{1}{(z-1)^n} \mathrm{d}z \quad (n \in \mathbf{Z})$$

一般的结果，其中积分路径 C 是从 2 到 3 的任意不过 1 简单光滑曲线.

6. 设 $C = \widehat{0,1}$ 是不过点 $\pm \mathrm{i}$ 的简单光滑曲线，证明

$$I = \int_C \frac{1}{z^2+1} \mathrm{d}z = \frac{\pi}{4} + k\pi \quad (k = 0, \pm 1, \pm 2, \cdots).$$

7. 计算下列积分：

(1) $\int_{\widehat{AB}} \cos \frac{z}{2} \mathrm{d}z$，其中 $\widehat{AB}$ 是从 0 到 3 的光滑简单曲线；

(2) $\int_{\widehat{AB}} (3z^2 + 2z + 1) \mathrm{d}z$，其中 $\widehat{AB}$ 是从 0 到 $2\pi a$ 的光滑简单曲线.

8. 计算积分

$$I_1 = \int_C \sqrt{z} \, \mathrm{d}z, \quad I_2 = \int_C \frac{1}{\sqrt{z}} \mathrm{d}z, \quad I_3 = \int_C z^{\mathrm{i}} \mathrm{d}z$$

其中积分路径 C 是按逆时针从 1 到 1 的单位圆周 $|z|=1$, $\sqrt{z}$ 和 z^{i} 均表示以 $[0, +\infty)$ 为割线且在割线上沿 1 处的值为 1 的解析分支.

9. (分部积分公式) 设 $f(z)$ 和 $g(z)$ 在单连通区域 D 内解析，$C = \widehat{\alpha\beta} \subset D$ 是简单光滑曲线，证明

$$\int_C f(z)g'(z)\mathrm{d}z = f(z)g(z)\Big|_a^\beta - \int_C f'(z)g(z)\mathrm{d}z.$$

10. 计算下列积分
$$I_1 = \int_C \ln z\,\mathrm{d}z, \quad I_1 = \int_C z\ln z\,\mathrm{d}z$$

其中积分路径 C 是按逆时针从 1 到 1 的单位圆周 $|z|=1$，$\ln z$ 表示以 $[0,+\infty)$ 为割线且在割线上沿 1 处的值为 0 的解析分支．

11. 证明：

(1) 若 $f(z)$ 在 $0<|z-z_0|<R$ 内连续，且 $\lim\limits_{z\to z_0}(z-z_0)f(z)=A$ 存在，则
$$\lim_{r\to 0}\frac{1}{2\pi\mathrm{i}}\int_{C_r} f(z)\mathrm{d}z = A$$

其中 C_r：$|z-z_0|=r$ $(0<r<R)$；

(2) 若 $f(z)$ 在 $0<|z-z_0|<R$ 内解析，且 $\lim\limits_{z\to z_0}(z-z_0)f(z)=A$ 存在，则对任意 $0<r<R$
$$\int_{C_r} f(z)\mathrm{d}z = 2\pi\mathrm{i}\cdot A$$

其中 C_r：$|z-z_0|=r$；（提示：利用(1)及柯西积分定理）

(3) 计算 $\int_{|z-\mathrm{i}|=\frac{1}{2}} \dfrac{\mathrm{e}^{\mathrm{i}z}}{z^4-1}\mathrm{d}z$．

12. 证明：

(1) 若 $f(z)$ 在 $R<|z-z_0|<+\infty$ 内连续，且 $\lim\limits_{z\to\infty}(z-z_0)f(z)=A$ 存在，则
$$\lim_{r\to +\infty}\frac{1}{2\pi\mathrm{i}}\int_{C_r} f(z)\mathrm{d}z = A$$

其中 C_r：$|z-z_0|=r$ $(r>R)$；

(2) 若 $f(z)$ 在 $R<|z-z_0|<+\infty$ 内解析，且 $\lim\limits_{z\to\infty}(z-z_0)f(z)=A$ 存在，则对任意 $r>R$
$$\int_{C_r} f(z)\mathrm{d}z = 2\pi\mathrm{i}\cdot A$$

其中 C_r：$|z-z_0|=r$；（提示：利用(1)及柯西积分定理）

(3) 计算 $\int_{|z|=R} \dfrac{\mathrm{e}^{\frac{1}{z}}}{z^4-1}\mathrm{d}z$ $(R>1)$．

13. 利用积分的估值性证明：

(1) $\left|\int_C (x^2+\mathrm{i}y^2)\mathrm{d}z\right|\leqslant 2$，其中 C 为直线段 $\overrightarrow{-1,1}$；

(2) $\left|\int_C (x^2+\mathrm{i}y^2)\mathrm{d}z\right|\leqslant \pi$，其中 C 为上半单位圆周：$|z|=1$ 且 $\mathrm{Im}\,z\geqslant 0$；

(3) $\left|\int_C \dfrac{1}{z^2}\mathrm{d}z\right|\leqslant 2$，其中 C 为直线段 $\overrightarrow{\mathrm{i}-2,\mathrm{i}}$．

14. 设 $C_R: |z| = R > 1$, $\ln z$ 表示以 $(-\infty, 0]$ 为割线且在 1 处的值为 0 的解析分支，则

$$\left| \int_{C_R} \frac{\ln z}{z^2} dz \right| \leqslant 2\pi \left(\frac{\pi + \ln R}{R^2} \right)$$

由此可得 $\lim\limits_{R \to \infty} \int_{C_R} \frac{\ln z}{z^2} dz = 0$.

(提示：在 $C_R: |z| = R > 1$ 上，$|\ln z| = |\ln|z| + i \cdot \arg z| \leqslant \ln R + \pi$)

15. 设 $C_R: |z| = \rho < 1$, $\sqrt{z}$ 表示以 $[0, +\infty)$ 为割线且在割线上沿 1 处的值为 1 的解析分支, $f(z)$ 在 $|z| \leqslant 1$ 上连续，则

$$\left| \int_{C_\rho} \frac{f(z)}{\sqrt{z}} dz \right| \leqslant 2\pi M \sqrt{\rho}$$

其中 $M = \max\limits_{|z| \leqslant 1} |f(z)|$，由此可得 $\lim\limits_{\rho \to 0} \int_{C_\rho} \frac{f(z)}{\sqrt{z}} dz = 0$.

16. 设 C_N 表示四条直线

$$\text{Re} z = x = \pm \left(N + \frac{1}{2} \right) \pi \text{ 和 } \text{Im} z = y = \pm \left(N + \frac{1}{2} \right) \pi \quad (z = x + iy)$$

围成的正方形的边界，其中 N 为正整数. 证明：

(1) $|\sin z| \geqslant |\sin x|$ 和 $|\sin z| \geqslant |\sinh y| = \left| \frac{e^y - e^{-y}}{2} \right|$;

(2) 在 C_N 的垂直边上，$|\sin z| \geqslant 1$. 在 C_N 的水平边上，$|\sin z| > \sinh \frac{\pi}{2}$. 从而存在正常数 M，使得在 C_N 上，$|\sin z| \geqslant M$；

(3) $\left| \int_{C_N} \frac{1}{z^2 \sin z} dz \right| \leqslant \frac{16}{(2N+1)\pi M}$. 由此可得 $\lim\limits_{N \to +\infty} \int_{C_N} \frac{1}{z^2 \sin z} dz = 0$.

17. 试用柯西积分定理说明下列积分都为零：

(1) $\int_{|z|=1} \frac{1}{1 - \sin z} dz$;　　　　(2) $\int_{|z|=1} \frac{1}{(z-a)^n} dz$ （其中 $|a| > 1$）;

(3) $\int_{|z|=1} \frac{e^{\sin z}}{z-a} dz$ (其中 $|a| > 1$)；　(4) $\int_{|z|=1} \frac{1}{z^2 - 2z + 2} dz$;

(5) $\int_{|z|=1} \frac{1}{z^2 - 5z + 6} dz$;　　　(6) $\int_{|z|=1} z^2 \sin z^2 dz$;

(7) $\int_{|z|=1} (a|z|^2 - z\cos z^2) dz$.

18. 利用柯西积分定理计算积分 $\int_{|z|=1} \frac{1}{z+2} dz$ 的值，并由此证明 $\int_0^\pi \frac{1 + 2\cos\theta}{5 + 4\cos\theta} d\theta = 0$.

19. 计算下列积分：

(1) $\int_{|z|=1} \frac{\sin z}{z} dz$;　　　　(2) $\int_{|z|=1} \frac{1}{(2z+1)(z-2)} dz$;

$(3) \int_{|z|=2} \dfrac{z^2-z+1}{z-1}\mathrm{d}z;$ $\qquad$ $(4) \int_{|z|=2} \dfrac{z^2-z+1}{(z-1)^2}\mathrm{d}z.$

20. 计算下列积分：

$(1) \int_{C_i} \dfrac{1}{z^2+2}\mathrm{d}z \quad (i=1,2,3),$

其中 $C_1: |z+\sqrt{2}\mathrm{i}|=\dfrac{1}{2}(2-\sqrt{2}),\quad C_2: |z-\sqrt{2}\mathrm{i}|=\dfrac{1}{2}(2-\sqrt{2}),\quad C_3: |z|=2;$

$(2) \int_{C_i} \dfrac{\sin\dfrac{\pi}{4}z}{z^2-1}\mathrm{d}z \quad (i=1,2,3),$

其中 $C_1: |z+1|=\dfrac{1}{2},\quad C_2: |z-1|=\dfrac{1}{2},\quad C_3: |z|=2.$

21. 设 $f(z)=\int_{|\zeta|=2} \dfrac{3\zeta^2+7\zeta+1}{\zeta-z}\mathrm{d}z \quad (|z|\neq 2),$ 求 $f'(1+\mathrm{i}), f'(1+2\mathrm{i}).$

22. 利用柯西公式计算积分 $\int_{|z|=1} \dfrac{\mathrm{e}^z}{z}\mathrm{d}z$ 的值，并由此证明

$$\int_0^\pi \mathrm{e}^{\cos\theta}\cos(\sin\theta)\mathrm{d}\theta=\pi.$$

23. 利用高阶导数公式计算 $\int_{|z|=1}\left(z+\dfrac{1}{z}\right)^{2n}\dfrac{\mathrm{d}z}{z}(n\in\mathbf{N})$，并由此证明

$$\int_0^{2\pi}\cos^{2n}\theta\mathrm{d}\theta=2\pi\cdot\dfrac{(2n-1)!!}{(2n)!!}.$$

24. 证明：$\left(\dfrac{z^n}{n!}\right)^2=\dfrac{1}{2\pi\mathrm{i}}\int_{|\zeta|=1}\dfrac{z^n\mathrm{e}^{z\zeta}}{n!\zeta^n}\dfrac{\mathrm{d}\zeta}{\zeta}.$

25. 若 $f(z)$ 在 $|z|<1$ 上解析，且 $|f(z)|\leqslant\dfrac{1}{1-|z|},$ 证明

$$|f^{(n)}(0)|\leqslant(n+1)!\left(1+\dfrac{1}{n}\right)^n<\mathrm{e}(n+1)!.$$

$\Big($提示：对函数 $\dfrac{f(z)}{z^{n+1}}$ 沿圆周 $|z|=\dfrac{n}{n+1}$ 的积分用高阶导数公式和积分的估值性或直接用柯西不等式$\Big)$

26. 设 D 为有界区域，其边界为 C，函数 $f(z)$ 和 $g(z)$ 在 D 内解析，在闭区域 $\overline{D}=D\cup C$ 上连续，若在 C 上，$f(z)\equiv g(z)$，则在 $\overline{D}=D\cup C$ 上，$f(z)\equiv g(z).$

27. 若 $f(z)$ 在有界闭区域 $\overline{D}=D+C$ 上解析，且对任意 $z\in D$

$$\left|\dfrac{1}{2\pi\mathrm{i}}\int_C\dfrac{f(\xi)}{\xi-z}\mathrm{d}\xi\right|=\text{常数，则}\ f(z)\equiv\text{常数}.$$

28. 条件同27题，且对任意 $z\in D,\mathrm{Re}\left[\dfrac{1}{2\pi\mathrm{i}}\int_C\dfrac{f(\xi)}{\xi-z}\mathrm{d}\xi\right]=1,$ 则 $f(z)=1+\mathrm{i}c(c$ 为实常数$).$

29. 若 $f(z)$ 在 $|z|\leqslant R$ 上解析，则当 $|z|<R$ 时

$$f(z) = \frac{R^2-|z|^2}{2\pi i}\int_{|\zeta|=R}\frac{f(\zeta)}{(\zeta-z)(R^2-\bar{z}\zeta)}d\zeta$$

从而令 $z = re^{i\varphi}(r<R)$，有

$$f(z) = \frac{1}{2\pi}\int_0^{2\pi}f(Re^{i\theta})\frac{R^2-r^2}{R^2-2rR\cos(\theta-\varphi)+r^2}d\theta.$$

30. （无界区域上的柯西积分定理）设 $f(z)$ 在简单闭曲线 C 的外区域 D 内解析，在 $\overline{D} = D \cup C$ 上连续，若 $\lim\limits_{z\to\infty}zf(z) = A(\neq \infty)$，则

$$\frac{1}{2\pi i}\int_C f(z)dz = A$$

进而有，对 D 内任意简单闭曲线 Γ，当 Γ 的内区域含于 D 时

$$\frac{1}{2\pi i}\int_\Gamma f(z)dz = 0$$

否则

$$\frac{1}{2\pi i}\int_\Gamma f(z)dz = A.$$

31. （无界区域上的柯西公式）设 $f(z)$ 在简单闭曲线 C 的外区域 D 内解析，在 $\overline{D} = D \cup C$ 上连续，若 $\lim\limits_{z\to\infty}f(z) = A(\neq \infty)$，则

$$\frac{1}{2\pi i}\int_C\frac{f(\zeta)}{\zeta-z}d\zeta = \begin{cases}A, & z \notin \overline{D} \\ A-f(z), & z \in D\end{cases}.$$

32. 设 $f(z)$ 在 $|z|\leqslant 1$ 上解析.

(1) 证明

$$\frac{1}{2\pi i}\int_{|\zeta|=1}\frac{\overline{f(\zeta)}}{\zeta-z}d\zeta = \begin{cases}\overline{f(0)}, & |z|<1 \\ \overline{f(0)-f(1/\bar{z})}, & |z|>1\end{cases};$$

(2) 利用(1) 计算

$$\frac{1}{2\pi i}\int_{|\zeta|=1}\frac{\mathrm{Re}f(\zeta)}{\zeta-z}d\zeta \text{ 和 } \frac{1}{2\pi i}\int_{|\zeta|=1}\frac{\mathrm{Im}f(\zeta)}{\zeta-z}d\zeta \quad (|z|\neq 1).$$

$\left(\text{提示}:\mathrm{Re}f(\zeta) = \frac{1}{2}[f(\zeta)+\overline{f(\zeta)}], \mathrm{Im}f(\zeta) = \frac{1}{2i}[f(\zeta)-\overline{f(\zeta)}]\right)$

33. 若 $f(z)$ 为整函数，且满足 $|f(z)| \geqslant M > 0$，则 $f(z) \equiv$ 常数.

34. 若 $f(z)$ 为整函数，且满足 $\mathrm{Re}f(z) \leqslant M(\mathrm{Re}f(z) \geqslant M)$，则 $f(z) \equiv$ 常数.

35. 若 $f(z)$ 为整函数，且满足存在 $R > 0$，当 $|z| > R$ 时，$|f(z)| \leqslant M|z|^n$，则 $f(z)$ 必为至多 n 次的多项式.

36. 设 $f(z)$ 在单连通区域 D 内解析，且 $f(z) \neq 0$，证明：

(1) 存在 D 内的解析函数 $g(z)$，使得 $e^{g(z)} = f(z)$；

$\left(\text{提示}:\text{取 } g(z) \text{ 为 } \frac{f'(z)}{f(z)} \text{ 的原函数，并验证 } e^{-g(z)}f(z) \equiv \text{常数即可}\right)$

(2) 对于 $n \geqslant 2$ 的整数,存在 D 内的解析函数 $h(z)$,使得 $[h(z)]^n = f(z)$.

37. 设 $P(z)$ 是一个 $n(n \geqslant 1)$ 次多项式,且 $P(z)$ 的零点全在有界单连通区域 D 内,C 为 D 的边界,$f(z)$ 在 $\overline{D} = D \cup C$ 上解析,记

$$R(z) = \frac{1}{2\pi i} \int_C \frac{f(\zeta)}{P(\zeta)} \cdot \frac{P(\zeta) - P(z)}{\zeta - z} d\zeta$$

$$Q(z) = \frac{1}{2\pi i} \int_C \frac{f(\zeta)}{P(\zeta)} \cdot \frac{d\zeta}{\zeta - z} \quad (z \in D)$$

证明:

(1) $R(z)$ 为次数不超过 $n-1$ 的多项式,$Q(z)$ 在区域 D 内解析;

(2) 对任意 $z \in D$,$f(z) = P(z)Q(z) + R(z)$;

(3) (2)中的表示是唯一的,即若存在 D 内解析函数 $Q_1(z)$ 和次数不超过 $n-1$ 的多项式 $R_1(z)$,使得

$$f(z) = P(z)Q_1(z) + R_1(z)$$

则 $Q_1(z) \equiv Q(z)$,$R_1(z) \equiv R(z)$.

38. 记 $P_n(z) = \frac{1}{n! 2^n} \cdot \frac{d^n}{dz^n}(z^2-1)^n$(称为勒让德多项式),易见 $P_n(z)$ 是一个 n 次多项式.证明:

(1) 对任意 $z \in \mathbf{C}$,C 是围绕 z 的任意一条简单曲线,有

$$P_n(z) = \frac{1}{2^{n+1} \pi i} \int_C \frac{(\zeta^2 - 1)^n}{(\zeta - z)^{n+1}} d\zeta \quad (n = 0, 1, 2, \cdots);$$

(2) 当 $z = 1$ 时,$P_n(1) = 1 \quad (n = 0, 1, 2, \cdots)$;

当 $z = -1$ 时,$P_n(-1) = (-1)^n \quad (n = 0, 1, 2, \cdots)$.

39. 若 $f(z)$ 在 $|z - a| < R$ 内解析,则按下面的步骤导出实部形式的柯西不等式:对任意 $r \in (0, R)$.

(1) $\int_0^{2\pi} f(a + re^{i\theta}) e^{i\theta} d\theta = 0$,从而取共轭可得 $\int_0^{2\pi} \overline{f(a + re^{i\theta})} e^{-i\theta} d\theta = 0$;

$\left(\text{提示:由柯西积分定理得} \int_{|z-a|=r} f(z) dz = 0, \text{再利用圆周 } |z - a| = r \text{ 的参数方程}\right.$

$\left. z = a + re^{i\theta}\right)$

(2) $f'(a) = \frac{1}{2\pi r} \int_0^{2\pi} f(a + re^{i\theta}) e^{-i\theta} d\theta$;

$\left(\text{提示:由高阶导数公式得 } f'(a) = \frac{1}{2\pi i} \int_{|z-a|=r} \frac{f(z)}{(z-a)^2} dz, \text{再利用圆周 } |z - a| = \right.$

$\left. r \text{ 的参数方程 } z = a + re^{i\theta}\right)$

(3) 由 $(1) \times \frac{1}{2\pi r} + (2)$ 可得

$$f'(a) = \frac{1}{\pi r}\int_0^{2\pi} [\mathrm{Re}f(a+re^{i\theta})]e^{-i\theta}d\theta;$$

(4) 记 $M = \max\limits_{|z-a|=r} |\mathrm{Re}f(z)|$，则

$$|f'(a)| \leqslant \frac{2M}{r} \quad (\text{实部形式的一阶柯西不等式}).$$

(5) 用柯西积分定理和高阶导数公式分别考虑积分

$$\int_{|z-a|=r} f(z)(z-a)^{n-1}dz = 0$$

和

$$f^{(n)}(a) = \frac{n!}{2\pi i}\int_{|z-a|=r} \frac{f(z)}{(z-a)^{n+1}}dz$$

再用类似方法得到

$$f^{(n)}(a) = \frac{n!}{\pi r^n}\int_0^{2\pi} [\mathrm{Re}f(a+re^{i\theta})]e^{-in\theta}d\theta$$

若记 $M = \max\limits_{|z-a|=r} |\mathrm{Re}f(z)|$，则还可得到

$$|f^{(n)}(a)| \leqslant \frac{2n!M}{r^n} \quad (\text{实部形式的高阶柯西不等式}).$$

第4章 解析函数的幂级数表示

复级数也是研究解析函数的一种重要工具.实际上,解析函数的许多重要性质,还需要借助适当的级数才能得到比较好的解决.例如,解析函数零点的孤立性、解析函数的唯一性、解析函数在其孤立奇点的空心邻域内的取值特点,等等.

根据研究的解析函数所涉及的问题的需要,在本章和下一章中,我们重点介绍两类特殊的复函数项级数,一类是幂级数,通常考虑函数在其解析的区域内的整体性质或函数在其解析点邻域内的性质时,用这类级数;另一类是罗朗(Laurent)级数,通常考虑函数在其孤立奇点附近的相关性质时,用这类级数.

本章,我们主要介绍以下内容:

首先,平行介绍复数项级数和复函数项级数的一般理论.

其次,作为函数项级数的特例,我们平行介绍形式简单且在实际中应用广泛的幂级数,并建立如何将圆形区域内解析的函数表示成幂级数的方法,以及如何利用这种方法来研究解析函数的有关良好的性质(例如,解析函数零点的孤立性、解析函数的唯一性以及作为解析函数基本理论之一的最大模原理等).

§4.1 复数列与复级数

4.1.1 复数列与复级数

1. 复数列

通常,我们把按照自然数的顺序排列的一列复数 $z_1, z_2, \cdots, z_n, \cdots$ 称为复数列,记为 $\{z_n\}$.其中 z_n 称为通项.

定义 4.1 设 $\{z_n\}$ 为一个复数列,z_0 为一个复常数,若对任给的正数 ε,存在正(整)数 N,当 $n > N$ 时,总有

$$|z_n - z_0| < \varepsilon \tag{4.1}$$

则称 $\{z_n\}$ 当 $n \to \infty$ 时收敛于 z_0(或 $\{z_n\}$ 收敛于 z_0),而 z_0 称为 $\{z_n\}$ 当 $n \to \infty$ 时的极限,记为 $\lim\limits_{n \to \infty} z_n = z_0$.若 $\{z_n\}$ 不以任何复数为极限,则称 $\{z_n\}$ 发散或不收敛.

定义 4.2* 若存在正数 ε_0,使得对任意正数 N(无论 N 有多大),总存在正整数 n_0,虽然 $n_0 \geqslant N$,但 $|z_{n_0} - z_0| \geqslant \varepsilon_0$,则称 $\{z_n\}$ 不收敛于 z_0 或不以 z_0 为极限,记

为 $\lim\limits_{n\to\infty} z_n \neq z_0$.

注:

定义 4.1 的几何意义: $\lim\limits_{n\to\infty} z_n = z_0$ 等价于任给 z_0 的一个邻域,在该邻域之外至多含有 $\{z_n\}$ 的有限项,如图 4.1(a) 所示.

定义 4.2^* 的几何意义: $\lim\limits_{n\to\infty} z_n \neq z_0$ 等价于存在 z_0 的一个邻域,在该邻域之外含有 $\{z_n\}$ 的无穷多项,如图 4.1(b) 所示.

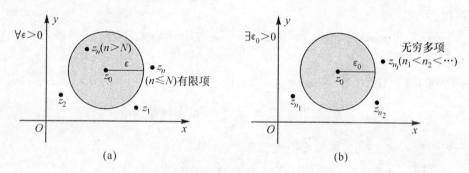

图 4.1 复数列极限的几何意义示意图

从上述两个定义不难看出,复数列的极限与实数列的极限,在形式上是完全相似的.类似于实数列极限的相关结果,我们平行地给出复数列极限的相应结果.例如,极限的四则运算法则,收敛数列的有界性,数列收敛的柯西准则等.仅以柯西准则为例,其余的自行给出.

柯西(Cauchy)准则 复数列 $\{z_n\}$ 收敛的充分必要条件是对任给的正数 ε,存在正(整)数 N,当 $m, n > N$ 时,总有
$$|z_m - z_n| < \varepsilon$$
或者对任给的正数 ε,存在正(整)数 N,当 $n > N$ 时,对任意自然数 p,总有
$$|z_{n+p} - z_n| < \varepsilon.$$
上述准则由下面的定理不难证明.

定理 4.1 (复数列与实数列收敛的关系) 记 $z_n = x_n + \mathrm{i} y_n (n = 1, 2, \cdots)$, $z_0 = x_0 + \mathrm{i} y_0$,则
$$\lim_{n\to\infty} z_n = z_0 \Leftrightarrow \begin{cases} \lim\limits_{n\to\infty} x_n = x_0 \\ \lim\limits_{n\to\infty} y_n = y_0 \end{cases}.$$

证明 注意到下面的不等式立即可得
$$|x_n - x_0|, |y_n - y_0| \leqslant |z_n - z_0| \leqslant |x_n - x_0| + |y_n - y_0|.$$

◎ **思考题:** 试用定理 4.1 证明复数列收敛的柯西准则.

例 4.1 求下列极限

(1) $\lim\limits_{n\to\infty}\left(\sqrt[n]{2}+\mathrm{i}\cdot\dfrac{\sin n}{n}\right)$;   (2) $\lim\limits_{n\to\infty}\left(\dfrac{1}{2^n}+\mathrm{i}2^n\right)$;   (3) $\lim\limits_{n\to\infty}\mathrm{e}^{\mathrm{i}n}$.

解 (1) 因为 $\lim\limits_{n\to\infty}\sqrt[n]{2}=1$, $\lim\limits_{n\to\infty}\dfrac{\sin n}{n}=0$, 所以由定理 4.1 得

$$\lim_{n\to\infty}\left(\sqrt[n]{2}+\mathrm{i}\,\dfrac{\sin n}{n}\right)=1.$$

(2) 因为 $\lim\limits_{n\to\infty}\dfrac{1}{2^n}=0$, $\lim\limits_{n\to\infty}2^n=+\infty$ 不存在, 所以由定理 4.1 得, $\lim\limits_{n\to\infty}\left(\dfrac{1}{2^n}+\mathrm{i}2^n\right)$ 不存在.

(3) 因为 $\mathrm{e}^{\mathrm{i}n}=\cos n+\mathrm{i}\sin n$, 而 $\lim\limits_{n\to\infty}\cos n$ 与 $\lim\limits_{n\to\infty}\sin n$ 均不存在, 所以, $\lim\limits_{n\to\infty}\mathrm{e}^{\mathrm{i}n}$ 不存在.

例 4.2 证明: 若 $\lim\limits_{n\to\infty}z_n=z_0\neq\infty$, 则

$$\lim_{n\to\infty}\dfrac{z_1+z_2+\cdots+z_n}{n}=z_0\quad\text{(极限的平均值法则)}$$

并说明当 $z_0=\infty$ 时, 该结论不再成立.

证明 记 $z_n=x_n+\mathrm{i}y_n$, $z_0=x_0+\mathrm{i}y_0$, 由定理 4.1

$$\lim_{n\to\infty}x_n=x_0,\quad \lim_{n\to\infty}y_n=y_0$$

由数学分析中实数列极限的算术平均值法则可得

$$\lim_{n\to\infty}\dfrac{x_1+x_2+\cdots+x_n}{n}=x_0,\quad \lim_{n\to\infty}\dfrac{y_1+y_2+\cdots+y_n}{n}=y_0$$

又

$$\dfrac{z_1+z_2+\cdots+z_n}{n}=\dfrac{x_1+x_2+\cdots+x_n}{n}+\mathrm{i}\,\dfrac{y_1+y_2+\cdots+y_n}{n}$$

再由定理 4.1

$$\lim_{n\to\infty}\dfrac{z_1+z_2+\cdots+z_n}{n}=x_0+\mathrm{i}y_0=z_0$$

当 $z_0=\infty$ 时, 取 $z_n=\begin{cases}k, & n=2k-1\\-k, & n=2k\end{cases}$, 显然 $\lim\limits_{n\to\infty}z_n=\infty$. 当 $n=2k$ 时

$$\dfrac{z_1+z_2+\cdots+z_n}{n}=\dfrac{1+(-1)+\cdots+k+(-k)}{2k}=0$$

所以, 当 $n=2k$ 时

$$\lim_{n\to\infty}\dfrac{z_1+z_2+\cdots+z_n}{n}=0$$

而当 $n=2k+1$ 时

$$\dfrac{z_1+z_2+\cdots+z_n}{n}=\dfrac{1+(-1)+\cdots+k+(-k)+k+1}{2k+1}=\dfrac{k+1}{2k+1}$$

所以, 当 $n=2k+1$ 时

$$\lim_{n\to\infty}\frac{z_1+z_2+\cdots+z_n}{n}=\frac{1}{2}\neq 0$$

故

$$\lim_{n\to\infty}\frac{z_1+z_2+\cdots+z_n}{n}\neq\infty.$$

2. 复数项级数

设 $\{z_n\}$ 为一个复数列,$\{z_n\}$ 的各项依次用加号"+"连接起来的式子

$$z_1+z_2+\cdots+z_n+\cdots$$

称为复数项级数,记为 $\sum_{n=1}^{\infty}z_n$ 或 $\sum z_n$.

定义 4.3 设 $\sum_{n=1}^{\infty}z_n$ 是一个复数项级数,记 $s_n=\sum_{k=1}^{n}z_k$ 称为 $\sum_{n=1}^{\infty}z_n$ 的(前 n 项)部分和. 若 $\{s_n\}$ 收敛于 s,即 $\lim_{n\to\infty}s_n=s$,则称 $\sum_{n=1}^{\infty}z_n$ 收敛于 s,并且 s 也称为 $\sum_{n=1}^{\infty}z_n$ 的和,记为 $\sum_{n=1}^{\infty}z_n=s$. 若 $\{s_n\}$ 发散,则称 $\sum_{n=1}^{\infty}z_n$ 发散.

注:(1) 设 $\{z_n\}$ 是一个复数列,令 $z_0=0$,作级数

$$\sum_{n=1}^{\infty}(z_n-z_{n-1})$$

由于 $\sum_{k=1}^{n}(z_k-z_{k-1})=z_n$,从而 $\{z_n\}$ 收敛等价于 $\sum_{n=1}^{\infty}(z_n-z_{n-1})$ 收敛. 这表明复数列的敛散性可以用适当的复数项级数的敛散性来刻画.

(2) 由定义 4.3,并注意到 $z_n=s_n-s_{n-1}$ 可得,若 $\sum_{n=1}^{\infty}z_n$ 收敛,则 $\lim_{n\to\infty}z_n=0$,但反过来不一定成立. 例如, $\lim_{n\to\infty}\frac{1}{n}=0$,但 $\sum_{n=1}^{\infty}\frac{1}{n}$ 发散. 这表明 $\lim_{n\to\infty}z_n=0$ 仅是级数 $\sum_{n=1}^{\infty}z_n$ 收敛的必要条件,但非充分条件.

(3) 由复数列收敛的柯西准则可得以下定理.

定理 4.2 (复级数柯西准则) 级数 $\sum_{n=1}^{\infty}z_n$ 收敛的充分必要条件是对任给的正数 ε,存在正(整)数 N,当 $n>N$ 时,对任意自然数 p,总有

$$|z_{n+1}+z_{n+2}+\cdots+z_{n+p}|<\varepsilon \tag{4.2}$$

(4) 关于实级数的一些结果,可以不加修改地移植到复数项级数(请自行给出).

记 $z_n=x_n+\mathrm{i}y_n, s=a+\mathrm{i}b$. 由级数收敛的定义以及定理 4.1 可得以下定理.

定理 4.3 $\sum_{n=1}^{\infty}z_n$ 收敛于 s 的充分必要条件是两个实级数 $\sum_{n=1}^{\infty}x_n,\sum_{n=1}^{\infty}y_n$ 分别收敛于 a,b.

例 4.3 讨论级数 $\sum_{n=1}^{\infty}\left(\frac{1}{n}+\mathrm{i}\frac{1}{2^n}\right)$ 的敛散性.

解 因为 $\sum_{n=1}^{\infty}\frac{1}{n}$ 发散,$\sum_{n=1}^{\infty}\frac{1}{2^n}$ 收敛,由定理 4.3,$\sum_{n=1}^{\infty}\left(\frac{1}{n}+\mathrm{i}\frac{1}{2^n}\right)$ 发散.

注:在考虑复级数的敛散性时,我们常常可以先考察 $\lim_{n\to\infty}z_n$ 是否为零,若 $\lim_{n\to\infty}z_n \neq 0$ 由必要条件即可得出级数发散;若 $\lim_{n\to\infty}z_n = 0$,则再利用定理 4.3,将复级数化为实部、虚部两个实级数来判断.

类似于实级数的绝对收敛与条件收敛,我们也有以下定义.

定义 4.4 若 $\sum_{n=1}^{\infty}|z_n|$ 收敛,则称原级数 $\sum_{n=1}^{\infty}z_n$ 绝对收敛;若 $\sum_{n=1}^{\infty}z_n$ 收敛但不绝对收敛,则称 $\sum_{n=1}^{\infty}z_n$ 条件收敛.

注:因 $\sum_{n=1}^{\infty}|z_n|$ 是正项级数,该级数的敛散性可以用数学分析中正项级数的相关理论来判别.

定理 4.4 (1) 若 $\sum_{n=1}^{\infty}z_n$ 绝对收敛,则 $\sum_{n=1}^{\infty}z_n$ 收敛,但反过来不成立;

(2) 设 $z_n = x_n + \mathrm{i}y_n$,则 $\sum_{n=1}^{\infty}z_n$ 绝对收敛的充分必要条件是两个实级数 $\sum_{n=1}^{\infty}x_n$,$\sum_{n=1}^{\infty}y_n$ 都绝对收敛.

证明 (1) 因为 $\sum_{n=1}^{\infty}z_n$ 绝对收敛,即 $\sum_{n=1}^{\infty}|z_n|$ 收敛,由定理 4.2,对任意 $\varepsilon > 0$,存在正数 N,当 $n > N$ 时,对任意自然数 p,总有
$$|z_{n+1}|+|z_{n+2}|+\cdots+|z_{n+p}| < \varepsilon$$
从而
$$|z_{n+1}+z_{n+2}+\cdots+z_{n+p}| \leqslant |z_{n+1}|+|z_{n+2}|+\cdots+|z_{n+p}| < \varepsilon$$
所以由定理 4.2,$\sum_{n=1}^{\infty}z_n$ 收敛.

反之,考虑级数 $\sum_{n=1}^{\infty}(-1)^{n-1}\frac{1}{n}$ 即可.

(2) 因为
$$|x_n| \leqslant |z_n|,\ |y_n| \leqslant |z_n|,\ 且\ |z_n| \leqslant |x_n|+|y_n|$$
由数学分析中正项级数的比较判别法即可得结论成立.

定理 4.5 (绝对收敛级数的两个性质)

(1) 绝对收敛的级数的各项可以任意重排次序,而不改变其绝对收敛性,也不改变其和;

(2) 如图 4.2 所示,两个绝对收敛的级数 $\sum_{n=1}^{\infty} z'_n, \sum_{n=1}^{\infty} z''_n$ 按对角线方法所得的乘积级数

$$\sum_{n=1}^{\infty}(z'_1 z''_n + z'_2 z''_{n-1} + \cdots + z'_n z''_1) \quad (称为柯西乘积)$$

也绝对收敛,且其和为这两个级数的和的乘积,即

$$\sum_{n=1}^{\infty}(z'_1 z''_n + z'_2 z''_{n-1} + \cdots + z'_n z''_1) = \left(\sum_{n=1}^{\infty} z'_n\right)\left(\sum_{n=1}^{\infty} z''_n\right) \tag{4.3}$$

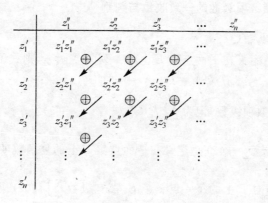

图 4.2 柯西乘积的构成示意图

例 4.4 (1) 证明:当 $|z| < 1$ 时,级数 $\sum_{n=0}^{\infty} z^n = 1 + z + z^2 + \cdots + z^n + \cdots$ 绝对收敛;

(2) 当 $|z| < 1$ 时,求级数 $\sum_{n=1}^{\infty} n z^{n-1} = 1 + 2z + \cdots + n z^{n-1} + \cdots$ 的和.

证明 (1) 记

$$s_n = 1 + |z| + \cdots + |z|^{n-1} = \frac{1 - |z|^n}{1 - |z|}$$

当 $|z| < 1$ 时, $\lim_{n \to \infty} |z|^n = 0$,所以

$$\lim_{n \to \infty} s_n = \frac{1}{1 - |z|}$$

即 $\sum_{n=0}^{\infty} |z|^n$ 收敛,亦即 $\sum_{n=0}^{\infty} z^n$ 绝对收敛. 用类似的方法还可以求得

$$\sum_{n=0}^{\infty} z^n = 1 + z + z^2 + \cdots + z^n + \cdots = \frac{1}{1-z}.$$

(2) 由(1),当 $|z| < 1$ 时, $\sum_{n=0}^{\infty} z^n$ 绝对收敛,而

$$\sum_{n=1}^{\infty} n z^{n-1} = 1 + 2z + \cdots + n z^{n-1} + \cdots$$

恰好为 $\sum_{n=0}^{\infty} z^n$ 与其自身的柯西乘积,所以由定理 4.5(2) 得

$$\sum_{n=1}^{\infty} n z^{n-1} = 1 + 2z + \cdots + n z^{n-1} + \cdots = \frac{1}{(z-1)^2}.$$

注:例 4.4 的(1)也可以利用等比级数 $\sum_{n=0}^{\infty} |z|^n$ 的收敛性得到.

4.1.2 复函数项级数的一致收敛与判别

1. 一致收敛的定义

设 $\{f_n(z)\}$ 是定义在平面点集 E 上的一列复变函数,则式子

$$f_1(z) + f_2(z) + \cdots + f_n(z) + \cdots$$

称为 E 上的复函数项级数,记为 $\sum_{n=1}^{\infty} f_n(z)$ 或者 $\sum f_n(z)$.

定义 4.5 设 $\sum_{n=1}^{\infty} f_n(z)$ 是定义在平面点集 E 上的复函数项级数,$f(z)$ 是 E 上的一个复函数,若对 E 上的每一点 $z \in E$,都有级数 $\sum_{n=1}^{\infty} f_n(z)$ 收敛,则称 $\sum_{n=1}^{\infty} f_n(z)$ 在 E 上收敛(于 $f(z)$),此时 $f(z)$ 也称为 $\sum_{n=1}^{\infty} f_n(z)$ 在 E 上的和函数.记为

$$f(z) = \sum_{n=1}^{\infty} f_n(z) \text{ 或者 } f(z) = \lim_{n \to \infty} s_n(z) \quad (z \in E) \tag{4.4}$$

其中 $s_n(z) = \sum_{k=1}^{n} f_k(z)$ 称为 $\sum_{n=1}^{\infty} f_n(z)$ 的部分和函数列.

现在,我们用 $\varepsilon - N$ 方法再来描述 $\sum_{n=1}^{\infty} f_n(z)$ 在 E 上收敛(于 $f(z)$):

$\sum_{n=1}^{\infty} f_n(z)$ 在 E 上收敛(于 $f(z)$)等价于对任意 $\varepsilon > 0$,以及任意 $z \in E$,存在正数 $N = N(\varepsilon, z)$,当 $n > N$ 时,总有

$$|s_n(z) - f(z)| < \varepsilon$$

其中 $s_n(z) = \sum_{k=1}^{n} f_k(z)$.

如图 4.3 所示,上述说法中,存在的正数 $N = N(\varepsilon, z)$,一般不仅与 ε 有关而且也依赖于 $z \in E$.

如果 N 不依赖于 $z \in E$,如图 4.4 所示,我们有如下一致收敛的概念.

定义 4.6 设 $\sum_{n=1}^{\infty} f_n(z)$ 是定义在平面点集 E 上的复函数项级数,$f(z)$ 是 E 上

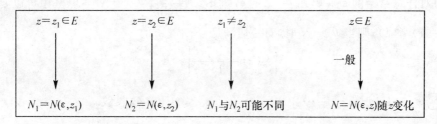

图 4.3 N 与 z 和 ε 的关系图,其中 N 依赖于 $z \in E$

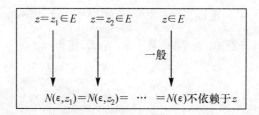

图 4.4 N 与 z 和 ε 的关系图,其中 N 不依赖于 $z \in E$

的一个复函数,若对任意 $\varepsilon > 0$,存在正数 $N = N(\varepsilon)$,当 $n > N$ 时,对一切 $z \in E$ 有
$$|s_n(z) - f(z)| < \varepsilon \tag{4.5}$$
其中 $s_n(z) = \sum_{k=1}^{n} f_k(z)$,则称 $\sum_{n=1}^{\infty} f_n(z)$ 在 E 上一致收敛(于 $f(z)$).

注:用定义 4.6 证明 $\sum_{n=1}^{\infty} f_n(z)$ 在平面点集 E 上一致收敛(于 $f(z)$),关键在于对任意给定的 $\varepsilon > 0$,寻找不依赖于 $z \in E$ 的正数 N,当 $n > N$ 时,对一切 $z \in E$,$|s_n(z) - f(z)| < \varepsilon$ 成立.

寻找这样的正数 N,习惯上可以按下面的方法进行:先加强不等式
$$|s_n(z) - f(z)| \leqslant P_n(z) \underset{\text{(摆脱}z\text{)}}{\leqslant} Q_n$$
Q_n 要求满足 $Q_n \to 0$,然后对任意正数 ε,由 $Q_n < \varepsilon$ 来寻找 N.

例 4.5 证明:当 $|z| \leqslant r < 1$ 时,$\sum_{n=0}^{\infty} z^n = 1 + z + z^2 + \cdots + z^n + \cdots$ 在 $|z| \leqslant r$ 上一致收敛.

证明 记 $s_n(z) = 1 + z + \cdots + z^{n-1} = \dfrac{1 - z^n}{1 - z}$,显然在 $|z| \leqslant r$ 上
$$\lim_{n \to \infty} s_n(z) = \frac{1}{1-z}$$
又在 $|z| \leqslant r$ 上
$$\left| s_n(z) - \frac{1}{1-z} \right| = \left| \frac{1-z^n}{1-z} - \frac{1}{1-z} \right| = \frac{|z|^n}{|1-z|} \underset{\text{(摆脱}z\text{)}}{\leqslant} \frac{r^n}{1-r}$$

从而对任意给定的 $\varepsilon > 0$，由 $\dfrac{r^n}{1-r} < \varepsilon$，即 $n > \dfrac{\ln\varepsilon(1-r)}{\ln r} \triangleq N > 0$（其中可以要求 $\varepsilon(1-r) < 1$），则当 $n > N$ 时，对一切满足 $|z| \leqslant r$ 的 z

$$\left| s_n(z) - \frac{1}{1-z} \right| < \varepsilon$$

即 $\sum\limits_{n=0}^{\infty} z^n = 1 + z + z^2 + \cdots + z^n + \cdots$ 在 $|z| \leqslant r$ 上一致收敛.

注：证明 $\sum\limits_{n=1}^{\infty} f_n(z)$ 在 E 上不一致收敛（于 $f(z)$）时，可以用定义 4.6 的否定形式：$\sum\limits_{n=1}^{\infty} f_n(z)$ 在 E 上不一致收敛（于 $f(z)$）等价于存在某个正数 ε_0，对任意正数 N（无论 N 有多大），总有 $n_0 > N$ 和某个 $z_0 \in E$，使得

$$|s_{n_0}(z_0) - f(z_0)| \geqslant \varepsilon_0.$$

例 4.6　证明：$\sum\limits_{n=0}^{\infty} z^n = 1 + z + z^2 + \cdots + z^n + \cdots$ 在 $|z| < 1$ 内不一致收敛.

证明　同例 4.5 有

$$\left| s_n(z) - \frac{1}{1-z} \right| = \left| \frac{1 - z^n}{1 - z} - \frac{1}{1-z} \right| = \frac{|z|^n}{|1-z|}$$

取 $z_0 = 1 - \dfrac{1}{n}$，由于

$$\left| s_n(z_0) - \frac{1}{1-z_0} \right| = n\left(1 - \frac{1}{n}\right)^n \to +\infty \quad (n \to +\infty)$$

从而当 n 充分大时，总有

$$\left| s_n(z_0) - \frac{1}{1-z_0} \right| \geqslant 1 \triangleq \varepsilon_0$$

所以，$\sum\limits_{n=0}^{\infty} z^n = 1 + z + z^2 + \cdots + z^n + \cdots$ 在 $|z| < 1$ 内不一致收敛.

2. 一致收敛的判别

定理 4.6　（一致收敛的柯西准则）$\sum\limits_{n=1}^{\infty} f_n(z)$ 在平面点集 E 上一致收敛的充分必要条件是对任意 $\varepsilon > 0$，存在正数 $N = N(\varepsilon)$，使得当 $n > N$ 时，对一切 $z \in E$ 以及任意自然数 p，有

$$|f_{n+1}(z) + f_{n+2}(z) + \cdots + f_{n+p}(z)| < \varepsilon \tag{4.6}$$

◎ **思考题**：试写出定理 4.6 的否定形式.

由定理 4.6 可以得出判断一致收敛的一个适用的充分条件（魏尔斯特拉斯（Weierstrass）第一判别法或优级数准则）.

定理 4.7　若有收敛的正项级数 $\sum\limits_{n=1}^{\infty} M_n$ 满足，对任意 $z \in E$，总有

$$|f_n(z)| \leqslant M_n \tag{4.7}$$

则 $\sum_{n=1}^{\infty} f_n(z)$ 在平面点集 E 上一致收敛.

例 4.7 由于在 $|z| \leqslant r < 1$ 上，$|z|^n \leqslant r^n$. 而正项级数 $\sum_{n=1}^{\infty} r^n$ 收敛，所以由定理 4.7

$$\sum_{n=0}^{\infty} z^n = 1 + z + z^2 + \cdots + z^n + \cdots$$

在 $|z| \leqslant r$ 上一致收敛.

注：(1) 判断具体复函数项级数一致收敛时，习惯上可以先用定理 4.7 来判断.

(2)（魏尔斯特拉斯第二判别法）设平面点集 E 是有界区域，每一项函数 $f_n(z)$ 在 E 内解析且在闭域 $\overline{E} = E \cup \partial E$ 上连续，若 $\sum_{n=1}^{\infty} f_n(z)$ 在边界 ∂E 上一致收敛，则 $\sum_{n=1}^{\infty} f_n(z)$ 在 $\overline{E}$ 上一致收敛.

事实上，由 $\sum_{n=1}^{\infty} f_n(z)$ 在边界 ∂E 上一致收敛可得，对任意的 $\varepsilon > 0$，存在正数 N，当 $n > N$ 时，对一切 $z \in \partial E$ 以及任意自然数 p，有

$$|f_{n+1}(z) + f_{n+2}(z) + \cdots + f_{n+p}(z)| < \varepsilon$$

由本章 §4.4 中的解析函数最大模原理，上述不等式在 $\overline{E}$ 上也成立，故由定理 4.6 知 $\sum_{n=1}^{\infty} f_n(z)$ 在 $\overline{E}$ 上一致收敛.

4.1.3 复函数项级数和函数的性质

1. 连续性

定理 4.8 设 $\sum_{n=1}^{\infty} f_n(z)$ 的各项都在平面点集 E 上连续，且 $\sum_{n=1}^{\infty} f_n(z)$ 在 E 上一致收敛于 $f(z)$，则和函数 $f(z)$ 也在 E 上连续.

2. 逐项积分性

定理 4.9 设 $\sum_{n=1}^{\infty} f_n(z)$ 的各项都在曲线 C 上连续，且 $\sum_{n=1}^{\infty} f_n(z)$ 在 C 上一致收敛于 $f(z)$，则和函数 $f(z)$ 可沿 C 逐项积分，即

$$\int_C f(z) \mathrm{d}z = \sum_{n=1}^{\infty} \int_C f_n(z) \mathrm{d}z \tag{4.8}$$

3. 逐项微分性

定义 4.7 若 $\sum_{n=1}^{\infty} f_n(z)$ 在区域 D 内任一有界闭子集（紧子集）E 上都一致收

敛,则称 $\sum_{n=1}^{\infty} f_n(z)$ 在区域 D 内内闭(紧)一致收敛(或局部一致收敛). 如图 4.5 所示.

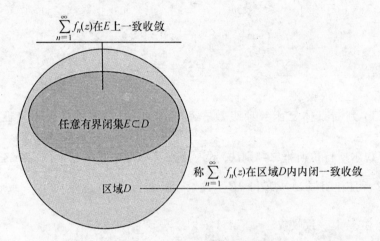

图 4.5　内闭一致收敛示意图

在上述定义中,内闭一致收敛也称为局部一致收敛,源于如下事实.

定理 4.10 $\sum_{n=1}^{\infty} f_n(z)$ 在区域 D 内内闭一致收敛的充分必要条件是 $\sum_{n=1}^{\infty} f_n(z)$ 在区域 D 内满足:对任意 $z \in D$,存在邻域 $U(z,\delta) \subset D$,使得 $\sum_{n=1}^{\infty} f_n(z)$ 在 $U(z,\delta)$ 内一致收敛.

证明　充分性:任取有界闭集 $E \subset D$,由条件知,对任意 $z \in E \subset D$,存在 $U(z,\delta) \subset D$,使得 $\sum_{n=1}^{\infty} f_n(z)$ 在 $U(z,\delta)$ 内一致收敛. 易见 $\{U(z,\delta) : z \in E\}$ 覆盖 E,由有限覆盖定理,其中存在有限个邻域

$$U(z_1,\delta_1), U(z_2,\delta_2), \cdots, U(z_p,\delta_p)$$

仍覆盖 E,在每个邻域内 $\sum_{n=1}^{\infty} f_n(z)$ 一致收敛,所以 $\sum_{n=1}^{\infty} f_n(z)$ 在 E 上一致收敛,即 $\sum_{n=1}^{\infty} f_n(z)$ 在区域 D 内内闭一致收敛.

必要性:对任意 $z \in D$,存在闭邻域 $\overline{U(z,\delta)} \subset D$. 由条件,$\sum_{n=1}^{\infty} f_n(z)$ 在 $\overline{U(z,\delta)}$ 上一致收敛,而 $U\left(z,\dfrac{1}{2}\delta\right) \subset \overline{U(z,\delta)}$,所以 $\sum_{n=1}^{\infty} f_n(z)$ 在 $U\left(z,\dfrac{1}{2}\delta\right)$ 内一致收敛.

下面的定理(魏尔斯特拉斯定理)反映了解析函数项级数的逐项微分性.

定理 4.11 设函数 $f_n(z)(n=1,2,\cdots)$ 在区域 D 内解析,若 $\sum\limits_{n=1}^{\infty} f_n(z)$ 在区域 D 内一致收敛或者内闭一致收敛于 $f(z)$,则 $f(z)$ 在 D 内也解析,且可以逐项求导至任意阶

$$f^{(p)}(z) = \sum_{n=1}^{\infty} f_n^{(p)}(z) \quad (p=1,2,\cdots) \tag{4.9}$$

证明 先证 $f(z)$ 在区域 D 内也解析. 事实上如图 4.6 所示,任取 $z_0 \in D$ 以及 z_0 的闭邻域 $\overline{U(z_0)} \subset D$,在 $U(z_0)$ 内任取一条围线 C.

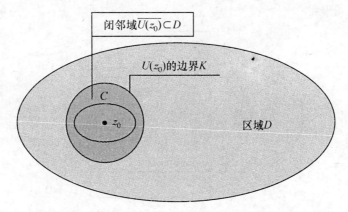

图 4.6 闭邻域作法示意图

由柯西积分定理得

$$\int_C f_n(z)\mathrm{d}z = 0, \quad (n=1,2,\cdots)$$

再由题设及定理 4.9 得

$$\int_C f(z)\mathrm{d}z = \sum_{n=1}^{\infty} \int_C f_n(z)\mathrm{d}z = 0$$

最后,由第 3 章中的摩勒拉定理,$f(z)$ 在 $U(z_0)$ 内解析,从而 $f(z)$ 在 z_0 解析,再由 z_0 的任意性得,$f(z)$ 在 D 内也解析.

再证式(4.9). 记 $U(z_0)$ 的边界为 K,显然 $K \subset D$. 由题设易知,$\sum\limits_{n=1}^{\infty} \dfrac{f_n(z)}{(z-z_0)^{p+1}}$ 在 K 上一致收敛于 $\dfrac{f(z)}{(z-z_0)^{p+1}}$. 于是,由定理 4.9

$$\int_K \frac{f(z)}{(z-z_0)^{p+1}}\mathrm{d}z = \sum_{n=1}^{\infty} \int_K \frac{f_n(z)}{(z-z_0)^{p+1}}\mathrm{d}z$$

上式两边同乘以 $\dfrac{p!}{2\pi\mathrm{i}}$,再注意到解析函数的高阶导数公式得

$$f^{(p)}(z_0) = \sum_{n=1}^{\infty} f_n^{(p)}(z_0) \quad (p=1,2,\cdots).$$

推论 4.1 在定理 4.11 的条件下，$f^{(p)}(z) = \sum_{n=1}^{\infty} f_n^{(p)}(z)(p=1,2,\cdots)$ 在 D 内也是内闭一致收敛的.

证明 固定 $p \in \mathbf{N}$，如图 4.7 所示，任取有界闭集 $E \subset D$. 由有限覆盖定理，存在有界区域 D_1，使得 $E \subset D_1$ 且 $\overline{D_1} \subset D$. 记 D_1 的边界为 C，$d = \sup\limits_{z \in E, z' \in C} |z - z'|$（称为 E 与 C 之间的距离），可以证明 $d > 0$.

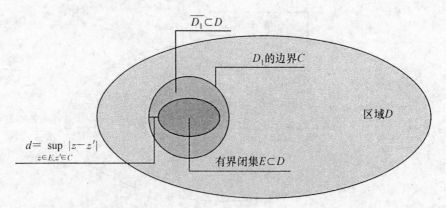

图 4.7 闭集 E，区域 D_1，边界 C 和距离 $d = \sup\limits_{z \in E, z' \in C} |z - z'|$ 的示意图

由题设 $\sum_{n=1}^{\infty} f_n(z) = f(z)$ 在 C 上一致成立可得，对任意 $\varepsilon > 0$，存在正数 N，当 $n > N$ 时，对一切 $z \in C$，有

$$\left| \sum_{k=1}^{n} f_k(z) - f(z) \right| < \varepsilon.$$

注意到解析函数的高阶导数公式和积分的估值性，当 $n > N$ 时，对一切 $z' \in E$

$$\left| \sum_{k=1}^{n} f_k^{(p)}(z') - f^{(p)}(z') \right| = \frac{p!}{2\pi} \left| \int_C \frac{\sum_{k=1}^{n} f_k(z) - f(z)}{(z-z')^{p+1}} \mathrm{d}z \right| < \frac{p! \cdot L}{2\pi d^{p+1}} \varepsilon,$$

其中 L 为 C 的长度. 所以 $f^{(p)}(z) = \sum_{n=1}^{\infty} f_n^{(p)}(z)$ 在 E 上一致成立，即 $f^{(p)}(z) = \sum_{n=1}^{\infty} f_n^{(p)}(z)$ 在 D 内内闭一致收敛.

§4.2 幂 级 数

幂级数是最简单的一种解析函数项级数,幂级数有许多好的性质,因而可以作为研究解析函数的一种有效具体工具.首先,我们来考察幂级数的敛散性情况.

4.2.1 幂级数的敛散性

1. 幂级数的定义

通常,我们把形如

$$\sum_{n=0}^{\infty} c_n(z-a)^n = c_0 + c_1(z-a) + c_2(z-a)^2 + \cdots + c_n(z-a)^n + \cdots \tag{4.10}$$

的复函数项级数称为幂级数,其中 $c_0, c_1, \cdots, c_n, \cdots$ 和 a 都是复常数,分别称为幂级数 $\sum_{n=0}^{\infty} c_n(z-a)^n$ 的系数和中心点. 若 $a=0$,则幂级数 $\sum_{n=0}^{\infty} c_n(z-a)^n$ 可以简化为 $\sum_{n=0}^{\infty} c_n z^n$.

显然,通过变换 $\zeta = z - a$,幂级数的上述两种形式可以相互转化.

2. 阿贝尔(Abel)第一定理

对于幂级数 $\sum_{n=0}^{\infty} c_n(z-a)^n$,显然当 $z = a$ 时,该级数是收敛的. 下面,考虑当 $z \neq a$ 时,该级数的敛散性.

定理 4.12 (阿贝尔第一定理) 如图 4.8 所示.

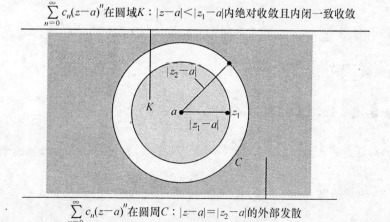

图 4.8 阿贝尔第一定理示意图

(1) 若级数 $\sum_{n=0}^{\infty} c_n(z-a)^n$ 在某点 $z_1 \neq a$ 收敛,则该级数必在圆域 $K: |z-a| < |z_1-a|$ 内绝对收敛且内闭一致收敛;

(2) 若级数 $\sum_{n=0}^{\infty} c_n(z-a)^n$ 在某点 $z_2 \neq a$ 发散,则该级数必在圆周 $C: |z-a| = |z_2-a|$ 的外部发散.

证明 (1) 设 z 是圆域 K 内的任意一点,由题设级数 $\sum_{n=0}^{\infty} c_n(z_1-a)^n$ 收敛,该级数的各项必有界,即存在正数 M,使得
$$|c_n(z_1-a)^n| \leqslant M$$
于是
$$|c_n(z-a)^n| = \left| c_n(z_1-a)^n \left(\frac{z-a}{z_1-a}\right)^n \right| \leqslant M \left|\frac{z-a}{z_1-a}\right|^n$$

由 $|z-a| < |z_1-a|$ 知,$\left|\dfrac{z-a}{z_1-a}\right| < 1$,所以级数 $\sum_{n=0}^{\infty} M \left|\dfrac{z-a}{z_1-a}\right|^n$ 收敛. 由正项级数的比较法则,级数 $\sum_{n=0}^{\infty} c_n(z-a)^n$ 在圆域 $K: |z-a| < |z_1-a|$ 内绝对收敛.

又对于 K 内任一闭圆 $\overline{K_\rho}: |z-a| \leqslant \rho (0 < \rho < |z_1-a|)$ 上的点,总有
$$|c_n(z-a)^n| = \left| c_n(z_1-a)^n \left(\frac{z-a}{z_1-a}\right)^n \right| \leqslant M \left(\frac{\rho}{|z_1-a|}\right)^n$$

且级数 $\sum_{n=0}^{\infty} M \left(\dfrac{\rho}{|z_1-a|}\right)^n$ 收敛,由优级数法则,级数 $\sum_{n=0}^{\infty} c_n(z_1-a)^n$ 在闭圆 $\overline{K_\rho}: |z-a| \leqslant \rho$ 上一致收敛,故该级数必在圆域 K 内内闭一致收敛.

(2) (反证法) 假设存在 $z_3 (|z_3-a| > |z_2-a|)$,使得级数 $\sum_{n=0}^{\infty} c_n(z_3-a)^n$ 收敛,由(1)知级数 $\sum_{n=0}^{\infty} c_n(z_1-a)^n$ 必在 $z_2 \neq a$ 收敛,这与题设该级数在 $z_2 \neq a$ 发散矛盾,故级数 $\sum_{n=0}^{\infty} c_n(z-a)^n$ 在圆周 $C: |z-a| = |z_2-a|$ 的外部发散.

根据定理 4.12,我们可以把幂级数 $\sum_{n=0}^{\infty} c_n(z-a)^n$ 分成三类:

(1) 对任意 $z \neq a$,幂级数 $\sum_{n=0}^{\infty} c_n(z-a)^n$ 都发散$\Big($例如,$1 + \sum_{n=1}^{\infty} n^n z^n$,由于 $z \neq 0$,$\lim\limits_{n \to \infty} n^n z^n \neq 0$,该级数总是发散的$\Big)$.

(2) 对任意 $z \neq a$,幂级数 $\sum_{n=0}^{\infty} c_n(z-a)^n$ 都收敛$\Big($例如,$1 + \sum_{n=1}^{\infty} \dfrac{z^n}{n^n}$ 对任意 $z \neq$

0 该级数都收敛).

(3) 既存在 $z_1 \neq a$ 使得幂级数 $\sum_{n=0}^{\infty} c_n(z-a)^n$ 收敛,也存在 $z_2 \neq a$ 使得幂级数 $\sum_{n=0}^{\infty} c_n(z-a)^n$ 发散.

对于(3),可以证明存在正数 R (实际上可以取 $R = \sup\{|z_1-a| \mid z_1$ 为使幂级数 $\sum_{n=0}^{\infty} c_n(z-a)^n$ 收敛的点$\}$ 即可),使得 $\sum_{n=0}^{\infty} c_n(z-a)^n$ 在圆周 $|z-a|=R$ 内部绝对收敛,而在该圆周的外部发散,此时我们把这个正数 R 称为幂级数 $\sum_{n=0}^{\infty} c_n(z-a)^n$ 的收敛半径,而圆域 $|z-a|<R$ 和圆周 $|z-a|=R$ 分别称为幂级数 $\sum_{n=0}^{\infty} c_n(z-a)^n$ 的收敛圆和收敛圆周.另外,我们还规定:对于(1),$R=0$,此时的收敛圆缩为一点 a;对于(2),$R=+\infty$,此时的收敛圆扩充成了整个复平面.

显然,由收敛半径的定义及相关规定:任何幂级数的收敛半径都是存在的.

4.2.2 幂级数收敛半径的计算

定理4.13 (收敛半径的计算公式——柯西—阿达玛(Cauchy—Hadamard)公式) 若幂级数 $\sum_{n=0}^{\infty} c_n(z-a)^n$ 的系数 c_n 满足下面的三个条件之一:

$$\lim_{n \to \infty} \left| \frac{c_{n+1}}{c_n} \right| = l, \quad \text{或} \lim_{n \to \infty} \sqrt[n]{|c_n|} = l, \quad \text{或} \varlimsup_{n \to \infty} \sqrt[n]{|c_n|} = l$$

则该级数的收敛半径

$$R = \begin{cases} \dfrac{1}{l}, & l \neq 0, l \neq +\infty \\ 0, & l = +\infty \\ +\infty, & l = 0 \end{cases}$$

证明 由于 $\lim_{n \to \infty} \left| \dfrac{c_{n+1}}{c_n} \right| = l$ 可以推出

$$\lim_{n \to \infty} \sqrt[n]{|c_n|} = \lim_{n \to \infty} \left| \frac{c_{n+1}}{c_n} \right| = l$$

而 $\lim_{n \to \infty} \sqrt[n]{|c_n|} = l$ 可以推出

$$\varlimsup_{n \to \infty} \sqrt[n]{|c_n|} = \lim_{n \to \infty} \sqrt[n]{|c_n|} = l$$

所以,我们只需证明当系数满足 $\varlimsup_{n \to \infty} \sqrt[n]{|c_n|} = l$ 时,收敛半径的计算公式成立即可.

事实上,当系数满足 $\varlimsup\limits_{n\to\infty}\sqrt[n]{|c_n|}=l$ 时,有 $\varlimsup\limits_{n\to\infty}\sqrt[n]{|c_n(z-a)^n|}=l\cdot|z-a|$.当 $l=0$ 时,对任意 $z,l\cdot|z-a|=0<1$.由上极限形式的达朗贝尔判别法,幂级数 $\sum\limits_{n=0}^{\infty}c_n(z-a)^n$ 绝对收敛,所以该级数的收敛半径 $R=+\infty$.

当 $l=+\infty$ 时,对任意 $z\neq a,l\cdot|z-a|=+\infty>1$.由上极限形式的达朗贝尔判别法,幂级数 $\sum\limits_{n=0}^{\infty}c_n(z-a)^n$ 发散,所以该级数的收敛半径 $R=0$.

当 $0<l<+\infty$ 时,对任意满足 $|z-a|<\dfrac{1}{l}$ 的 $z,l\cdot|z-a|<1$.由上极限形式的达朗贝尔判别法,此时幂级数 $\sum\limits_{n=0}^{\infty}c_n(z-a)^n$ 绝对收敛;而对任意满足 $|z-a|>\dfrac{1}{l}$ 的 $z,l\cdot|z-a|>1$.由上极限形式的达朗贝尔判别法,此时幂级数 $\sum\limits_{n=0}^{\infty}c_n(z-a)^n$ 发散,所以该级数的收敛半径 $R=\dfrac{1}{l}$.

例 4.8 求下列幂级数的收敛半径

(1) $\sum\limits_{n=1}^{\infty}\dfrac{z^n}{n^2}$; (2) $\sum\limits_{n=0}^{\infty}\dfrac{(z-1)^n}{n!}$; (3) $\sum\limits_{n=1}^{\infty}\dfrac{z^n}{2^n}$;

(4) $\sum\limits_{n=0}^{\infty}z^{n^2}$; (5) $\sum\limits_{n=1}^{\infty}(2n-1)(z-1)^{2n-1}$.

解 (1) 记 $c_n=\dfrac{1}{n^2}$,因为 $\lim\limits_{n\to\infty}\left|\dfrac{c_{n+1}}{c_n}\right|=\lim\limits_{n\to\infty}\left(\dfrac{n}{n+1}\right)^2=1$,所以收敛半径 $R=\dfrac{1}{1}=1$,此时该级数的收敛圆为 $|z|<1$,收敛圆周为 $|z|=1$.

(2) 记 $c_n=\dfrac{1}{n!}$,因为 $\lim\limits_{n\to\infty}\left|\dfrac{c_{n+1}}{c_n}\right|=\lim\limits_{n\to\infty}\dfrac{1}{n+1}=0$,所以收敛半径 $R=+\infty$,此时该级数的收敛圆为 $|z-1|<+\infty$,即整个复平面.

(3) 记 $c_n=\dfrac{1}{2^n}$,因为 $\lim\limits_{n\to\infty}\sqrt[n]{|c_n|}=\lim\limits_{n\to\infty}\dfrac{1}{2}=\dfrac{1}{2}$,所以收敛半径 $R=2$,此时该级数的收敛圆为 $|z|<2$,收敛圆周为 $|z|=2$.

(4) 记 $c_n=\begin{cases}1, & n=k^2\\ 0, & n\neq k^2\end{cases}$,因为 $\sqrt[n]{|c_n|}=\begin{cases}1, & n=k^2\\ 0, & n\neq k^2\end{cases}$,所以 $\varlimsup\limits_{n\to\infty}\sqrt[n]{|c_n|}=1$,收敛半径 $R=\dfrac{1}{1}=1$,此时该级数的收敛圆为 $|z|<1$,收敛圆周为 $|z|=1$.

(5) 记 $c_n=\begin{cases}2k-1, & n=2k-1\\ 0, & n=2k\end{cases}$,因为 $\sqrt[n]{|c_n|}=\begin{cases}\sqrt[2k-1]{2k-1}, & n=2k-1\\ 0, & n=2k\end{cases}$,

所以 $\varlimsup\limits_{n\to\infty}\sqrt[n]{|c_n|}=1$,收敛半径 $R=\dfrac{1}{1}=1$,此时该级数的收敛圆为 $|z-1|<1$,收敛圆周为 $|z-1|=1$.

4.2.3 幂级数的几个性质

1. 加减性

设有两个同类幂级数

$$\sum_{n=0}^{\infty} a_n(z-a)^n \text{ 和 } \sum_{n=0}^{\infty} b_n(z-a)^n$$

其收敛半径分别为 R_1 和 R_2，记 $R = \min(R_1, R_2)$，则在 $|z-a| < R$ 内

$$\sum_{n=0}^{\infty} a_n(z-a)^n \pm \sum_{n=0}^{\infty} b_n(z-a)^n = \sum_{n=0}^{\infty} (a_n \pm b_n)(z-a)^n \tag{4.11}$$

2. 乘积性

设有两个同类幂级数

$$\sum_{n=0}^{\infty} a_n(z-a)^n \text{ 和 } \sum_{n=0}^{\infty} b_n(z-a)^n$$

其收敛半径分别为 R_1 和 R_2，记 $R = \min(R_1, R_2)$，则在 $|z-a| < R$ 内

$$\sum_{n=0}^{\infty} a_n(z-a)^n \cdot \sum_{n=0}^{\infty} b_n(z-a)^n = \sum_{n=0}^{\infty} \left(\sum_{k=0}^{n} a_k b_{n-k} \right)(z-a)^n \tag{4.12}$$

3. 连续性

定理 4.14 设幂级数 $\sum_{n=0}^{\infty} a_n(z-a)^n$ 的收敛半径为 $R > 0$，其和函数为 $f(z)$，则 $f(z)$ 必在其收敛圆 $K: |z-a| < R$ 内连续.

证明 任取 $z_0 \in K$ 及 z_0 的闭邻域 $\overline{U(z_0)} \subset K$，由于 $\sum_{n=0}^{\infty} a_n(z-a)^n$ 在收敛圆 $K: |z-a| < R$ 内内闭一致收敛，从而在闭邻域 $\overline{U(z_0)}$ 上一致收敛，所以由复函数项级数和函数的连续性，$f(z)$ 在 $\overline{U(z_0)}$ 上连续，从而在 z_0 点也连续. 再由 z_0 的任意性，$f(z)$ 在其收敛圆 $K: |z-a| < R$ 内连续.

现在，我们进一步研究幂级数 $\sum_{n=0}^{\infty} a_n(z-a)^n$ 在收敛圆周 $|z-a| = R$ 上的一点 z_0 收敛到 s 时，其和函数 $f(z)$ 与 s 的关系，其中 $s = \sum_{n=0}^{\infty} a_n(z_0-a)^n$.

定理 4.15 (1) 若幂级数 $f(z) = \sum_{n=0}^{\infty} a_n z^n$ 的收敛半径 $R = 1$，且在 $z = 1$ 收敛于 s，即 $s = \sum_{n=0}^{\infty} a_n$ 收敛，则幂级数 $\sum_{n=0}^{\infty} a_n z^n$ 在以 $z = 1$ 为顶点，以 $[0,1]$ 为角平分线，张度为 $2\theta_0 < \pi$ 的四边形角域 A_1 上一致收敛，如图 4.9 所示；(2) $s = \lim_{\substack{z \to 1 \\ z \in A_1}} f(z)$.

证明 (1) 由 $s = \sum_{n=0}^{\infty} a_n$ 收敛和级数收敛的柯西准则，记 $\sigma_n = 0, \sigma_{n+k} = \sum_{i=n+1}^{n+k} a_i$，

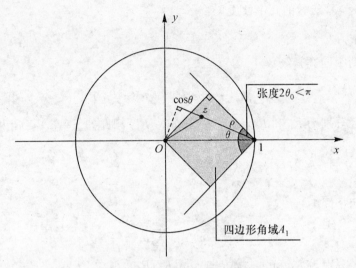

图 4.9 四边形角域 A_1 示意图

则对任意 $\varepsilon > 0$，存在正数 N，当 $n > N$ 时，对一切自然数 k，有

$$|\sigma_{n+k}| = \Big|\sum_{i=n+1}^{n+k} a_i\Big| < \varepsilon$$

又 $a_k = \sigma_k - \sigma_{k-1}(k = n+1, n+2, \cdots)$，所以

$$\sum_{k=n+1}^{n+p} a_k z^k = \sum_{k=n+1}^{n+p}(\sigma_k - \sigma_{k-1})z^k = \sum_{k=n+1}^{n+p}\sigma_k z^k - \sum_{k=n}^{n+p-1}\sigma_k z^{k+1}$$

$$= \sum_{k=n+1}^{n+p-1}\sigma_k(z^k - z^{k+1}) + \sigma_{n+p}z^{n+p}$$

$$= z^{n+1}(1-z)\sum_{k=n+1}^{n+p-1}\sigma_k z^{k-n-1} + \sigma_{n+p}z^{n+p}$$

于是，当 $n > N$ 时，对 $z \in A_1, z \neq 1$，有

$$\Big|\sum_{k=n+1}^{n+p} a_k z^k\Big| = \Big|z^{n+1}(1-z)\sum_{k=n+1}^{n+p-1}\sigma_k z^{k-n-1} + \sigma_{n+p}z^{n+p}\Big|$$

$$\leqslant \varepsilon|1-z|(1+|z|+|z|^2+\cdots) + \varepsilon$$

$$= \varepsilon \cdot \Big(\frac{|1-z|}{1-|z|} + 1\Big).$$

记 $\rho = |1-z|, r = |z|, \angle z1O = \theta\Big(0 \leqslant \theta \leqslant \theta_0 < \dfrac{\pi}{2}\Big)$，在三角形 $\triangle Oz1$ 中，利用余弦定理得

$$r^2 = 1 + \rho^2 - 2\rho\cos\theta$$

所以

$$\frac{|1-z|}{1-|z|} = \frac{\rho}{1-r} = \frac{\rho(1+r)}{1-r^2} = \frac{\rho(1+r)}{2\rho\cos\theta-\rho^2} \leqslant \frac{2\rho}{2\rho\cos\theta-\rho^2} = \frac{2}{2\cos\theta-\rho}$$

注意到 $\rho \leqslant \cos\theta$，有

$$\frac{|1-z|}{1-|z|} \leqslant \frac{2}{2\cos\theta-\rho} \leqslant \frac{2}{2\cos\theta-\cos\theta} = \frac{2}{\cos\theta} \leqslant \frac{2}{\cos\theta_0}$$

所以，当 $n > N$ 时，对任意 $z \in A_1, z \neq 1$ 及 $p \geqslant 1$ 有

$$\Big|\sum_{k=n+1}^{n+p} a_k z^k\Big| \leqslant \varepsilon \cdot \Big(\frac{2}{\cos\theta_0}+1\Big)$$

由一致收敛的柯西准则，幂级数 $\sum_{n=0}^{\infty} a_n z^n$ 在四边形角域 A_1 内一致收敛.

(2) 因为 $\lim\limits_{\substack{z\to 1\\ z\in A_1}} a_n z^n = a_n$，由(1)并注意到一致收敛函数项级数的逐项极限性得

$$\lim_{\substack{z\to 1\\ z\in A_1}} f(z) = \sum_{n=0}^{\infty} \lim_{\substack{z\to 1\\ z\in A_1}} a_n z^n = \sum_{n=0}^{\infty} a_n = s.$$

推论 4.2 （阿贝尔第二定理）若幂级数 $f(z) = \sum_{n=0}^{\infty} a_n(z-a)^n$ 的收敛半径 $R > 0$，且在 $z_0 = a + Re^{i\alpha}(0 \leqslant \alpha < 2\pi)$ 收敛于 s，即 $s = \sum_{n=0}^{\infty} a_n R^n e^{in\alpha}$ 收敛，则 $\sum_{n=0}^{\infty} a_n(z-a)^n$ 在以 $z_0 = a + Re^{i\alpha}$ 为顶点，以线段 $\overline{a,a+Re^{i\alpha}}: z = a + te^{i\alpha}(t \in [0,R])$ 为角平分线，张度为 $2\theta_0 < \pi$ 的四边形角域 A 内一致收敛，且 $s = \lim\limits_{\substack{z\to z_0\\ z\in A}} f(z)$.

证明 作变换 $\omega = \frac{z-a}{R} \cdot e^{-i\alpha}$，将 $f(z) = \sum_{n=0}^{\infty} a_n(z-a)^n$ 变为

$$f(a+Re^{i\alpha}\omega) = \sum_{n=0}^{\infty} a_n R^n e^{in\alpha}\omega^n$$

z 平面上的四边形角域 A 变成 ω 平面上的四边形角域 A_1. 由定理 4.15， $\sum_{n=0}^{\infty} a_n R^n e^{in\alpha}\omega^n$ 在 A_1 内一致收敛，且 $\lim\limits_{\substack{\omega\to 1\\ \omega\in A_1}} f(a+Re^{i\alpha}\omega) = s$，从而幂级数 $\sum_{n=0}^{\infty} a_n(z-a)^n$ 在四边形角域 A 内一致收敛，且 $s = \lim\limits_{\substack{z\to z_0\\ z\in A}} f(z)$.

4. 逐项积分性

定理 4.16 设幂级数 $\sum_{n=0}^{\infty} a_n(z-a)^n$ 的收敛半径为 $R > 0$，其和函数为 $f(z)$，C 为其收敛圆 $K: |z-a| < R$ 内任一条以 a 为起点 z 为终点的简单曲线，则

$$\int_C f(\zeta)d\zeta = \int_a^z f(\zeta)d\zeta = \sum_{n=0}^{\infty} a_n \int_a^z (\zeta-a)^n d\zeta = \sum_{n=0}^{\infty} \frac{1}{n+1}(z-a)^{n+1} \quad (4.13)$$

可见，幂级数逐项积分所得的级数仍为幂级数，且还可以证明它们的收敛半径相同（从而收敛圆也相同）.

5. 和函数的解析性与逐项微分性

定理 4.17 设幂级数 $\sum_{n=0}^{\infty} c_n(z-a)^n$ 的收敛半径为 $R > 0$，其和函数为 $f(z)$，则：

(1) $f(z)$ 在其收敛圆 $K: |z-a| < R$ 内解析；

(2) $f(z)$ 在其收敛圆 $K: |z-a| < R$ 内可逐项求导至任意阶，即
$$f^{(p)}(z) = p!c_p + (p+1)p\cdots 2c_{p+1}(z-a) + \cdots + n(n-1)\cdots(n-p+1)c_n(z-a)^{n-p} + \cdots (p=1,2,\cdots) \tag{4.14}$$

(3)
$$c_p = \frac{f^{(p)}(a)}{p!} (p=1,2,\cdots) \tag{4.15}$$

证明 由阿贝尔第一定理，幂级数 $\sum_{n=0}^{\infty} c_n(z-a)^n$ 在其收敛圆 $K: |z-a| < R$ 内内闭一致收敛，且该级数的各项 $c_n(z-a)^n$ 都在复平面上解析，由魏尔斯特拉斯定理，(1) 和 (2) 是成立的. 再在 (2) 中，取 $z = a$ 即得 (3).

注：习惯上，我们把系数满足 $c_p = \frac{f^{(p)}(a)}{p!} (p=0,1,2,\cdots)$ 的幂级数 $\sum_{n=0}^{\infty} c_n(z-a)^n$ 称为泰勒 (Taylor) 级数. 由定理 4.17，收敛半径大于 0 的幂级数必为泰勒级数.

§4.3 泰勒定理与解析函数的幂级数展开

由幂级数和函数的性质知，幂级数的和函数在其收敛圆内表示一个解析函数. 本节，我们将解决圆域内的解析函数能表示成适当幂级数的问题.

4.3.1 泰勒定理

定理 4.18 (泰勒 (Taylor) 定理) 若函数 $f(z)$ 在圆域 $K: |z-a| < R$ 内解析，则 $f(z)$ 在 K 内能展成适当幂级数 (泰勒级数)
$$f(z) = \sum_{n=0}^{\infty} c_n(z-a)^n \tag{4.16}$$

其中
$$c_n = \underbrace{\frac{1}{2\pi i}\int_{\Gamma_\rho} \frac{f(\zeta)}{(\zeta-a)^{n+1}}d\zeta}_{\text{(系数的积分形式)}} = \underbrace{\frac{f^{(n)}(a)}{n!}}_{\text{(系数的微分形式)}}$$

$\Gamma_\rho: |\zeta-a| = \rho, 0 < \rho < R, n = 0,1,2,\cdots$

并且展式是唯一的.

证明 设 z 为 K 内任意取定的一点，总存在圆周 $\Gamma_\rho: |\zeta-a| = \rho (0 < \rho < R)$，使得 z 含于 Γ_ρ 的内部，如图 4.10 所示.

由柯西积分公式得
$$f(z) = \frac{1}{2\pi i}\int_{\Gamma_\rho} \frac{f(\zeta)}{\zeta-z}d\zeta.$$

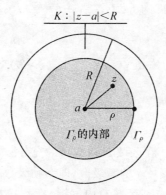

图 4.10　圆周示意图

现在,我们设法将 $\dfrac{f(\zeta)}{\zeta-z}$ 表示成含有 $z-a$ 的非负幂次的级数. 事实上,由于当 $\zeta \in \Gamma_\rho$ 时

$$\left|\frac{z-a}{\zeta-a}\right| = \frac{|z-a|}{\rho} < 1$$

从而

$$\frac{f(\zeta)}{\zeta-z} = \frac{f(\zeta)}{\zeta-a-(z-a)} = \frac{f(\zeta)}{\zeta-a} \cdot \frac{1}{1-\dfrac{z-a}{\zeta-a}} = \frac{f(\zeta)}{\zeta-a} \cdot \sum_{n=0}^{\infty}\left(\frac{z-a}{\zeta-a}\right)^n$$

$$= \sum_{n=0}^{\infty} (z-a)^n \cdot \frac{f(\zeta)}{(\zeta-a)^{n+1}}$$

且在 Γ_ρ 上一致收敛$\Bigg($这是因为在 Γ_ρ 上 $\dfrac{1}{1-\dfrac{z-a}{\zeta-a}} = \sum_{n=0}^{\infty}\left(\dfrac{z-a}{\zeta-a}\right)^n$ 一致收敛,且 $\dfrac{f(\zeta)}{\zeta-a}$ 在 Γ_ρ 上有界$\Bigg)$. 由定理 4.16 得

$$f(z) = \frac{1}{2\pi i}\int_{\Gamma_\rho} \frac{f(\zeta)}{\zeta-z}d\zeta = \sum_{n=0}^{\infty} (z-a)^n \cdot \frac{1}{2\pi i}\int_{\Gamma_\rho} \frac{f(\zeta)}{(\zeta-a)^{n+1}}d\zeta.$$

再注意到解析函数的高阶导数公式

$$\frac{1}{2\pi i}\int_{\Gamma_\rho} \frac{f(\zeta)}{(\zeta-a)^{n+1}}d\zeta = \frac{f^{(n)}(a)}{n!} \triangleq c_n$$

所以,在 K 内有 $f(z) = \sum_{n=0}^{\infty} c_n(z-a)^n$.

再证展式的唯一性. 假设在 K 内还有一个展式 $f(z) = \sum_{n=0}^{\infty} c_n'(z-a)^n$. 由定理 4.17 可得

$$c'_n = \frac{f^{(n)}(a)}{n!} = c_n$$

即展式是唯一的.

注:(1) 定理 4.18 中的等式 $f(z) = \sum_{n=0}^{\infty} c_n(z-a)^n$ 称为函数 $f(z)$ 在点 a 的泰勒展式或幂级数展式,其系数 $c_n = \frac{1}{2\pi i}\int_{\Gamma_\rho} \frac{f(\zeta)}{(\zeta-a)^{n+1}} d\zeta = \frac{f^{(n)}(a)}{n!}$ 称为泰勒系数.

(2) 解析函数的幂级数定义法即以下定理.

定理 4.19 函数 $f(z)$ 在区域 D 内解析的充分必要条件是 $f(z)$ 在 D 内任意一点 a 的邻域内可以展成 $z-a$ 的幂级数,即泰勒级数.

证明 必要性:若 $f(z)$ 在区域 D 内解析,a 为 D 内任意一点,如图 4.11 所示. 由于存在 a 的邻域 $K:|z-a|<R \subset D$,从而 $f(z)$ 在 K 内解析,再由定理 4.18,$f(z)$ 在 K 内可以展成 $z-a$ 的幂级数.

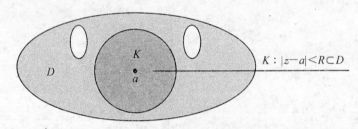

图 4.11 圆周示意图

充分性:D 内任意一点 a,因为 $f(z)$ 在点 a 的邻域内可以展成 $z-a$ 的幂级数,所以由幂级数和函数的解析性知,$f(z)$ 在点 a 解析,再由 a 的任意性,$f(z)$ 在区域 D 内解析.

注:由第 3 章中的柯西不等式得:若 $f(z)$ 在圆域 $K:|z-a|<R$ 内解析,则泰勒系数满足

$$|c_n| \leqslant \frac{\max_{|z-a|=\rho}|f(z)|}{\rho^n} \quad (0 < \rho < R, n = 0,1,\cdots) \tag{4.17}$$

也称为柯西不等式.

例 4.9 设 $f(z) = \sum_{n=0}^{\infty} c_n z^n (c_0 \neq 0)$ 的收敛半径 $R > 0$,且 $M = \max_{|z|=\rho}|f(z)|$ ($\rho < R$),证明:在圆 $|z| < \frac{|c_0|}{|c_0|+M} \cdot \rho$ 内 $f(z)$ 无零点.

证明 要证明 $f(z)$ 在圆 $|z| < \frac{|c_0|}{|c_0|+M} \cdot \rho$ 内无零点,即 $f(z) \neq 0$,只需证明在圆 $|z| < \frac{|c_0|}{|c_0|+M} \cdot \rho$ 内,$|f(z)| > 0$ 即可.事实上,由式(4.17)可以得

$$|c_n| \leqslant \frac{\max\limits_{|z|=\rho} |f(z)|}{\rho^n} = \frac{M}{\rho^n} \quad (0 < \rho < R, n = 1, 2, \cdots)$$

而由复数模不等式得

$$|f(z)| = \Big|\sum_{n=0}^{\infty} c_n z^n\Big| = \Big|c_0 + \sum_{n=1}^{\infty} c_n z^n\Big| \geqslant |c_0| - \Big|\sum_{n=1}^{\infty} c_n z^n\Big|$$

$$\Big|\sum_{n=1}^{\infty} c_n z^n\Big| \leqslant \sum_{n=1}^{\infty} |c_n||z|^n \leqslant \sum_{n=1}^{\infty} \Big(\frac{M}{\rho^n} \cdot |z|^n\Big) = M \cdot \sum_{n=1}^{\infty} \frac{|z|^n}{\rho^n}$$

$$= M \cdot \sum_{n=1}^{\infty} \Big(\frac{|z|}{\rho}\Big)^n = M \cdot \frac{\frac{|z|}{\rho}}{1 - \frac{|z|}{\rho}} = M \cdot \frac{|z|}{\rho - |z|}$$

在圆 $|z| < \dfrac{|c_0|}{|c_0| + M} \cdot \rho$ 内

$$M \cdot \frac{|z|}{\rho - |z|} < M \cdot \frac{\frac{|c_0|}{|c_0| + M} \cdot \rho}{\rho - \frac{|c_0|}{|c_0| + M} \cdot \rho} = M \cdot \frac{|c_0|}{M} = |c_0|$$

所以

$$|f(z)| = \Big|\sum_{n=0}^{\infty} c_n z^n\Big| = \Big|c_0 + \sum_{n=1}^{\infty} c_n z^n\Big| \geqslant |c_0| - \Big|\sum_{n=1}^{\infty} c_n z^n\Big| > |c_0| - |c_0| = 0.$$

故命题成立.

注:由定理 4.18 还可以得到幂级数和函数在其收敛圆周上的解析状况.

定理 4.20 若幂级数 $\sum\limits_{n=0}^{\infty} a_n(z-a)^n$ 的收敛半径为 $R > 0$,其和函数为 $f(z)$,则 $f(z)$ 在其收敛圆周上至少有一个不解析点(称为奇点).

证明 (反证法)假设 $f(z)$ 在其收敛圆周 $\Gamma: |z-a| = R$ 上的每一点都解析,则由函数在一点解析的含义,对圆周 $\Gamma: |z-a| = R$ 上的每一点 z,都存在点 z 的一个邻域 $U(z)$,使得 $f(z)$ 在邻域 $U(z)$ 内解析.显然这些邻域 $U(z)$ 能覆盖圆周 $\Gamma:|z-a| = R$,且圆周 Γ 是有界闭集.由有限覆盖定理,从中可以选出有限个邻域,不妨记为 $U(z_i)(i=1,2,\cdots,m)$,它们仍覆盖住圆周 Γ.如图 4.12 所示,于是必存在一个包含闭圆 $|z-a| \leqslant R$ 的更大的圆域 $G: |z-a| < R+r$,使得 $f(z)$ 在 G 内解析,由定理 4.18,$f(z)$ 在 G 内也可以展开成幂级数 $f(z) = \sum\limits_{n=0}^{\infty} a_n(z-a)^n$,这表明幂级数 $\sum\limits_{n=0}^{\infty} a_n(z-a)^n$ 在圆域 $G: |z-a| < R+r$ 内也收敛,所以幂级数 $\sum\limits_{n=0}^{\infty} a_n(z-a)^n$ 的收敛半径 $R \geqslant R+r > R$,这显然是矛盾的.故 $f(z)$ 在其收敛圆周上至少有一个不解析点.

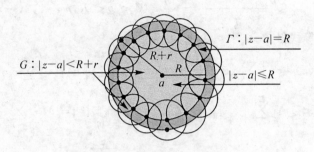

图 4.12 覆盖示意图

注:(1) 一般地,若函数 $f(z)$ 在 z_0 不解析,且 z_0 为 $f(z)$ 的解析点的聚点,则称 z_0 为 $f(z)$ 的奇点.

(2) 由定理 4.20 可得幂级数展式 $f(z) = \sum_{n=0}^{\infty} c_n (z-a)^n$ 成立的最大范围为圆域: $|z-a| < R$,其中 R 为 a 到与 a 最近的 $f(z)$ 的奇点的距离,如图 4.13 所示. 若 $f(z)$ 是展式右边 $\sum_{n=0}^{\infty} c_n (z-a)^n$ 的和函数,R 就是该级数的收敛半径.

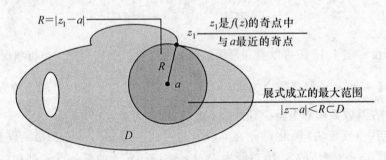

图 4.13 展式成立的最大范围示意图

例 4.10 用复变函数的观点解释数学分析中幂级数展式 $\dfrac{1}{1+x^2} = \sum_{n=0}^{\infty} (-1)^n x^n$ 为什么仅在 $|x| < 1$ 成立.

解 上述问题在数学分析中很难解释清楚$\left(\text{因为} \dfrac{1}{1+x^2} \text{在实数范围内具有任意阶导数}\right)$,但用复变函数观点可以很容易地解释清楚. 事实上,函数 $\dfrac{1}{1+z^2}$ 在平面上有两个奇点 $z = \pm \mathrm{i}$,而它们到原点的距离都是 1,因此上述展式成立的最大范围只能是 $|x| < 1$.

注:例 4.10 表明数学分析中关于幂级数展式成立的范围,在数学分析中是很难解释清楚的,但我们用复变函数的观点可以很容易地解释清楚,这也是复变函数在数学分析中的应用之一.

4.3.2 初等解析函数的基本展式

求幂级数展式的常用方法有两种:一种是直接利用定理 4.18,通过计算泰勒系数求展式(称为直接法),该方法常用来导出可以作为公式用的基本展式或者讨论幂级数展开的一般理论问题;另一种是利用已知的展式,并借助幂级数的性质等间接方法求展式(称为间接法),该方法也是求展式的常用方法.

1. 直接法与基本展式

利用定理 4.18,我们可以直接得到下面的基本展式:

(1) $e^z = 1 + z + \frac{1}{2!}z^2 + \cdots + \frac{1}{n!}z^n + \cdots = \sum_{n=0}^{\infty} \frac{1}{n!}z^n$, $|z| < +\infty$.

(2) $\cos z = 1 - \frac{1}{2!}z^2 + \frac{1}{4!}z^4 - \cdots + (-1)^n \frac{1}{(2n)!}z^{2n} + \cdots = \sum_{n=0}^{\infty} \frac{(-1)^n}{(2n)!}z^{2n}$,
$|z| < +\infty$;

$\sin z = z - \frac{1}{3!}z^3 + \frac{1}{5!}z^5 - \cdots + (-1)^n \frac{1}{(2n+1)!}z^{2n+1} + \cdots = \sum_{n=0}^{\infty} \frac{(-1)^n}{(2n+1)!}z^{2n+1}$,
$|z| < +\infty$.

(3) 多值函数 $\mathrm{Ln}(1+z)$ 的支点为 -1 和 ∞,记该函数的主值支为 $\ln(1+z)$,其中定义域为复平面除去从 -1 到 ∞ 的负实轴,则 $\mathrm{Ln}(1+z)$ 的所有单值解析分支为

$$\ln(1+z) + 2k\pi i, \quad (k = 0, \pm 1, \pm 2, \cdots)$$

$\ln(1+z) = z - \frac{1}{2}z^2 + \cdots + \frac{(-1)^{n-1}}{n}z^n + \cdots = \sum_{n=1}^{\infty} \frac{(-1)^n}{n}z^n$, $|z| < 1$

$\ln(1+z) + 2k\pi i = 2k\pi i + z - \frac{1}{2}z^2 + \cdots + \frac{(-1)^{n-1}}{n}z^n + \cdots$

$= 2k\pi i + \sum_{n=1}^{\infty} \frac{(-1)^n}{n}z^n$, $|z| < 1$ $(k = 0, \pm 1, +2, \cdots)$.

在上述两式中将 z 换成 $-z$ 得

$\ln(1-z) = -z - \frac{1}{2}z^2 - \cdots - \frac{1}{n}z^n - \cdots = -\sum_{n=1}^{\infty} \frac{1}{n}z^n$, $|z| < 1$

$\ln(1-z) + 2k\pi i = 2k\pi i - z - \frac{1}{2}z^2 - \cdots - \frac{1}{n}z^n - \cdots$

$= 2k\pi i - \sum_{n=1}^{\infty} \frac{1}{n}z^n$, $|z| < 1$ $(k = 0, \pm 1, \pm 2, \cdots)$

(4) 一般幂函数 $(1+z)^\alpha = e^{\alpha \mathrm{Ln}(1+z)}$,当 α 不为整数时,也是以 -1 和 ∞ 为支点

的多值函数,记该函数的主值支 $e^{\alpha\ln(1+z)}$,仍记为 $(1+z)^{\alpha}$,其中 $\ln(1+z)$ 为 $\operatorname{Ln}(1+z)$ 的主值支,定义域仍为复平面除去从 -1 到 ∞ 的负实轴,则

$$(1+z)^{\alpha} = 1 + \alpha z + \frac{\alpha(\alpha-1)}{2!}z^2 + \cdots + \frac{\alpha(\alpha-1)(\alpha-2)\cdots(\alpha-n+1)}{n!}z^n + \cdots$$

$$= 1 + \sum_{n=1}^{\infty} \frac{\alpha(\alpha-1)(\alpha-2)\cdots(\alpha-n+1)}{n!}z^n, \ |z| < 1.$$

(5) 在(4)中,当 $\alpha = -1$ 时,$(1+z)^{-1} = \dfrac{1}{1+z} = \sum_{n=0}^{\infty}(-1)^n z^n$,$|z| < 1$;

在上式中,将 z 换成 $-z$ 得,$(1-z)^{-1} = \dfrac{1}{1-z} = \sum_{n=0}^{\infty} z^n$,$|z| < 1$.

例 4.11 设 $\dfrac{1}{1-z-z^2} = \sum_{n=0}^{\infty} c_n z^n$.

(1) 证明:系数满足 $c_n = c_{n-1} + c_{n-2} (n \geqslant 2)$;

(2) 写出展式的前五项;

(3) 求出该展式的收敛圆.

证明 (1) 利用定理 4.18 中的系数公式的积分形式可得

$$c_{n-1} + c_{n-2} = \frac{1}{2\pi i}\int_{\Gamma_\rho : |\zeta|=\rho} \frac{1}{1-\zeta-\zeta^2}\left(\frac{1}{\zeta^n} + \frac{1}{\zeta^{n-1}}\right)d\zeta = \frac{1}{2\pi i}\int_{\Gamma_\rho : |\zeta|=\rho} \frac{\zeta+1}{\zeta^n(1-\zeta-\zeta^2)}d\zeta$$

$$= \frac{1}{2\pi i}\int_{\Gamma_\rho : |\zeta|=\rho} \frac{\frac{\zeta^2+\zeta}{(1-\zeta-\zeta^2)}}{\zeta^{n+1}}d\zeta = \frac{1}{2\pi i}\int_{\Gamma_\rho : |\zeta|=\rho} \frac{\frac{\zeta^2+\zeta-1+1}{(1-\zeta-\zeta^2)}}{\zeta^{n+1}}d\zeta$$

$$= \frac{1}{2\pi i}\int_{\Gamma_\rho : |\zeta|=\rho} \frac{\frac{1}{(1-\zeta-\zeta^2)}}{\zeta^{n+1}}d\zeta - \frac{1}{2\pi i}\int_{\Gamma_\rho : |\zeta|=\rho} \frac{1}{\zeta^{n+1}}d\zeta$$

$$= \frac{1}{2\pi i}\int_{\Gamma_\rho : |\zeta|=\rho} \frac{\frac{1}{(1-\zeta-\zeta^2)}}{\zeta^{n+1}}d\zeta = c_n \quad (n \geqslant 2).$$

(2) 由系数公式易知

$$c_0 = \frac{1}{1-z-z^2}\bigg|_{z=0} = 1, \quad c_1 = \left(\frac{1}{1-z-z^2}\right)'\bigg|_{z=0} = \frac{1+2z}{(1-z-z^2)^2}\bigg|_{z=0} = 1$$

由(1)得到的关于系数的递推关系 $c_n = c_{n-1} + c_{n-2}(n \geqslant 2)$ 可得

$c_2 = c_0 + c_1 = 1 + 1 = 2, c_3 = c_1 + c_2 = 1 + 2 = 3, c_4 = c_2 + c_3 = 2 + 3 = 5$

于是展式的前五项为

$$\frac{1}{1-z-z^2} = 1 + z + 2z^2 + 3z^3 + 5z^4 + \cdots.$$

(3) 因为 $\dfrac{1}{1-z-z^2}$ 的不解析点为 $z = \dfrac{-1 \pm \sqrt{5}}{2}$,其中 $z = \dfrac{-1+\sqrt{5}}{2}$ 到原点的距离最近,所以展式成立的收敛圆为 $|z| < \dfrac{\sqrt{5}-1}{2}$,其中收敛半径为 $R = \dfrac{\sqrt{5}-1}{2}$.

两个函数商的幂级数展式的直除法：

$$
\begin{array}{r}
1+z+2z^2+3z^3+5z^4+8z^5+\cdots \\
1-z-z^2\overline{\smash{\big)}\,1+0+0\ +0\ +0\ +0\ +\cdots} \\
\underline{1-z-z^2} \\
z+z^2 \\
\underline{z-z^2-z^3} \\
2z^2+z^3 \\
\underline{2z^2-2z^3-2z^4} \\
3z^3+2z^4 \\
\underline{3z^3-3z^4-3z^5} \\
5z^4+3z^5 \\
\underline{5z^4-5z^5-5z^6} \\
8z^5+5z^6 \\
\underline{8z^5-8z^6-8z^7} \\
\cdots\cdots\cdots\cdots
\end{array}
$$

注：(1) 在考虑函数幂级数展式的系数之间的关系时，我们常常可以借助定理 4.18 中的泰勒系数的公式，另外还应注意泰勒系数的公式的两种形式（积分形式和微分形式），例 4.11 采用的是系数的积分形式.

(2) 上述例 4.11 中的展式也可以采用上面的直除法（也称为辗转相除法）求得.

2. 展式的求法（间接法）举例

例 4.12 将 $\dfrac{e^z}{1-z}$ 在 $z=0$ 展开成幂级数.

解 因为

$$e^z = 1+z+\frac{1}{2!}z^2+\cdots+\frac{1}{n!}z^n+\cdots = \sum_{n=0}^{\infty}\frac{1}{n!}z^n \quad (|z|<+\infty);$$

$$(1-z)^{-1} = \frac{1}{1-z} = \sum_{n=0}^{\infty} z^n \quad (|z|<1).$$

由幂级数的乘法，在 $|z|<1$ 内

$$\frac{e^z}{1-z} = 1+\left(1+\frac{1}{1!}\right)z+\left(1+\frac{1}{1!}+\frac{1}{2!}\right)z^2+\cdots$$
$$+\left(1+\frac{1}{1!}+\frac{1}{2!}+\cdots+\frac{1}{n!}\right)z^n+\cdots.$$

例 4.13 求 $\sqrt{z+i}\left(\sqrt{i}=\dfrac{1+i}{\sqrt{2}}\right)$ 在 $z=0$ 的展式.

解 因 $\sqrt{z+i}$ 的支点为 $-i$ 和 ∞，所以该函数的单值分支在 $|z|<1$ 内解析. 又

$$\sqrt{z+\mathrm{i}} = \sqrt{\mathrm{i}} \cdot \sqrt{1+\frac{z}{\mathrm{i}}}$$

$\sqrt{1+\frac{z}{\mathrm{i}}}$ 是满足 $\sqrt{1}=1$ 的单值分支（即主值支），故

$$\sqrt{z+\mathrm{i}} = \sqrt{\mathrm{i}} \cdot \sqrt{1+\frac{z}{\mathrm{i}}}$$

$$= \sqrt{\mathrm{i}} \cdot \left(1+\frac{z}{\mathrm{i}}\right)^{\frac{1}{2}} = \sqrt{\mathrm{i}} \cdot \left[1+\sum_{n=1}^{\infty}\frac{\frac{1}{2}\left(\frac{1}{2}-1\right)\cdots\left(\frac{1}{2}-n+1\right)}{n!}\left(\frac{z}{\mathrm{i}}\right)^n\right]$$

$$= \frac{1+\mathrm{i}}{\sqrt{2}} \cdot \left[1-\sum_{n=1}^{\infty}\frac{1\cdot 3\cdots(2n-1)}{2^n n!}\mathrm{i}^n z^n\right]$$

$$= \frac{1+\mathrm{i}}{\sqrt{2}} \cdot \left[1-\sum_{n=1}^{\infty}\frac{(2n-1)!!}{(2n)!!}\mathrm{i}^n z^n\right] \quad (|z|<1).$$

例 4.14 将函数 $\mathrm{e}^z\cos z$ 和 $\mathrm{e}^z\sin z$ 展成 z 的幂级数.

解 因为

$$\mathrm{e}^z(\cos z+\mathrm{i}\sin z) = \mathrm{e}^z \cdot \mathrm{e}^{\mathrm{i}z} = \mathrm{e}^{(1+\mathrm{i})z} = \mathrm{e}^{\left(\sqrt{2}\mathrm{e}^{\mathrm{i}\frac{\pi}{4}}\right)z}$$

$$= \sum_{n=0}^{\infty}\frac{(\sqrt{2})^n \mathrm{e}^{\mathrm{i}\frac{n\pi}{4}}}{n!}z^n \quad (|z|<+\infty)$$

$$\mathrm{e}^z(\cos z-\mathrm{i}\sin z) = \mathrm{e}^z \cdot \mathrm{e}^{-\mathrm{i}z} = \mathrm{e}^{(1-\mathrm{i})z} = \mathrm{e}^{\left(\sqrt{2}\mathrm{e}^{\mathrm{i}\frac{-\pi}{4}}\right)z}$$

$$= \sum_{n=0}^{\infty}\frac{(\sqrt{2})^n \mathrm{e}^{\mathrm{i}\frac{-n\pi}{4}}}{n!}z^n \quad (|z|<+\infty)$$

两式相加再除以 2 得

$$\mathrm{e}^z\cos z = \sum_{n=0}^{\infty}\frac{(\sqrt{2})^n\left[\mathrm{e}^{\mathrm{i}\frac{n\pi}{4}}+\mathrm{e}^{-\mathrm{i}\frac{n\pi}{4}}\right]}{2\cdot n!}z^n = \sum_{n=0}^{\infty}\frac{(\sqrt{2})^n\cos\frac{n\pi}{4}}{n!}z^n \quad (|z|<+\infty).$$

两式相减再除以 2i 得

$$\mathrm{e}^z\sin z = \sum_{n=0}^{\infty}\frac{(\sqrt{2})^n\left[\mathrm{e}^{\mathrm{i}\frac{n\pi}{4}}-\mathrm{e}^{-\mathrm{i}\frac{n\pi}{4}}\right]}{2\mathrm{i}\cdot n!}z^n = \sum_{n=0}^{\infty}\frac{(\sqrt{2})^n\sin\frac{n\pi}{4}}{n!}z^n \quad (|z|<+\infty).$$

例 4.15 求函数 $\int_0^z \frac{\sin\zeta}{\zeta}\mathrm{d}\zeta$ 在 $z=0$ 的幂级数展式，并指出展式成立的范围.

解 因为 $\dfrac{\sin\zeta}{\zeta} = \dfrac{1}{\zeta}\cdot\sum_{n=0}^{\infty}\dfrac{(-1)^n}{(2n+1)!}\zeta^{2n+1} = \sum_{n=0}^{\infty}\dfrac{(-1)^n}{(2n+1)!}\zeta^{2n} \quad (|\zeta|<+\infty)$

所以，由幂级数的逐项积分性得

$$\int_0^z \frac{\sin\zeta}{\zeta}\mathrm{d}\zeta = \sum_{n=0}^{\infty}\frac{(-1)^n}{(2n+1)!}\int_0^z \zeta^{2n}\mathrm{d}\zeta = \sum_{n=0}^{\infty}\frac{(-1)^n}{(2n+1)(2n+1)!}z^{2n+1}$$

展式成立的最大范围是 $|z|<+\infty$.

第 4 章 解析函数的幂级数表示 — 165

例 4.16 将函数 $f(z) = \dfrac{z}{z+2}$ 按 $z-1$ 的幂展开(即在 $z=1$ 展开成幂级数),并指出展式成立的范围.

解 $f(z) = \dfrac{z}{z+2} = 1 - \dfrac{2}{z+2} = 1 - \dfrac{2}{z-1+3} = 1 - \dfrac{1}{3} \cdot \dfrac{2}{1+\dfrac{z-1}{3}}$

$$= 1 - \dfrac{2}{3} \cdot \sum_{n=0}^{\infty} (-1)^n \left(\dfrac{z-1}{3}\right)^n = 1 - \sum_{n=0}^{\infty} (-1)^n \dfrac{2}{3^{n+1}} (z-1)^n$$

$$= \dfrac{1}{3} - \sum_{n=1}^{\infty} (-1)^n \dfrac{2}{3^{n+1}} (z-1)^n$$

展式成立的范围是 $\left|\dfrac{z-1}{3}\right| < 1$,即 $|z-1| < 3$.

注:在求具体函数的幂级数展式时,应熟记本小节列举的五个基本展式,实际上,其他函数的幂级数展式,常常可以借助这些基本展式以及幂级数的运算性质采用间接法来求.

在求幂级数展式时,有时我们还可以采用二次求和的可交换性:

当 $\sum_{n,m} a_{n,m}$, $\sum_{n}\left(\sum_{m} a_{n,m}\right)$ 和 $\sum_{m}\left(\sum_{n} a_{n,m}\right)$ 至少有一个是绝对收敛时,我们有

$$\sum_{n,m} a_{n,m} = \sum_{n}\left(\sum_{m} a_{n,m}\right) = \sum_{m}\left(\sum_{n} a_{n,m}\right) \tag{4.18}$$

例 4.17 求函数 $e^{\frac{z}{z-1}}$ 在 $z=0$ 的幂级数展式.

解 因为 $e^{\frac{z}{z-1}}$ 在 $|z|<1$ 内解析,所以在 $|z|<1$ 内

$$e^{\frac{z}{z-1}} = e^{\frac{z-1+1}{z-1}} = e \cdot e^{-\frac{1}{1-z}} = e \cdot \sum_{k=0}^{\infty} \dfrac{(-1)^k}{k!} (1-z)^{-k}$$

$$= e \cdot \sum_{k=0}^{\infty} \dfrac{(-1)^k}{k!} \left(1 + \sum_{n=1}^{\infty} (-1)^n \binom{-k}{n} z^n\right)$$

$$= e \cdot \left[\sum_{k=0}^{\infty} \dfrac{(-1)^k}{k!} + \sum_{k=0}^{\infty}\left(\sum_{n=1}^{\infty} (-1)^n \dfrac{(-1)^k}{k!} \binom{-k}{n} z^n\right)\right]$$

$$= 1 + \sum_{n=1}^{\infty} (-1)^n \left(\sum_{k=0}^{\infty} \dfrac{(-1)^k}{k!} \binom{-k}{n}\right) z^n.$$

§4.4 解析函数零点的孤立性与唯一性

本节,我们将利用解析函数的幂级数展式来研究解析函数的若干性质.

4.4.1 解析函数零点的孤立性

定义 4.8 设函数 $f(z)$ 在区域 D 内解析, $a \in D$,若 $f(a) = 0$,则称 a 为解析

函数 $f(z)$ 的一个零点.

设 $f(z)$ 在区域 D 内解析,$a \in D$,a 为 $f(z)$ 的一个零点,记 $K:|z-a|<R \subset D$,由定理 4.18,D 在 K 内必可以表示成幂级数

$$f(z) = \sum_{n=0}^{\infty} c_n(z-a)^n \stackrel{c_0=f(a)=0}{=} \sum_{n=1}^{\infty} c_n(z-a)^n \qquad (4.19)$$

其中
$$c_n = \frac{f^{(n)}(a)}{n!} \quad (n=1,2,\cdots).$$

显然,在 K 内 $f(z) \equiv 0$ 的充分必要条件是上述幂级数的所有系数

$$c_n = \frac{f^{(n)}(a)}{n!} = 0, 即 f^{(n)}(a) = 0 \quad (n=1,2,\cdots).$$

于是,在 K 内 $f(z)$ 不恒为零的充分必要条件是上述幂级数的系数必不全为零.此时必存在一个正整数 m,使得 $c_0 = c_1 = c_2 = \cdots = c_{m-1} = 0$,但 $c_m \neq 0$,即

$$f(a) = f'(a) = f''(a) = \cdots = f^{(m-1)}(a) = 0, 但 f^{(m)}(a) \neq 0 \qquad (4.20)$$

定义 4.9 习惯上,我们把满足上述条件(4.20)的解析函数 $f(z)$ 的零点 a,称为 $f(z)$ 的 m 阶零点,m 称为零点 a 的阶.特别当 $m=1$ 时,a 也称为 $f(z)$ 的简单零点或单零点.

下面的定理给出了不恒为零的解析函数零点阶的一个充分必要条件.

定理 4.21 不恒为零的解析函数 $f(z)$ 以 a 为 m 阶零点的充分必要条件是

$$f(z) = (z-a)^m \varphi(z) \qquad (4.21)$$

称为具有 m 阶零点的解析函数的表达式,其中 $\varphi(z)$ 在点 a 的某邻域 $|z-a|<\rho$ 内解析,且 $\varphi(a) \neq 0$.

证明 必要性:若 $f(z)$ 以 a 为 m 阶零点,则由定理 4.18,存在点 a 的某邻域 $|z-a|<\rho$,使得

$$f(z) = \sum_{n=m}^{\infty} \frac{f^{(n)}(a)}{n!}(z-a)^n = (z-a)^m \cdot \sum_{n=m}^{\infty} \frac{f^{(n)}(a)}{n!}(z-a)^{n-m}$$

取
$$\varphi(z) = \sum_{n=m}^{\infty} \frac{f^{(n)}(a)}{n!}(z-a)^{n-m} = \frac{f^{(m)}(a)}{m!} + \frac{f^{(m+1)}(a)}{(m+1)!}(z-a) + \cdots$$

则
$$f(z) = (z-a)^m \varphi(z), \varphi(a) = \frac{f^{(m)}(a)}{m!} \neq 0.$$

充分性:若
$$f(z) = (z-a)^m \varphi(z)$$

其中 $\varphi(z)$ 在点 a 的某邻域 $|z-a|<\rho$ 内解析,且 $\varphi(a) \neq 0$.由定理 4.18,记 $\varphi(z)$ 在点 a 的邻域 $|z-a|<\rho$ 内的幂级数展式为

$$\varphi(z) = \varphi(a) + \frac{\varphi'(a)}{1!}(z-a) + \cdots + \frac{\varphi^{(n)}(a)}{n!}(z-a)^n + \cdots$$

所以,$f(z)$ 在点 a 的幂级数展式为

$$f(z) = (z-a)^m \varphi(z)$$
$$= (z-a)^m \cdot \left[\varphi(a) + \frac{\varphi'(a)}{1!}(z-a) + \cdots + \frac{\varphi^{(n)}(a)}{n!}(z-a)^n + \cdots \right]$$
$$= \varphi(a)(z-a)^m + \frac{\varphi'(a)}{1!}(z-a)^{m+1} + \cdots + \frac{\varphi^{(n)}(a)}{n!}(z-a)^{m+n} + \cdots$$

由此可得
$$f(a) = f'(a) = f''(a) = \cdots = f^{(m-1)}(a) = 0, f^{(m)}(a) = m!\varphi(a) \neq 0$$
故 a 为 $f(z)$ 的 m 阶零点.

例 4.18 讨论函数 $f(z) = z - \sin z$ 在 $z = 0$ 的零点性,若是零点指出其阶数.

解 （方法 1） 显然 $f(z)$ 在 $z = 0$ 解析,且 $f(0) = 0$. 由于
$$f(z) = z - \left(z - \frac{1}{3!}z^3 + \frac{1}{5!}z^5 - \cdots \right) = z^3 \left(\frac{1}{3!} - \frac{1}{5!}z^2 + \cdots \right)$$

记 $\varphi(z) = \frac{1}{3!} - \frac{1}{5!}z^2 + \cdots$,则 $f(z) = z^3 \varphi(z)$. 显然 $\varphi(z)$ 在 $z = 0$ 解析,且 $\varphi(0) = \frac{1}{3!} = \frac{1}{6} \neq 0$. 故由定理 4.21, $z = 0$ 为 $f(z)$ 的 3 阶零点.

（方法 2）因为 $f(z)$ 在 $z = 0$ 解析,且 $f(0) = 0$. 又
$$f'(z) = 1 - \cos z, \quad f''(z) = \sin z, \quad f'''(z) = \cos z.$$
所以 $f'(0) = 0, f''(0) = 0, f'''(0) = \cos 0 = 1 \neq 0$. 由定义, $z = 0$ 为 $f(z)$ 的 3 阶零点.

例 4.19 求函数 $\sin z - 1$ 在复平面上的所有零点,并指出它们的阶数.

解 函数 $\sin z - 1$ 在复平面上解析,该函数在复平面上的所有零点为
$$z = 2k\pi + \frac{\pi}{2} \quad (k = 0, \pm 1, \cdots)$$
因为
$$(\sin z - 1)' \big|_{z = 2k\pi + \frac{\pi}{2}} = \cos z \big|_{z = 2k\pi + \frac{\pi}{2}} = 0$$
$$(\sin z - 1)'' \big|_{z = 2k\pi + \frac{\pi}{2}} = -\sin z \big|_{z = 2k\pi + \frac{\pi}{2}} = -1 \neq 0$$

所以, $z = 2k\pi + \frac{\pi}{2}$ 均为 $\sin z - 1$ 的 2 阶零点.

注:当函数零点的阶数不太高时,可以直接用零点阶数的定义判断零点的阶数. 当零点的阶数比较高时,一般用定理 4.21 来判断零点的阶数.

例 4.20 判断 $z = 0$ 为函数 $z^2(e^{z^2} - 1)$ 的几阶零点.

解 因为 $e^{z^2} - 1 = z^2 + \frac{1}{2!}z^4 + \cdots + \frac{1}{n!}z^{2n} + \cdots$,所以
$$z^2(e^{z^2} - 1) = z^2(e^{z^2} - 1) = z^4 \left(1 + \frac{1}{2!}z^2 + \cdots + \frac{1}{n!}z^{2(n-1)} + \cdots \right).$$
由定理 4.21, $z = 0$ 为函数 $z^2(e^{z^2} - 1)$ 的 4 阶零点.

定义 4.10 设 $f(z)$ 在区域 D 内解析, $a \in D$ 且 $f(a) = 0$,若存在 a 的一个空

心邻域 $U^0(a) \subset D$，使得在 $U^0(a)$ 内，$f(z) \neq 0$，则称 a 为 $f(z)$ 的一个孤立零点.

由定理 4.21 并注意到 $\varphi(z)$ 的连续性和连续函数的局部不等性易得，若点 a 是解析函数 $f(z)$ 的 m 阶零点，则 a 必为 $f(z)$ 的孤立零点. 下面，我们来讨论解析函数零点的孤立性.

引理 4.1 若函数 $f(z)$ 在圆 $K:|z-a|<R$ 内解析，且在 K 内存在 $f(z)$ 的一列零点 $\{z_n\}(z_n \neq a)$ 满足 $\lim\limits_{n\to\infty} z_n = a$，则在 K 内，$f(z) \equiv 0$.

证明 （反证法）如图 4.14 所示，假设在 K 内 $f(z)$ 不恒为零，则存在 $m \geqslant 1$，使得 a 是 $f(z)$ 的 m 阶零点. 由定理 4.21，a 必为 $f(z)$ 的孤立零点，这与 $\lim\limits_{n\to\infty} z_n = a$ 矛盾. 所以在 K 内，$f(z) \equiv 0$.

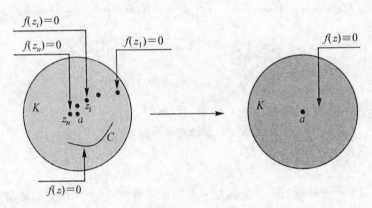

图 4.14

定理 4.22 （零点的孤立性）若 $f(z)$ 在区域 D 内解析，且在区域 D 内不恒为零，则 $f(z)$ 在区域 D 内的零点必是孤立的.

证明 （方法 1：反证法）假设 $f(z)$ 在 D 内有非孤立零点 a，由引理 4.1，存在圆域 $K:|z-a|<R \subset D$，使得在 K 内，$f(z) \equiv 0$. 下面，我们用圆链法证明在区域 D 内也有 $f(z) \equiv 0$.

事实上，如图 4.15 所示，对任意 $b \in D$，由区域的定义可以在 D 内作一条完全含于 D 的折线 L 连接 a 和 b. 不失一般性，设 D 为有界区域（否则可以用 D 内含折线 L 的有界子区域代替 D），记 d 表示 L 与 D 的边界间的最短距离，由点集论的知识可知，$d>0$. 在 L 上从 a 出发依次取一串点
$$z_0 = a, z_1, z_2, \cdots, z_n = b$$
使得相邻两点间的距离小于定数 $\rho(0<\rho<\min(R,d))$，以每一点 z_i 为圆心，ρ 为半径作圆域
$$K_i:|z-z_i|<R \quad (i=0,1,2,\cdots,n)$$
显然这些圆域中相邻的两个必相交，且 $K_i \subset D, z_i, z_{i+1} \in K_i \cap K_{i+1}(i=0,1,2,\cdots,$

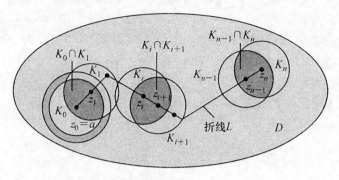

图 4.15

$n-1$). 显然,在 $K_0 \subset K$ 内,$f(z) \equiv 0$. 注意到 $z_0, z_1 \in K_0 \cap K_1$, 由引理 4.1, 在 K_1 内也有 $f(z) \equiv 0$. 类似方法,注意到 $z_1, z_2 \in K_1 \cap K_2$ 可得,在 K_2 内 $f(z) \equiv 0$.

按上述方法继续下去,最后可得,在 K_n 内,$f(z) \equiv 0$, 从而 $f(b) = 0$(因为 $b = z_n \in K_n$). 注意到 b 的任意性,所以,在 D 内 $f(z) \equiv 0$. 这与定理的条件矛盾. 证毕.

(方法 2: 利用连通性)记
$$G_1 = \{z \in D \mid \exists U(z) \subset D, \text{在其中 } f(z) \equiv 0\}$$
$$G_2 = \{z \in D \mid \exists U^0(z) \subset D, \text{在其中 } f(z) \neq 0\}$$

易见 G_1 和 G_2 是不交开集,且 $D = G_1 \cup G_2$(因为对任意 $z \in D$, 若 $f^{(n)}(z) = 0 (n = 0, 1, 2, \cdots)$, 则 $z \in G_1$. 否则,注意到连续函数的局部不等性, $z \in G_2$). 又 D 为区域,必为连通集,所以, G_1 和 G_2 至少有一个为空集. 下证 $G_1 = \emptyset$. 事实上,若 $G_2 = \emptyset$, 则 $D = G_1$, 即在 D 内 $f(z) \equiv 0$, 这与定理的条件矛盾,所以 $G_1 = \emptyset$, $D = G_2$. 故定理得证.

例 4.21 若 $f(z)$ 在区域 D 内解析,且在区域 D 内不恒为零,记 $E = \{z \mid z \in D, f(z) = 0\}$, 则 $E' \subset \partial E$.

例 4.22 设 $f(z)$ 在区域 D 内解析,且在区域 D 内不恒为零,若有界区域 D_1 满足: $\overline{D_1} \subset D$, 则 $f(z)$ 在区域 D_1 内至多有有限个零点.

例 4.21, 例 4.22 利用反证法和定理 4.22 易证.

4.4.2 解析函数的唯一性

第 3 章中介绍的柯西积分公式反映了解析函数在有界区域内的每一点的取值可以由该函数在区域边界上的取值确定. 下面的定理表明解析函数在其解析区域内的取值还可以由该函数在区域内的某些点的取值来确定.

定理 4.23 (解析函数的唯一性)设两个函数 $f(z)$ 和 $g(z)$ 都在区域 D 内解析,若存在子集 $E \subset D$ 满足: E 内至少有一个属于 D 的聚点,且 $f(z) = g(z)$ ($z \in E$), 则在区域 D 内, $f(z) \equiv g(z)$.

证明 记 $F(z) = f(z) - g(z)$，显然 $F(z)$ 在 D 内解析. 由题设 $F(z) = 0 (z \in E)$，记 E 的属于 D 的一个聚点为 a，由 $F(z)$ 的连续性，有 $F(a) = 0$，即 $F(z)$ 在 D 内有非孤立零点，所以由定理 4.22，在 D 内 $F(z) \equiv 0$，即在 D 内，$f(z) \equiv g(z)$.

特别地，当 E 为 D 内的某一子区域(或某一小弧段或收敛于 D 的点且彼此互异的点列)时，我们有以下推论.

推论 4.3 设两个函数 $f(z)$ 和 $g(z)$ 都在区域 D 内解析，若 $f(z)$ 和 $g(z)$ 在 D 内的某一子区域(或某一小弧段或收敛于 D 的点且彼此互异的点列)上相等，则在 D 内 $f(z) \equiv g(z)$.

注：推论 4.3 习惯上也称为解析函数的唯一性.

例 4.23 设两个函数 $f(z)$ 和 $g(z)$ 都在区域 D 内解析，若在 D 内 $f(z) \cdot g(z) \equiv 0$，则在 D 内 $f(z) \equiv 0$ 或者 $g(z) \equiv 0$.

证明 若在 D 内 $f(z) \equiv 0$，则结论成立. 否则，存在 $a \in D$，使得 $f(a) \neq 0$，由连续的局部不等性，必存在邻域 $U(a) \subset D$，使得 $U(a)$ 内 $f(z) \neq 0$，从而在 $U(a)$ 内，$g(z) \equiv 0$. 由推论 4.3 得，在 D 内 $g(z) \equiv 0$.

例 4.24 在实轴上成立的恒等式，只要恒等式的两边都是复平面上的解析函数，则该恒等式在整个复平面上也成立.

由例 4.24 再结合三角函数的解析性以及实三角恒等式可得，数学分析中的三角恒等式在复数范围内也成立.

例 4.25 用解析函数的唯一性定理求 $Ln(1+z)$ 的主值支 $\ln(1+z)$ 在单位圆 $|z| < 1$ 内的幂级数展式.

解 因为主值支 $\ln(1+z)$ 在单位圆 $|z| < 1$ 内解析，又在数学分析中

$$\ln(1+x) = \sum_{n=1}^{\infty} \frac{(-1)^{n-1} x^n}{n}, \quad x \in (-1, 1)$$

记幂级数 $\sum_{n=1}^{\infty} \frac{(-1)^{n-1} z^n}{n}$ 的和函数为 $g(z)$，由幂级数和函数的解析性，$g(z)$ 在 $|z| < 1$ 内解析. 由上式知，当 $x \in (-1, 1)$ 时，$\ln(1+x) = g(x)$. 由推论 4.3，在单位圆 $|z| < 1$ 内

$$\ln(1+z) = \sum_{n=1}^{\infty} \frac{(-1)^{n-1} z^n}{n}$$

即为所求的主值支 $\ln(1+z)$ 在单位圆 $|z| < 1$ 内的幂级数展式.

注：例 4.24、例 4.25 表明，我们可以利用解析函数的唯一性将数学分析中的三角恒等式，基本初等函数的基本展式平行地移植到复变函数中来. 例 4.25 的方法也提供了利用解析函数的唯一性来求解析函数幂级数展式的一种方法.

◎ **思考题**：仿照例 4.25 的方法，求 $e^z, \sin z, \cos z$ 在 $z = 0$ 的幂级数展式.

例 4.26 是否分别存在着在原点解析的函数 $f(z)$ 满足下列条件：

(1) $f\left(\frac{1}{2n-1}\right) = 0, f\left(\frac{1}{2n}\right) = \frac{1}{2n}$; (2) $f\left(\frac{1}{n}\right) = \frac{n}{n+1}$.

第4章 解析函数的幂级数表示

解 (1) 由于 $\left\{\dfrac{1}{2n-1}\right\}, \left\{\dfrac{1}{2n}\right\}$ $(n=1,2,\cdots)$ 都收敛于 0,由定理 4.23,$f(z) = z$ 是在原点解析并满足 $f\left(\dfrac{1}{2n}\right) = \dfrac{1}{2n}$ 的唯一函数,但该函数不满足 $f\left(\dfrac{1}{2n-1}\right) = 0$,故满足条件(1)的解析函数不存在.

(2) 由于 $\left\{\dfrac{1}{n}\right\}$ $(n=1,2,\cdots)$ 收敛于 0,且 $f\left(\dfrac{1}{n}\right) = \dfrac{1}{1+\dfrac{1}{n}}$. 由定理 4.23,$f(z) = \dfrac{1}{1+z}$ 是在原点解析且满足条件(2)的唯一函数.

4.4.3 最大模与最小模原理

最大模与最小模原理是解析函数论中最有用的定理之一.

定理 4.24 (最大模原理)设函数 $f(z)$ 在区域 D 内解析,若 $f(z)$ 在区域 D 内不恒为常数,则 $|f(z)|$(模函数)在区域 D 内不可能达到最大值(换言之:函数 $f(z)$ 在区域 D 内解析,若 $|f(z)|$ 在区域 D 内能达到最大值,则 $f(z)$ 在区域 D 内恒为常数).

证明 (反证法)如图 4.16 所示,记 $M = \sup\limits_{z \in D} |f(z)|$,由题设 $M > 0$,否则 $f(z) \equiv 0$,矛盾.若 $M = +\infty$,结论显然成立.若 $0 < M < +\infty$,假设存在 $a \in D$,使得 $|f(a)| = M$. 由第 3 章中介绍的解析函数的平均值定理得,存在闭圆 K_ρ:$|z-a| \leqslant \rho \subset D$,使得

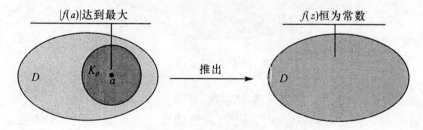

图 4.16 最大模原理示意图

$$f(a) = \frac{1}{2\pi} \int_0^{2\pi} f(a+re^{i\theta}) d\theta \quad (0 < r \leqslant \rho)$$

注意到 $|f(a+re^{i\theta})| \leqslant M$,从而

$$M = |f(a)| = \frac{1}{2\pi} \left| \int_0^{2\pi} f(a+re^{i\theta}) d\theta \right| \leqslant \frac{1}{2\pi} \int_0^{2\pi} |f(a+re^{i\theta})| d\theta \leqslant M$$

于是

$$M = \frac{1}{2\pi} \int_0^{2\pi} |f(a+re^{i\theta})| d\theta$$

即
$$\frac{1}{2\pi}\int_0^{2\pi}[M-|f(a+re^{i\theta})|]d\theta = 0$$

再注意到 $M-|f(a+re^{i\theta})|\geqslant 0$，且 $M-|f(a+re^{i\theta})|$ 在 $[0,2\pi]$ 上连续，由数学分析的知识得
$$M=|f(a+re^{i\theta})|$$
由 r 的任意性，在 $K_\rho:|z-a|\leqslant\rho\subset D$ 上，$M=|f(z)|$. 所以，在 $K_\rho:|z-a|\leqslant\rho\subset D$ 上，$f(z)$ 恒为常数. 再由解析函数的唯一性定理得，在区域 D 内，$f(z)$ 恒为常数. 这与题设矛盾，故结论成立.

推论 4.4 设函数 $f(z)$ 在有界区域 D 内解析，在闭域 $\overline{D}=D+\partial D$ 上连续，则 $|f(z)|$ 的最大值一定能在 D 的边界 ∂D 上达到.

证明 由有界闭域上连续函数的最值性知，$|f(z)|$ 在闭域 $\overline{D}$ 上一定存在最大值. 若 $f(z)$ 为常数，结论显然成立. 若 $f(z)$ 不恒为常数，由定理 4.24，$|f(z)|$ 的最大值不能在 D 内达到，故 $|f(z)|$ 的最大值只能在 D 的边界 ∂D 上达到. 如图 4.17 所示.

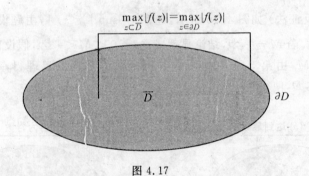

图 4.17

综上所述，$|f(z)|$ 的最大值一定能在 D 的边界 ∂D 上达到.

例 4.27 用最大模原理证明：设 $f(z)$ 在闭圆 $|z|\leqslant R$ 上解析，若存在 $a>0$，使得当 $|z|=R$ 时，$|f(z)|>a$ 且 $|f(0)|<a$，则在圆 $|z|<R$ 内，$f(z)$ 至少存在一个零点.

证明 （反证法）假设 $f(z)$ 在 $|z|<R$ 内无零点. 由题设知 $f(z)$ 在闭圆 $|z|\leqslant R$ 上恒不为零，故 $\frac{1}{f(z)}$ 也在闭圆 $|z|\leqslant R$ 上解析，由题设及最大模原理得
$$\frac{1}{a}<\left|\frac{1}{f(0)}\right|\leqslant\max_{z\in|z|\leqslant R}\left|\frac{1}{f(z)}\right|=\max_{z\in|z|=R}\left|\frac{1}{f(z)}\right|\leqslant\frac{1}{a}$$
这显然是矛盾的. 所以命题的结论成立.

作为最大模原理的应用，下面我们用最大模原理来证明最小模原理和阿达玛

(Hadamard) 三圆定理.

定理 4.25 （最小模原理）若在区域 D 内不恒为常数的解析函数 $f(z)$，在 D 内某一点 $a \in D$ 满足：$f(a) \neq 0$，则 $|f(a)|$ 一定不是 $|f(z)|$ 在 D 内的最小值（换言之：在区域内不恒为常数，且恒不等于零的解析函数，其模函数不可能在 D 内达到最小值）.

证明 （反证法）假设 $|f(a)|$ 是 $|f(z)|$ 在 D 内的最小值，则在 D 内，$|f(z)| \geqslant |f(a)| > 0$，且 $\left|\dfrac{1}{f(a)}\right|$ 是 $\left|\dfrac{1}{f(z)}\right|$ 在 D 内的最大值. 由解析函数的四则运算性知，$\dfrac{1}{f(z)}$ 在 D 内也解析，所以由定理 4.24，$\dfrac{1}{f(z)}$ 在 D 内恒为常数，从而 $f(z)$ 在 D 内也恒为常数这与题设矛盾. 故结论成立.

推论 4.5 设函数 $f(z)$ 在有界区域 D 内解析，不恒为常数，在闭域 $\overline{D} = D + \partial D$ 上连续，若在区域 D 内，$f(z) \neq 0$，且存在 $m > 0$，使得在 D 的边界 ∂D 上，$|f(z)| \geqslant m$，则在区域 D 内，$|f(z)| > m$.

证明 （反证法）事实上，假设存在点 $z_0 \in D$，使得 $|f(z_0)| \leqslant m$，注意到 $f(z)$ 在 $\overline{D} = D + \partial D$ 上连续，必有 $|f(z)|$ 在区域 D 内可以达到最小值. 这与定理 4.25 矛盾. 故命题成立.

定理 4.26 （阿达玛三圆定理）设 $f(z)$ 在闭圆 $|z| \leqslant R$ 上解析，记
$$M(r,f) = \max_{|z|=r} |f(z)|$$

(1) 则 $M(r,f)$ 作为 r 的函数在 $[0,R]$ 上单调递增，当 $f(z)$ 不恒为常数时，$M(r,f)$ 作为 r 的函数在 $[0,R]$ 上还是严格单调递增；

(2) 对任意 $0 < r < R$，$M(r,f)$ 作为 $\log r$ 的函数是对数凸函数，即对 $0 < r_1 < r < r_2 < R$，有

$$\log M(r,f) \leqslant \frac{\log r - \log r_1}{\log r_2 - \log r_1} \log M(r_2,f) + \frac{\log r_2 - \log r}{\log r_2 - \log r_1} \log M(r_1,f)$$

(4.22)

证明 (1) 用最大模原理易证.

(2) 先选择适当的实数 α，使得 $r_1^\alpha M(r_1,f) = r_2^\alpha M(r_2,f)$，其中

$$\alpha = \frac{\log M(r_2,f) - \log M(r_1,f)}{\log r_1 - \log r_2}$$

由有理数的稠密性，对任意 $\varepsilon > 0$，再取有理数 $\dfrac{p}{q}$，使得 $\left|\dfrac{p}{q} - \alpha\right| < \dfrac{\varepsilon}{\log r_2 - \log r_1}$，即

$$\alpha - \frac{\varepsilon}{\log r_2 - \log r_1} < \frac{p}{q} < \alpha + \frac{\varepsilon}{\log r_2 - \log r_1}.$$

作函数 $g(z) = z^p(f(z))^q$，对该函数在闭圆环 $0 < r_1 \leqslant |z| \leqslant r_2 < R$ 上利用最大模原理可得

$$\max_{|z|=r} |z^p(f(z))^q| \leqslant \max\{\max_{|z|=r_1} |z^p(f(z))^q|, \max_{|z|=r_2} |z^p(f(z))^q|\}$$

即
$$r^p(M(r,f))^q \leqslant \max\{r_1^p(M(r_1,f))^q, \quad r_2^p(M(r_2,f))^q\}.$$

最后,分 $r^p(M(r,f))^q \leqslant r_1^p(M(r_1,f))^q$ 和 $r^p(M(r,f))^q \leqslant r_2^p(M(r_2,f))^q$ 两种情况,取对数即可.

事实上,当 $r^p(M(r,f))^q \leqslant r_1^p(M(r_1,f))^q$ 时,取对数得
$$p\log r + q\log M(r,f) \leqslant p\log r_1 + q\log M(r_1,f)$$

所以
$$\begin{aligned}\log M(r,f) &\leqslant -\frac{p}{q}(\log r - \log r_1) + \log M(r_1,f)\\ &< \left(\frac{\varepsilon}{\log r_2 - \log r_1} - \alpha\right)(\log r - \log r_1) + \log M(r_1,f)\\ &< \varepsilon + \frac{\log r - \log r_1}{\log r_2 - \log r_1}[\log M(r_2,f) - \log M(r_1,f)] + \log M(r_1,f)\\ &< \varepsilon + \frac{\log r - \log r_1}{\log r_2 - \log r_1}\log M(r_2,f) + \frac{\log r_2 - \log r}{\log r_2 - \log r_1}\log M(r_1,f)\end{aligned}$$

让 $\varepsilon \to 0$ 得
$$\log M(r,f) \leqslant \frac{\log r - \log r_1}{\log r_2 - \log r_1}\log M(r_2,f) + \frac{\log r_2 - \log r}{\log r_2 - \log r_1}\log M(r_1,f).$$

当 $r^p(M(r,f))^q \leqslant r_2^p(M(r_2,f))^q$ 时,同理可证.

4.4.4 施瓦茨(Schwarz) 引理

定理 4.27 (施瓦茨引理)若函数 $f(z)$ 在单位圆 $|z|<1$ 内解析,并且满足条件
$$f(0) = 0, |f(z)| < 1 \quad (|z|<1) \tag{4.23}$$
则在单位圆 $|z|<1$ 内恒有
$$|f(z)| \leqslant |z|, \quad |f'(0)| \leqslant 1 \tag{4.24}$$
并且当且仅当 $f(z) \equiv e^{i\alpha}z$($|z|<1$,其中 α 为实常数)时,存在 z_0($0<|z_0|<1$),使得 $|f(z_0)|=|z_0|$ 或者 $|f'(0)|=1$.

证明 由泰勒定理并注意到 $f(0)=0$ 可设,在单位圆 $|z|<1$ 内
$$f(z) = c_1 z + \cdots + c_n z^n + \cdots, \text{其中 } c_n = \frac{f^{(n)}(0)}{n!} \quad (n=1,2,\cdots)$$

记 $\varphi(z) = \frac{f(z)}{z} = c_1 + \cdots + c_n z^{n-1} + \cdots (0<|z|<1)$,因为
$$\lim_{z\to 0}\varphi(z) = \lim_{z\to 0}\frac{f(z)}{z} = \lim_{z\to 0}(c_1 + \cdots + c_n z^{n-1} + \cdots) = c_1$$

可以补充定义 $\varphi(0) = c_1$,则 $\varphi(z)$ 在单位圆 $|z|<1$ 内解析.

任取 z_0, $|z_0|<1$,并任取 $|z_0|<r<1$.根据最大模原理,有

$$|\varphi(z_0)| \leqslant \max_{|z|=r} |\varphi(z)| = \max_{|z|=r} \left|\frac{f(z)}{z}\right| \leqslant \frac{1}{r}$$

让 $r \to 1^-$ 得，$|\varphi(z_0)| \leqslant 1$，从而当 $z_0 \neq 0$ 时
$$|f(z_0)| \leqslant |z_0|$$

再结合 $f(0) = 0$ 得
$$|f(z)| \leqslant |z| \quad (|z| < 1).$$

当 $z_0 = 0$ 时，$|f'(0)| = |c_1| = |\varphi(0)| \leqslant 1$. 如果存在 $z_0(0 < |z_0| < 1)$，使得 $|f(z_0)| = |z_0|$，使得 $|f(z_0)| = |z_0|$ 或者 $|f'(0)| = 1$，这表明 $\varphi(z)$ 可以在单位圆 $|z| < 1$ 内达到最大值 1，由最大模原理，$\varphi(z) = c$，c 为常数，又 $|c| = 1$，从而 $c = e^{i\alpha}$，故 $f(z) = e^{i\alpha}z$（α 为实常数）.

注：(1) 施瓦茨引理的几何意义：任一满足 $f(0) = 0$ 的解析函数 $w = f(z)$ 所构成的变换（称为解析变换），若能把 z 平面上的单位圆 $|z| < 1$ 变到 w 平面上单位圆 $|w| < 1$ 的内部，则单位圆 $|z| < 1$ 内任一点 $z \neq 0$ 的像到原点的距离总不超过 z 本身到原点的距离，而若有一点的像与这一点本身到原点的距离是相等的，则该变换只能是旋转变换，如图 4.18 所示.

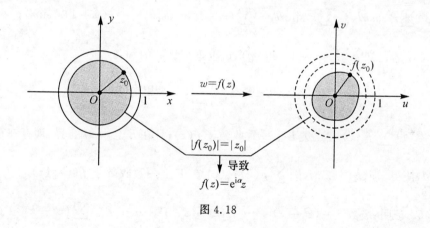

图 4.18

(2) 施瓦茨引理的精确形式：若函数 $f(z)$ 在单位圆 $|z| < 1$ 内解析，并且满足条件
$$|f(z)| < 1 \quad (|z| < 1)$$

且 $z = 0$ 为 $f(z)$ 的 k 阶零点，则在单位圆 $|z| < 1$ 内恒有
$$|f(z)| \leqslant |z|^k, \quad |f'(0)| \leqslant k!$$

并且当且仅当 $f(z) \equiv e^{i\alpha}z^k(|z|<1$，其中 α 为实常数) 时，存在 $z_0(0 < |z_0| < 1)$，使得
$$|f(z_0)| = |z_0|^k \text{ 或 } |f^{(k)}(0)| = k!.$$

上述命题证明的方法类似于定理 4.27 的证明.

习 题 4

1. 记 $z_n = x_n + \mathrm{i}y_n$，证明：级数 $\sum_{n=1}^{\infty} z_n$ 条件收敛 $\Leftrightarrow \sum_{n=1}^{\infty} x_n$ 和 $\sum_{n=1}^{\infty} y_n$ 都收敛，且至少有一个条件收敛.

2. 据理说明下列复级数的敛散性. 若收敛，是绝对收敛还是条件收敛：

(1) $\sum_{n=1}^{\infty} \frac{(\mathrm{e}^{\mathrm{i}\theta})^n}{n}$ $(\theta \neq 2k\pi)$；   (2) $\sum_{n=1}^{\infty} \frac{(\mathrm{e}^{\mathrm{i}\theta})^n}{n^k}$ $(k > 1)$；

(3) $\sum_{n=1}^{\infty} \frac{(1+\mathrm{i})^n}{n^n}$；   (4) $\sum_{n=1}^{\infty} \left(\frac{1+\mathrm{i}}{\sqrt{2}}\right)^n$.

3. 设 $q = r\mathrm{e}^{\mathrm{i}\theta}$ $(0 \leqslant r < 1)$.

(1) 证明：$\sum_{n=0}^{\infty} q^n = \frac{1}{1-q}$，$\sum_{n=0}^{\infty} (n+1)q^n = \frac{1}{(1-q)^2}$；

(2) 求下列级数的和：

$$\sum_{n=0}^{\infty} r^n \cos n\theta, \quad \sum_{n=0}^{\infty} r^n \sin n\theta, \quad \sum_{n=0}^{\infty} (n+1)r^n \cos n\theta, \quad \sum_{n=0}^{\infty} (n+1)r^n \sin n\theta;$$

(3) 若已知 $\sum_{n=1}^{\infty} \frac{q^n}{n} = -\ln(1-q)$，试求下列级数的和：

$$\sum_{n=1}^{\infty} r^n \cdot \frac{\cos n\theta}{n}, \quad \sum_{n=1}^{\infty} r^n \cdot \frac{\sin n\theta}{n}.$$

4. 设 $\sum_{n=1}^{\infty} f_n(z)$ 在点集 E 上一致收敛于 $f(z)$，且在 E 上 $g(z)$ 有界，即存在正常数 M，使得 $|g(z)| \leqslant M$，则 $\sum_{n=1}^{\infty} g(z) f_n(z)$ 在 E 上一致收敛于 $f(z)g(z)$.

5. 证明：级数 $z + (z^2 - z) + \cdots + (z^n - z^{n-1}) + \cdots = 1 + \sum_{n=1}^{\infty} (z^n - z^{n-1})$ 在单位圆 $|z| < 1$ 内收敛于函数 $f(z) \equiv 0$，但该级数不是一致收敛而是内闭一致收敛的.

提示：记 $\sigma_n(z) = 1 + \sum_{k=1}^{n} (z^k - z^{k-1}) = z^n \xrightarrow{n \to \infty} 0 (|z| < 1)$，考虑
$$\limsup_{n \to \infty} {}_{|z|<1} |\sigma_n(z)| \text{ 和 } \limsup_{n \to \infty} {}_{|z| \leqslant r} |\sigma_n(z)|, 0 < r < 1.$$

6. 设 $f_n(z)$ $(n=1,2,\cdots)$ 在区域 D 内解析，证明：

(1) 若 $f_n(z)$ $(n=1,2,\cdots)$ 在区域 D 内一致收敛或内闭一致收敛，则 $f'_n(z)$ $(n=1,2,\cdots)$ 在区域 D 内内闭一致收敛；

(2) 若 $f_n(z)$ $(n=1,2,\cdots)$ 在区域 D 内收敛，则 $f_n(z)$ $(n=1,2,\cdots)$ 在区域 D 内内闭一致收敛 $\Leftrightarrow f'_n(z)$ $(n=1,2,\cdots)$ 在区域 D 内内闭一致收敛；

提示：① 根据有限覆盖定理，只需证明：对任意 $z \in D$，存在邻域 $U(z) \subset D$，使得在邻域 $U(z)$ 内，$f_n'(z)(n = 1, 2, \cdots)$ 或 $\sum_{n=1}^{\infty} f_n'(z)$ 一致收敛即可；

② 证明时注意用解析函数的高阶导数公式；

③ 在(2) 的证明中，注意利用 $f_n(z_2) - f_n(z_1) = \int_{\overrightarrow{z_1, z_2}} f_n'(z) \mathrm{d}z$，其中 $\overrightarrow{z_1, z_2} \subset D$.

7. 设 $f_n(z)(n = 1, 2, \cdots)$ 在区域 D 内解析，证明：

(1) 若 $\sum_{n=1}^{\infty} f_n(z)$ 在区域 D 内一致收敛或内闭一致收敛，则 $\sum_{n=1}^{\infty} f_n'(z)$ 在区域 D 内内闭一致收敛；

(2) $\sum_{n=1}^{\infty} f_n(z)$ 在区域 D 内收敛，则 $\sum_{n=1}^{\infty} f_n(z)$ 在区域 D 内内闭一致收敛 $\Leftrightarrow$ $\sum_{n=1}^{\infty} f_n'(z)$ 在区域 D 内内闭一致收敛.

8. 求下列幂级数的收敛半径，并指出各自的收敛圆和收敛圆周：

(1) $\sum_{n=1}^{\infty} \dfrac{z^n}{n(n+1)}$；　(2) $\sum_{n=0}^{\infty} q^{n^2} z^n (|q| < 1)$；　(3) $\sum_{n=1}^{\infty} \dfrac{n^2 z^n}{2^n}$；

(4) $\sum_{n=0}^{\infty} (z-1)^{n!}$；　(5) $\sum_{n=0}^{\infty} 2n(z-1)^{2n}$；　(6) $\sum_{n=1}^{\infty} [3 + (-1)^n]^n (z-1)^n$.

9. 若 $\lim\limits_{n \to \infty} \dfrac{c_{n+1}}{c_n}$ 存在 $(\neq \infty)$，证明下列幂级数有相同的收敛半径：

(1) $\sum_{n=0}^{\infty} c_n (z-a)^n$；　(2) $\sum_{n=0}^{\infty} \dfrac{c_n}{n+1} (z-a)^{n+1}$；　(3) $\sum_{n=1}^{\infty} n c_n (z-a)^{n-1}$.

10. 设幂级数 $\sum_{n=0}^{\infty} c_n (z-a)^n$ 的收敛半径为 $R > 0$，并且在其收敛圆周上存在一点 z_0 使其绝对收敛，证明 $\sum_{n=0}^{\infty} c_n(z-a)^n$ 在闭圆 $K_R: |z-a| \leqslant R$ 上绝对收敛且一致收敛.

11. 利用幂级数的性质证明：如果在 $|z| < r$ 及 $|z| < \rho$ 内，分别有
$$f(z) = \sum_{n=0}^{\infty} a_n z^n, \quad g(z) = \sum_{n=0}^{\infty} b_n z^n$$
其中 $0 < r, \rho < +\infty$，而且 $f(z)$ 在 $|z| \leqslant r$ 上连续，那么在 $|z| < \rho r$ 内
$$\sum_{n=0}^{\infty} a_n b_n z^n = \dfrac{1}{2\pi \mathrm{i}} \int_{|\zeta| = r} f(\zeta) g\left(\dfrac{z}{\zeta}\right) \dfrac{\mathrm{d}\zeta}{\zeta}.$$

12. 设在 $|z| < R$ 内解析的函数 $f(z)$ 有泰勒展式
$$f(z) = \alpha_0 + \alpha_1 z + \alpha_2 z^2 + \cdots + \alpha_n z^n + \cdots,$$
试证：

(1) 令 $M(r) = \max\limits_{0 \leqslant \theta \leqslant 2\pi} |f(re^{i\theta})|$，有 $|\alpha_n| \leqslant \dfrac{M(r)}{r^n}$（关于幂级数展式的系数的柯西不等式），在这里 $n = 0, 1, 2, \cdots; 0 < r < R$；

(2) 由(1)再证刘维尔定理；

(3) 当 $0 \leqslant r < R$ 时，$\dfrac{1}{2\pi}\int_0^{2\pi} |f(re^{i\theta})|^2 d\theta = \sum\limits_{n=0}^{\infty} |\alpha_n|^2 r^{2n}$；

(4) 若在 $|z| < R$ 内有 $|f(z)| \leqslant M$，则 $\sum\limits_{n=0}^{\infty} |\alpha_n|^2 R^{2n} \leqslant M^2$；

(5) 在(4)的条件下，若 $R = 1$，则 $\lim\limits_{n \to \infty} \alpha_n = 0$；

(6) 若 $R = +\infty$，即 $f(z)$ 为整函数，且存在 $R_0 > 0$，当 $|z| \geqslant R_0$ 时，$|f(z)| \leqslant M|z|^n$，则 $f(z)$ 为至多 n 次的多项式.

提示：(6) 利用(1)证明：当 $k > n$ 时，$\alpha_k = 0$ 即可.

13. 求下列函数在 $z = 0$ 的幂级数展式，并指出展式成立的范围：

(1) $\dfrac{1}{2z+1}$；　(2) $\int_0^z e^{\zeta^2} d\zeta$；　(3) $\sin^2 z$；　(4) $\dfrac{1}{(1-z)^2}$；

(5) $\dfrac{1}{z^2 - 3z + 2}$；　(6) $\dfrac{1}{(z^5 - 1)(z - 1)}$；　(7) $e^z \cos z, e^z \sin z$.

提示：

(6) 先合理进行拆分

$$\dfrac{1}{(z^5 - 1)(z - 1)} = \dfrac{1}{2} \dfrac{z^5 - 1 - (z^5 - 1)}{(z^5 - 1)(z - 1)} = \dfrac{1}{2}\left(\dfrac{1}{z - 1} - \dfrac{z^4 + z^3 + z^2 + z + 1}{z^5 - 1}\right).$$

(7) 利用 $e^{(1+i)z} = e^z(\cos z + i\sin z)$ 和 $e^{(1-i)z} = e^z(\cos z - i\sin z)$ 推出

$$e^z \cos z = \dfrac{1}{2}[e^{(1+i)z} + e^{(1-i)z}], \quad e^z \sin z = \dfrac{1}{2i}[e^{(1+i)z} - e^{(1-i)z}].$$

14. 将下列函数在 $z = 0$ 处展开成幂级数：

(1) $\dfrac{e^z}{1-z}$；　(2) $\dfrac{e^z}{1+z^2}, \dfrac{e^z}{1-z^2}$；　(3) $\sin(i + z)$；　(4) $e^{\frac{1}{1-z}}, \sin\dfrac{1}{1-z}$；

(5) $(a-z)^{\frac{3}{2}} (a > 0)$（其中 $(a-z)^{\frac{3}{2}}$ 是满足 $(a-z)^{\frac{3}{2}}|_{z=0} = a^{\frac{3}{2}} > 0$ 的解析分支）；

(6) $\dfrac{1}{2}\ln^2(1+z)$（其中 $\ln(1+z)$ 是满足 $\ln(1+z)|_{z=0} = 0$ 的解析分支）.

提示：

(2) 先合理补项

$$\dfrac{1}{1+z^2} = \sum_{n=0}^{\infty}(-1)^n z^{2n} = \sum_{n=0}^{\infty}\left(\sin\dfrac{n+1}{2}\pi\right)z^n$$

和

$$\dfrac{1}{1-z^2} = \sum_{n=0}^{\infty} z^{2n} = \sum_{n=0}^{\infty}\dfrac{(-1)^n + 1}{2}z^n$$

再用幂级数的柯西乘积.

(3)、(4) 合理运用二次求和的可交换性 $\sum_n \left(\sum_k a_{n,k} \right) = \sum_k \left(\sum_n a_{n,k} \right)$.

15. 将下列函数按 $z-1$ 的幂展开（即在 $z=1$ 处展开成幂级数），并指出展式成立的范围.

(1) $\sin z, \cos z$；　(2) $\dfrac{z-1}{z+1}$；　(3) $\dfrac{z}{z^2-2z+5}$；

(4) $\sqrt[3]{z}\left(\text{满足条件}\sqrt[3]{z} = \dfrac{-1+\sqrt{3}i}{2}\text{的解析分支}\right)$.

16. 设 $f(z) = e^{e^z}$.

(1) 证明：$f(z)$ 在 $z=0$ 的幂级数展式为
$$f(z) = \sum_{n=0}^{\infty}\left(\frac{1}{n!}\left(\sum_{k=0}^{\infty}\frac{1}{k!}k^n\right)\right)z^n, \ |z|<+\infty;$$

(2) 利用(1)及泰勒定理证明：
$$\sum_{k=0}^{\infty}\frac{1}{k!} = e = f(0), \sum_{k=0}^{\infty}\frac{k}{k!} = e = f'(0), \sum_{k=0}^{\infty}\frac{1}{k!}k^n = f^{(n)}(0) \quad (n \geq 2).$$

17. 试利用 $e^z = \sum\limits_{n=0}^{\infty}\dfrac{z^n}{n!}(|z|<+\infty)$ 求下列级数的和：

(1) $s_1 = 1 + \dfrac{\cos z}{1!} + \dfrac{\cos 2z}{2!} + \cdots + \dfrac{\cos nz}{n!} + \cdots$；

(2) $s_2 = \dfrac{\sin z}{1!} + \dfrac{\sin 2z}{2!} + \cdots + \dfrac{\sin nz}{n!} + \cdots$

提示：$s_1 + i \cdot s_2 = 1 + \dfrac{e^{iz}}{1!} + \dfrac{e^{2iz}}{2!} + \cdots + \dfrac{e^{niz}}{n!} + \cdots$,

$s_1 - i \cdot s_2 = 1 + \dfrac{e^{-iz}}{1!} + \dfrac{e^{-2iz}}{2!} + \cdots + \dfrac{e^{-niz}}{n!} + \cdots$.

18. 设 $z \in \mathbf{C}$，证明：

(1) $|e^z - 1| \leq e^{|z|} - 1 \leq |z|e^{|z|}$；

(2) 当 $0 < |z| < 1$ 时，$\dfrac{1}{4}|z| < |e^z - 1| < \dfrac{7}{4}|z|$.

提示：(2) 当 $0 < |z| < 1$ 时

$|z| \cdot \left|1 - \left(\dfrac{1}{2!} + \cdots + \dfrac{1}{n!} + \cdots\right)\right| < |e^z - 1|$

$= |z| \cdot \left|1 + \dfrac{1}{2!}z + \cdots + \dfrac{1}{n!}z^{n-1} + \cdots\right|$

$< |z| \cdot \left|1 + \left(\dfrac{1}{2!} + \cdots + \dfrac{1}{n!} + \cdots\right)\right|$

$\dfrac{1}{2!} + \cdots + \dfrac{1}{n!} + \cdots = \dfrac{1}{2} + \dfrac{1}{2}\left(\dfrac{1}{3} + \dfrac{1}{3 \cdot 4} + \cdots\right)$

$$< \frac{1}{2} + \frac{1}{2}\left(\frac{1}{3} + \frac{1}{3^2} + \cdots\right) = \frac{1}{2} + \frac{1}{4} = \frac{3}{4}.$$

19. 设 $f(z)$ 在点 $z=a$ 解析, 且级数

$$F(z) = f(z) + f'(z) + \cdots + f^{(n)}(z) + \cdots = \sum_{n=0}^{\infty} f^{(n)}(z)$$

在 $z=a$ 收敛, 证明:

(1) $f(z)$ 为整函数 (即 $f(z)$ 在 $|z|<+\infty$ 内解析);

(2) $\sum_{n=0}^{\infty} f^{(n)}(z)$ 在复平面 **C** 上内闭一致收敛, 从而 $F(z)$ 也是整函数.

提示:

(1) 先由泰勒定理得, $f(z) = \sum_{n=0}^{\infty} \frac{f^{(n)}(a)}{n!}(z-a)^n$, 再按条件推得 $\lim_{n\to\infty} f^{(n)}(a) = 0$, 从而得到 $f(z) = \sum_{n=0}^{\infty} \frac{f^{(n)}(a)}{n!}(z-a)^n$ 的收敛半径为 $+\infty$;

(2) 由泰勒定理推得

$$\sum_{n=0}^{\infty} f^{(n)}(z) = \sum_{n=0}^{\infty}\left[\sum_{k=0}^{\infty} \frac{f^{(n+k)}(a)}{k!}(z-a)^k\right] = \sum_{k=0}^{\infty} \frac{1}{k!}\left[\sum_{n=0}^{\infty} f^{(n+k)}(a)\right](z-a)^k$$

由题设条件推得, $\lim_{k\to\infty}\sum_{n=0}^{\infty} f^{(n+k)}(a) = 0$ (收敛级数的余项趋于零), 类似于 (1) 可以得到幂级数 $\sum_{k=0}^{\infty} \frac{1}{k!}\left[\sum_{n=0}^{\infty} f^{(n+k)}(a)\right](z-a)^k$ 的收敛半径为 $+\infty$.

20. 求函数 $\sin z - \sin\alpha$ 的所有零点, 并判断零点的阶数.

提示: 分 $\alpha = k\pi + \frac{\pi}{2}$ 和 $\alpha \neq k\pi + \frac{\pi}{2}$ ($k \in \mathbf{Z}$) 两种情况讨论.

21. 指出下列函数在零点 $z=0$ 的阶.

(1) $z^3(e^z - 1)$; (2) $6\sin z^3 + z^3(z^6 - 6)$; (3) $\sin z^2(\cos z^2 - 1)$.

22. 设 a 分别为解析函数 $f(z)$ 的 m 阶零点和 $g(z)$ 的 n 阶零点, 讨论下列函数在点 a 的性质:

(1) $f(z) + g(z)$; (2) $f(z) \cdot g(z)$; (3) $\frac{f(z)}{g(z)}$.

23. 设 a 分别为 $f(z)$ 和 $g(z)$ 的 n 阶零点和 m 阶零点, 且 $n \geq m$, 证明:

$$\lim_{z\to a} \frac{f(z)}{g(z)} = \frac{f^{(m)}(a)}{g^{(m)}(a)} = \lim_{z\to a} \frac{f^{(m)}(z)}{g^{(m)}(z)},$$

并利用上述结果求下列极限:

(1) $\lim_{z\to 0} \frac{1-\cos z}{z^2}$; (2) $\lim_{z\to 0} \frac{\sin z - z}{z^3}$; (3) $\lim_{z\to 0} \frac{\sin z - z + \frac{1}{6}z^3}{z^5}$.

24. 是否存在着在原点解析的函数 $f(z)$ 满足下列条件:

(1) $f\left(\dfrac{1}{2n-1}\right)=0, f\left(\dfrac{1}{2n}\right)=\dfrac{1}{n}$; (2) $f\left(\dfrac{1}{2n-1}\right)=\dfrac{1}{2n}, f\left(\dfrac{1}{2n}\right)=\dfrac{1}{2n}$;

(3) $f\left(\dfrac{1}{n}\right)=\dfrac{n}{2n+1}$.

25. 设 $f(z)$ 在区域 D 内解析,且存在 $a \in D$,使得 $f^{(n)}(a)=0(n=1,2,\cdots)$,证明:$f(z)$ 在区域 D 内恒为常数.

26. 试用解析函数唯一性定理证明:

(1) $z \in \mathbf{C}, \cos 2z = 1 - 2\sin^2 z = 2\cos^2 z - 1$;

(2) $z \in \mathbf{C}, \cos z = 1 - \dfrac{1}{2!}z^2 + \dfrac{1}{4!}z^4 - \cdots + (-1)^n \dfrac{1}{(2n)!}z^{2n} + \cdots$

$$= \sum_{n=0}^{\infty}(-1)^n \dfrac{1}{(2n)!}z^{2n}.$$

27. 函数 $\sin\dfrac{1}{1-z}$ 的零点 $1-\dfrac{1}{n\pi}(n=\pm1,\pm2,\pm3,\cdots)$ 所成的集有聚点 1,但该函数不恒等于零,试问这与解析函数的唯一性是否相矛盾?

28. 设 $f(z)$ 和 $g(z)$ 都在区域 D 内解析,且 $f(z)g(z)\equiv 0$,证明:在区域 D 内,或者 $f(z)\equiv 0$,或者 $g(z)\equiv 0$.

29. 设区域 D 内含有一段实轴,又设函数 $u(x,y)+iv(x,y)$ 及 $u(z,0)+iv(z,0)$ 都在 D 内解析,求证在 D 内

$$u(x,y)+iv(x,y)=u(z,0)+iv(z,0).$$

30. 若 $f(z)$ 在区域 D 内解析,则:

$\mathrm{Re}f(z)$ 可在区域 D 内取的最大值 $\Leftrightarrow$ 在区域 D 内,$f(z) \equiv$ 常数.

提示:考虑对函数 $e^{f(z)}$ 运用最大模原理.

31. 设 D 为有界区域,其边界为光滑简单闭曲线 C,$f(z)$ 在区域 D 内解析,在闭域 $\overline{D}=D+C$ 上连续,其模 $|f(z)|$ 在 C 上为常数. 证明:若 $f(z)$ 不恒为常数,则 $f(z)$ 在 D 内至少有一个零点.

提示:用反证法及最大模与最小模原理.

32. 若 $f_1(z),f_2(z),\cdots,f_n(z)$ 都在有界区域 D 内解析,且都在闭域 $\overline{D}=D\cup \partial D$ 上连续,∂D 为 D 的边界,证明:

$$\varphi(z)=|f_1(z)|+|f_2(z)|+\cdots+|f_n(z)|$$

在闭域 $\overline{D}=D\cup\partial D$ 上连续,且在 $\overline{D}=D\cup\partial D$ 上的最大值必可在边界 ∂D 上达到.

提示:对任意取定的 $z_0 \in D$,记

$$\varepsilon_k = \begin{cases} \dfrac{|f_k(z_0)|}{f_k(z_0)}, & f_k(z_0)\neq 0 \\ 1, & f_k(z_0)=0 \end{cases} \quad (k=1,2,\cdots,n)$$

$$F(z)=\varepsilon_1 f_1(z)+\varepsilon_2 f_2(z)+\cdots+\varepsilon_n f_n(z)$$

对函数 $F(z)$ 在 $\overline{D}=D\cup\partial D$ 上利用最大模原理,推出存在 $z_1 \in \partial D$,使得

$$\varphi(z_0) = |F(z_0)| = F(z_0) \leqslant \varphi(z_1)$$

即可.

33. 利用施瓦茨引理证明：若函数 $f(z)$ 在圆 $|z|<R$ 内解析，并且满足条件
$$f(0) = 0, \quad |f(z)| \leqslant M < +\infty \quad (|z|<R)$$
则在圆 $|z|<R$ 内恒有
$$|f(z)| \leqslant \frac{M}{R}|z|, \quad |f'(0)| \leqslant \frac{M}{R}$$
并且当且仅当 $f(z) \equiv \frac{M}{R}e^{i\alpha}z$（其中 α 为实常数）时，存在 $z_0(0<|z_0|<R)$，使得
$$|f(z_0)| = \frac{M}{R}|z_0| \text{ 或者 } |f'(0)| = \frac{M}{R}.$$

34. 证明施瓦茨引理的精确形式：若函数 $f(z)$ 在单位圆 $|z|<1$ 内解析，并且满足条件
$$|f(z)| < 1 \quad (|z|<1)$$
且 $z=0$ 为 $f(z)$ 的 k 阶零点，则在单位圆 $|z|<1$ 内恒有
$$|f(z)| \leqslant |z|^k, \quad |f'(0)| \leqslant k!$$
并且当且仅当 $f(z) \equiv e^{i\alpha}z^k(|z|<1$，其中 α 为实常数）时，存在 $z_0(0<|z_0|<1)$，使得
$$|f(z_0)| = |z_0|^k \text{ 或者 } |f^{(k)}(0)| = k!.$$

35. 利用第 34 题证明：若函数 $f(z)$ 在圆 $|z|<R$ 内解析，并且满足条件
$$|f(z)| \leqslant M < +\infty \quad (|z|<R)$$
且 $z=0$ 为 $f(z)$ 的 k 阶零点，则在圆 $|z|<R$ 内恒有
$$|f(z)| \leqslant \frac{M}{R^k}|z|^k, \quad |f'(0)| \leqslant \frac{M}{R^k}k!$$
并且当且仅当 $f(z) \equiv \frac{M}{R^k}e^{i\alpha}z^k$（其中 α 为实常数）时，$z_0(0<|z_0|<R)$，使得
$$|f(z_0)| = \frac{M}{R^k}|z_0|^k \text{ 或者 } |f^{(k)}(0)| = \frac{M}{R^k}k!.$$

36. 设 $f(z)$ 在 $|z|<1$ 内解析，且 $|f(z)|<1, 0<|\alpha|<1$，证明：在 $|z|<1$ 内
$$\left|\frac{f(z)-f(\alpha)}{1-\overline{f(\alpha)}f(z)}\right| \leqslant \left|\frac{z-\alpha}{1-\bar{\alpha}z}\right|$$
若存在 $z_0 \neq \alpha(|z_0|<1)$ 使得 $\left|\dfrac{f(z_0)-f(\alpha)}{1-\overline{f(\alpha)}f(z_0)}\right| = \left|\dfrac{z_0-\alpha}{1-\bar{\alpha}z}\right|$，则
$$\frac{f(z)-f(\alpha)}{1-\overline{f(\alpha)}f(z)} = e^{i\theta}\frac{z-\alpha}{1-\bar{\alpha}z}$$
其中 θ 为实常数.

第5章 解析函数的罗朗展式与孤立奇点

本章,我们将进一步介绍由正、负整数次幂项构成的形式幂级数(也称为罗朗(Laurent)级数)的概念及其性质,并建立圆环形区域 $r<|z-a|<R(0\leqslant r,R\leqslant+\infty)$ 内解析函数的级数表示(即解析函数在圆环形区域内的罗朗展式),然后利用罗朗展式作为工具研究解析函数在其孤立奇点附近的性质. 作为解析函数孤立奇点性质的应用,本章的最后,我们还将初步介绍整函数和亚纯函数及其简单的分类.

§5.1 解析函数的罗朗展式

本节,我们首先介绍罗朗级数,然后讨论圆环形区域内解析函数与罗朗级数的关系.

5.1.1 罗朗级数

定义 5.1 考虑两个级数

$$\sum_{n=0}^{\infty} c_n(z-a)^n = c_0 + c_1(z-a) + \cdots + c_n(z-a)^n + \cdots, \text{(幂级数)}$$

和

$$\sum_{n=1}^{\infty} c_{-n}(z-a)^{-n} = c_{-1}(z-a)^{-1} + \cdots + c_{-n}(z-a)^{-n} + \cdots, \text{(负幂次项级数)}$$

通常,我们把上述两个级数相加所得的形如

$$\sum_{n=1}^{\infty} c_{-n}(z-a)^{-n} + \sum_{n=0}^{\infty} c_n(z-a)^n$$
$$= c_{-1}(z-a) + \cdots + c_{-n}(z-a)^{-n} + \cdots + c_0 + c(z-a)^{-1} + \cdots + c_n(z-a)^n + \cdots$$

的级数称为罗朗级数,简记为 $\sum_{n=-\infty}^{\infty} c_n(z-a)^n$,或者

$$\sum_{n=1}^{\infty} c_{-n}(z-a)^{-n} + \sum_{n=0}^{\infty} c_n(z-a)^n \tag{5.1}$$

定义 5.2 若级数 $\sum_{n=1}^{\infty} c_{-n}(z-a)^{-n}$ 和 $\sum_{n=0}^{\infty} c_n(z-a)^n$ 同时收敛,则称罗朗级数

$\sum_{n=-\infty}^{\infty} c_n(z-a)^n$ 收敛,其和为这两个级数的和函数相加. 否则,称罗朗级数 $\sum_{n=-\infty}^{\infty} c_n(z-a)^n$ 发散.

下面,我们来讨论罗朗级数 $\sum_{n=-\infty}^{\infty} c_n(z-a)^n$ 的收敛范围.

对级数 $\sum_{n=0}^{\infty} c_n(z-a)^n$,设该级数的收敛半径为 $R > 0$,则该级数在其收敛圆 $|z-a| < R(0 < R \leqslant +\infty)$ 内收敛于一个解析函数 $f_1(z)$,如图 5.1(a) 所示.

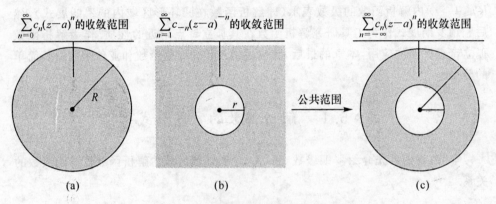

图 5.1 双边幂级数收敛圆环示意图

对级数 $\sum_{n=1}^{\infty} c_{-n}(z-a)^{-n}$,作变换 $\zeta = \dfrac{1}{z-a}$,可以将该级数转换成一个幂级数 $\sum_{n=1}^{\infty} c_{-n}\zeta^n$,设该幂级数的收敛半径为 $\dfrac{1}{r}(r \geqslant 0)$,则级数 $\sum_{n=1}^{\infty} c_{-n}\zeta^n$ 在其收敛圆 $|\zeta| < \dfrac{1}{r}$ 内收敛于一个解析函数,如图 5.1(b) 所示,从而级数 $\sum_{n=1}^{\infty} c_{-n}(z-a)^{-n}$ 在 $|z-a| > r$ 内也收敛于一个解析函数 $f_2(z)$.

综上所述,当且仅当 $r < R$ 时,罗朗级数 $\sum_{n=-\infty}^{\infty} c_n(z-a)^n$ 在圆环 $H: r < |z-a| < R$ 内收敛(该圆环也称为收敛圆环),且收敛于解析函数 $f_1(z) + f_2(z)$ ($z \in H$),如图 5.1(c) 所示. 由此,再结合幂级数和函数的性质可得如下定理.

定理 5.1 设罗朗级数 $\sum_{n=-\infty}^{\infty} c_n(z-a)^n$ 的收敛圆环为 $H: r < |z-a| < R(r \geqslant 0, 0 < R \leqslant +\infty)$,则:

(1) $\sum_{n=-\infty}^{\infty} c_n(z-a)^n$ 在其收敛圆环为 $H: r < |z-a| < R$ 内绝对收敛且内闭一

致收敛于 $f_1(z)+f_2(z) \triangleq f(z)$；

(2) $f(z)$ 在 $H:r<|z-a|<R$ 内解析；

(3) $f(z)=\sum_{n=-\infty}^{\infty}c_n(z-a)^n$ 在 $H:r<|z-a|<R$ 内可逐项求任意阶导数；

(4) $f(z)$ 可以沿 $H:r<|z-a|<R$ 内的任一条简单曲线 C 逐项积分.

5.1.2 解析函数的罗朗定理

定理 5.1 表明罗朗级数 $\sum_{n=-\infty}^{\infty}c_n(z-a)^n$ 在其收敛圆环 $H:r<|z-a|<R(r\geqslant 0, 0<R\leqslant+\infty)$ 内表示一个解析函数，反之收敛圆环 $H:r<|z-a|<R(r\geqslant 0, 0<R\leqslant+\infty)$ 内的解析函数是否也能表示成罗朗级数 $\sum_{n=-\infty}^{\infty}c_n(z-a)^n$ 呢？下面的定理解答了这一问题.

定理 5.2 （罗朗定理）若函数 $f(z)$ 在圆环形区域 $H:r<|z-a|<R(r\geqslant 0, 0<R\leqslant+\infty)$ 内解析，则 $f(z)$ 在圆环形区域 H 内必可以展成罗朗级数

$$f(z)=\sum_{n=-\infty}^{\infty}c_n(z-a)^n \tag{5.2}$$

其中 $c_n=\dfrac{1}{2\pi\mathrm{i}}\displaystyle\int_{\Gamma_\rho}\dfrac{f(\zeta)}{(\zeta-a)^{n+1}}\mathrm{d}\zeta\,(n=0,\pm 1,\pm 2,\cdots)\Gamma_\rho:|\zeta-a|=\rho(r<\rho<R)$，并且展式还是唯一的.

证明 如图 5.2 所示，设 z 为 H 内任意取定的一点，总可以在 H 内找到两个同心圆周

$$\Gamma_{\rho_1}:|\zeta-a|=\rho_1,\quad \Gamma_{\rho_2}:|\zeta-a|=\rho_2$$

使得

$$z\in\{z\mid \rho_1<|z-a|<\rho_2\}\subset\{z\mid \rho_1\leqslant|z-a|\leqslant\rho_2\}\subset H.$$

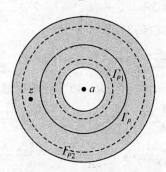

图 5.2 圆环示意图

由题设 $f(z)$ 在闭圆环 $\rho_1\leqslant|z-a|\leqslant\rho_2$ 上解析，由柯西积分公式得

$$f(z) = \frac{1}{2\pi i}\int_{\Gamma_{\rho_2}} \frac{f(\zeta)}{\zeta-z}d\zeta - \frac{1}{2\pi i}\int_{\Gamma_{\rho_1}} \frac{f(\zeta)}{\zeta-z}d\zeta$$

$$= \frac{1}{2\pi i}\int_{\Gamma_{\rho_2}} \frac{f(\zeta)}{\zeta-z}d\zeta + \frac{1}{2\pi i}\int_{\Gamma_{\rho_1}} \frac{f(\zeta)}{z-\zeta}d\zeta \tag{5.3}$$

对于上式中的第一个积分,与泰勒定理的证明方法相同可得

$$\frac{1}{2\pi i}\int_{\Gamma_{\rho_2}} \frac{f(\zeta)}{\zeta-a}d\zeta = \sum_{n=0}^{\infty} c_n(z-a)^n \tag{5.4}$$

其中

$$c_n = \frac{1}{2\pi i}\int_{\Gamma_{\rho_2}} \frac{f(\zeta)}{(\zeta-a)^{n+1}}d\zeta \quad (n=0,1,2,\cdots)$$

对于上式中的第二个积分

$$\frac{1}{2\pi i}\int_{\Gamma_{\rho_1}} \frac{f(\zeta)}{z-\zeta}d\zeta$$

由于在 Γ_{ρ_1} 上,$\left|\dfrac{\zeta-a}{z-a}\right|<1$,所以

$$\frac{f(\zeta)}{z-\zeta} = \frac{f(\zeta)}{(z-a)-(\zeta-a)} = \frac{f(\zeta)}{z-a} \cdot \frac{1}{1-\dfrac{\zeta-a}{z-a}}$$

$$= \frac{f(\zeta)}{z-a} \cdot \sum_{n=1}^{\infty}\left(\frac{\zeta-a}{z-a}\right)^{n-1} = \sum_{n=1}^{\infty} \frac{f(\zeta)}{(\zeta-a)^{-n+1}} \cdot \frac{1}{(z-a)^n}.$$

又在 Γ_{ρ_1} 上,$\dfrac{f(\zeta)}{(\zeta-a)^{-n+1}}$ 有界,所以上式可以在 Γ_{ρ_1} 上逐项积分,并再以 $\dfrac{1}{2\pi i}$ 乘以两端得

$$\frac{1}{2\pi i}\int_{\Gamma_{\rho_1}} \frac{f(\zeta)}{z-\zeta}d\zeta = \sum_{n=1}^{\infty} \frac{c_{-n}}{(z-a)^n} \tag{5.5}$$

其中

$$c_{-n} = \frac{1}{2\pi i}\int_{\Gamma_{\rho_1}} \frac{f(\zeta)}{(\zeta-a)^{-n+1}}d\zeta \quad (n=1,2,\cdots)$$

将式(5.4)与式(5.5)代入式(5.3)得

$$f(z) = \sum_{n=1}^{\infty} \frac{c_{-n}}{(z-a)^n} + \sum_{n=0}^{\infty} c_n(z-a)^n \triangleq \sum_{n=-\infty}^{\infty} c_n(z-a)^n.$$

任取圆周 $\Gamma_\rho: |z-a|=\rho\ (r<\rho<R)$,由多连通区域上的柯西积分定理

$$c_n = \frac{1}{2\pi i}\int_{\Gamma_{\rho_2}} \frac{f(\zeta)}{(\zeta-a)^{n+1}}d\zeta = \frac{1}{2\pi i}\int_{\Gamma_\rho} \frac{f(\zeta)}{(\zeta-a)^{n+1}}d\zeta \quad (n=0,1,2,\cdots)$$

$$c_{-n} = \frac{1}{2\pi i}\int_{\Gamma_{\rho_1}} \frac{f(\zeta)}{(\zeta-a)^{-n+1}}d\zeta = \frac{1}{2\pi i}\int_{\Gamma_\rho} \frac{f(\zeta)}{(\zeta-a)^{-n+1}}d\zeta \quad (n=1,2,\cdots)$$

即系数可以统一地表示成

$$c_n = \frac{1}{2\pi i}\int_{\Gamma_\rho} \frac{f(\zeta)}{(\zeta-a)^{n+1}}d\zeta \quad (n=0,\pm 1,\pm 2,\cdots).$$

最后证明展式的唯一性. 假设 $f(z)$ 在圆环 H 内还有一个展式

$$f(z) = \sum_{n=-\infty}^{\infty} c'_n (z-a)^n$$

在上式两端同乘以函数 $\dfrac{1}{(z-a)^{m+1}}$（该函数在圆周 $\Gamma_\rho: |z-a| = \rho\ (r<\rho<R)$ 上是有界的），再沿 Γ_ρ 逐项积分得

$$c_m = \frac{1}{2\pi i} \int_{\Gamma_\rho} \frac{f(\zeta)}{(\zeta-a)^{m+1}} d\zeta = \sum_{n=-\infty}^{\infty} c'_n \cdot \frac{1}{2\pi i} \int_{\Gamma_\rho} (\zeta-a)^{n-m-1} d\zeta = c'_m, m = 0, \pm 1, \cdots.$$

注意：上式中用到了 $\dfrac{1}{2\pi i} \int_{\Gamma_\rho} (\zeta-a)^{n-m-1} d\zeta = \begin{cases} 1, & n=m \\ 0, & n\neq m \end{cases}$. 故展式是唯一的.

注：(1) 定理 5.2 中的等式 $f(z) = \sum_{n=-\infty}^{\infty} c_n (z-a)^n$ 称为函数 $f(z)$ 在点 a 的罗朗展式，而系数

$$c_n = \frac{1}{2\pi i} \int_{\Gamma_\rho} \frac{f(\zeta)}{(\zeta-a)^{n+1}} d\zeta \quad (n=0, \pm 1, \pm 2, \cdots)$$

称为罗朗系数，罗朗展式右边的级数称为罗朗级数.

(2) 在圆环 $H: r<|z-a|<R$ 中，当 $r=0$ 且 $f(z)$ 在圆域 $|z-a|<R$ 内解析时，由柯西积分定理

$$c_{-n} = \frac{1}{2\pi i} \int_{\Gamma_\rho} \frac{f(\zeta)}{(\zeta-a)^{-n+1}} d\zeta = 0 \quad (n=1,2,\cdots)$$

从而 $f(z)$ 在圆域 $|z-a|<R$ 内的罗朗展式变为

$$f(z) = \sum_{n=0}^{\infty} c_n (z-a)^n$$

上式恰好是 $f(z)$ 在圆域 $|z-a|<R$ 内的幂级数展式. 可见，圆形区域内解析函数的幂级数展式为罗朗展式的特殊情形.

5.1.3 解析函数罗朗展式的求法

由定理 5.2 知，解析函数的罗朗展式是唯一的，因此我们在求具体函数的罗朗展式时，一般不直接根据罗朗定理通过求罗朗系数来求展式，而是采用间接的方法（比如：借助第 4 章中所给出的解析函数的基本展式以及幂级数的一些运算性质等）来求展式.

下面举一些例子.

例 5.1 函数 $f(z) = \dfrac{1}{(z-1)(z-2)}$ 在平面上只有两个奇点：$z=1, z=2$. 因此，我们可以将平面划分成如下的三个互不相交的区域，如图 5.3 所示，使得 $f(z)$ 在每个区域内都是解析的.

(1) $|z|<1$；(2) $1<|z|<2$；(3) $2<|z|<+\infty$.

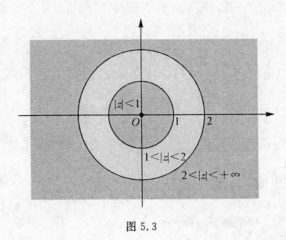

图 5.3

试将函数 $f(z)$ 分别在上述三个区域内展开成罗朗级数.

解 首先将函数进行分解得

$$f(z) = \frac{1}{(z-1)(z-2)} = \frac{1}{z-2} - \frac{1}{z-1}$$

(1) 在圆 $|z|<1$ 内,由 $|z|<1<2$ 得, $\left|\dfrac{z}{2}\right|<1$. 所以

$$f(z) = \frac{1}{z-2} - \frac{1}{z-1} = \frac{1}{1-z} - \frac{1}{2} \cdot \frac{1}{1-\dfrac{z}{2}}$$

$$= \sum_{n=0}^{\infty} z^n - \frac{1}{2} \cdot \sum_{n=0}^{\infty} \left(\frac{z}{2}\right)^n = \sum_{n=0}^{\infty} \left(1 - \frac{1}{2^{n+1}}\right) z^n.$$

这实际上也是 $f(z)$ 的幂级数展式.

(2) 在圆环 $1<|z|<2$ 内,由于 $\left|\dfrac{1}{z}\right|<1, \left|\dfrac{z}{2}\right|<1$,所以

$$f(z) = \frac{1}{z-2} - \frac{1}{z-1} = -\frac{1}{z} \cdot \frac{1}{1-\dfrac{1}{z}} - \frac{1}{2} \cdot \frac{1}{1-\dfrac{z}{2}}$$

$$= -\frac{1}{z} \cdot \sum_{n=0}^{\infty} \left(\frac{1}{z}\right)^n - \frac{1}{2} \cdot \sum_{n=0}^{\infty} \left(\frac{z}{2}\right)^n = -\sum_{n=0}^{\infty} \frac{1}{z^{n+1}} - \sum_{n=0}^{\infty} \frac{z^n}{2^{n+1}}.$$

(3) 在圆环 $2<|z|<+\infty$ 内,由于 $\left|\dfrac{1}{z}\right|<\dfrac{1}{2}<1, \left|\dfrac{2}{z}\right|<1$,所以

$$f(z) = \frac{1}{z-2} - \frac{1}{z-1} = \frac{1}{z} \cdot \frac{1}{1-\dfrac{2}{z}} - \frac{1}{z} \cdot \frac{1}{1-\dfrac{1}{z}}$$

$$= \frac{1}{z} \cdot \sum_{n=0}^{\infty} \left(\frac{2}{z}\right)^n - \frac{1}{z} \cdot \sum_{n=0}^{\infty} \left(\frac{1}{z}\right)^n = \sum_{n=0}^{\infty} \frac{2^n - 1}{z^{n+1}}.$$

定义 5.3 若函数 $f(z)$ 在点 a 不解析,但点 a 是 $f(z)$ 的解析点的聚点(即在 a 的任意小的邻域内总有 $f(z)$ 的解析点),则称点 a 为 $f(z)$ 的奇(异)点.

定义 5.4 若函数 $f(z)$ 在点 a 的某一去心邻域 $k-\{a\}:0<|z-a|<R$ 内解析,点 a 是 $f(z)$ 的奇点,则称 a 为 $f(z)$ 的孤立奇点.若 a 是 $f(z)$ 的奇点的聚点,则称 a 为 $f(z)$ 的非孤立奇点.

由罗朗定理知,若 a 为函数 $f(z)$ 的孤立奇点,则 $f(z)$ 在 a 的某去心邻域 $k-\{a\}:0<|z-a|<R$(特殊圆环)内必可以展开成罗朗级数

$$f(z)=\sum_{n=-\infty}^{\infty}c_n(z-a)^n$$

称为 $f(z)$ 在孤立奇点 a 的去心邻域内的罗朗展式.

例 5.2 函数 $f(z)=\dfrac{1}{\sin\dfrac{1}{z}}$,显然以 $z=0$ 与 $z=\dfrac{1}{k\pi}(k=0,\pm 1,\pm 2,\cdots)$ 为奇点(因为 $f(z)$ 在这些点无意义).由于 0 是 $\left\{\dfrac{1}{k\pi}\right\}$ 的聚点,所以 $z=0$ 为 $f(z)$ 的非孤立奇点.

注:要求函数在某点的罗朗展式,必须求出以该点为圆心同时使函数解析的所有同心圆或者同心圆环内,函数的罗朗展式.因此,在求函数在某点的罗朗展式时,应先确定以该点为圆心使函数解析的所有可能的同心圆以及同心圆环,然后在相应的同心圆或同心圆环内分别求出函数的罗朗展式.

例 5.3 显然 $z=1$ 和 $z=2$ 是函数 $f(z)=\dfrac{1}{(z-1)(z-2)}$ 的两个孤立奇点,试求 $f(z)$ 分别在这两点的罗朗展式.

解 因为

$$f(z)=\frac{1}{(z-1)(z-2)}=\frac{1}{z-2}-\frac{1}{z-1}$$

(1) 如图 5.4 所示,在 $z=1$ 的最大去心邻域 $0<|z-1|<1$ 内

$$f(z)=\frac{1}{z-2}-\frac{1}{z-1}=-\frac{1}{z-1}-\frac{1}{1-(z-1)}=-\frac{1}{z-1}-\sum_{n=0}^{\infty}(z-1)^n$$

在以 $z=1$ 为圆心,外圆半径为 $+\infty$ 的最大的圆环 $1<|z-1|<+\infty$ 内

$$f(z)=\frac{1}{z-2}-\frac{1}{z-1}=-\frac{1}{z-1}+\frac{1}{(z-1)-1}=-\frac{1}{z-1}+\frac{1}{z-1}\cdot\frac{1}{1-\dfrac{1}{z-1}}$$

$$=-\frac{1}{z-1}+\sum_{n=0}^{\infty}\frac{1}{(z-1)^{n+1}}=\sum_{n=1}^{\infty}\frac{1}{(z-1)^{n+1}}.$$

(2) 如图 5.5 所示,在 $z=2$ 的最大去心邻域 $0<|z-2|<1$ 内

$$f(z)=\frac{1}{z-2}-\frac{1}{z-1}=\frac{1}{z-2}-\frac{1}{1+(z-2)}=\frac{1}{z-2}-\sum_{n=0}^{\infty}(-1)^n(z-2)^n$$

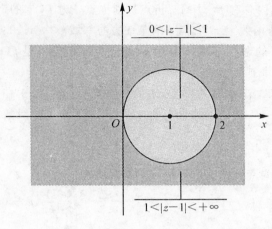

图 5.4

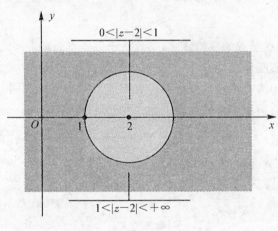

图 5.5

在以 $z=2$ 为圆心,外圆半径为 $+\infty$ 的最大的圆环 $1<|z-2|<+\infty$ 内

$$f(z)=\frac{1}{z-2}-\frac{1}{z-1}=\frac{1}{z-2}-\frac{1}{(z-2)+1}=\frac{1}{z-2}-\frac{1}{z-2}\cdot\frac{1}{1+\frac{1}{z-2}}$$

$$=\frac{1}{z-2}-\sum_{n=0}^{\infty}\frac{(-1)^n}{(z-2)^{n+1}}=\sum_{n=1}^{\infty}\frac{(-1)^{n+1}}{(z-2)^{n+1}}.$$

◎ **思考题**:设 a 为函数 $f(z)$ 的孤立奇点,试问 $f(z)$ 在点 a 的罗朗展式与 $f(z)$ 在点 a 的去心邻域内的罗朗展式有何关系与区别?

例 5.4 $\frac{\sin z}{z}$ 在平面上仅有一个孤立奇点 $z=0$,其最大的去心邻域为: $0<$

$|z|<+\infty$，$\dfrac{\sin z}{z}$ 在其中的罗朗展式为

$$\frac{\sin z}{z} = \frac{1}{z} \cdot \sum_{n=1}^{\infty}(-1)^{n-1}\frac{z^{2n-1}}{(2n-1)!} = \sum_{n=1}^{\infty}(-1)^{n-1}\frac{z^{2n-2}}{(2n-1)!}$$
$$= 1 - \frac{z^2}{3!} + \frac{z^4}{5!} - \cdots.$$

例 5.5 $e^z + e^{\frac{1}{z}}$ 在平面上也仅有一个孤立奇点 $z=0$，其最大的去心邻域为：$0<|z|<+\infty$，$e^z + e^{\frac{1}{z}}$ 在其中的罗朗展式为

$$e^z + e^{\frac{1}{z}} = \sum_{n=0}^{\infty}\frac{z^n}{n!} + \sum_{n=0}^{\infty}\frac{1}{n!z^n} = 2 + \sum_{n=1}^{\infty}\frac{z^n}{n!} + \sum_{n=1}^{\infty}\frac{1}{n!z^n}.$$

例 5.6 求函数 $\sin\dfrac{z}{z-1}$ 的孤立奇点，并求 $\sin\dfrac{z}{z-1}$ 在其孤立奇点去心邻域内的罗朗展式.

解 显然 $\sin\dfrac{z}{z-1}$ 在平面上仅有一个孤立奇点 $z=1$，在 $z=1$ 的最大去心邻域 $0<|z-1|<+\infty$ 内

$$\sin\frac{z}{z-1} = \sin\frac{z-1+1}{z-1} = \sin\left(1+\frac{1}{z-1}\right)$$
$$= \sin 1 \cdot \cos\frac{1}{z-1} + \cos 1 \cdot \sin\frac{1}{z-1}$$
$$= \sin 1 \cdot \sum_{n=0}^{\infty}(-1)^n\frac{1}{(2n)!}\frac{1}{(z-1)^{2n}} +$$
$$\cos 1 \cdot \sum_{n=0}^{\infty}(-1)^{n+1}\frac{1}{(2n+1)!}\frac{1}{(z-1)^{2n+1}}.$$

在求罗朗展式时，并非每个函数的罗朗展式都用间接法来求，有时我们也可以直接利用定理 5.2，通过罗朗系数公式计算系数来求其罗朗展式.

例 5.7 证明：在 $0<|z|<+\infty$ 内，$\cosh\left(z+\dfrac{1}{z}\right) = c_0 + \sum_{n=1}^{\infty}c_n(z^n+z^{-n})$，其中

$$c_n = \frac{1}{2\pi} \cdot \int_0^{2\pi}\cos n\theta \cdot \cosh(2\cos\theta)d\theta \quad (n=0,1,\cdots).$$

证明 因为 $\cosh\left(z+\dfrac{1}{z}\right)$ 是平面上的解析函数 $\cosh w = \dfrac{e^w+e^{-w}}{2}$（称为复双曲函数）与在平面上只有一个奇点 $z=0$ 的解析函数 $w=z+\dfrac{1}{z}$ 复合而成的复合函数，因此 $\cosh\left(z+\dfrac{1}{z}\right)$ 在平面上也只有一个奇点 $z=0$，即 $\cosh\left(z+\dfrac{1}{z}\right)$ 在 $0<|z|<+\infty$ 内解析. 由定理 5.2

$$\cosh\left(z+\frac{1}{z}\right) = \sum_{n=-\infty}^{\infty} c_n z^n = \sum_{n=1}^{\infty} c_{-n} z^{-n} + c_0 + \sum_{n=1}^{\infty} c_n z^n$$

其中 $c_n = \frac{1}{2\pi i} \cdot \int_{\Gamma_\rho} \frac{\cosh(z+z^{-1})}{z^{n+1}} dz, \Gamma_\rho : |z| = \rho > 0$,(由复合闭路原理易知,这里的 ρ 可以是任意的正数). 下面,我们证明系数满足: $c_n = c_{-n}, n = 1, 2, \cdots$ 即可.

事实上,由于 ρ 可以是任意的正数,故可以取 $\rho = 1, \Gamma_\rho$ 的参数方程为
$$z = e^{i\theta} \quad (0 \leqslant \theta \leqslant 2\pi)$$
于是
$$c_n = \frac{1}{2\pi} \cdot \int_0^{2\pi} \cosh(e^{i\theta} + e^{-i\theta}) e^{-n \cdot i\theta} d\theta$$
$$= \frac{1}{2\pi} \cdot \int_0^{2\pi} \cos n\theta \cdot \cosh(2\cos\theta) d\theta - \frac{i}{2\pi} \cdot \int_0^{2\pi} \sin n\theta \cdot \cosh(2\cos\theta) d\theta$$

而 $\int_0^{2\pi} \sin n\theta \cdot \cosh(2\cos\theta) d\theta \xrightarrow{\text{周期函数}} \int_{-\pi}^{\pi} \sin n\theta \cdot \cosh(2\cos\theta) d\theta \xrightarrow{\text{奇函数}} 0$,所以
$$c_n = \frac{1}{2\pi} \cdot \int_0^{2\pi} \cos n\theta \cdot \cosh(2\cos\theta) d\theta$$

显然
$$c_{-n} = \frac{1}{2\pi} \cdot \int_0^{2\pi} \cos(-n\theta) \cdot \cosh(2\cos\theta) d\theta = \frac{1}{2\pi} \cdot \int_0^{2\pi} \cos n\theta \cdot \cosh(2\cos\theta) d\theta = c_n$$

其中 $n = 1, 2, \cdots$. 故
$$\cosh\left(z+\frac{1}{z}\right) = c_0 + \sum_{n=1}^{\infty} c_n (z^n + z^{-n}).$$

§5.2 解析函数的孤立奇点

孤立奇点是解析函数奇点中最简单最重要的一类. 本节,我们将以解析函数的罗朗展式作为工具,来研究解析函数在其孤立奇点去心邻域的性质.

5.2.1 孤立奇点的分类

定义 5.5 设 a 为函数 $f(z)$ 的孤立奇点,即 $f(z)$ 在 a 的某去心邻域 $k - \{a\}$:$0 < |z-a| < R$ 内解析,则 $f(z)$ 在该去心邻域内可以展成罗朗级数
$$f(z) = \sum_{n=1}^{\infty} c_{-n}(z-a)^{-n} + \sum_{n=0}^{\infty} c_n (z-a)^n \tag{5.6}$$
其中非负幂次项部分
$$\sum_{n=0}^{\infty} c_n (z-a)^n = c_0 + c_1(z-a) + \cdots + c_n(z-a)^n + \cdots$$
称为 $f(z)$ 在点 a 的解析部分(或正则部分或全纯部分); 负幂次项部分
$$\sum_{n=1}^{\infty} c_{-n}(z-a)^{-n} = c_{-1}(z-a)^{-1} + \cdots + c_{-n}(z-a)^{-n} + \cdots$$

称为 $f(z)$ 在点 a 的主要部分(实际上,$f(z)$ 在点 a 的不解析性是由这部分引起的).

下面,根据函数 $f(z)$ 在其孤立奇点的主要部分的情况,对孤立奇点进行分类.

定义 5.6 设 a 为函数 $f(z)$ 的孤立奇点,

(1) 若 $f(z)$ 在点 a 的主要部分为零,即所有负幂次项的系数均为零,则称 a 为 $f(z)$ 的可去奇点;

(2) 若 $f(z)$ 在点 a 的主要部分为有限多项,设为

$$c_{-1}(z-a)^{-1} + c_{-2}(z-a)^{-2} + \cdots + c_{-m}(z-a)^{-m} \quad (c_{-m} \neq 0),$$

则称 a 为 $f(z)$ 的 m 阶极点,m 称为极点的阶数. 特别地,一阶极点也称为简单极点或单极点;

(3) 若 $f(z)$ 在点 a 的主要部分有无穷多项,则称 a 为 $f(z)$ 的本性奇点.

注:由定义 5.6 知,若 a 为 $f(z)$ 的可去奇点,则有

$$f(z) = \sum_{n=0}^{\infty} c_n(z-a)^n \quad (0 < |z-a| < R) \tag{5.7}$$

显然,由幂级数和函数的解析性,此时只要补充 $f(a) = c_0$,a 就能成为 $f(z)$ 的解析点(这也是可去奇点的由来). 因此在实际考虑问题时,为了讨论问题的方便,有时我们也把可去奇点当成解析点. 例如补充定义 $\left.\dfrac{\sin z}{z}\right|_{z=0} = 1$,则 $z = 1$ 就成了 $\dfrac{\sin z}{z}$ 的解析点.

下面,我们分别讨论解析函数在各类孤立奇点去心邻域内的特征.

5.2.2 可去奇点的特征

定理 5.3 (可去奇点的特征性定理) 设 a 为函数 $f(z)$ 的孤立奇点,则下列三种说法是等价的:

(1) $f(z)$ 在点 a 的主要部分为零;

(2) $\lim\limits_{z \to a} f(z) = b$ 存在 $(b \neq \infty)$;

(3) $f(z)$ 在点 a 的某去心邻域内有界.

证明 采用循环证明的方法:即证明 $(1) \Rightarrow (2)$;$(2) \Rightarrow (3)$;$(3) \Rightarrow (1)$ 即可.

$(1) \Rightarrow (2)$:由 (1) 知

$$f(z) = \sum_{n=0}^{\infty} c_n(z-a)^n \quad (0 < |z-a| < R)$$

所以

$$\lim_{z \to a} f(z) = c_0 \triangleq b \quad (b = c_0 \neq \infty).$$

$(2) \Rightarrow (3)$:由 (2) 及函数极限的局部有界性知 (3) 成立.

$(3) \Rightarrow (1)$:设 $f(z)$ 在点 a 的某去心邻域 $k - \{a\}: 0 < |z-a| < R$ 内有界,即存在正数 M,使得在 $k - \{a\}$ 内

$$|f(z)| \leqslant M.$$

现考虑 $f(z)$ 在点 a 的主要部分

$$\sum_{n=1}^{\infty} c_{-n}(z-a)^{-n} = c_{-1}(z-a)^{-1} + \cdots + c_{-n}(z-a)^{-n} + \cdots$$

其中

$$c_{-n} = \frac{1}{2\pi i}\int_{\Gamma_\rho} \frac{f(\zeta)}{(\zeta-a)^{-n+1}}d\zeta \quad (\Gamma_\rho: |\zeta-a|=\rho, 0<\rho<R, n=1,2,\cdots)$$

由于当 $\rho \to 0$ 时

$$|c_{-n}| = \left|\frac{1}{2\pi i}\int_{\Gamma_\rho}\frac{f(\zeta)}{(\zeta-a)^{-n+1}}d\zeta\right| \leqslant \frac{1}{2\pi}\int_{\Gamma_\rho}\left|\frac{f(\zeta)}{(\zeta-a)^{-n+1}}\right||d\zeta|$$

$$\leqslant \frac{1}{2\pi} \cdot \frac{M}{\rho^{-n+1}} \cdot 2\pi\rho = M\rho^n \to 0$$

所以，$c_{-n}=0, n=1,2,\cdots$. 故 $f(z)$ 在点 a 的主要部分为零，即(1)成立.

注：在定理 5.3 的证明中，我们采用了循环证明的方法. 这种方法是数学中证明若干命题相互等价的一种有效方法，后面有关极点的特征性定理我们也采用这种方法证明.

例 5.8 证明 $z=0$ 为下列函数的可去奇点：

(1) $\dfrac{\sin z}{z}$；(2) $\dfrac{1-\cos z}{z^2}$；(3) $\dfrac{\ln(1+z)}{z}$，其中 $\ln(1+z)$ 是对数函数的主值支.

解 由解析函数的运算性质，易见 $z=0$ 为题设的三个函数的孤立奇点.

(1) 因为 $\lim\limits_{z\to 0}\dfrac{\sin z}{z} \overset{\frac{0}{0}}{=\!=\!=} \lim\limits_{z\to 0}\dfrac{(\sin z)'}{(z)'} = \lim\limits_{z\to 0}\cos z = 1$，所以由定理 5.3，$z=0$ 为 $\dfrac{\sin z}{z}$ 的可去奇点.

(2) 因为 $\lim\limits_{z\to 0}\dfrac{1-\cos z}{z^2} \overset{\frac{0}{0}}{=\!=\!=} \lim\limits_{z\to 0}\dfrac{(1-\cos z)'}{(z^2)'} = \lim\limits_{z\to 0}\dfrac{\sin z}{2z} = \dfrac{1}{2}\lim\limits_{z\to 0}\dfrac{\sin z}{z} = \dfrac{1}{2}$，所以由定理 5.3，$z=0$ 为 $\dfrac{1-\cos z}{z^2}$ 的可去奇点.

(3) 因为 $\lim\limits_{z\to 0}\dfrac{\ln(1+z)}{z} \overset{\frac{0}{0}}{=\!=\!=} \lim\limits_{z\to 0}\dfrac{(\ln(1+z))'}{(z)'} = \lim\limits_{z\to 0}\dfrac{1}{z+1} = 1$，所以由定理 5.3，$z=0$ 为 $\dfrac{\ln(1+z)}{z}$ 的可去奇点.

注：在判断具体函数的可去奇点时，常用定理 5.3 中的(2).

5.2.3 极点的特征

定理 5.4 （极点的特征性定理）设 a 为函数 $f(z)$ 的孤立奇点，则下列三种说法是等价的：

(1) $f(z)$ 在点 a 的主要部分为

$$c_{-1}(z-a)^{-1} + c_{-2}(z-a)^{-2} + \cdots + c_{-m}(z-a)^{-m} \quad (c_{-m} \neq 0);$$

(2) $f(z)$ 在点 a 的某去心邻域内能表示成

$$f(z) = \frac{\lambda(z)}{(z-a)^m}$$

其中 $\lambda(z)$ 在点 a 的邻域内解析, 且 $\lambda(a) \neq 0$;

(3) $g(z) \stackrel{\Delta}{=} \dfrac{1}{f(z)}$ 以点 a 为 m 阶零点(注意可去奇点要当做解析点, 只要 $g(a) = 0$).

证明 $(1) \Rightarrow (2)$: 由(1)

$$\begin{aligned}
f(z) &= c_{-1}(z-a)^{-1} + c_{-2}(z-a)^{-2} + \cdots + c_{-m}(z-a)^{-m} + \sum_{n=0}^{\infty} c_n(z-a)^n \\
&= c_{-1}(z-a)^{-1} + c_{-2}(z-a)^{-2} + \cdots + c_{-m}(z-a)^{-m} + \sum_{n=0}^{\infty} c_n(z-a)^n \\
&= \frac{1}{(z-a)^m}\left[c_{-m} + \cdots + c_{-1}(z-a)^{m-1} + \sum_{n=0}^{\infty} c_n(z-a)^{m+n} \right]
\end{aligned}$$

其中 $0 < |z-a| < R$. 记 $\lambda(z) = c_{-m} + \cdots + c_{-1}(z-a)^{m-1} + \sum_{n=0}^{\infty} c_n(z-a)^{m+n}$, 显然, $\lambda(z)$ 在圆 $|z-a| < R$ 内解析, 且 $\lambda(a) = c_{-m} \neq 0$, 所以

$$f(z) = \frac{\lambda(z)}{(z-a)^m}$$

即(2)成立.

$(2) \Rightarrow (3)$: 由(2), 在点 a 的某去心邻域内

$$g(z) \stackrel{\Delta}{=} \frac{1}{f(z)} = (z-a)^m \cdot \frac{1}{\lambda(z)}$$

由于 $\lambda(a) \neq 0$, 由解析函数的运算性质知, $\dfrac{1}{\lambda(z)}$ 在点 a 的某邻域内仍解析, 且 $\dfrac{1}{\lambda(a)} \neq 0$, 因此补充 $g(a) = 0$, 由第 4 章中介绍的解析函数零点阶的判别法得, 点 a 为 $g(z)$ 的 m 阶零点, 即(3)成立.

$(3) \Rightarrow (1)$: 若点 a 为 $g(z) \stackrel{\Delta}{=} \dfrac{1}{f(z)}$ 的 m 阶零点, 则在点 a 的某邻域 k: $|z-a| < R$ 内

$$g(z) = (z-a)^m \cdot \varphi(z)$$

其中 $\varphi(z)$ 在该邻域内解析, 且 $\varphi(a) \neq 0$. 于是在点 a 的去心邻域 $k - \{a\}$: $0 < |z-a| < R$ 内

$$f(z) = \frac{1}{(z-a)^m} \cdot \frac{1}{\varphi(z)}$$

其中 $\dfrac{1}{\varphi(z)}$ 在点 a 的某邻域内仍解析, 令 $\dfrac{1}{\varphi(z)}$ 在点 a 的幂级数展式为

$$\frac{1}{\varphi(z)} = c_{-m} + c_{-(m-1)}(z-a) + \cdots + c_{-1}(z-a)^{m-1} +$$
$$c_0(z-a)^m + \cdots \quad \left(c_{-m} = \frac{1}{\varphi(a)} \neq 0\right)$$

代入上式
$$f(z) = \frac{1}{(z-a)^m} \cdot \frac{1}{\varphi(z)}$$
$$= \frac{1}{(z-a)^m} \cdot [c_{-m} + c_{-(m-1)}(z-a) + \cdots + c_{-1}(z-a)^{m-1} + c_0(z-a)^m + \cdots]$$
$$= \frac{c_{-m}}{(z-a)^m} + \frac{c_{-(m-1)}}{(z-a)^{m-1}} + \cdots + \frac{c_{-1}}{z-a} + c_0 + \cdots$$

显然，$f(z)$ 在点 a 的主要部分为
$$\frac{c_{-m}}{(z-a)^m} + \frac{c_{-(m-1)}}{(z-a)^{m-1}} + \cdots + \frac{c_{-1}}{z-a} \quad \left(c_{-m} = \frac{1}{\varphi(a)} \neq 0\right).$$

注：定理 5.4 给出了 m 阶极点的三种等价条件. 另外，如果我们不需判定极点的阶数时，关于极点还有下面的等价条件.

定理 5.5 设点 a 为函数 $f(z)$ 的孤立奇点，则点 a 为函数 $f(z)$ 的极点的充分必要条件是
$$\lim_{z \to a} f(z) = \infty \tag{5.8}$$

证明 由定理 5.4，点 a 为函数 $f(z)$ 的极点 $\Leftrightarrow$ 点 a 为 $\frac{1}{f(z)}$ 的零点 $\Leftrightarrow \lim_{z \to a} \frac{1}{f(z)} = 0$，即 $\lim_{z \to a} f(z) = \infty$.

例 5.9 求函数 $f(z) = \dfrac{5z-1}{(z-1)(2z+1)}$ 的孤立奇点，并判断其类型.

解 显然 $f(z)$ 有两个孤立奇点 $z = 1$ 和 $z = -\dfrac{1}{2}$，由于
$$f(z) = \frac{\dfrac{5z-1}{2z+1}}{z-1}$$

其中 $\left.\dfrac{5z-1}{2z+1}\right|_{z=1} = \dfrac{4}{3} \neq 0$，由定理 5.4，$z = 1$ 为一阶极点. 同理 $z = -\dfrac{1}{2}$ 也是一阶极点.

例 5.10 确定函数 $f(z) = \dfrac{1}{\sin z + \cos z}$ 的孤立奇点，并指出其类型.

解 由 $\sin z + \cos z = 0$，即 $\tan z = -1$ 得
$$z = k\pi - \frac{\pi}{4} \quad (k = 0, \pm 1, \pm 2, \cdots)$$

为函数 $\sin z + \cos z$ 的一阶零点，故根据定理 5.4

第 5 章 解析函数的罗朗展式与孤立奇点

$$z = k\pi - \frac{\pi}{4} \quad (k = 0, \pm 1, \pm 2, \cdots)$$

均为 $f(z)$ 的孤立奇点且为一阶极点.

例 5.11 设函数 $f(z)$ 和 $g(z)$ 分别以 $z = a$ 为 m 阶极点和 n 阶极点,试问 $z = a$ 为下列函数的什么点?

(1) $f(z) \pm g(z)$; (2) $f(z) \cdot g(z)$; (3) $\dfrac{f(z)}{g(z)}$.

解 根据定理 5.4,可设 $f(z) = \dfrac{\varphi_1(z)}{(z-a)^m}$, $g(z) = \dfrac{\varphi_2(z)}{(z-a)^n}$,其中 $\varphi_1(z)$ 和 $\varphi_2(z)$ 在 $z = a$ 解析,且 $\varphi_1(a) \neq 0$, $\varphi_2(a) \neq 0$.

(1) $f(z) \pm g(z) = \dfrac{\varphi_1(z)}{(z-a)^m} \pm \dfrac{\varphi_2(z)}{(z-a)^n}$

$$= \begin{cases} \dfrac{1}{(z-a)^m}[\varphi_1(z) \pm (z-a)^{m-n}\varphi_2(z)], & m > n \\ \dfrac{1}{(z-a)^n}[\varphi_2(z) \pm (z-a)^{n-m}\varphi_1(z)], & n > m \\ \dfrac{1}{(z-a)^m}[\varphi_1(z) \pm \varphi_2(z)], & m = n \end{cases}$$

根据定理 5.4,当 $m > n$ 时,$z = a$ 为 m 阶极点;当 $m < n$ 时,$z = a$ 为 n 阶极点;当 $m = n$ 时,$z = a$ 为阶数不超过 m 的极点或可去奇点.

(2) $f(z) \cdot g(z) = \dfrac{\varphi_1(z)}{(z-a)^m} \cdot \dfrac{\varphi_2(z)}{(z-a)^n} = \dfrac{\varphi_1(z)\varphi_2(z)}{(z-a)^{m+n}}$,根据定理 5.4,$z = a$ 为 $m + n$ 阶极点.

(3)

$$\dfrac{f(z)}{g(z)} = \dfrac{\dfrac{\varphi_1(z)}{(z-a)^m}}{\dfrac{\varphi_2(z)}{(z-a)^n}} = \begin{cases} \dfrac{\varphi_1(z)}{\varphi_2(z)} \cdot \dfrac{1}{(z-a)^{m-n}}, & m > n \\ \dfrac{\varphi_1(z)}{\varphi_2(z)} \cdot (z-a)^{n-m}, & m < n \\ \dfrac{\varphi_1(z)}{\varphi_2(z)}, & m = n \end{cases}$$

根据定理 5.4 得,当 $m > n$ 时,$z = a$ 为 $m - n$ 阶极点;当 $m < n$ 时,$z = a$ 为 $n - m$ 阶零点(可去奇点应当做解析点);当 $m = n$ 时,$z = a$ 为可去奇点(也可以看做解析点).

注:例 5.11 实际上给出了极点的四则运算性质,例 5.11 也可以作为判断极点以及极点阶数的一种快捷方法.

5.2.4 本性奇点的特征

由定理 5.3,定理 5.4 以及孤立奇点分类的定义立即可得如下关于本性奇点的特征性定理.

定理 5.6 设 a 为函数 $f(z)$ 的孤立奇点,则 a 为函数 $f(z)$ 的本性奇点的充分必要条件是

$$\lim_{z \to a} f(z) \neq \begin{cases} b(b \neq \infty) \\ \infty \end{cases} \tag{5.9}$$

即 $\lim\limits_{z \to a} f(z)$ 不存在.

◎ **思考题**:给出定理 5.6 的证明.

下面的定理给出了判断本性奇点的一种适用的方法.

定理 5.7 若 $z = a$ 为函数 $f(z)$ 的一个本性奇点,且 $f(z)$ 在 a 的某一个去心邻域内恒不为零,则 $z = a$ 为函数 $\dfrac{1}{f(z)}$ 的本性奇点.

分析:由于孤立奇点只有三类,因此定理 5.7 采用排除法证明,即首先说明点 $z = a$ 是函数的孤立奇点,然后说明点 $z = a$ 不可能是其中的两类,从而判断出该孤立奇点的类型. 这种方法也是判断本性奇点的一种有效方法.

证明 令 $\varphi(z) = \dfrac{1}{f(z)}$,由定理条件,易见 $z = a$ 仍为 $\varphi(z)$ 的孤立奇点. 如果 $z = a$ 为 $\varphi(z)$ 的可去奇点(可以看做解析点),则 $z = a$ 必为 $f(z)$ 的可去奇点或极点,这与定理条件矛盾;如果 $z = a$ 为 $\varphi(z)$ 的极点,则 $z = a$ 必为 $f(z)$ 的可去奇点(零点),这也与定理条件矛盾. 故 $z = a$ 必为 $f(z)$ 的本性奇点.

例 5.12 判断 $z = 0$ 为函数 $\mathrm{e}^{\frac{1}{z}}$ 和 $\mathrm{e}^{-\frac{1}{z}}$ 的什么点.

解 显然 $z = 0$ 为函数 $\mathrm{e}^{\frac{1}{z}}$ 的孤立奇点. 因为 $\mathrm{e}^{\frac{1}{z}}$ 在点 $z = 0$ 的去心邻域 $0 < |z| < +\infty$ 内的罗朗展式为

$$\mathrm{e}^{\frac{1}{z}} = \sum_{n=0}^{\infty} \frac{1}{n!} \cdot \frac{1}{z^n} = 1 + \frac{1}{z} + \frac{1}{2! z^2} + \cdots + \frac{1}{n! z^n} + \cdots$$

显然其主要部分有无穷多项,所以点 $z = 0$ 为函数 $\mathrm{e}^{\frac{1}{z}}$ 的本性奇点. 类似的方法可得,点 $z = 0$ 为函数 $\mathrm{e}^{-\frac{1}{z}}$ 的本性奇点.

另外,我们也可以用定理 5.7 来说明点 $z = 0$ 为函数 $\mathrm{e}^{-\frac{1}{z}}$ 的本性奇点. 事实上,点 $z = 0$ 为函数 $\mathrm{e}^{\frac{1}{z}}$ 的本性奇点,且在点 $z = 0$ 的去心邻域 $0 < |z| < +\infty$ 内 $\mathrm{e}^{\frac{1}{z}} \neq 0$,所以由定理 5.7,点 $z = 0$ 为函数 $\mathrm{e}^{-\frac{1}{z}} = \dfrac{1}{\mathrm{e}^{\frac{1}{z}}}$ 的本性奇点.

注:本性奇点的判断,通常用定义(也称为罗朗展式法)或者定理 5.7.

5.2.5* 魏尔斯特拉斯定理和毕卡(Picard)定理简介

定理 5.6 只给出了解析函数在本性奇点附近的一种比较粗略的取值特性. 数学家魏尔斯特拉斯(1876 年)和皮卡(1879 年),对解析函数的本性奇点作了更进一

步的细致研究,并分别给出了能精细反映解析函数在本性奇点附近取值特性的两个定理.

定理 5.8 (魏尔斯特拉斯定理) 若 a 为函数 $f(z)$ 的本性奇点,则对任意常数 A,无论 A 是有限数还是无穷大,在 a 的去心邻域内,总存在一个收敛于 a 的点列 $\{z_n\}$,使得

$$\lim_{n\to\infty} f(z_n) = A \tag{5.10}$$

换句话说,$f(z)$ 在 a 附近的取值可以无限接近于任何复数(包括无穷大),即 $\overline{f(A)} = \mathbf{C}_\infty$.

证明 如图 5.6 所示,分两种情形:

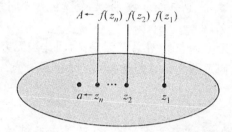

图 5.6　魏尔斯特拉斯定理示意图

(1) 当 $A = \infty$ 时,因为 a 不是 $f(z)$ 的可去奇点,所以 $f(z)$ 在点 a 的任何去心邻域内都是无界的,故结论成立.

(2) 当 $A \neq \infty$ 时,$f(z)$ 的取值只可能有两种情形:

① 若在点 a 的任何去心邻域内,都存在点 z,使得 $f(z) = A$,结论显然成立;

② 若在点 a 的任何去心邻域 $K - \{a\}$ 内,$f(z) \neq A$,则由定理 5.7

$$\frac{1}{f(z) - A}$$

在 $K - \{a\}$ 内解析,且以点 a 为本性奇点. 于是由情形(1),在点 a 的任何去心邻域内,存在收敛于 a 的点列 $\{z_n\}$,使得 $\lim_{n\to\infty} \dfrac{1}{f(z_n) - A} = \infty$. 从而 $\lim_{n\to\infty} f(z_n) = A$.

◎ 思考题:试用函数 $\sin \dfrac{1}{z}$ 来验证定理 5.8.

定理 5.9 (毕卡(Picard)定理) 若 a 为函数 $f(z)$ 的本性奇点,则对任意常数 $A \neq \infty$,最多除掉一个可能的值 $A = A_0$(称为例外值),在 a 的去心邻域内,总存在一个收敛于 a 的点列 $\{z_n\}$,使得 $f(z_n) = A$,如图 5.7 所示.

定理 5.9 的证明参见 J. B. 康威. 单复变函数. 上海:上海科技出版社,1985.

◎ 思考题:试用函数 $e^{\frac{1}{z}}$ 验证定理 5.9.

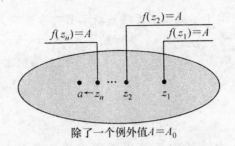

除了一个例外值 $A = A_0$

图 5.7　毕卡(Picard)定理示意图

§5.3　解析函数在无穷远点的性质

由于函数 $f(z)$ 在无穷远点 ∞ 处总是无定义,因此当无穷远点 ∞ 为函数 $f(z)$ 的解析点的聚点时,我们总认为无穷远点 ∞ 是 $f(z)$ 的奇点.

5.3.1　孤立奇点 ∞ 的定义

定义 5.7　若函数 $f(z)$ 在无穷远点 ∞ 的某去心邻域 $N - \{\infty\}: 0 \leqslant r < |z| < +\infty$ 内解析,则称 ∞ 为 $f(z)$ 的一个孤立奇点. 如图 5.8 所示.

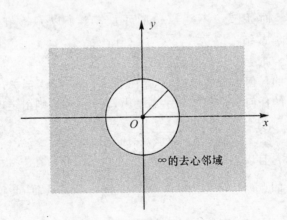

图 5.8　孤立奇点 ∞ 的示意图

若 ∞ 为 $f(z)$ 的一个孤立奇点,即 $f(z)$ 在 ∞ 的某去心邻域 $N - \{\infty\}: 0 \leqslant r < |z| < +\infty$ 内解析,由罗朗定理,$f(z)$ 在 $N - \{\infty\}: 0 \leqslant r < |z| < +\infty$ 内必可展成罗朗级数

$$f(z) = \sum_{n=-\infty}^{\infty} b_n z^n = \sum_{n=0}^{\infty} b_{-n} z^{-n} + \sum_{n=1}^{\infty} b_n z^n \tag{5.11}$$

称为 $f(z)$ 在 ∞ 去心邻域内的罗朗展式.

同函数在有限孤立奇点的主要部分不同的是,我们把展式中 z 的正幂次项部分 $\sum_{n=1}^{\infty} b_n z^n$ 称为函数 $f(z)$ 在点 ∞ 的主要部分,而 z 的非正幂次项部分 $\sum_{n=0}^{\infty} b_{-n} z^{-n}$ 称为函数 $f(z)$ 在点 ∞ 的解析部分或正则部分.

类似于有限孤立奇点的分类,下面我们给出孤立奇点 ∞ 的分类.

定义 5.8 设 ∞ 为函数 $f(z)$ 的孤立奇点,$f(z)$ 在 ∞ 的主要部分为 $\sum_{n=1}^{\infty} b_n z^n$.

(1) 如果 $f(z)$ 在 ∞ 的主要部分为零,即所有的正幂次项的系数
$$b_n = 0 \quad (n = 1, 2, \cdots)$$
则称点 ∞ 为函数 $f(z)$ 的可去奇点;

(2) 如果 $f(z)$ 在 ∞ 的主要部分只有有限项,即 $\sum_{n=1}^{m} b_n z^n (b_m \neq 0)$,则称点 ∞ 为函数 $f(z)$ 的 m 阶极点;

(3) 如果 $f(z)$ 在 ∞ 的主要部分有无穷多项,即有无穷多个正幂次项的系数不为零,则称点 ∞ 为函数 $f(z)$ 的本性奇点.

例 5.13 函数 $\sin \frac{1}{z}$ 在 $0 < |z| < +\infty$ 内解析,且
$$\sin \frac{1}{z} = \sum_{n=1}^{\infty} (-1)^{n-1} \frac{1}{(2n-1)!} \cdot \frac{1}{z^{2n-1}}$$
显然该函数在 ∞ 的主要部分为零,故 ∞ 为该函数的可去奇点.

函数 e^z 在 $|z| < +\infty$ 上解析,且
$$\mathrm{e}^z = \sum_{n=0}^{\infty} \frac{z^n}{n!} = 1 + \sum_{n=1}^{\infty} \frac{z^n}{n!}$$
显然该函数在 ∞ 的主要部分为 $\sum_{n=1}^{\infty} \frac{z^n}{n!}$ 有无穷多项,故 ∞ 为该函数的本性奇点.

多项式函数 $p(z) = a_0 + a_1 z + \cdots + a_m z^m (a_m \neq 0)$,以 ∞ 为孤立奇点,且该函数在 ∞ 的主要部分为 $a_1 z + \cdots + a_m z^m$,故 ∞ 为该函数的 m 阶极点.

◎ **思考题**:试用定义 5.8 说明 ∞ 分别是函数 $\sin z, \mathrm{e}^z, \frac{\sin z}{z}$ 和 $\frac{\mathrm{e}^z - 1}{z}$ 的哪类孤立奇点.

5.3.2 孤立奇点 ∞ 与有限奇点 $z = 0$ 的关系

若 ∞ 为函数 $f(z)$ 的孤立奇点,作变换 $z' = \frac{1}{z}$,则
$$\infty \overset{1-1}{\leftrightarrow} 0, N - \{\infty\} : 0 \leqslant r < |z| < +\infty \overset{1-1}{\leftrightarrow} K - \{0\} : 0 < |z'| < \frac{1}{r}$$

且 $\varphi(z') \overset{\Delta}{=} f\left(\frac{1}{z'}\right) = f(z)$ 在原点的去心邻域

$$K - \{0\}: 0 < |z'| < \frac{1}{r}$$

内解析,即原点 $z' = 0$ 为 $\varphi(z')$ 的孤立奇点. 反之,若 $z' = 0$ 为 $\varphi(z')$ 的孤立奇点,同理可得,∞ 就为函数 $f(z)$ 的孤立奇点.

可见,在变量变换 $z' = \frac{1}{z}$ 下,函数 $f(z)$ 的孤立奇点 ∞ 与对应函数 $\varphi(z')$ 的孤立奇点 $z' = 0$ 是可以相互转化的,并且还有下面的关系:

(1) 在对应的点 z 与 z' 上,两个对应函数 $f(z)$ 和 $\varphi(z')$ 的值是相等的;

(2) $\lim\limits_{z \to \infty} f(z) = \lim\limits_{z' \to 0} \varphi(z')$ 或者两者都不存在;

(3) 设 $f(z)$ 在 ∞ 的去心邻域 $N - \{\infty\}: 0 \leqslant r < |z| < +\infty$ 内的罗朗展式为

$$f(z) = \sum_{n=-\infty}^{\infty} b_n z^n = \sum_{n=0}^{\infty} b_{-n} z^{-n} + \sum_{n=1}^{\infty} b_n z^n$$

令 $z' = \frac{1}{z}$,即 $z = \frac{1}{z'}$ 代入上式得,对应的函数 $\varphi(z')$ 在原点的去心邻域

$$K - \{0\}: 0 < |z'| < \frac{1}{r}$$

内的罗朗展式为

$$\varphi(z') = f\left(\frac{1}{z'}\right) = \sum_{n=-\infty}^{\infty} b_n \frac{1}{(z')^n} = \sum_{n=0}^{\infty} b_{-n} (z')^n + \sum_{n=1}^{\infty} \frac{b_n}{(z')^n}$$

显然,$\varphi(z')$ 在原点的主要部分 $\sum\limits_{n=1}^{\infty} \frac{b_n}{(z')^n}$ 恰好与 $f(z)$ 在 ∞ 的主要部分 $\sum\limits_{n=1}^{\infty} b_n z^n$ 对应.

于是,如图 5.9 所示,我们可以得到如下关系.

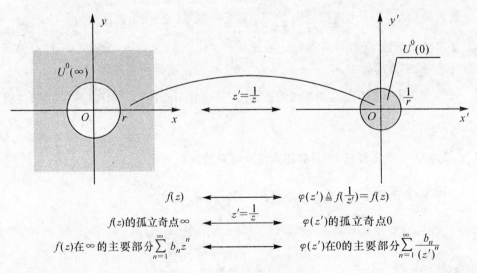

图 5.9 ∞ 与 0 的关系示意图

定理 5.10 设 ∞ 为函数 $f(z)$ 的孤立奇点，令 $z' = \dfrac{1}{z}$，并记 $\varphi(z') \triangleq f\left(\dfrac{1}{z'}\right) = f(z)$，则

(1) ∞ 为函数 $f(z)$ 的可去奇点等价于 $z' = 0$ 为 $\varphi(z')$ 的可去奇点；

(2) ∞ 为函数 $f(z)$ 的极点等价于 $z' = 0$ 为 $\varphi(z')$ 的极点；

(3) ∞ 为函数 $f(z)$ 的本性奇点等价于 $z' = 0$ 为 $\varphi(z')$ 的本性奇点．

5.3.3 孤立奇点 ∞ 为各类奇点的判定

根据定理 5.10 以及 $f(z)$ 在 ∞ 的主要部分与对应函数 $\varphi(z')$ 在原点 $z'=0$ 的主要部分的对应关系，我们可以将 $\varphi(z')$ 在孤立奇点 $z'=0$ 的特征性定理平行地移植到 $f(z)$，而得到 ∞ 为 $f(z)$ 的各类孤立奇点的判定方法如下：

定理 5.11 （∞ 为可去奇点的特征）设 ∞ 为 $f(z)$ 的孤立奇点，则下列三个条件是等价的：

(1) $f(z)$ 在 ∞ 的主要部分为零；

(2) $\lim\limits_{z \to \infty} f(z) = b(\neq \infty)$；

(3) $f(z)$ 在 ∞ 的某去心邻域 $N - \{\infty\} : 0 \leqslant r < |z| < +\infty$ 内有界．

定理 5.12 （∞ 为极点的特征性定理）设 ∞ 为 $f(z)$ 的孤立奇点，则下列三个条件是等价的：

(1) $f(z)$ 在 ∞ 的主要部分为 $b_1 z + b_2 z^2 + \cdots + b_m z^m (b_m \neq 0)$（即 ∞ 为 $f(z)$ 的 m 阶极点）；

(2) $f(z)$ 在 ∞ 的某去心邻域 $N - \{\infty\} : 0 \leqslant r < |z| < +\infty$ 内能表示成

$$f(z) = z^m \cdot \lambda(z) \tag{5.12}$$

其中 $\lambda(z)$ 在 ∞ 解析，且 $\lambda(\infty) \neq 0$（$\lambda(z)$ 在 ∞ 解析是指 $\lambda(z)$ 以 ∞ 为可去奇点，而 $\lambda(\infty) = \lim\limits_{z \to \infty} \lambda(z)$）；

(3) $\dfrac{1}{f(z)}$ 以 ∞ 为 m 阶零点 $\left(\text{这里要令} \left.\dfrac{1}{f(z)}\right|_{z=\infty} = 0\right)$．

定理 5.13 设 ∞ 为 $f(z)$ 的孤立奇点，则 ∞ 为 $f(z)$ 的极点的充要条件是

$$\lim_{z \to \infty} f(z) = \infty.$$

定理 5.14 设 ∞ 为 $f(z)$ 的孤立奇点，则 ∞ 为函数 $f(z)$ 的本性奇点的充分必要条件是

$$\lim_{z \to \infty} f(z) \neq \begin{cases} b(b \neq \infty) \\ \infty \end{cases} \tag{5.13}$$

即 $\lim\limits_{z \to a} f(z)$ 不存在，或者 $f(z)$ 在 ∞ 的主要部分 $\sum\limits_{n=1}^{\infty} b_n z^n$ 有无穷多项．

另外，关于 ∞ 为 $f(z)$ 的本性奇点，我们也有更细致的魏尔斯特拉斯定理和毕卡定理．

◎思考题:写出关于 ∞ 为 $f(z)$ 的本性奇点的魏尔斯特拉斯定理和毕卡定理.

例 5.14 判断 ∞ 为函数 $f(z) = \dfrac{1}{(z-1)(z-2)}$ 的哪类孤立奇点,求该函数在 ∞ 的罗朗展式.

解 显然 $f(z)$ 在 $2 < |z| < +\infty$ 内解析,故 ∞ 为该函数的孤立奇点. 又因为

$$\lim_{z\to\infty} f(z) = \lim_{z\to\infty} \frac{1}{(z-1)(z-2)} = \lim_{z\to\infty} \frac{1}{z^2} \cdot \frac{1}{\left(1-\dfrac{1}{z}\right)\left(1-\dfrac{2}{z}\right)} = 0$$

所以,∞ 为该函数的可去奇点. $f(z)$ 在 $2 < |z| < +\infty$ 内的罗朗展式为

$$f(z) = \frac{1}{(z-1)(z-2)} = \frac{1}{z-2} - \frac{1}{z-1} = \frac{1}{z} \cdot \frac{1}{1-\dfrac{2}{z}} - \frac{1}{z} \cdot \frac{1}{1-\dfrac{1}{z}}$$

$$= \sum_{n=0}^{\infty} \frac{2^n - 1}{z^{n+1}} = \sum_{n=1}^{\infty} \frac{2^n - 1}{z^{n+1}}.$$

例 5.15* 将多值函数 $\operatorname{Ln} \dfrac{z-a}{z-b}$ 的各单值解析分支函数在 ∞ 的某去心邻域内展成罗朗级数.

解 由于无穷远点不是 $\operatorname{Ln} \dfrac{z-a}{z-b}$ 的支点(该函数仅有两个支点 a, b),且在区域 $|z| > \max\{|a|, |b|\}$ 内,动点不可能单独围绕各个支点变化,所以 $\operatorname{Ln} \dfrac{z-a}{z-b}$ 的每一个分支函数在该区域内都是单值解析的,即 ∞ 为每一个分支函数的孤立奇点,因此各分支函数在 ∞ 的去心邻域 $+\infty > |z| > \max\{|a|, |b|\}$ 内都可以展成罗朗级数. 记 $\operatorname{Ln} \dfrac{z-a}{z-b}$ 的第 k 个分支函数为

$$\operatorname{Ln} \frac{z-a}{z-b} = \ln \frac{1-\dfrac{a}{z}}{1-\dfrac{b}{z}} = \ln\left(1-\frac{a}{z}\right) - \ln\left(1-\frac{b}{z}\right) + 2k\pi i \quad (k=0, \pm 1, \pm 2, \cdots)$$

其中 $\ln\left(1-\dfrac{a}{z}\right), \ln\left(1-\dfrac{b}{z}\right)$ 均表示主值支,于是,在 $+\infty > |z| > \max\{|a|, |b|\}$ 内

$$\ln \frac{z-a}{z-b} = \ln \frac{1-\dfrac{a}{z}}{1-\dfrac{b}{z}} = \ln\left(1-\frac{a}{z}\right) - \ln\left(1-\frac{b}{z}\right) + 2k\pi i$$

$$= 2k\pi i - \sum_{n=1}^{\infty} \frac{1}{n} \cdot \frac{a^n}{z^n} + \sum_{n=1}^{\infty} \frac{1}{n} \cdot \frac{b^n}{z^n} = 2k\pi i + \sum_{n=1}^{\infty} \frac{1}{n} \cdot \frac{b^n - a^n}{z^n}.$$

另外,从所求出的展式中不难看出,∞ 还是各分支函数的可去奇点.

◎ **思考题**:通过计算 $\lim\limits_{z \to \infty}\ln\dfrac{z-a}{z-b} = \lim\limits_{z \to \infty}\ln\dfrac{1-\dfrac{a}{z}}{1-\dfrac{b}{z}}$ 说明 ∞ 还是各分支函数的可去奇点.

例 5.16 求函数 $f(z) = e^{\frac{z}{z+2}}$ 在 ∞ 的罗朗展式.

解 函数在 ∞ 的罗朗展式有时还可以通过对应函数 $\varphi(z')$ 在原点 $z' = 0$ 的罗朗展式来求. 易知,函数 $f(z) = e^{\frac{z}{z+2}}$ 在 $2 < |z| < +\infty$ 内解析,故 ∞ 是该函数的孤立奇点,从而该函数在 ∞ 的去心邻域 $2 < |z| < +\infty$ 内可以展成罗朗级数.

作变换 $z = \dfrac{1}{z'}$,则

$$\varphi(z') \triangleq f\left(\dfrac{1}{z'}\right) = e^{\frac{\frac{1}{z'}}{\frac{1}{z'}+2}} = e^{\frac{1}{1+2z'}}$$

且 ∞ 变为了原点 0,易知 0 为 $\varphi(z')$ 的可去奇点(当成解析点)(注意:实际上也容易判定 ∞ 为 $f(z)$ 的可去奇点).

根据第 4 章中介绍的泰勒定理,通过计算泰勒系数可得,在 $|z'| < \dfrac{1}{2}$ 内 (注意: $|z'| < \dfrac{1}{2}$ 是变换 $z = \dfrac{1}{z'}$ 下与 $2 < |z| < +\infty$ 对应的区域)

$$\varphi(z') = e(1 - 2z' + 6z'^2 + \cdots)$$

将 $z' = \dfrac{1}{z}$ 代入上式得,$f(z) = e^{\frac{z}{z+2}}$ 在 $2 < |z| < +\infty$ 内的罗朗展式为

$$f(z) = e^{\frac{z}{z+2}} = e\left(1 - \dfrac{2}{z} + \dfrac{6}{z^2} + \cdots\right).$$

例 5.17 求出函数 $\dfrac{\tan(z-1)}{z-1}$ 的所有奇点(包括 ∞),并判断这些奇点的类型.

解 因为

$$\dfrac{\tan(z-1)}{z-1} = \dfrac{\sin(z-1)}{(z-1)\cos(z-1)}$$

易知,$z = 1$ 为可去奇点,$z_k = 1 + \dfrac{2k+1}{2}\pi\,(k = 0, \pm 1, \pm 2, \cdots)$ 为一阶极点,而 ∞ 为这些极点的聚点,从而是非孤立奇点.

例 5.18 设函数 $f(z)$ 在 $0 < |z-a| < R$ 内解析,且不恒为零,若 $f(z)$ 存在一列异于 a 而收敛于 a 的零点 $\{z_n\}$,则 a 必为 $f(z)$ 的本性奇点.

证明 (采用排除法)由题设易见,a 为 $f(z)$ 的孤立奇点. 若 a 为可去奇点,由题设及可去奇点的特征知,$\lim\limits_{z \to a} f(z) = 0$,补充 $f(a) = 0$,由解析函数的唯一性知,

在 $|z-a|<R$ 内 $f(z)\equiv 0$,这与题设矛盾.若 a 为极点,由极点的特征知,$\lim\limits_{z\to a}f(z)=\infty$,从而 $\lim\limits_{n\to +\infty}f(z_n)=\infty$,这又与 $\lim\limits_{n\to +\infty}f(z_n)=0$ 矛盾.故 a 必为 $f(z)$ 的本性奇点.

§5.4 整函数与亚纯函数初步

整函数和亚纯函数是解析函数中两类重要的解析函数,对整函数与亚纯函数值分布的深入研究形成了复变函数的一个重要的分支,即整函数与亚纯函数的值分布理论.本节,我们仅初步介绍整函数与亚纯函数的概念,并通过函数奇点的类型对它们作初步的分类.

5.4.1 整函数的定义与分类

在第 3 章中,我们已经给出了整函数的定义,现重复如下:

定义 5.9 在整个平面上解析的函数 $f(z)$ 称为整函数.

设 $f(z)$ 为一个整函数,则 $f(z)$ 在扩充平面上仅有 ∞ 为奇点,且为孤立奇点.由第 4 章中介绍的泰勒定理知,$f(z)$ 在 $0\leqslant |z|<+\infty$ 内的幂级数展式(也是 $f(z)$ 在 ∞ 的罗朗展式)必为

$$f(z)=\sum_{n=0}^{\infty}c_n z^n \tag{5.14}$$

其中 $f(z)$ 在 ∞ 的主要部分为 $\sum\limits_{n=1}^{\infty}c_n z^n$.

于是,根据孤立奇点 ∞ 的分类可得如下整函数的分类定理.

定理 5.15 (整函数的分类定理)若 $f(z)$ 为一个整函数,则:

(1) ∞ 为 $f(z)$ 的可去奇点的充分必要条件是:$f(z)\equiv c_0$ (c_0 为常数);

(2) ∞ 为 $f(z)$ 的 m 阶极点的充分必要条件是:$f(z)$ 是一个 m 次多项式

$$c_0+c_1 z+c_2 z^2+\cdots+c_m z^m \quad (c_m\neq 0);$$

(3) ∞ 为 $f(z)$ 的本性奇点的充分必要条件是:展式

$$f(z)=\sum_{n=0}^{\infty}c_n z^n$$

含有无穷多项(这样的整函数也称为超越整函数).

可见,整函数根据其唯一孤立奇点 ∞ 的类型分成了三类,其中常函数和多项式函数比较简单,对整函数研究的重点是超越整函数.

例 5.19 指数函数 e^z,正弦函数 $\sin z$,余弦函数 $\cos z$,双曲函数

$$\cosh z=\frac{e^z+e^{-z}}{2},\quad \sinh z=\frac{e^z-e^{-z}}{2}$$

等都是超越整函数.

例 5.20 设 $f(z)$ 为整函数,令

$$g(z) = \begin{cases} \dfrac{f(z) - f(0)}{z}, & z \neq 0 \\ f'(0), & z = 0 \end{cases},$$

证明:$g(z)$ 仍为整函数.

证明 由解析函数的运算性质知,当 $z \neq 0$ 时,$g(z)$ 是解析的. 因此要证 $g(z)$ 为整函数,只需证明 $g(z)$ 在 $z = 0$ 解析即可. 事实上 $z = 0$ 为函数的孤立奇点,且由导数的定义

$$\lim_{z \to 0} \frac{f(z) - f(0)}{z} = f'(0)$$

所以 $z = 0$ 为 $\dfrac{f(z) - f(0)}{z}$ 的可去奇点,补充定义该函数在 $z = 0$ 的值为 $f'(0)$,则该函数在 $z = 0$ 解析,即 $g(z)$ 在 $z = 0$ 解析. 故 $g(z)$ 仍为整函数.

5.4.2 亚纯函数的定义与分类

定义 5.10 在平面上除极点外无其他类型奇点的解析函数称为亚纯函数.

显然,整函数是亚纯函数,有理函数是亚纯函数,$\tan z, \cot z, \sec z, \csc z$ 等都是亚纯函数. 亚纯函数在扩充平面上除无穷远点外只可能有极点.

下面的定理给出了有理函数的特征.

定理 5.16 (有理函数的特征性定理) 函数 $f(z)$ 为有理函数的充要条件是: $f(z)$ 在扩充平面上除极点外没有其他类型的奇点(可去奇点应看做解析点).

证明 充分性:若 $f(z)$ 为有理函数,即

$$f(z) = \frac{P(z)}{Q(z)}$$

其中 $P(z), Q(z)$ 分别为 m 次和 n 次多项式,且彼此互质. 显然,该函数的奇点为 $Q(z)$ 的零点(该点必为 $f(z)$ 的极点)和无穷远点 ∞,而当 $m > n$ 时,∞ 必为 $f(z)$ 的极点,当 $m \leqslant n$ 时,∞ 必为 $f(z)$ 的可去奇点(当成解析点),故 $f(z)$ 在扩充平面上只可能有极点,而无其他类型的奇点.

必要性:若 $f(z)$ 在扩充平面上除极点外没有其他类型的奇点,则 $f(z)$ 在平面上的奇点至多只有有限个(否则平面上这些极点必有聚点,而这些聚点就是 $f(z)$ 的非孤立奇点. 与题设矛盾).

记 $f(z)$ 在平面上的极点为 $z_1, z_2, \cdots, z_n$,其阶数分别为 $\lambda_1, \lambda_2, \cdots, \lambda_n$,则函数

$$g(z) = (z - z_1)^{\lambda_1} \cdots (z - z_n)^{\lambda_n} f(z)$$

至多除 ∞ 为极点外在平面上解析,故 $g(z)$ 为整函数. 再由定理 5.10 得,$g(z)$ 必为多项式函数或常数,从而 $f(z)$ 必为有理函数.

我们以有理函数作为标准,给出以下定义.

定义 5.11 非有理函数的亚纯函数称为超越亚纯函数.

定义 5.12 亚纯函数可以分为两类:一类是有理函数;另一类是超越亚纯函

数,其中超越亚纯函数是研究的重点.

例 5.21 据理说明 $\dfrac{1}{e^z-1}$ 是超越亚纯函数.

解 (解法 1)显然 $\dfrac{1}{e^z-1}$ 不是有理函数,而该函数在平面上仅以 $z=2k\pi i$ 为极点($k \in \mathbf{Z}$),根据定义 5.10 和定义 5.11,该函数是超越亚纯函数.

(解法 2)由于 $\dfrac{1}{e^z-1}$ 在平面上仅有无穷多个极点 $z=2k\pi i$,而其聚点 ∞ 为非孤立奇点.根据定理 5.16,该函数不是有理函数,故该函数必为超越亚纯函数.

例 5.22 证明:在扩充平面上只有一个一阶极点的解析函数必有如下形式
$$f(z)=\frac{az+b}{cz+d} \quad (ad-bc \neq 0).$$

证明 若 $f(z)=\dfrac{az+b}{cz+d}(ad-bc\neq 0)$,当 $c=0$ 时,显然该函数仅以 ∞ 为一阶极点.当 $c \neq 0$ 时,该函数仅以 $z=-\dfrac{d}{c}$ 为一阶极点(此时 ∞ 为可去奇点当做解析点).故 $f(z)=\dfrac{az+b}{cz+d}(ad-bc\neq 0)$,在扩充平面上只有一个一阶极点.

若函数 $f(z)$ 在扩充平面上只有一个一阶极点 a,当 $a \neq \infty$ 时,$g(z)=(z-a)f(z)$ 必以 ∞ 为可去奇点或一阶极点,且为整函数.根据定理 5.15,$g(z)=bz+c$(b,c 为常数),所以 $f(z)=\dfrac{bz+c}{z-a}$;当 $a=\infty$ 时,$f(z)$ 为整函数,且以 ∞ 为一阶极点,根据定理 5.15,$f(z)$ 为一次多项式函数,即 $f(z)=bz+c(b \neq 0)$.

综上所述 $f(z)$ 必具有形式
$$f(z)=\frac{az+b}{cz+d}(ad-bc \neq 0).$$

5.4.3 整函数与亚纯函数的简单运用举例

在第 3 章中,我们给出了关于整函数的刘维尔定理:有界整函数必为常数.下面列举一些刘维尔定理应用的例子.

例 5.23 证明:在扩充平面上解析的函数 $f(z)$ 必为常数(也称为刘维尔定理).

证明 由题设,$f(z)$ 为整函数且以 ∞ 为可去奇点,根据定理 5.15,$f(z)$ 为常数.

例 5.24 刘维尔定理的几何意义是"非常数的整函数的值不能全含于一圆之内".证明:非常数的整函数的值也不能全含于一圆之外.

证明 (反证法)假设非常数的整函数 $f(z)$ 的值能全含于一圆之外,即
$$|f(z)| \geqslant R > 0$$

则 $\frac{1}{f(z)}$ 也是整函数,且也不为常数.

$$\left|\frac{1}{f(z)}\right| \leqslant \frac{1}{R}$$

即 $\frac{1}{f(z)}$ 的值能全含于一圆之内,这与刘维尔定理的几何意义矛盾.故结论成立.

例 5.25 设 $u(x,y)$ 为平面上的二元实调和函数,若 $u(x,y)$ 在平面上有上界,则 $u(x,y)$ 在平面上恒为常数.

证明 由第 2 章中介绍的解析函数与调和函数的关系知,在平面上存在 $u(x,y)$ 的共轭调和函数 $v(x,y)$,使得

$$f(z) = u(x,y) + \mathrm{i}v(x,y)$$

在平面上解析,即 $f(z)$ 是整函数,从而 $\mathrm{e}^{f(z)}$ 也是整函数.又存在 M,使得 $u(x,y) \leqslant M$,所以

$$|\mathrm{e}^{f(z)}| = \mathrm{e}^{u(x,y)} \leqslant \mathrm{e}^M$$

由刘维尔定理知,$\mathrm{e}^{f(z)}$ 为常数.故 $f(z)$ 为常数,从而 $u(x,y)$ 为常数.

例 5.26 设 $u(x,y)$ 为平面上的二元实调和函数,若 $u(x,y)$ 在平面上有下界,则 $u(x,y)$ 在平面上恒为常数.

证明 令 $U(x,y) = -u(x,y)$,易知 $U(x,y)$ 满足例 5.25 中的条件,由例 5.25 中的结论得,$U(x,y)$ 为常数从而 $u(x,y)$ 为常数.

例 5.27* 证明:$f(z)$ 为单叶整函数的充要条件是 $f(z) = az + b \ (a \neq 0)$.

分析:此命题的证明,我们需要利用整函数的分类,其中还要用到本章 §5.2 中介绍的刻画本性奇点特征的毕卡定理.

证明 充分性:若 $f(z) = az + b$,则结论显然成立.

必要性:若 $f(z)$ 为单叶整函数,下面用排除法证明 $f(z) = az + b$.

事实上,根据定理 5.15,$f(z)$ 只有三种可能:

(1) 当 $f(z)$ 为常数时,与 $f(z)$ 单叶的假设矛盾.

(2) 当 $f(z)$ 为超越整函数时,∞ 必为本性奇点,由毕卡定理,对于每一个复数 A,至多除了一个 $A = A_0$ 外,$f(z)$ 在无穷多个点的取值都是 A,这也与 $f(z)$ 单叶的假设矛盾.

(3) 当 $f(z)$ 为多项式函数时,如果该多项式函数的次数大于 1,由代数学基本定理,函数 $f(z)$ 至少在两点的取值为零,这也与 $f(z)$ 单叶的假设矛盾.

综上所述,必有 $f(z) = az + b$.

习 题 5

1. 求下列函数在指定圆环内的罗朗展式:

(1) $\dfrac{z+1}{z^2(z-1)}$,指定圆环为:$0<|z|<1, 1<|z|<+\infty, 0<|z-1|<1, 1<|z-1|<+\infty$;

(2) $\dfrac{z^2-2z+5}{(z-2)(z^2+1)}$,指定圆环为:$|z|<1, 1<|z|<2$;

(3) $\dfrac{e^z}{z(z^2+1)}$,指定圆环为:$0<|z|<1, 1<|z|<+\infty$.

2. 求下列函数的孤立奇点,并求出函数在孤立奇点去心邻域内的罗朗展式:

(1) $\dfrac{1}{(z^2+1)^2}$; (2) $z^2 e^{\frac{1}{z}}$; (3) $e^{\frac{z}{z-1}}$.

3. 证明:在 $0<|z|<+\infty$ 内

$$\sin\left[t\left(z+\dfrac{1}{z}\right)\right]=\beta_0+\sum_{n=1}^{\infty}\beta_n(z^n+z^{-n})$$

其中 $\beta_n=\dfrac{1}{2\pi}\cdot\int_0^{2\pi}\cos n\theta\cdot\sin(2t\cos\theta)\mathrm{d}\theta$ $(n=0,1,2,\cdots)$,t 为与 z 无关的实参数.

提示:利用罗朗定理,

$$\sin\left[t\left(z+\dfrac{1}{z}\right)\right]=\sum_{n=-\infty}^{\infty}\beta_n z^n$$

其中 $\beta_n=\dfrac{1}{2\pi\mathrm{i}}\displaystyle\int_{|\zeta|=1}\dfrac{\sin\left[t\left(\zeta+\dfrac{1}{\zeta}\right)\right]}{\zeta^{n+1}}\mathrm{d}\zeta$ $(n=0,\pm 1,\cdots)$. 然后令 $\zeta=e^{\mathrm{i}\theta}$ 推出

$$\beta_n=\dfrac{1}{2\pi}\cdot\int_0^{2\pi}\cos n\theta\cdot\sin(2t\cos\theta)\mathrm{d}\theta\quad(n=0,\pm 1,\cdots).$$

4. 证明:(1) $z=0$ 为下列函数的可去奇点:

$\dfrac{e^z-1}{z}$; $\dfrac{\sin z-z}{z^3}$; $\dfrac{\ln(1+z)-z}{z^2}$(其中 $\ln(1+z)$ 为对数函数的主值支)

$$\dfrac{1}{e^z-1}-\dfrac{1}{z}.$$

(2) $z=1$ 是 $\dfrac{e^{z-1}-1}{z-1}$ 的可去奇点;$z=1$ 是 $\dfrac{\tan(z-2)}{z-2}$ 的可去奇点.

5. 求下列函数的有限奇点,并判断其类型:

(1) $\dfrac{z-1}{z(z^2+4)^2}$; (2) $\dfrac{e^z-1}{e^z+1}$; (3) $\dfrac{1}{(z^2+\mathrm{i})^4}$;

(4) $\tan^2 z$; (5) $\cos\dfrac{1}{z+\mathrm{i}}$; (6) $\dfrac{1}{e^z-1}$.

6. 设函数 $f(z)$ 不恒为零且以 $z=a$ 为解析点或极点,而函数 $g(z)$ 以 $z=a$ 为本性奇点,证明:$z=a$ 为下列函数的本性奇点.

(1) $f(z)\pm g(z)$; (2) $f(z)\cdot g(z)$; (3) $\dfrac{g(z)}{f(z)}$.

7. 求下列函数的有限奇点,并判断其类型:

(1) $e^{z-\frac{1}{z}}$； (2) $\sin\frac{1}{z}+\frac{1}{z^2}$； (3) $e^z\cos\frac{1}{z}$； (4) $\dfrac{e^{\frac{1}{z-1}}}{z-1}$.

提示：利用上题的结论.

8. 设 a 为函数 $f(z)$ 的孤立奇点，若 a 为 $f(z)$ 的本性奇点，则 a 必为 $f(z)$ 的本性奇点或非孤立奇点.

9. 设点 a 为函数 $f(z)$ 的孤立奇点，则点 a 为函数 $f(z)$ 的 m 阶极点的充分必要条件是
$$\lim_{z\to a}(z-a)^m f(z)=A \quad (A\ne 0,\infty).$$

10. 设幂级数 $f(z)=\sum_{n=0}^{\infty}c_n z^n$ 所表示的和函数 $f(z)$ 在其收敛圆周上只有唯一的奇点 z_0，且为一阶极点，证明：$\lim\limits_{n\to\infty}\dfrac{c_n}{c_{n+1}}=z_0$.

提示：由题设及泰勒定理推出
$$(z-z_0)f(z)=(z-z_0)\sum_{n=0}^{\infty}c_n z^n=\sum_{n=0}^{\infty}c_n z^{n+1}-\sum_{n=0}^{\infty}c_n z_0 z^n$$
$$=-c_0 z_0+\sum_{n=0}^{\infty}(c_n-c_{n+1}z_0)z^{n+1}$$

在圆周 $|z|=|z_0|$ 上收敛.

11. 求下列函数的所有奇点（包括 ∞），并判断其类型：

(1) $\dfrac{z+1}{z(z^2-1)}$； (2) $\dfrac{1}{\sin z+\cos z}$； (3) $\dfrac{1}{e^z-1}$； (4) $\dfrac{1-\cos z}{z^2}$.

12. 据理说明下列函数在 ∞ 的某去心邻域内能否展成罗朗级数：

(1) $\cos\dfrac{1}{z}$； (2) $\cot z$.

13. 判断下列函数以 ∞ 为哪类奇点？

(1) $e^{z-\frac{1}{z}}$； (2) $\sin\dfrac{1}{z}+\dfrac{1}{z^2}$； (3) $e^z\cos\dfrac{1}{z}$； (4) $\dfrac{e^{\frac{1}{z-1}}}{e^z-1}$.

14*. 据理说明 ∞ 为下列多值函数的各单值解析分支函数的孤立奇点，并判断类型，求出下列函数在 ∞ 的某去心邻域内的罗朗展式：

(1) $\sqrt{z(z-1)}$； (2) $\operatorname{Ln}\dfrac{(z-1)(z-3)}{(z-2)(z-4)}$.

提示：$\sqrt{z(z-2)}=e^{k\pi i}z\sqrt{1-\dfrac{2}{z}}$ $(k=0,1)$

$$\operatorname{Ln}\dfrac{(z-1)(z-3)}{(z-2)(z-4)}=\ln\left(1-\dfrac{1}{z}\right)+\ln\left(1-\dfrac{3}{z}\right)-\ln\left(1-\dfrac{2}{z}\right)$$
$$-\ln\left(1-\dfrac{4}{z}\right)+2k\pi i \quad (k=0,\pm 1,\cdots).$$

15*. 若函数 $f(z)$ 在扩充平面上只有孤立奇点，则 $f(z)$ 的奇点至多只有

有限个.

提示：用反证法.

16. 据理说明下列函数是超越亚纯函数.
(1)tanz； (2)cotz； (3)secz； (4)cscz.

17. 据理说明超越整函数必为超越亚纯函数.

18. 设 $f(z)$ 为整函数，若 $f(z)$ 满足下列条件之一，则 $f(z)$ 必为常数.
(1)Re$[f(z)]$ 有上界； (2)Re$[f(z)]$ 有下界；
(3)Im$[f(z)]$ 有上界； (4)Im$[f(z)]$ 有下界.

19*. 证明：在扩充平面上只有 n 个一阶极点的解析函数（可去奇点当做解析点）的一般形式为 $f(z) = \dfrac{P(z)}{Q(z)}$，其中 $P(z)$ 和 $Q(z)$ 为互质的多项式，且或者 $Q(z)$ 仅有 n 个互异的零点，而 $P(z)$ 的次数不超过 n 次；或者 $Q(z)$ 仅有 $n-1$ 个互异的零点，而 $P(z)$ 的次数为 n 次.

第 6 章　留数理论及其应用

留数(Residue)理论是复积分理论和复级数理论相结合的产物,留数理论既是复积分问题的延续,又是复级数应用的一种体现,留数理论对复变函数论本身以及实际应用都有着重要的作用. 例如,留数理论能给复积分的计算提供一种有效的方法,能为解析函数的零点和极点的分布状况的研究提供一种有效的工具. 另外,留数理论还能为数学分析中一些复杂实积分的计算提供有效地帮助.

本章,我们首先引进孤立奇点处留数的定义,利用罗朗展式,建立留数计算的一般方法——罗朗展式法,以及各类孤立奇点处留数计算的更细致的方法. 在此基础上,再建立反映复变函数沿封闭曲线积分与留数之间密切关系的留数定理,从而有效地解决"大范围"积分计算的问题. 其次,介绍留数定理的两个方面的应用. 一方面建立利用留数定理计算数学分析中某些定积分和反常积分的计算方法,另一方面建立讨论区域内解析函数的零点和极点分布状况的有效方法,即辐角原理与儒歇(Rouchè)定理.

§6.1　留数的一般理论

6.1.1　留数的定义与留数定理

1. 留数的定义

留数问题实际上是第 3 章中介绍的复积分问题的延续. 设函数 $f(z)$ 在点 a 解析,C 是包围 a 的一条简单闭曲线,函数 $f(z)$ 在 C 上及其内部都解析,由柯西积分定理

$$\int_C f(z)\mathrm{d}z = 0.$$

但是当点 a 为函数 $f(z)$ 的孤立奇点,而 C 是包围 a 且含在 a 的某去心邻域内的一条简单闭曲线时,积分 $\int_C f(z)\mathrm{d}z$ 的值,一般并不一定为零,例如

$$\int_{|z|=1} \frac{1}{z}\mathrm{d}z = 2\pi\mathrm{i} \neq 0, \quad \int_{|z|=1} \frac{1}{z^2}\mathrm{d}z = 0.$$

定义 6.1　设函数 $f(z)$ 以有限点 a 为孤立奇点,即 $f(z)$ 在点 a 的某去心邻域 $0 < |z-a| < R$ 内解析,则我们把积分

$$\frac{1}{2\pi i}\int_{C_\rho} f(z)\mathrm{d}z, (\text{其中}\ C_\rho : |z-a| = \rho, 0 < \rho < R)$$

称为 $f(z)$ 在孤立奇点 a 的留数(Residue)或残数,记为 $\operatorname*{Res}_{z=a} f(z)$ 或 $\operatorname{Res}[f(z), a]$,即

$$\operatorname*{Res}_{z=a} f(z) = \frac{1}{2\pi i}\int_C f(z)\mathrm{d}z \tag{6.1}$$

注:(1) 函数的留数仅对函数的孤立奇点定义.

(2) $\operatorname*{Res}_{z=a} f(z)$ 与圆周 C 的半径 $0 < \rho < R$ 的大小无关,并且 C 还可以是点 a 的某去心邻域 $0 < |z-a| < R$ 内任意包含点 a 的简单闭曲线,如图 6.1 所示.

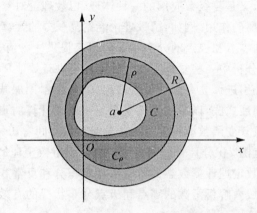

图 6.1 $\operatorname*{Res}_{z=a} f(z)$ 与包围点 a 的简单闭曲线的关系图

事实上,对点 a 的某去心邻域 $0 < |z-a| < R$ 内任意两个以点 a 为圆心的圆周

$$C_1 : |z-a| = \rho_1, C_2 : |z-a| = \rho_2 \ (0 < \rho_1 < \rho_2 < R)$$

由于 $f(z)$ 在闭圆环 $H : \rho_1 \leqslant |z-a| \leqslant \rho_2$ 上解析,由第 3 章中的复合闭路原理得

$$\frac{1}{2\pi i}\int_{C_1} f(z)\mathrm{d}z = \frac{1}{2\pi i}\int_{C_2} f(z)\mathrm{d}z$$

若 C 是点 a 的某去心邻域 $0 < |z-a| < R$ 内任意包围点 a 的简单闭曲线,同理可得

$$\frac{1}{2\pi i}\int_C f(z)\mathrm{d}z = \frac{1}{2\pi i}\int_{C_1} f(z)\mathrm{d}z.$$

下面的公式给出了留数的一般计算方法.

定理 6.1 设点 a 为函数 $f(z)$ 的孤立奇点,$f(z)$ 在点 a 的罗朗展式为

$$f(z) = \sum_{n=-\infty}^{\infty} c_n (z-a)^n \tag{6.2}$$

则 $\operatorname*{Res}_{z=a} f(z) = c_{-1}$,其中 c_{-1} 为 $f(z)$ 在点 a 的罗朗展式中 $(z-a)^{-1}$ 这一项的系数.

证明 （方法 1）由罗朗系数公式及留数的定义

$$\operatorname*{Res}_{z=a}f(z) \xlongequal{\text{留数的定义}} \frac{1}{2\pi i}\int_C f(z)\mathrm{d}z \xlongequal{\text{罗朗系数公式}} c_{-1},(\text{其中 } C: |z-a|=\rho, 0<\rho<R).$$

（方法 2）在等式 $f(z) = \sum_{n=-\infty}^{\infty} c_n (z-a)^n$ 的两边沿圆周 $C: |z-a|=\rho, 0<\rho<R$ 逐项积分，并注意到

$$\int_C (z-a)^n \mathrm{d}z = \begin{cases} 0, & n \neq -1 \\ 2\pi i, & n = -1 \end{cases}, (\text{其中 } C: |z-a|=\rho, 0<\rho<R)$$

可得

$$\int_C f(z)\mathrm{d}z = \sum_{n=-\infty}^{\infty} c_n \int_C (z-a)^n \mathrm{d}z = 2\pi i c_{-1}$$

从而再由留数的定义

$$\operatorname*{Res}_{z=a} f(z) = \frac{1}{2\pi i}\int_C f(z)\mathrm{d}z = c_{-1}.$$

注：用定理 6.1 计算留数的方法称为罗朗展式法，该方法是计算留数的一般方法．

例 6.1 求下列函数在指定点处的留数．

(1) $f(z) = \dfrac{1}{(z-1)(z-2)}, z=1$ 和 $z=2$；(2) $f(z) = \cos\dfrac{1}{z}, z=0$；

(3) $f(z) = \dfrac{\sin z}{z}, z=0$．

解 (1) 显然 $z=1$ 和 $z=2$ 都是函数 $f(z)$ 的孤立奇点，且 $f(z)$ 在 $z=1$ 的罗朗展式为

$$f(z) = \frac{1}{z-2} - \frac{1}{z-1} = -\frac{1}{z-1} - \frac{1}{1-(z-1)}$$

$$= -\frac{1}{z-1} - \sum_{n=0}^{\infty}(z-1)^n, \ 0<|z-1|<1$$

$f(z)$ 在 $z=2$ 的罗朗展式为

$$f(z) = \frac{1}{z-2} - \frac{1}{z-1} = \frac{1}{z-2} - \frac{1}{1+(z-2)}$$

$$= \frac{1}{z-2} - \sum_{n=0}^{\infty}(-1)^n(z-2)^n, \ 0<|z-2|<1$$

所以，由定理 6.1，$\operatorname*{Res}_{z=1} f(z) = -1, \operatorname*{Res}_{z=2} f(z) = 1$．

(2) 显然 $z=0$ 是函数 $f(z)$ 的孤立奇点，且 $f(z)$ 在 $z=0$ 的罗朗展式为

$$f(z) = \cos\frac{1}{z} = \sum_{n=0}^{\infty}(-1)^n \frac{1}{(2n)!} \cdot \frac{1}{z^{2n}}, \ 0<|z|<+\infty$$

其中不含 z^{-1} 这一项，即 $c_{-1}=0$．所以由定理 6.1，$\operatorname*{Res}_{z=0} f(z) = 0$．

(3) 显然 $z=0$ 是函数 $f(z)$ 的孤立奇点，且 $f(z)$ 在 $z=0$ 的罗朗展式为

$$f(z) = \frac{\sin z}{z} = \frac{1}{z} \cdot \sum_{n=1}^{\infty} (-1)^{n-1} \frac{1}{(2n-1)!} \cdot z^{2n-1}$$
$$= \sum_{n=1}^{\infty} (-1)^{n-1} \frac{1}{(2n-1)!} \cdot z^{2n-2}$$
$$0 < |z| < +\infty$$

其中也不含 z^{-1} 这一项,即 $c_{-1} = 0$,所以由定理 6.1,$\operatorname*{Res}_{z=0} f(z) = 0$.

2. 留数定理

作为留数的一个直接的应用,我们可以建立利用留数计算围线积分的一个计算公式(大范围积分的公式).

定理 6.2 (留数定理)若函数 $f(z)$ 在围线或复围线 C 所围成的区域 D 内,除有限个点 $a_1, a_2, \cdots, a_n$ 外解析,在闭区域 $\overline{D} = D + C$ 上也除这有限个点外连续,如图 6.2 所示,则

$$\int_C f(z) \mathrm{d}z = 2\pi \mathrm{i} \sum_{k=1}^{n} \operatorname*{Res}_{z=a_k} f(z) \tag{6.3}$$

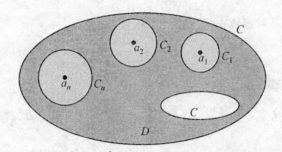

图 6.2　留数定理中涉及的圆周的示意图

证明 如图 6.2 所示,以每个 a_k 为圆心,以充分小的正数 ρ_k 为半径作圆周 $C_k: |z - a_k| = \rho_k (k = 1, 2, \cdots, n)$,使得这些圆周及其内部全含在区域 D 内,且彼此相互隔离.运用第 3 章中的复合闭路原理

$$\int_C f(z) \mathrm{d}z = 2\pi \mathrm{i} \cdot \sum_{k=1}^{n} \int_{C_k} f(z) \mathrm{d}z$$

再由留数的定义,有 $\int_C f(z) \mathrm{d}z = 2\pi \mathrm{i} \sum_{k=1}^{n} \operatorname*{Res}_{z=a_k} f(z)$.

注:(1)定理 6.2 表明围线积分的整体问题可以化为计算函数在围线内部各孤立奇点处的留数的局部问题.

(2)实际上留数定理是第 3 章中介绍的柯西积分定理和柯西积分公式的推广.

◎ **思考题**:试说明第 3 章中介绍的柯西积分定理与柯西积分公式都是留数定理的特殊情形.

6.1.2 留数的计算方法

求函数在孤立奇点处的留数,除罗朗展式法外,我们还可以根据孤立奇点的类型来建立留数的计算方法.

1. 可去奇点处的留数

设点 a 为函数 $f(z)$ 的可去奇点,则函数 $f(z)$ 在点 a 的主要部分为零,从而 $f(z)$ 在点 a 的罗朗展式中 $(z-a)^{-1}$ 的系数 $c_{-1}=0$,由定理 6.1

$$\operatorname*{Res}_{z=a} f(z) = c_{-1} = 0$$

这表明:函数 $f(z)$ 在有限可去奇点处的留数总为零(这是可去奇点处留数的一个特征).

例 6.2 证明 $\operatorname*{Res}_{z=0} \dfrac{1-\cos z}{z^2} = 0$.

证明 易知 $z=0$ 为 $\dfrac{1-\cos z}{z^2}$ 的孤立奇点,因为

$$\lim_{z\to 0}\frac{1-\cos z}{z^2} \xlongequal{\frac{0}{0}} \lim_{z\to 0}\frac{\sin z}{2\cdot z} = \frac{1}{2}\lim_{z\to 0}\frac{\sin z}{z} = \frac{1}{2}\lim_{z\to 0}\frac{\cos z}{1} \xlongequal{\frac{0}{0}} = \frac{1}{2}$$

所以,$z=0$ 为 $\dfrac{1-\cos z}{z^2}$ 的可去奇点,故 $\operatorname*{Res}_{z=0}\dfrac{1-\cos z}{z^2}=0$.

◎ **思考题**:试用柯西积分定理及留数的定义再证:若点 a 为函数 $f(z)$ 的可去奇点,则

$$\operatorname*{Res}_{z=a} f(z) = 0.$$

事实上,由题设,函数 $f(z)$ 在点 a 的某去心邻域 $U^0(a): 0<|z-a|<R$ 内解析,补充

$$f(a) = \lim_{z\to a} f(z)$$

则函数 $f(z)$ 在点 a 的邻域 $U(a): |z-a|<R$ 内解析.于是对任意圆周 $C: |z-a|=\rho, 0<\rho<R$,由柯西积分定理及留数的定义

$$\operatorname*{Res}_{z=a} f(z) \xlongequal{\text{留数的定义}} \frac{1}{2\pi i} \cdot \int_C f(z) \mathrm{d}z \xlongequal{\text{柯西定理}} 0.$$

2. 极点处的留数

关于极点处的留数,我们有如下计算公式.

定理 6.3 设点 a 为函数 $f(z)$ 的 n 阶极点,即 $f(z)$ 在点 a 的某去心邻域

$$U^0(a): 0<|z-a|<R$$

内,可以表示成

$$f(z) = \frac{\varphi(z)}{(z-a)^n}$$

其中 $\varphi(z)$ 在点 a 解析,且 $\varphi(a) \neq 0$,则

$$\operatorname*{Res}_{z=a}f(z) = \frac{\varphi^{(n-1)}(a)}{(n-1)!} \tag{6.4}$$

这里 $\varphi^{(0)}(a) = \varphi(a)$, $\varphi^{(n-1)}(a) = \lim\limits_{z\to a}\varphi^{(n-1)}(z) = \lim\limits_{z\to a}[(z-a)^n f(z)]^{(n-1)}$.

证明 由留数的定义及高阶导数的计算公式得

$$\operatorname*{Res}_{z=a}f(z) \xrightarrow{\text{留数的定义}} \frac{1}{2\pi i}\cdot\int_C f(z)\mathrm{d}z = \frac{1}{2\pi i}\cdot\int_C \frac{\varphi(z)}{(z-a)^n}\mathrm{d}z$$

$$\xrightarrow{\text{高阶导数的计算公式}} \frac{\varphi^{(n-1)}(a)}{(n-1)!} \xxx{\Delta} \lim_{z\to a}\varphi^{(n-1)}(z)$$

$$= \lim_{z\to a}[(z-a)^n f(z)]^{(n-1)}.$$

注：公式(6.4)用来求阶数不太高的极点处的留数比较方便，但阶数较高时，一般我们仍用罗朗展式法来求留数.

推论 6.1 设点 a 为函数 $f(z)$ 的一阶极点，$\varphi(z) = (z-a)f(z)$，则

$$\operatorname*{Res}_{z=a}f(z) = \varphi(a) = \lim_{z\to a}(z-a)f(z) \tag{6.5}$$

推论 6.2 设点 a 为函数 $f(z)$ 的二阶极点，$\varphi(z) = (z-a)^2 f(z)$，则

$$\operatorname*{Res}_{z=a}f(z) = \varphi'(a) = \lim_{z\to a}[(z-a)^2 f(z)]' \tag{6.6}$$

推论 6.3 设点 a 为函数 $f(z) = \dfrac{\varphi(z)}{\psi(z)}$ 的一阶极点（其中 $\varphi(z)$ 和 $\psi(z)$ 都在点 a 解析，且 $\varphi(a) \neq 0$ 和 $\psi(a) = 0, \psi'(a) \neq 0$），则

$$\operatorname*{Res}_{z=a}f(z) = \frac{\varphi(a)}{\psi'(a)} \tag{6.7}$$

证明 因为 a 为函数 $f(z) = \dfrac{\varphi(z)}{\psi(z)}$ 的一阶极点，由推论 6.1

$$\operatorname*{Res}_{z=a}f(z) = \lim_{z\to a}(z-a)\frac{\varphi(z)}{\psi(z)} = \lim_{z\to a}\frac{\varphi(z)}{\dfrac{\psi(z)-\psi(a)}{z-a}}$$

$$= \frac{\varphi(a)}{\lim\limits_{z\to a}\dfrac{\psi(z)-\psi(a)}{z-a}} \xrightarrow{\text{导数的定义}} \frac{\varphi(a)}{\psi'(a)}.$$

例 6.3 计算积分 $\displaystyle\int_{|z|=2}\frac{5z-2}{z(z-1)^2}\mathrm{d}z$.

解 显然被积函数 $\dfrac{5z-2}{z(z-1)^2}$ 在圆周 $|z|=2$ 的内部仅有一个一阶极点 $z=0$ 和一个二阶极点 $z=1$. 由推论 6.1

$$\operatorname*{Res}_{z=0}\frac{5z-2}{z(z-1)^2} = \lim_{z\to 0}z\cdot\frac{5z-2}{z(z-1)^2} = \lim_{z\to 0}\frac{5z-2}{(z-1)^2} = -2.$$

由推论 6.2

$$\operatorname*{Res}_{z=1}\frac{5z-2}{z(z-1)^2} = \lim_{z\to 1}\left[(z-1)^2\cdot\frac{5z-2}{z(z-1)^2}\right]' = \lim_{z\to 1}\left(\frac{5z-2}{z}\right)' = \lim_{z\to 1}\frac{2}{z^2} = 2.$$

第 6 章 留数理论及其应用 219

所以,由留数定理

$$\int_{|z|=2}\frac{5z-2}{z(z-1)^2}dz = 2\pi i\left[\mathop{\text{Res}}_{z=0}\frac{5z-2}{z(z-1)^2} + \mathop{\text{Res}}_{z=1}\frac{5z-2}{z(z-1)^2}\right] = 2\pi i(-2+2) = 0.$$

例 6.4 计算积分 $\int_{|z|=n}\tan\pi z\,dz$($n$ 为正整数).

解 因为 $\tan\pi z = \dfrac{\sin\pi z}{\cos\pi z}$ 仅以 $z = k + \dfrac{1}{2}(k = 0, \pm 1, \cdots)$ 为一阶极点,由推论 6.3

$$\mathop{\text{Res}}_{z=k+\frac{1}{2}}(\tan\pi z) = \frac{\sin\pi z}{(\cos\pi z)'}\bigg|_{z=k+\frac{1}{2}} = \frac{\sin\pi z}{-\pi\sin\pi z}\bigg|_{z=k+\frac{1}{2}} = -\frac{1}{\pi}\ (k=0,\pm 1,\cdots)$$

而在圆周 $|z| = n$ 的内部 $\tan\pi z = \dfrac{\sin\pi z}{\cos\pi z}$ 只有 $2n$ 个极点

$$z = k + \frac{1}{2}\ (k = -n,\cdots,-1,0,1,\cdots,n-1)$$

于是,由留数定理

$$\int_{|z|=n}\tan\pi z\,dz = 2\pi i \cdot \sum_{k=-n}^{n-1}\mathop{\text{Res}}_{z=k+\frac{1}{2}}(\tan\pi z) = 2\pi i \cdot \left(-\frac{2n}{\pi}\right) = -4ni.$$

例 6.5 计算积分 $\int_{|z|=1}\dfrac{\cos z}{z^3}dz$.

解 (方法 1)因为 $f(z) = \dfrac{\cos z}{z^3}$ 以 $z = 0$ 为三阶极点,由定理 6.3

$$\mathop{\text{Res}}_{z=0}f(z) = \frac{1}{2!}\cdot[\cos z]''\bigg|_{z=0} = -\frac{1}{2}$$

又 $f(z)$ 在圆周 $|z| = 1$ 内部仅有一个孤立奇点 $z = 0$,于是,由留数定理

$$\int_{|z|=1}\frac{\cos z}{z^3}dz = 2\pi i \cdot \mathop{\text{Res}}_{z=0}f(z) = -\pi i.$$

(方法 2)$f(z) = \dfrac{\cos z}{z^3}$ 在点 $z = 0$ 的罗朗展式为

$$f(z) = \frac{\cos z}{z^3} = \frac{1}{z^3}\cdot\left(1 - \frac{1}{2!}z^2 + \frac{1}{4!}z^4 - \cdots\right) = \frac{1}{z^3} - \frac{1}{2}\cdot\frac{1}{z} + \frac{1}{4!}z - \cdots$$

显然,其中 $\dfrac{1}{z}$ 这一项的系数为 $-\dfrac{1}{2}$,于是由定理 6.1 及留数定理得

$$\int_{|z|=1}\frac{\cos z}{z^3}dz = 2\pi i \cdot \mathop{\text{Res}}_{z=0}f(z) = -\pi i.$$

例 6.6 设 $f(z)$ 及 $g(z)$ 在 $z = 0$ 解析,且 $f(0) \neq 0, g(0) = g'(0) = 0$,$g^{(2)}(0) \neq 0$.证明:$z = 0$ 为 $\dfrac{f(z)}{g(z)}$ 的二阶极点,且

$$\text{Res}\left(\frac{f}{g}, 0\right) = \frac{2f'(0)}{g^{(2)}(0)} - \frac{2f(0)g^{(3)}(0)}{3[g^{(2)}(0)]^2}.$$

证明 由题设知,在 $z = 0$ 的某邻域内

其中
$$\varphi(z) = \frac{1}{2!}g''(0) + \frac{1}{3!}g'''(0) \cdot z + \cdots = \frac{1}{2}g''(0) + \frac{1}{6}g'''(0) \cdot z + \cdots$$
由此可得
$$\varphi(0) = \frac{1}{2}g''(0), \quad \varphi'(0) = \frac{1}{6}g'''(0)$$
于是
$$\lim_{z \to 0} z^2 \cdot \frac{f(z)}{g(z)} = \lim_{z \to 0} \frac{f(z)}{\varphi(z)} = \frac{f(0)}{\varphi(0)} = 2\frac{f(0)}{g''(0)} \neq 0$$
即 $z = 0$ 为 $\frac{f(z)}{g(z)}$ 的二阶极点,且
$$\operatorname*{Res}_{z=0} \frac{f(z)}{g(z)} = \lim_{z \to 0} \left(z^2 \frac{f(z)}{g(z)} \right)' = \lim_{z \to 0} \left(\frac{f(z)}{\varphi(z)} \right)' = \lim_{z \to 0} \frac{f'(z)\varphi(z) - f(z)\varphi'(z)}{(\varphi(z))^2}$$
$$= \frac{f'(0)\varphi(0) - f(0)\varphi'(0)}{(\varphi(0))^2} = \frac{f'(0)\frac{1}{2}g''(0) - f(0)\frac{1}{6}g'''(0)}{\left(\frac{1}{2}g''(0)\right)^2}$$
$$= \frac{2f'(0)}{g''(0)} - \frac{2}{3} \cdot \frac{f(0)g'''(0)}{(g''(0))^2}.$$

3. 本性奇点处的留数

函数在本性奇点处的留数,一般用罗朗展式法计算.

例 6.7 计算积分 $\int_{|z|=1} e^{\frac{1}{z^2}} dz$.

解 因为函数 $e^{\frac{1}{z^2}}$ 在单位圆周 $|z|=1$ 内部仅有一个本性奇点 $z=0$,$e^{\frac{1}{z^2}}$ 在点 $z=0$ 处的罗朗展式为
$$e^{\frac{1}{z^2}} = 1 + \frac{1}{z^2} + \frac{1}{2!} \cdot \frac{1}{z^4} + \cdots$$
由定理 6.1,$\operatorname*{Res}_{z=0} e^{\frac{1}{z^2}} = c_{-1} = 0$(展式中不含 $\frac{1}{z}$ 这一项). 再由留数定理得
$$\int_{|z|=1} e^{\frac{1}{z^2}} dz = 2\pi i \cdot \operatorname*{Res}_{z=0} e^{\frac{1}{z^2}} = 0.$$

例 6.8* 计算积分 $\int_{|z|=1} \frac{z \sin z}{(1-e^z)^3} dz$.

分析:该积分的被积函数在单位圆周 $|z|=1$ 的内部显然只有一个孤立奇点 $z=0$,但该点的类型粗略地看还不明显,因此我们用罗朗展式法来求 $\operatorname*{Res}_{z=0} \frac{z \sin z}{(1-e^z)^3}$.

解 (方法 1)先求函数 $\frac{z \sin z}{(1-e^z)^3}$ 在点 $z=0$ 的罗朗展式. 因为

$$\frac{z\sin z}{(1-e^z)^3} = \frac{z\left(z-\frac{1}{3!}z^3+\cdots\right)}{-\left(z+\frac{1}{2!}z^2+\cdots\right)^3} = -\frac{z^2}{z^3} \cdot \frac{1-\frac{1}{3!}z^2+\cdots}{\left(1+\frac{1}{2!}z+\cdots\right)^3}$$

而 $\dfrac{1-\frac{1}{3!}z^2+\cdots}{\left(1+\frac{1}{2!}z+\cdots\right)^3}$ 显然在点 $z=0$ 解析,所以

$$\frac{1-\frac{1}{3!}z^2+\cdots}{\left(1+\frac{1}{2!}z+\cdots\right)^3} = 1 + a_1 z + a_2 z^2 + \cdots$$

$$\frac{z\sin z}{(1-e^z)^3} = \frac{z\left(z-\frac{1}{3!}z^3+\cdots\right)}{-\left(z+\frac{1}{2!}z^2+\cdots\right)^3} = -\frac{z^2}{z^3} \cdot \frac{1-\frac{1}{3!}z^2+\cdots}{\left(1+\frac{1}{2!}z+\cdots\right)^3}$$

$$= -\frac{1}{z} \cdot (1 + a_1 z + a_2 z^2 + \cdots) = -\frac{1}{z} - a_1 - a_2 z \cdots$$

故 $\operatorname*{Res}\limits_{z=0}\dfrac{z\sin z}{(1-e^z)^3} = -1$. 再由留数定理得

$$\int_{|z|=1} \frac{z\sin z}{(1-e^z)^3}dz = 2\pi i \cdot \operatorname*{Res}_{z=0} \frac{z\sin z}{(1-e^z)^3} = -2\pi i.$$

实际上,我们进一步分析可知,$z=0$ 为 $z\sin z$ 的二级零点,为 $(1-e^z)^3$ 的三级零点,故被积函数在单位圆周 $|z|=1$ 的内部只有一个孤立奇点 $z=0$,且为一阶极点.

(方法 2) 因为 $z=0$ 为函数 $\dfrac{z\sin z}{(1-e^z)^3}$ 的一阶极点,令

$$\varphi(z) = z \cdot \frac{z\sin z}{(1-e^z)^3} = \frac{\sin z}{z} \cdot \left(\frac{z}{1-e^z}\right)^3$$

所以,$\operatorname*{Res}\limits_{z=0}\dfrac{z\sin z}{(1-e^z)^3} = \varphi(0) = \lim\limits_{z\to 0}\dfrac{\sin z}{z} \cdot \left(\dfrac{z}{1-e^z}\right)^3 \stackrel{\frac{0}{0}}{=} -1$. 由留数定理得

$$\int_{|z|=1} \frac{z\sin z}{(1-e^z)^3}dz = 2\pi i \cdot \operatorname*{Res}_{z=0} \frac{z\sin z}{(1-e^z)^3} = -2\pi i.$$

注:在孤立奇点 a 的类型不太明确的情况下,一般可以用罗朗展式法来求留数. 另外求罗朗展式时,并不需要求出所有项,只需求出含有 $(z-a)^{-1}$ 的项即可.

6.1.3 无穷远点处的留数与留数定理的推广

1. 无穷远点处的留数

定义 6.2 设 ∞ 为函数 $f(z)$ 的一个孤立奇点,即 $f(z)$ 在 ∞ 的去心邻域

$U^0(\infty): 0 \leqslant r < |z| < +\infty$ 内解析,则称积分

$$\frac{1}{2\pi i}\int_{C^-} f(z)\mathrm{d}z, \ C:|z|=\rho > r$$

为函数 $f(z)$ 在无穷远点处的留数,记为 $\underset{z=\infty}{\mathrm{Res}}f(z)$,其中 C^- 是指顺时针方向.

注:无穷远点处留数的两种基本计算公式:

公式 1:

$$\underset{z=\infty}{\mathrm{Res}}f(z) = \frac{1}{2\pi i}\int_{C^-} f(z)\mathrm{d}z = -c_{-1} \tag{6.8}$$

为 $f(z)$ 在无穷远点处留数的一般计算公式.其中 c_{-1} 为 $f(z)$ 在无穷远点处的罗朗展式中 $\frac{1}{z}$ 这一项的系数.式(6.8)表明:$\underset{z=\infty}{\mathrm{Res}}f(z)$ 等于 $f(z)$ 在无穷远点的罗朗展式中 $\frac{1}{z}$ 这一项的系数的反号.

证明 事实上,设函数 $f(z)$ 在 ∞ 的去心邻域 $U^0(\infty): 0 \leqslant r < |z| < +\infty$ 内的罗朗展式为

$$f(z) = \cdots + \frac{c_{-n}}{z^n} + \cdots + \frac{c_{-1}}{z} + c_0 + c_1 z + \cdots + c_n z^n + \cdots$$

在上式的两边沿圆周 $C:|z|=\rho, 0 \leqslant r < \rho < +\infty$ 的负向逐项积分,并注意到

$$\int_{C^-}(z-a)^n \mathrm{d}z = \begin{cases} 0, & n \neq -1 \\ -2\pi i, & n = -1 \end{cases}, (\text{其中 } C:|z|=\rho, 0 \leqslant r < \rho < +\infty)$$

得

$$\int_{C^-} f(z)\mathrm{d}z = -2\pi i c_{-1}$$

从而由留数的定义

$$\underset{z=\infty}{\mathrm{Res}}f(z) = \frac{1}{2\pi i}\int_{C^-} f(z)\mathrm{d}z = -c_{-1}.$$

公式 2:设 ∞ 为函数 $f(z)$ 的一个孤立奇点,作变换 $t = \frac{1}{z}$,则

$$\underset{z=\infty}{\mathrm{Res}}f(z) = -\underset{t=0}{\mathrm{Res}}\left[\frac{1}{t^2} \cdot f\left(\frac{1}{t}\right)\right] \tag{6.9}$$

证明 事实上如图 6.3 所示,作变换 $t = \frac{1}{z}$,则 $f(z) = f\left(\frac{1}{t}\right)$,且 z 平面上 ∞ 的去心邻域

$$U^0(\infty): 0 \leqslant r < |z| < +\infty$$

变成了 t 平面上原点的去心邻域

$$K - \{0\}: 0 < |t| < \frac{1}{r}.$$

而圆周 $C:|z|=\rho > r$ 变成了圆周 $\gamma:|t|=\frac{1}{\rho} < \frac{1}{r}$,且 C 的负向变成 γ 的正向,

从而由积分的变量替换公式

$$\frac{1}{2\pi i}\int_{C^-}f(z)\mathrm{d}z = -\frac{1}{2\pi i}\int_\gamma \frac{1}{t^2}\cdot f\left(\frac{1}{t}\right)\mathrm{d}t$$

再由留数的定义得

$$\mathop{\mathrm{Res}}_{z=\infty}f(z) = -\mathop{\mathrm{Res}}_{t=0}\left[\frac{1}{t^2}\cdot f\left(\frac{1}{t}\right)\right].$$

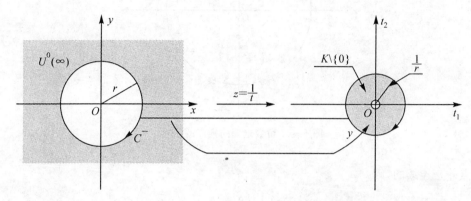

图 6.3 公式 2: $\mathop{\mathrm{Res}}\limits_{z=\infty}f(z) = -\mathop{\mathrm{Res}}\limits_{t=0}\left[\frac{1}{t^2}\cdot f\left(\frac{1}{t}\right)\right]$ 的示意图

注:∞ 为函数的可去奇点,但 $\mathop{\mathrm{Res}}\limits_{z=\infty}f(z)$ 并不一定为零. 例如 $f(z)=\dfrac{1}{z}$,显然 $f(z)$ 以 ∞ 为可去奇点,但 $\mathop{\mathrm{Res}}\limits_{z=\infty}f(z)=-1\neq 0$.

2. 推广的留数定理

定理 6.4 (留数定理的推广) 若函数 $f(z)$ 在扩充复平面上只有有限个奇点 (包括 ∞),设为 $a_1,a_2,\cdots,a_n,\infty$,则 $f(z)$ 在各点的留数总和为零,即

$$\sum_{k=1}^n \mathop{\mathrm{Res}}_{z=a_k}f(z) + \mathop{\mathrm{Res}}_{z=\infty}f(z) = 0 \qquad (6.10)$$

证明 如图 6.4 所示,以原点为圆心作充分大的圆周 C,使得 $a_1,a_2,\cdots,a_n$ 都包含于 C 内部,则由留数定理(定理 6.2)得

$$\int_C f(z)\mathrm{d}z = 2\pi i \sum_{k=1}^n \mathop{\mathrm{Res}}_{z=a_k}f(z)$$

两边同除以 $2\pi i$,并移项得

$$\sum_{k=1}^n \mathop{\mathrm{Res}}_{z=a_k}f(z) + \frac{1}{2\pi i}\int_{C^-}f(z)\mathrm{d}z = 0,\ \text{即}\ \sum_{k=1}^n \mathop{\mathrm{Res}}_{z=a_k}f(z) + \mathop{\mathrm{Res}}_{z=\infty}f(z) = 0.$$

定理 6.5 (包含 ∞ 的留数定理) 设 D 是扩充平面上包含 ∞ 的区域,其边界 C 是由有限条互不包含且互不相交的围线 $C_1,C_2,\cdots,C_n$ 组成,若函数 $f(z)$ 在 D 内除有限个孤立奇点 $a_1,a_2,\cdots,a_n$ 及 ∞ 外解析,且在闭域 $\overline{D}=D+C$ 上也除这有限个

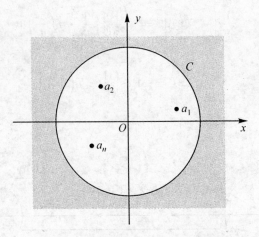

图 6.4 留数定理的推广的示意图

点外是连续的,则

$$\int_{C^-} f(z)\mathrm{d}z = 2\pi\mathrm{i}\left[\sum_{k=1}^{n}\operatorname*{Res}_{z=a_k}f(z) + \operatorname*{Res}_{z=\infty}f(z)\right] \quad (6.11)$$

证明 如图 6.5 所示,以原点为圆心作充分大的圆周 Γ,使得 $a_1,a_2,\cdots,a_n$ 以及 $C_1,C_2,\cdots,C_n$ 都包含于 Γ 的内部,则由留数定理(定理 6.2)得

$$\int_{\Gamma} f(z)\mathrm{d}z + \int_{C^-} f(z)\mathrm{d}z = \int_{\Gamma+C^-} f(z)\mathrm{d}z = 2\pi\mathrm{i}\sum_{k=1}^{n}\operatorname*{Res}_{z=a_k}f(z)$$

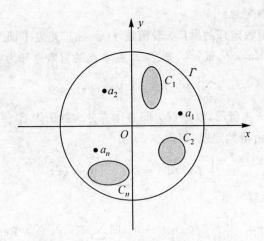

图 6.5 包含 ∞ 的留数定理的示意图

移项得

第6章 留数理论及其应用

$$\int_{C^-} f(z)\mathrm{d}z = 2\pi\mathrm{i}\cdot\left[\sum_{k=1}^{n}\mathop{\mathrm{Res}}_{z=a_k}f(z) - \frac{1}{2\pi\mathrm{i}}\cdot\int_{\Gamma^-}f(z)\mathrm{d}z\right]$$

$$= 2\pi\mathrm{i}\cdot\left[\sum_{k=1}^{n}\mathop{\mathrm{Res}}_{z=a_k}f(z) + \frac{1}{2\pi\mathrm{i}}\cdot\int_{\Gamma}f(z)\mathrm{d}z\right]$$

$$= 2\pi\mathrm{i}\cdot\left[\sum_{k=1}^{n}\mathop{\mathrm{Res}}_{z=a_k}f(z) + \mathop{\mathrm{Res}}_{z=\infty}f(z)\right].$$

例 6.9 求下列函数在其孤立奇点处的留数(包括 ∞):

(1) $\dfrac{1-\mathrm{e}^{2z}}{z^4}$; (2) $\dfrac{\mathrm{e}^z}{z^2(z-\pi\mathrm{i})^4}$.

解 (1) 显然 $\dfrac{1-\mathrm{e}^{2z}}{z^4}$ 在扩充平面上仅有两个孤立奇点 $z=0,z=\infty$,且该函数在 $z=0$ 处的罗朗展式为

$$\frac{1-\mathrm{e}^{2z}}{z^4} = \frac{1}{z^4}\cdot\left(-2z - \frac{1}{2!}\cdot 4z^2 - \frac{1}{3!}\cdot 8z^3 - \cdots\right)$$

$$= -\frac{2}{z^3} - \frac{2}{z^2} - \frac{4}{3}\cdot\frac{1}{z} - \cdots \quad (0<|z|<+\infty)$$

所以,$\mathop{\mathrm{Res}}\limits_{z=0}\dfrac{1-\mathrm{e}^{2z}}{z^4} = -\dfrac{4}{3}$,$\mathop{\mathrm{Res}}\limits_{z=\infty}\dfrac{1-\mathrm{e}^{2z}}{z^4} = -\left(-\dfrac{4}{3}\right) = \dfrac{4}{3}$.

(2) 显然 $\dfrac{\mathrm{e}^z}{z^2(z-\pi\mathrm{i})^4}$ 在扩充平面上仅有三个孤立奇点 $z=0,z=\pi\mathrm{i},z=\infty$,而 $z=0$ 为二阶极点,$z=2\pi\mathrm{i}$ 为四阶极点,所以

$$\mathop{\mathrm{Res}}_{z=0}\frac{\mathrm{e}^z}{z^2(z-\pi\mathrm{i})^4} = \lim_{z\to 0}\left[z^2\cdot\frac{\mathrm{e}^z}{z^2(z-\pi\mathrm{i})^4}\right]' = \lim_{z\to 0}\left[\frac{\mathrm{e}^z}{(z-\pi\mathrm{i})^4}\right]' = \frac{\pi-4\mathrm{i}}{\pi^5}$$

$$\mathop{\mathrm{Res}}_{z=\pi\mathrm{i}}\frac{\mathrm{e}^z}{z^2(z-\pi\mathrm{i})^4} = \frac{1}{3!}\lim_{z\to 0}\left[(z-\pi\mathrm{i})^4\cdot\frac{\mathrm{e}^z}{z^2(z-\pi\mathrm{i})^4}\right]'''$$

$$= \frac{1}{3!}\lim_{z\to 0}\left(\frac{\mathrm{e}^z}{z^2}\right)''' = \frac{\pi^3 + 6\pi^2\mathrm{i} - 18\pi - 24\mathrm{i}}{6\pi^5}$$

又由定理 6.4

$$\mathop{\mathrm{Res}}_{z=0}\frac{\mathrm{e}^z}{z^2(z-\pi\mathrm{i})^4} + \mathop{\mathrm{Res}}_{z=\pi\mathrm{i}}\frac{\mathrm{e}^z}{z^2(z-\pi\mathrm{i})^4} + \mathop{\mathrm{Res}}_{z=\infty}\frac{\mathrm{e}^z}{z^2(z-\pi\mathrm{i})^4} = 0$$

所以

$$\mathop{\mathrm{Res}}_{z=\infty}\frac{\mathrm{e}^z}{z^2(z-\pi\mathrm{i})^4} = -\left[\mathop{\mathrm{Res}}_{z=0}\frac{\mathrm{e}^z}{z^2(z-\pi\mathrm{i})^4} + \mathop{\mathrm{Res}}_{z=\pi\mathrm{i}}\frac{\mathrm{e}^z}{z^2(z-\pi\mathrm{i})^4}\right]$$

$$= -\frac{\pi^3 + 6\pi^2\mathrm{i} - 12\pi - 48\mathrm{i}}{6\pi^5}.$$

例 6.10 计算积分 $I = \displaystyle\int_{|z|=4}\frac{z^{15}}{(z^2+1)^2(z^4+2)^3}\mathrm{d}z$.

分析: 本题的被积函数在圆周 $|z|=4$ 的内部有六个奇点,因此直接用留数定理(定理 6.2)计算是非常繁琐的,但由于该函数在扩充平面上仅有七个孤立奇点

（包括 ∞ 在内），故我们可以用定理 6.4 或者定理 6.5 来简化积分的计算.

解 由于被积函数在扩充平面上仅有七个奇点 $z=\pm \mathrm{i}, z=\sqrt[4]{2}\mathrm{e}^{\mathrm{i}\frac{\pi+2k\pi}{4}}$ ($k=0$, $1,2,3$), $z=\infty$, 且前六个都在圆周 $|z|=4$ 的内部. 由留数定理及定理 6.4 或者定理 6.5 得

$$I = -2\pi\mathrm{i} \operatorname*{Res}_{z=\infty} f(z)$$

其中 $f(z) = \dfrac{z^{15}}{(z^2+1)^2 (z^4+2)^3}$. 下面来求 $\operatorname*{Res}_{z=\infty} f(z)$.

（方法 1：罗朗展式法） 因为

$$f(z) = \frac{z^{15}}{(z^2+1)^2(z^4+2)^3} = \frac{z^{15}}{z^{16}\left(1+\frac{1}{z^2}\right)^2 \left(1+\frac{2}{z^4}\right)^3}$$

$$= \frac{1}{z} \cdot \left(1 - 2 \cdot \frac{1}{z^2} + \cdots\right)\left(1 - 3 \cdot \frac{2}{z^4} + \cdots\right)$$

$$= \frac{1}{z} \cdot \left(1 - 2 \cdot \frac{1}{z^2} + \cdots\right)\left(1 - 3 \cdot \frac{2}{z^4} + \cdots\right) = \frac{1}{z} - 2 \cdot \frac{1}{z^3} + \cdots$$

所以 $\operatorname*{Res}_{z=\infty} f(z) = -1$, 从而 $I = 2\pi\mathrm{i}$.

（方法 2：公式法） 因为

$$f\left(\frac{1}{t}\right) \cdot \frac{1}{t^2} = \frac{1}{t(1+t^2)^2(1+2t^4)^3}$$

以 $t=0$ 为一阶极点, 所以

$$\operatorname*{Res}_{z=\infty} f(z) = -\operatorname*{Res}_{t=0}\left[\frac{1}{t^2} \cdot f\left(\frac{1}{t}\right)\right] = -\lim_{t\to 0}\left[t \cdot f\left(\frac{1}{t}\right) \cdot \frac{1}{t^2}\right]$$

$$= -\lim_{t\to 0}\left[t \cdot \frac{1}{t(1+t^2)^2(1+2t^4)^3}\right] = -1$$

从而 $I = 2\pi\mathrm{i}$.

◎ 思考题：归纳计算围线积分的各种方法.

§6.2 用留数计算实积分

作为留数理论的一种直接应用，我们可以利用留数来计算数学分析中的某些黎曼积分，尤其是原函数不易直接求得的黎曼积分. 这种计算方法的基本思想是：通过选择适当的变量替换或者补充适当的积分路线，把实积分的计算转化为恰当复变函数沿简单闭曲线的复积分的计算，然后再利用留数定理来解决.

6.2.1 三角有理函数的积分

形如 $\displaystyle\int_0^{2\pi} R(\cos\theta, \sin\theta)\mathrm{d}\theta$ 或者 $\displaystyle\int_{-\pi}^{\pi} R(\cos\theta, \sin\theta)\mathrm{d}\theta$ 或者更一般的

$$\int_a^b R(\cos\theta,\sin\theta)\,d\theta$$

的积分都称为三角有理函数的积分,其中 $R(\cos\theta,\sin\theta)$ 是 $\cos\theta,\sin\theta$ 的有理式函数,并且在 $[0,2\pi]$ 或 $[-\pi,\pi]$ 或 $[a,b]$ 上连续.

三角有理函数的积分是数学分析中的一类典型的积分. 在数学分析中,一般是通过万能代换 $t=\tan\dfrac{\theta}{2}$,将其转化为有理函数的实积分再来计算. 这种方法虽然可行,但计算一般比较繁琐. 下面,我们给出 $\int_0^{2\pi} R(\cos\theta,\sin\theta)\,d\theta$ 或者 $\int_{-\pi}^{\pi} R(\cos\theta,\sin\theta)\,d\theta$ 利用留数来计算的公式.

定理 6.6 设 $R(\cos\theta,\sin\theta)$ 是 $\cos\theta,\sin\theta$ 的有理式函数,并且在 $[0,2\pi]$ 或 $[-\pi,\pi]$ 上连续,作变量替换 $z=e^{i\theta}$,则

$$\int_{-\pi}^{\pi} R(\cos\theta,\sin\theta)\,d\theta = \int_0^{2\pi} R(\cos\theta,\sin\theta)\,d\theta$$
$$= \int_{|z|=1} R\left(\frac{z+z^{-1}}{2},\frac{z-z^{-1}}{2i}\right)\cdot\frac{dz}{iz} \qquad (6.12)$$

证明 作变量替换 $z=e^{i\theta}$,则 $d\theta=\dfrac{dz}{iz}$. 由欧拉公式

$$e^{i\theta}=\cos\theta+i\sin\theta,\quad e^{-i\theta}=\cos\theta-i\sin\theta$$

可以推出

$$\cos\theta=\frac{e^{i\theta}+e^{-i\theta}}{2}=\frac{z+z^{-1}}{2},\quad \sin\theta=\frac{e^{i\theta}-e^{-i\theta}}{2i}=\frac{z-z^{-1}}{2i}$$

并且在变量替换 $z=e^{i\theta}$ 下,当 θ 从 0 变到 2π 时,z 沿单位圆周的正方向绕行一周,如图 6.6 所示,因此有

$$\int_0^{2\pi} R(\cos\theta,\sin\theta)\,d\theta = \int_{|z|=1} R\left(\frac{z+z^{-1}}{2},\frac{z-z^{-1}}{2i}\right)\cdot\frac{dz}{iz}$$

至于 $\int_{-\pi}^{\pi} R(\cos\theta,\sin\theta)\,d\theta = \int_0^{2\pi} R(\cos\theta,\sin\theta)\,d\theta$ 可以由周期函数的积分特点得到.

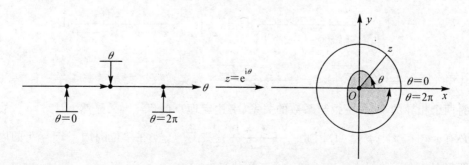

图 6.6 变换 $z=e^{i\theta}$ 的示意图

注：对上述公式右端的复积分再用留数定理来计算即可以求出积分的结果.

例 6.11 计算积分 $I = \int_0^{2\pi} \dfrac{1}{1-2p\cos\theta+p^2}\mathrm{d}\theta\ (0\leqslant |p|<1)$.

解 令 $z=\mathrm{e}^{\mathrm{i}\theta}$，则 $\mathrm{d}\theta=\dfrac{\mathrm{d}z}{\mathrm{i}z}$，则

$$\dfrac{1}{1-2p\cos\theta+p^2}=\dfrac{1}{1-2p\cdot\dfrac{z+z^{-1}}{2}+p^2}=\dfrac{z}{(z-p)(1-pz)}$$

由定理 6.6

$$I=\int_0^{2\pi}\dfrac{1}{1-2p\cos\theta+p^2}\mathrm{d}\theta=\dfrac{1}{\mathrm{i}}\int_{|z|=1}\dfrac{1}{(z-p)(1-pz)}\mathrm{d}z$$

又 $0\leqslant |p|<1$，所以 $\dfrac{1}{(z-p)(1-pz)}\triangleq f(z)$ 在圆周 $|z|=1$ 的内部仅有一个一阶极点 $z=p$，故由留数定理

$$I=\int_0^{2\pi}\dfrac{1}{1-2p\cos\theta+p^2}\mathrm{d}\theta=\dfrac{1}{\mathrm{i}}\int_{|z|=1}\dfrac{1}{(z-p)(1-pz)}\mathrm{d}z=\dfrac{1}{\mathrm{i}}\cdot 2\pi\mathrm{i}\operatorname*{Res}_{z=p}f(z)$$

$$=2\pi\lim_{z\to p}(z-p)f(z)=2\pi\lim_{z\to p}\dfrac{1}{1-pz}=\dfrac{2\pi}{1-p^2}.$$

同理可得，当 $|p|>1$ 时，$I=\int_0^{2\pi}\dfrac{1}{1-2p\cos\theta+p^2}\mathrm{d}\theta=-\dfrac{2\pi}{1-p^2}$.

例 6.12 计算积分 $I=\int_0^{2\pi}\dfrac{\sin^2\theta}{a+b\cos\theta}\mathrm{d}\theta\ (a>b>0)$.

解 令 $z=\mathrm{e}^{\mathrm{i}\theta}$，则 $\mathrm{d}\theta=\dfrac{\mathrm{d}z}{\mathrm{i}z}$，$\dfrac{\sin^2\theta}{a+b\cos\theta}=\dfrac{\left(\dfrac{z-z^{-1}}{2\mathrm{i}}\right)^2}{a+b\cdot\dfrac{z+z^{-1}}{2}}=-\dfrac{(z^2-1)^2}{2bz\left(z^2+\dfrac{2a}{b}z+1\right)}$

由定理 6.6

$$I=\int_0^{2\pi}\dfrac{\sin^2\theta}{a+b\cos\theta}\mathrm{d}\theta=-\int_{|z|=1}\dfrac{(z^2-1)^2}{2bz\left(z^2+\dfrac{2a}{b}z+1\right)}\cdot\dfrac{\mathrm{d}z}{\mathrm{i}z}$$

$$=\dfrac{\mathrm{i}}{2b}\int_{|z|=1}\dfrac{(z^2-1)^2}{z^2\left(z^2+\dfrac{2a}{b}z+1\right)}\mathrm{d}z=\dfrac{\mathrm{i}}{2b}\int_{|z|=1}\dfrac{(z^2-1)^2}{z^2(z-\alpha)(z-\beta)}\mathrm{d}z.$$

其中 $\alpha=\dfrac{-a+\sqrt{a^2-b^2}}{2}$，$\beta=\dfrac{-a-\sqrt{a^2-b^2}}{2}$ 为实系数二次方程 $z^2+\dfrac{2a}{b}z+1=0$ 的两个相异的实根. 由根与系数的关系（韦达定理）知 $\alpha\beta=1$，又显然 $|\beta|>|\alpha|$，故必有 $|\alpha|<1,|\beta|>1$. 因此 $\dfrac{(z^2-1)^2}{z^2(z-\alpha)(z-\beta)}\triangleq f(z)$ 在单位圆周 $|z|=1$ 的内部仅有一个一阶极点 $z=\alpha$ 和一个二阶极点 $z=0$.

$$\operatorname*{Res}_{z=0}f(z)=\left[\dfrac{(z^2-1)^2}{(z-\alpha)(z-\beta)}\right]'\bigg|_{z=0}=-\dfrac{2a}{b}$$

$$\underset{z=\alpha}{\mathrm{Res}} f(z) = \left[\frac{(z^2-1)^2}{z^2(z-\beta)} \right]\Big|_{z=\alpha} = \frac{(\alpha^2-1)^2}{\alpha^2(\alpha-\beta)} = \frac{\left(\alpha-\frac{1}{\alpha}\right)^2}{(\alpha-\beta)} \xlongequal{\beta=\frac{1}{\alpha}} \alpha-\beta = \frac{2\sqrt{a^2-b^2}}{b}$$

所以,由留数定理

$$I = \frac{\mathrm{i}}{2b} \cdot 2\pi\mathrm{i}\left[\underset{z=0}{\mathrm{Res}} f(z) + \underset{z=\alpha}{\mathrm{Res}} f(z)\right] = \frac{\mathrm{i}}{2b} \cdot 2\pi\mathrm{i}\left[-\frac{2a}{b} + \frac{2\sqrt{a^2-b^2}}{b}\right]$$

$$= \frac{2\pi}{b^2}(a - \sqrt{a^2-b^2}).$$

例 6.13 计算下列积分

(1) $I = \int_0^{2\pi} \frac{1}{1+\cos^2\theta} \mathrm{d}\theta$; (2) $I_1 = \int_0^{\pi} \frac{1}{1+\cos^2\theta} \mathrm{d}\theta$; (3) $I_2 = \int_0^{\frac{\pi}{2}} \frac{1}{1+\cos^2\theta} \mathrm{d}\theta$.

解 (1) 方法 1:令 $z = \mathrm{e}^{\mathrm{i}\theta}$,则 $\mathrm{d}\theta = \frac{\mathrm{d}z}{\mathrm{i}z}$,由定理 6.6

$$I = \frac{1}{\mathrm{i}}\int_{|z|=1} \frac{4z}{z^4+6z^2+1}\mathrm{d}z$$

又令 $u = z^2$,则 $\frac{4z}{z^4+6z^2+1}\mathrm{d}z = \frac{2}{u^2+6u+1}\mathrm{d}u$,且当 z 绕圆周 $|z|=1$ 正向一周时,u 绕圆周 $|u|=1$ 正向两周,于是

$$I = \frac{1}{\mathrm{i}}\int_{|z|=1} \frac{4z}{z^4+6z^2+1}\mathrm{d}z = 2 \cdot \frac{1}{\mathrm{i}}\int_{|u|=1} \frac{2}{u^2+6u+1}\mathrm{d}u$$

$$= \frac{4}{\mathrm{i}}\int_{|u|=1} \frac{1}{u^2+6u+1}\mathrm{d}u.$$

易知被积函数 $\frac{1}{u^2+6u+1} \overset{\Delta}{=} f(u)$ 在圆周 $|u|=1$ 内部仅有一个一阶极点 $u = -3+2\sqrt{2}$,故由留数定理

$$I = \frac{4}{\mathrm{i}}\int_{|u|=1} \frac{1}{u^2+6u+1}\mathrm{d}u = \frac{4}{\mathrm{i}} \cdot 2\pi\mathrm{i} \underset{u=-3+2\sqrt{2}}{\mathrm{Res}} f(u) = 8\pi \cdot \frac{1}{4\sqrt{2}} = \sqrt{2}\pi$$

其中

$$\underset{u=-3+2\sqrt{2}}{\mathrm{Res}} f(u) = \frac{1}{u+3+2\sqrt{2}}\Big|_{u=-3+2\sqrt{2}} = \frac{1}{4\sqrt{2}}.$$

方法 2:因为 $\frac{1}{1+\cos^2\theta}$ 是以 2π 为周期的周期函数且还是偶函数,所以

$$I = \int_0^{2\pi} \frac{1}{1+\cos^2\theta}\mathrm{d}\theta = \int_{-\pi}^{\pi} \frac{1}{1+\cos^2\theta}\mathrm{d}\theta = 2\int_0^{\pi} \frac{1}{1+\cos^2\theta}\mathrm{d}\theta.$$

注:注意到 $\frac{1}{1+\cos^2\theta}$ 还是以 π 为周期的周期函数,由周期函数的积分特点也可以直接得到上式.

又 $\cos^2\theta = \frac{1+\cos 2\theta}{2}$,从而

$$I = 2\int_0^\pi \frac{1}{1+\cos^2\theta}d\theta = 2\int_0^\pi \frac{1}{1+\frac{1+\cos 2\theta}{2}}d\theta = 4\int_0^\pi \frac{1}{3+\cos 2\theta}d\theta$$

$$\xrightarrow{t=2\theta} 2\int_0^{2\pi} \frac{1}{3+\cos t}dt.$$

令 $z = e^{it}$，则 $dt = \dfrac{dz}{iz}$。由定理 6.6

$$\int_0^{2\pi}\frac{1}{3+\cos t}dt = \int_{|z|=1}\frac{1}{3+\frac{z+z^{-1}}{2}}\cdot\frac{dz}{iz} = \frac{2}{i}\int_{|z|=1}\frac{1}{z^2+6z+1}dz$$

$$= \frac{2}{i}\int_{|z|=1}\frac{1}{(z+3+2\sqrt{2})(z+3-2\sqrt{2})}dz \xrightarrow{留数定理}\frac{\pi}{\sqrt{2}}$$

代入上式得 $$I = 2\int_0^{2\pi}\frac{1}{3+\cos t}dt = 2\cdot\frac{\pi}{\sqrt{2}} = \sqrt{2}\pi.$$

说明：

(1) 若 $R(\cos\theta, \sin\theta)$ 为 θ 的偶函数时，我们可以先利用数学分析中的关于偶函数的积分公式

$$\int_0^\pi R(\cos\theta, \sin\theta)d\theta = \frac{1}{2}\int_{-\pi}^\pi R(\cos\theta, \sin\theta)d\theta$$

再利用定理 6.6 来计算积分 $\int_0^\pi R(\cos\theta, \sin\theta)d\theta$ 或 $\int_{-\pi}^0 R(\cos\theta, \sin\theta)d\theta$.

(2) 在计算积分 $\int_0^\pi R(\cos\theta, \sin\theta)d\theta$ 或 $\int_{-\pi}^\pi R(\cos\theta, \sin\theta)d\theta$ 时，有时可以先利用半角公式

$$\cos^2\theta = \frac{1+\cos 2\theta}{2}, \quad \sin^2\theta = \frac{1-\cos 2\theta}{2}$$

化简被积函数再计算.

(3) $I_1 = \int_0^\pi \dfrac{1}{1+\cos^2\theta}d\theta \xrightarrow{奇偶性} \dfrac{1}{2}\int_{-\pi}^\pi \dfrac{1}{1+\cos^2\theta}d\theta$

$\xrightarrow{周期性}\dfrac{1}{2}\int_0^{2\pi}\dfrac{1}{1+\cos^2\theta}d\theta = \dfrac{1}{2}I^{(1)} = \dfrac{\sqrt{2}}{2}\pi.$

(4) 方法 1：因为 $\dfrac{1}{1+\cos^2\theta}$ 也是以 π 为周期的周期函数且还是偶函数，所以

$I_2 = \int_0^{\frac{\pi}{2}}\dfrac{1}{1+\cos^2\theta}d\theta \xrightarrow{奇偶性}\dfrac{1}{2}\int_{-\frac{\pi}{2}}^{\frac{\pi}{2}}\dfrac{1}{1+\cos^2\theta}d\theta \xrightarrow{周期性}\dfrac{1}{2}\int_0^\pi\dfrac{1}{1+\cos^2\theta}d\theta$

$= \dfrac{1}{4}\int_{-\pi}^\pi \dfrac{1}{1+\cos^2\theta}d\theta = \dfrac{1}{4}I^{(1)} = \dfrac{\sqrt{2}}{4}\pi.$

方法 2：因为 $\cos^2\theta = \dfrac{1+\cos 2\theta}{2}$，所以

$$I = \int_0^{\frac{\pi}{2}} \frac{1}{1+\cos^2\theta} d\theta = \int_0^{\frac{\pi}{2}} \frac{1}{1+\frac{1+\cos 2\theta}{2}} d\theta = 2\int_0^{\frac{\pi}{2}} \frac{1}{3+\cos 2\theta} d\theta$$

$$\xlongequal{t=2\theta} \int_0^{\pi} \frac{1}{3+\cos t} dt \xlongequal{\text{奇偶性}} \frac{1}{2}\int_{-\pi}^{\pi} \frac{1}{3+\cos t} dt \xlongequal{\text{周期性}} \frac{1}{2}\int_0^{2\pi} \frac{1}{3+\cos t} dt$$

令 $z = e^{it}$,则 $dt = \dfrac{dz}{iz}$. 由定理 6.6

$$\int_0^{2\pi} \frac{1}{3+\cos t} dt = \int_{|z|=1} \frac{1}{3+\frac{z+z^{-1}}{2}} \cdot \frac{dz}{iz} = \frac{2}{i}\int_{|z|=1} \frac{1}{z^2+6z+1} dz$$

$$= \frac{2}{i}\int_{|z|=1} \frac{1}{(z+3+2\sqrt{2})(z+3-2\sqrt{2})} dz \xlongequal{\text{留数定理}} \frac{\pi}{\sqrt{2}}$$

代入上式得

$$I = \frac{1}{2}\int_0^{2\pi} \frac{1}{3+\cos t} dt = \frac{1}{2} \cdot \frac{\pi}{\sqrt{2}} = \frac{\sqrt{2}}{4}\pi.$$

例 6.14 计算积分 $I = \int_0^{\pi} \dfrac{\cos m\theta}{5-4\cos\theta} d\theta$,其中 m 为正整数.

解 因为函数 $\dfrac{\cos m\theta}{5-4\cos\theta}$ 为偶函数,所以

$$I = \int_0^{\pi} \frac{\cos m\theta}{5-4\cos\theta} d\theta = \frac{1}{2}\int_{-\pi}^{\pi} \frac{\cos m\theta}{5-4\cos\theta} d\theta$$

记 $I_1 = \int_{-\pi}^{\pi} \dfrac{\cos m\theta}{5-4\cos\theta} d\theta, I_2 = \int_{-\pi}^{\pi} \dfrac{\sin m\theta}{5-4\cos\theta} d\theta$,则

$$I_1 + iI_2 = \int_{-\pi}^{\pi} \frac{\cos m\theta}{5-4\cos\theta} d\theta + i\int_{-\pi}^{\pi} \frac{\sin m\theta}{5-4\cos\theta} d\theta = \int_{-\pi}^{\pi} \frac{\cos m\theta + i\sin m\theta}{5-4\cos\theta} d\theta$$

$$= \int_{-\pi}^{\pi} \frac{(e^{i\theta})^m}{5-4\cos\theta} d\theta$$

令 $z = e^{it}$,则

$$dt = \frac{dz}{iz}, \quad \cos\theta = \frac{e^{i\theta}+e^{-i\theta}}{2} = \frac{z+z^{-1}}{2}, \quad \sin\theta = \frac{e^{i\theta}-e^{-i\theta}}{2i} = \frac{z-z^{-1}}{2i}.$$

于是

$$I_1 + iI_2 = \int_{-\pi}^{\pi} \frac{(e^{i\theta})^m}{5-4\cos\theta} d\theta = \int_{|z|=1} \frac{z^m}{5-4\cdot\frac{z+z^{-1}}{2}} \cdot \frac{dz}{iz}$$

$$= \frac{1}{i}\int_{|z|=1} \frac{z^m}{5-2(z+z^{-1})} \cdot \frac{dz}{z} = \frac{1}{i}\int_{|z|=1} \frac{z^m}{5z-2(1+z^2)} dz$$

$$= \frac{i}{2}\int_{|z|=1} \frac{z^m}{(z-2)\left(z-\frac{1}{2}\right)} dz.$$

显然 $\dfrac{z^m}{(z-2)\left(z-\dfrac{1}{2}\right)} \xlongequal{\Delta} f(z)$ 在圆周 $|z|=1$ 的内部仅有一个一阶极点 $z = \dfrac{1}{2}$,

于是
$$\operatorname*{Res}_{z=\frac{1}{2}} f(z) = \frac{z^m}{z-2}\bigg|_{z=\frac{1}{2}} = \frac{\frac{1}{2^m}}{\frac{1}{2}-2} = -\frac{1}{3(2^{m-1})}$$

所以,由留数定理得
$$I_1 + \mathrm{i}I_2 = \frac{\mathrm{i}}{2}\int_{|z|=1}\frac{z^m}{(z-2)\left(z-\frac{1}{2}\right)}\mathrm{d}z = \frac{\mathrm{i}}{2}\cdot 2\pi\mathrm{i}\cdot\left[-\frac{1}{3(2^{m-1})}\right] = \frac{\pi}{3(2^{m-1})}$$

比较上式两边的实部和虚部得,$I_1 = \dfrac{\pi}{3(2^{m-1})}$,$I_2 = 0$,从而 $I = \dfrac{1}{2}I_1 = \dfrac{\pi}{3(2^m)}$.

6.2.2 有理函数的反常积分

形如 $\int_{-\infty}^{+\infty}\dfrac{P(x)}{Q(x)}\mathrm{d}x$ 的反常积分,其中 $P(x),Q(x)$ 均为多项式,称为有理函数的反常积分. 这类积分在数学分析中一般是先对有理函数 $\dfrac{P(x)}{Q(x)}$ 在实数范围内进行分式分解,将其分解成简单分式的代数和,找出 $\dfrac{P(x)}{Q(x)}$ 的原函数,然后再利用反常积分的定义,通过求极限来计算. 这种方法一般也是比较繁琐的.

下面,我们对这类积分建立用留数来计算的计算公式. 为了证明的需要,我们先证明一个引理,该引理的作用主要是用来估计补充路线上的积分值.

引理 6.1 设函数 $f(z)$ 在圆弧 $C_R: z = R\mathrm{e}^{\mathrm{i}\theta}(\theta_1 \leqslant \theta \leqslant \theta_2, R$ 充分大) 上连续,如图 6.7 所示,如果
$$\lim_{R\to+\infty} zf(z) = \lambda \tag{6.13}$$
在圆弧 C_R 上一致成立(即与 $\theta_1 \leqslant \theta \leqslant \theta_2$ 中的 θ 无关,具体来说就是:对任给正数 $\varepsilon > 0$,总存在与 $\theta_1 \leqslant \theta \leqslant \theta_2$ 中的 θ 无关的正数 $M = M(\varepsilon) > 0$,使得当 $R > M$ 时,总有对一切 $z \in C_R$,$|zf(z) - \lambda| < \varepsilon$),则
$$\lim_{R\to+\infty}\int_{C_R} f(z)\mathrm{d}z = \mathrm{i}(\theta_2 - \theta_1)\lambda$$

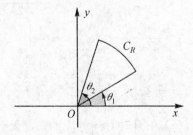

图 6.7 引理 6.1 的示意图

证明 由复积分的参数方程计算公式易得

$$\lambda \int_{C_R} \frac{1}{z} \mathrm{d}z \xrightarrow[\theta_1 \leqslant \theta \leqslant \theta_2]{z=Re^{\mathrm{i}\theta}} \mathrm{i}(\theta_2 - \theta_1)\lambda$$

于是

$$\left| \int_{C_R} f(z)\mathrm{d}z - \mathrm{i}(\theta_2 - \theta_1)\lambda \right| = \left| \int_{C_R} \frac{zf(z) - \lambda}{z} \mathrm{d}z \right| \tag{6.14}$$

由题设 $\lim\limits_{R \to +\infty} zf(z) = \lambda$ 在圆弧 C_R 上一致成立,即对任给正数 $\varepsilon > 0$,总存在与 $\theta_1 \leqslant \theta \leqslant \theta_2$ 中的 θ 无关的正数 $M = M(\varepsilon) > 0$,使得当 $R > M$ 时,总有对一切 $z \in C_R$

$$|zf(z) - \lambda| < \frac{\varepsilon}{\theta_2 - \theta_1}.$$

所以,由积分的估值性及式(6.14),并注意到在 C_R 上,$|z| = R$ 且圆弧 C_R 的长度等于 $R \cdot (\theta_2 - \theta_1)$ 可得,当 $R > M$ 时

$$\left| \int_{C_R} f(z)\mathrm{d}z - \mathrm{i}(\theta_2 - \theta_1)\lambda \right| = \left| \int_{C_R} \frac{zf(z) - \lambda}{z} \mathrm{d}z \right| \leqslant \frac{\varepsilon}{\theta_2 - \theta_1} \cdot \frac{1}{R} \cdot R \cdot (\theta_2 - \theta_1) = \varepsilon$$

故

$$\lim_{R \to +\infty} \int_{C_R} f(z)\mathrm{d}z = \mathrm{i}(\theta_2 - \theta_1)\lambda.$$

定理 6.7 设 $f(z) = \dfrac{P(z)}{Q(z)}$ 为实系数有理函数,其中

$$P(z) = c_0 z^m + c_1 z^{m-1} + \cdots + c_m \quad (c_0 \neq 0)$$

和

$$Q(z) = b_0 z^n + b_1 z^{n-1} + \cdots + b_n \quad (b_0 \neq 0)$$

为互质的多项式,如果 $P(z), Q(z)$ 满足下列条件:

(1) $n - m \geqslant 2$ (即 $Q(z)$ 比 $P(z)$ 的次数至少高 2 次);

(2) 在实轴上,$Q(z) \neq 0$ (即 $Q(z)$ 在实数范围内无根).

则

$$\int_{-\infty}^{+\infty} f(x)\mathrm{d}x = 2\pi\mathrm{i} \sum_{\mathrm{Im}\, a_k > 0} \operatorname{Res}_{z=a_k} f(z) \tag{6.15}$$

其中 $\sum\limits_{\mathrm{Im}\, a_k > 0} \operatorname{Res}\limits_{z=a_k} f(z)$ 表示函数 $f(z)$ 在上半平面内的所有孤立奇点处的留数总和,$\int_{-\infty}^{+\infty} f(x)\mathrm{d}x$ 表示反常积分的柯西主值.

分析:根据反常积分柯西主值的定义 $\int_{-\infty}^{+\infty} f(x)\mathrm{d}x = \lim\limits_{R \to +\infty} \int_{-R}^{R} f(x)\mathrm{d}x$.为了计算该极限,我们想通过留数定理对积分 $\int_{-R}^{R} f(x)\mathrm{d}x$ 进行变形.由于 $f(z) = \dfrac{P(z)}{Q(z)}$ 在平面内(从而在上半平面内)至多只有有限个孤立奇点,因此,只要 R 充分大,如图 6.8 所示,我们取以充分大的 R 为半径的上半圆周 $C_R: |z| = R$,可以使 $f(z) = \dfrac{P(z)}{Q(z)}$ 在上半平面内的所有孤立奇点全含在以 R 为半径的上半圆内,于是,由留数

定理

$$\int_{-R}^{R} f(x)\mathrm{d}x + \int_{C_R} f(z)\mathrm{d}z = 2\pi\mathrm{i}\sum_{\mathrm{Im}a_k>0}\mathop{\mathrm{Res}}_{z=a_k}f(z)$$

即

$$\int_{-R}^{R} f(x)\mathrm{d}x = 2\pi\mathrm{i}\sum_{\mathrm{Im}a_k>0}\mathop{\mathrm{Res}}_{z=a_k}f(z) - \int_{C_R} f(z)\mathrm{d}z$$

因此,我们只要能计算出 $\lim\limits_{R\to+\infty}\int_{C_R} f(z)\mathrm{d}z = 0$ 即可证得公式成立.

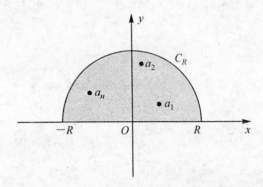

图 6.8　定理 6.7 的示意图

证明　由条件(1)和(2)以及数学分析中反常积分收敛的柯西判别法可得 $\int_{-\infty}^{+\infty} f(x)\mathrm{d}x$ 收敛 $\Big($因为 $\lim\limits_{x\to+\infty} x^2 f(x) = \dfrac{c_0}{b_0}$ 或 $0\Big)$,所以

$$\int_{-\infty}^{+\infty} f(x)\mathrm{d}x = \lim_{R\to+\infty}\int_{-R}^{R} f(x)\mathrm{d}x.$$

下面,我们来求 $\lim\limits_{R\to+\infty}\int_{-R}^{R} f(x)\mathrm{d}x$. 如图 6.8 所示,取上半圆周 $C_R:|z|=R$,其参数方程为 $z = R\mathrm{e}^{\mathrm{i}\theta}\ (0\leqslant\theta\leqslant\pi)$,使得 $f(z)=\dfrac{P(z)}{Q(z)}$ 在上半平面内的所有孤立奇点全含于 C_R 与实轴上的直线段 $[-R,R]$ 所围成的上半圆内. 由题设 $f(z)=\dfrac{P(z)}{Q(z)}$ 在该上半闭圆上解析,由留数定理

$$\int_{-R}^{R} f(x)\mathrm{d}x + \int_{C_R} f(z)\mathrm{d}z = 2\pi\mathrm{i}\sum_{\mathrm{Im}a_k>0}\mathop{\mathrm{Res}}_{z=a_k}f(z)$$

即

$$\int_{-R}^{R} f(x)\mathrm{d}x = 2\pi\mathrm{i}\sum_{\mathrm{Im}a_k>0}\mathop{\mathrm{Res}}_{z=a_k}f(z) - \int_{C_R} f(z)\mathrm{d}z$$

又

$$zf(z) = z\cdot\frac{P(z)}{Q(z)} = \frac{1}{z^{n-m-1}}\cdot\frac{c_0 + c_1\cdot\dfrac{1}{z} + \cdots + c_m\cdot\dfrac{1}{z^m}}{b_0 + b_1\cdot\dfrac{1}{z} + \cdots + b_n\cdot\dfrac{1}{z^n}},\ 且\ n-m-1\geqslant 1$$

所以
$$\lim_{z\to\infty} zf(z) = \lim_{z\to\infty}\frac{1}{z^{n-m-1}} \cdot \frac{c_0 + c_1 \cdot \frac{1}{z} + \cdots + c_m \cdot \frac{1}{z^m}}{b_0 + b_1 \cdot \frac{1}{z} + \cdots + b_n \cdot \frac{1}{z^n}} = 0 \overset{\Delta}{=} \lambda$$

由引理 6.1
$$\lim_{R\to+\infty}\int_{C_R} f(z)\mathrm{d}z = \mathrm{i}\pi \cdot 0 = 0$$

故
$$\int_{-\infty}^{+\infty} f(x)\mathrm{d}x = 2\pi\mathrm{i}\sum_{\mathrm{Im}a_k>0}\operatorname*{Res}_{z=a_k}f(z).$$

例 6.15 设 $a>0$,计算反常积分 $\int_0^{+\infty}\frac{1}{x^4+a^4}\mathrm{d}x$.

解 由于函数 $\frac{1}{x^4+a^4}$ 是偶函数,所以 $\int_0^{+\infty}\frac{1}{x^4+a^4}\mathrm{d}x = \frac{1}{2}\int_{-\infty}^{+\infty}\frac{1}{x^4+a^4}\mathrm{d}x$.

记 $f(z) = \frac{1}{z^4+a^4}$,显然该函数在平面上仅有四个一阶极点 $a_k = a\mathrm{e}^{\mathrm{i}\frac{\pi+2k\pi}{4}}$ ($k=0,1,2,3$),且只有 a_0 和 a_1 在上半平面内,$\operatorname*{Res}_{z=a_k}f(z) = \frac{1}{4z^3}\Big|_{z=a_k} = \frac{1}{4a_k^3} = -\frac{a_k}{4a^4}$. 于是,由定理 6.7

$$\int_0^{+\infty}\frac{1}{x^4+a^4}\mathrm{d}x = \frac{1}{2}\int_{-\infty}^{+\infty}\frac{1}{x^4+a^4}\mathrm{d}x = \frac{1}{2}\cdot 2\pi\mathrm{i}\cdot\left[\operatorname*{Res}_{z=a_0}f(z) + \operatorname*{Res}_{z=a_1}f(z)\right]$$
$$= -\pi\mathrm{i}\cdot\frac{a_0+a_1}{4a^4} = -\pi\mathrm{i}\cdot\frac{1}{4a^4}(a\mathrm{e}^{\frac{\pi}{4}\mathrm{i}} + a\mathrm{e}^{\frac{3\pi}{4}\mathrm{i}})$$
$$= -\pi\mathrm{i}\cdot\frac{1}{4a^3}(\mathrm{e}^{\frac{\pi}{4}\mathrm{i}} - \mathrm{e}^{-\frac{\pi}{4}\mathrm{i}}) = \frac{\pi}{2a^3}\sin\frac{\pi}{4} = \frac{\pi}{2\sqrt{2}a^3}.$$

例 6.16 计算反常积分 $\int_{-\infty}^{+\infty}\frac{x^4}{(2+3x^2)^4}\mathrm{d}x$.

解 记 $f(z) = \frac{z^4}{(2+3z^2)^4}$,显然该函数在上半平面内只有一个四阶极点 $a = \sqrt{\frac{2}{3}}\cdot\mathrm{i}$,且满足定理 6.7 的条件. 由定理 6.7

$$\int_{-\infty}^{+\infty}\frac{x^4}{(2+3x^2)^4}\mathrm{d}x = 2\pi\mathrm{i}\operatorname*{Res}_{z=a}f(z).$$

下面来计算 $\operatorname*{Res}_{z=a}f(z)$. 根据极点处留数的计算公式

$$\operatorname*{Res}_{z=a}f(z) = \frac{1}{3!}\cdot\lim_{z\to a}\left[\left(\frac{z}{z+a}\right)^4\right]''' = -\frac{1}{3^4\cdot 32a^3}$$
$$= -\frac{1}{3^4\cdot 32\cdot\left(\sqrt{\frac{2}{3}}\mathrm{i}\right)^3} = -\frac{\mathrm{i}}{576\sqrt{6}}$$

所以

$$\int_{-\infty}^{+\infty} \frac{x^4}{(2+3x^2)^4} \mathrm{d}x = 2\pi\mathrm{i} \operatorname*{Res}_{z=a} f(z) = 2\pi\mathrm{i} \cdot \left(-\frac{\mathrm{i}}{576\sqrt{6}}\right) = \frac{\pi}{288\sqrt{6}}.$$

6.2.3 傅里叶(Fourier)分析中的反常积分

本小节考虑形如

$$\int_{-\infty}^{+\infty} \frac{P(x)}{Q(x)} \cdot \mathrm{e}^{\mathrm{i}mx} \mathrm{d}x, \quad \int_{-\infty}^{+\infty} \frac{P(x)}{Q(x)} \cdot \cos(mx) \mathrm{d}x, \quad \int_{-\infty}^{+\infty} \frac{P(x)}{Q(x)} \cdot \sin(mx) \mathrm{d}x$$

的反常积分,其中 $P(x),Q(x)$ 为互质实系数多项式,$m>0$,$Q(x)$ 的次数比 $P(x)$ 的次数至少高一次,在实数范围内 $Q(x) \neq 0$. 在数学分析中,对这类积分,我们可以利用狄利克雷(Dirichlet)判别法得到它们的收敛性,但对其积分值的计算没有统一的方法,而且计算一般也比较繁琐.

下面,我们利用留数来建立这类积分的一个统一的计算公式. 为了证明的需要,我们再证明一个引理(该引理的作用同引理 6.1).

引理 6.2 (约当(Jordan)引理)设函数 $g(z)$ 在半圆周 $C_R: z = R\mathrm{e}^{\mathrm{i}\theta}$ ($0 \leqslant \theta \leqslant \pi$, R 充分大)上连续,且 $\lim\limits_{R \to +\infty} g(z) = 0$ 在圆弧 C_R 上一致成立,则

$$\lim_{R \to +\infty} \int_{C_R} g(z) \cdot \mathrm{e}^{\mathrm{i}mz} \mathrm{d}z = 0 \quad (m > 0) \tag{6.16}$$

证明 由引理条件 $\lim\limits_{R \to +\infty} g(z) = 0$ 在半圆周 C_R 上一致成立,即对任给正数 $\varepsilon > 0$,总存在与 $0 \leqslant \theta \leqslant \pi$ 中的 θ 无关的正数 $M = M(\varepsilon) > 0$,使得当 $R > M$ 时,总有对一切 $z \in C_R$

$$|g(z)| < \varepsilon$$

于是,由复积分的参数方程计算公式并注意到,当 $R > M$ 时,$|g(R\mathrm{e}^{\mathrm{i}\theta})| < \varepsilon$, $|R\mathrm{e}^{\mathrm{i}\theta} \cdot \mathrm{i}| = R$, $|\mathrm{e}^{\mathrm{i}mR\mathrm{e}^{\mathrm{i}\theta}}| = \mathrm{e}^{-mR\sin\theta}$ 可得

$$\left| \int_{C_R} g(z) \cdot \mathrm{e}^{\mathrm{i}mz} \mathrm{d}z \right| \stackrel{z=R\mathrm{e}^{\mathrm{i}\theta}}{=\!=\!=} \left| \int_0^\pi g(R\mathrm{e}^{\mathrm{i}\theta}) \mathrm{e}^{\mathrm{i}mR\mathrm{e}^{\mathrm{i}\theta}} \cdot R\mathrm{e}^{\mathrm{i}\theta} \cdot \mathrm{i} \cdot \mathrm{d}\theta \right| \leqslant R\varepsilon \int_0^\pi \mathrm{e}^{-mR\sin\theta} \mathrm{d}\theta$$

再由约当不等式

$$\frac{2\theta}{\pi} \leqslant \sin\theta \leqslant \theta \quad \left(0 \leqslant \theta \leqslant \frac{\pi}{2}\right)$$

可以将上式进一步化为

$$\left| \int_{C_R} g(z) \cdot \mathrm{e}^{\mathrm{i}mz} \mathrm{d}z \right| \leqslant R\varepsilon \int_0^\pi \mathrm{e}^{-mR\sin\theta} \mathrm{d}\theta = 2R\varepsilon \int_0^{\frac{\pi}{2}} \mathrm{e}^{-mR\sin\theta} \mathrm{d}\theta$$

$$\leqslant 2R\varepsilon \int_0^{\frac{\pi}{2}} \mathrm{e}^{-\frac{2mR\theta}{\pi}} \mathrm{d}\theta = \frac{\pi\varepsilon}{m}(1 - \mathrm{e}^{-mR}) < \frac{\pi\varepsilon}{m}$$

所以

$$\lim_{R \to +\infty} \int_{C_R} g(z) \cdot \mathrm{e}^{\mathrm{i}mz} \mathrm{d}z = 0.$$

定理 6.8 设 $g(z) = \dfrac{P(z)}{Q(z)}$ 为实系数有理函数,其中

$$P(z) = c_0 z^m + c_1 z^{m-1} + \cdots + c_m \quad (c_0 \neq 0)$$
和
$$Q(z) = b_0 z^n + b_1 z^{n-1} + \cdots + b_n \quad (b_0 \neq 0),$$
为互质的实系数多项式,如果 $P(z)$,$Q(z)$ 满足下列条件：

(1) $n-m \geqslant 1$(即 $Q(z)$ 比 $P(z)$ 的次数至少高一次)；

(2) 在实轴上,$Q(z) \neq 0$（即 $Q(z)$ 在实数范围内无根）；

(3) $m > 0$.

则
$$\int_{-\infty}^{+\infty} g(z) \cdot e^{imx} dx = 2\pi i \sum_{\text{Im} a_k > 0} \operatorname*{Res}_{z=a_k}[g(z)e^{imz}] \tag{6.17}$$

其中 $\sum\limits_{\text{Im} a_k>0} \operatorname*{Res}\limits_{z=a_k}[g(z)e^{imz}]$ 表示函数 $g(z)e^{imz}$ 在上半平面内的所有孤立奇点处的留数总和.

另外由
$$\int_{-\infty}^{+\infty} g(z) \cdot e^{imx} dx = \int_{-\infty}^{+\infty} g(z) \cdot \cos mx \, dx + i \int_{-\infty}^{+\infty} g(z) \cdot \sin mx \, dx \tag{6.18}$$
再比较两边的实部和虚部就可以得到形如
$$\int_{-\infty}^{+\infty} \frac{P(x)}{Q(x)} \cdot \cos(mx) dx \text{ 和 } \int_{-\infty}^{+\infty} \frac{P(x)}{Q(x)} \cdot \sin(mx) dx$$
的反常积分的值.

证明 由定理条件(1)、(2)和(3)以及数学分析中反常积分收敛的狄利克雷判别法可得 $\int_{-\infty}^{+\infty} g(x)e^{imx} dx$ 收敛,由反常积分柯西主值的定义
$$\int_{-\infty}^{+\infty} g(x)e^{imx} dx = \lim_{R \to +\infty} \int_{-R}^{R} g(x)e^{imx} dx$$

下面我们来求 $\lim\limits_{R \to +\infty} \int_{-R}^{R} g(x)e^{imx} dx$.

如图 6.9 所示,取上半圆周 C_R:$|z|=R$,其参数方程为 $z=Re^{i\theta}$ $(0 \leqslant \theta \leqslant \pi)$,使得

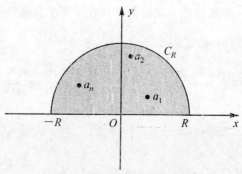

图 6.9　定理 6.8 的示意图

$$g(z)\mathrm{e}^{\mathrm{i}mz} = \frac{P(z)}{Q(z)} \cdot \mathrm{e}^{\mathrm{i}mz}$$

在上半平面内的所有孤立奇点全含于 C_R 与实轴上的直线段 $[-R,R]$ 所围成的上半圆内. 由题设 $g(z)\mathrm{e}^{\mathrm{i}mz}$ 在该上半闭圆上解析,由留数定理

$$\int_{-R}^{R} g(x)\mathrm{e}^{\mathrm{i}mx}\mathrm{d}x + \int_{C_R} g(z)\mathrm{e}^{\mathrm{i}mz}\mathrm{d}z = 2\pi\mathrm{i}\sum_{\mathrm{Im}a_k>0}\mathop{\mathrm{Res}}_{z=a_k}[g(z)\mathrm{e}^{\mathrm{i}mz}]$$

即

$$\int_{-R}^{R} g(x)\mathrm{e}^{\mathrm{i}mx}\mathrm{d}x = 2\pi\mathrm{i}\sum_{\mathrm{Im}a_k>0}\mathop{\mathrm{Res}}_{z=a_k}[g(z)\mathrm{e}^{\mathrm{i}mz}] - \int_{C_R} g(z)\mathrm{e}^{\mathrm{i}mz}\mathrm{d}z$$

又

$$g(z) = \frac{P(z)}{Q(z)} = \frac{1}{z^{n-m}} \cdot \frac{c_0 + c_1 \cdot \frac{1}{z} + \cdots + c_m \cdot \frac{1}{z^m}}{b_0 + b_1 \cdot \frac{1}{z} + \cdots + b_n \cdot \frac{1}{z^n}}, \text{且 } n-m \geqslant 1$$

所以

$$\lim_{z\to\infty} g(z) = \lim_{z\to\infty} \frac{1}{z^{n-m}} \cdot \frac{c_0 + c_1 \cdot \frac{1}{z} + \cdots + c_m \cdot \frac{1}{z^m}}{b_0 + b_1 \cdot \frac{1}{z} + \cdots + b_n \cdot \frac{1}{z^n}} = 0$$

由引理 6.2, $\lim\limits_{R\to+\infty}\int_{C_R} g(z)\mathrm{e}^{\mathrm{i}mz}\mathrm{d}z = 0$,故

$$\int_{-\infty}^{+\infty} g(z) \cdot \mathrm{e}^{\mathrm{i}mx}\mathrm{d}x = 2\pi\mathrm{i}\sum_{\mathrm{Im}a_k>0}\mathop{\mathrm{Res}}_{z=a_k}[g(z)\mathrm{e}^{\mathrm{i}mz}].$$

例 6.17 计算反常积分 $\int_0^{+\infty} \frac{\cos mx}{1+x^2}\mathrm{d}x \ (m>0)$.

解 因被积函数 $\frac{\cos mx}{1+x^2}$ 是偶函数,所以

$$\int_0^{+\infty} \frac{\cos mx}{1+x^2}\mathrm{d}x = \frac{1}{2}\int_{-\infty}^{+\infty}\frac{\cos mx}{1+x^2}\mathrm{d}x = \frac{1}{2}\mathrm{Re}\left[\int_{-\infty}^{+\infty}\frac{\mathrm{e}^{\mathrm{i}mx}}{1+x^2}\mathrm{d}x\right]$$

显然,函数 $\frac{\mathrm{e}^{\mathrm{i}mz}}{1+z^2}$ 满足定理 6.8 的条件且在平面上仅有两个一阶极点 $z=\pm\mathrm{i}$,只有 $z=\mathrm{i}$ 在上半平面内,由定理 6.8

$$\int_{-\infty}^{+\infty}\frac{\mathrm{e}^{\mathrm{i}mx}}{1+x^2}\mathrm{d}x = 2\pi\mathrm{i}\mathop{\mathrm{Res}}_{z=\mathrm{i}}\left(\frac{\mathrm{e}^{\mathrm{i}mz}}{1+z^2}\right) = 2\pi\mathrm{i}\left.\frac{\mathrm{e}^{\mathrm{i}mz}}{z+\mathrm{i}}\right|_{z=\mathrm{i}} = \pi\mathrm{e}^{-m}$$

从而

$$\int_0^{+\infty}\frac{\cos mx}{1+x^2}\mathrm{d}x = \frac{1}{2}\mathrm{Re}\left[\int_{-\infty}^{+\infty}\frac{\mathrm{e}^{\mathrm{i}mx}}{1+x^2}\mathrm{d}x\right] = \frac{\pi}{2} \cdot \mathrm{e}^{-m}.$$

例 6.18 计算反常积分 $\int_{-\infty}^{+\infty}\frac{x\cos x}{x^2-2x+10}\mathrm{d}x$.

解 因为 $\int_{-\infty}^{+\infty} \dfrac{x\cos x}{x^2 - 2x + 10} \mathrm{d}x = \mathrm{Re}\left[\int_{-\infty}^{+\infty} \dfrac{x\mathrm{e}^{\mathrm{i}x}}{x^2 - 2x + 10} \mathrm{d}x\right]$，显然函数 $\dfrac{z\mathrm{e}^{\mathrm{i}z}}{z^2 - 2z + 10}$ 满足定理 6.8 的条件，且在平面上仅有两个一阶极点 $z = 1 \pm 3\mathrm{i}$，只有 $z = 1 + 3\mathrm{i}$ 在上半平面内，由定理 6.8

$$\int_{-\infty}^{+\infty} \frac{x\mathrm{e}^{\mathrm{i}x}}{x^2 - 2x + 10} \mathrm{d}x = 2\pi\mathrm{i} \mathop{\mathrm{Res}}\limits_{z=1+3\mathrm{i}}\left(\frac{z\mathrm{e}^{\mathrm{i}z}}{z^2 - 2z + 10}\right) = 2\pi\mathrm{i} \cdot \left.\frac{z\mathrm{e}^{\mathrm{i}z}}{2z - 2}\right|_{z=1+3\mathrm{i}}$$

$$= 2\pi\mathrm{i} \cdot \frac{(1 + 3\mathrm{i})\mathrm{e}^{-3+\mathrm{i}}}{6\mathrm{i}} = \frac{\pi}{3} \cdot \mathrm{e}^{-3}(1 + 3\mathrm{i})(\cos 1 + \mathrm{i}\sin 1)$$

$$= \frac{\pi}{3} \cdot \mathrm{e}^{-3}(\cos 1 - 3\sin 1) + \mathrm{i}\frac{\pi}{3} \cdot \mathrm{e}^{-3}(3\cos 1 + \sin 1).$$

从而

$$\int_{-\infty}^{+\infty} \frac{x\cos x}{x^2 - 2x + 10} \mathrm{d}x = \mathrm{Re}\left[\int_{-\infty}^{+\infty} \frac{x\mathrm{e}^{\mathrm{i}x}}{x^2 - 2x + 10} \mathrm{d}x\right] = \frac{\pi}{3} \cdot \mathrm{e}^{-3}(\cos 1 - 3\sin 1)$$

并且还可以得到

$$\int_{-\infty}^{+\infty} \frac{x\sin x}{x^2 - 2x + 10} \mathrm{d}x = \mathrm{Im}\left[\int_{-\infty}^{+\infty} \frac{x\mathrm{e}^{\mathrm{i}x}}{x^2 - 2x + 10} \mathrm{d}x\right] = \frac{\pi}{3} \cdot \mathrm{e}^{-3}(3\cos 1 + \sin 1).$$

6.2.4 几个典型实积分

在这一节，我们利用留数的方法来计算几类著名的积分.

1. 狄利克雷积分 —— 傅里叶分析中的反常积分续

形如 $\int_0^{+\infty} \dfrac{\sin x}{x} \mathrm{d}x$ 的反常积分称为狄利克雷积分. 为了计算这个积分，我们先建立更一般的反常积分

$$\int_{-\infty}^{+\infty} f(x)\mathrm{e}^{\mathrm{i}mx} \mathrm{d}x \quad (m > 0)$$

的留数计算公式，其中 $f(x) = \dfrac{P(x)}{Q(x)}$，$P(x)$ 与 $Q(x)$ 均为互质的实系数多项式，$Q(x)$ 的次数比 $P(x)$ 的次数至少高一次，且 $Q(x)$ 在实数范围内至多只有一重根.

为此，我们再引进一个引理.

引理 6.3 如图 6.10 所示，设 $f(z)$ 在圆弧 $C_r: z - a = r\mathrm{e}^{\mathrm{i}\theta}$ ($\theta_1 \leqslant \theta \leqslant \theta_2$, r 充分小) 上连续，如果 $\lim\limits_{r \to 0}(z - a)f(z) = \lambda$ 在圆弧 C_r 上一致成立，则

$$\lim_{r \to 0} \int_{C_r} f(z) \mathrm{d}z = \mathrm{i}(\theta_2 - \theta_1)\lambda \tag{6.19}$$

证明 由复积分的参数方程计算公式易得

$$\lambda \int_{C_r} \frac{1}{z - a} \mathrm{d}z \xlongequal[\theta_1 \leqslant \theta \leqslant \theta_2]{z = a + r\mathrm{e}^{\mathrm{i}\theta}} \mathrm{i}(\theta_2 - \theta_1)\lambda$$

于是

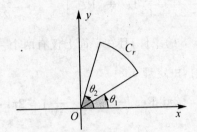

图 6.10 引理 6.3 的示意图

$$\left|\int_{C_r} f(z)\mathrm{d}z - \mathrm{i}(\theta_2 - \theta_1)\lambda\right| = \left|\int_{C_r} \frac{(z-a)f(z) - \lambda}{z-a}\mathrm{d}z\right| \qquad (6.20)$$

由引理条件 $\lim_{r\to 0}(z-a)f(z) = \lambda$ 在圆弧 C_r 上一致成立，即对任给正数 $\varepsilon > 0$，总存在与 $\theta_1 \leqslant \theta \leqslant \theta_2$ 中的 θ 无关的正数 $\delta = \delta(\varepsilon) > 0$，使得当 $0 < r < \delta$ 时，总有对一切 $z \in C_r$

$$|(z-a)f(z) - \lambda| < \frac{\varepsilon}{\theta_2 - \theta_1}$$

所以，由积分的估值性及式(6.20)，并注意到在 C_r 上 $|z-a| = r$ 且圆弧 C_r 的长度等于 $r \cdot (\theta_2 - \theta_1)$ 得，当 $0 < r < \delta$ 时

$$\left|\int_{C_r} f(z)\mathrm{d}z - \mathrm{i}(\theta_2 - \theta_1)\lambda\right| = \left|\int_{C_r} \frac{(z-a)f(z) - \lambda}{z-a}\mathrm{d}z\right|$$
$$\leqslant \frac{\varepsilon}{\theta_2 - \theta_1} \cdot \frac{1}{r} \cdot r \cdot (\theta_2 - \theta_1) = \varepsilon$$

故

$$\lim_{r \to 0} \int_{C_r} f(z)\mathrm{d}z = \mathrm{i}(\theta_2 - \theta_1)\lambda.$$

定理 6.9 设 $f(z) = \dfrac{P(z)}{Q(z)}$ 为实系数有理函数，其中

$$P(z) = c_0 z^m + c_1 z^{m-1} + \cdots + c_m \quad (c_0 \neq 0)$$

和

$$Q(z) = b_0 z^n + b_1 z^{n-1} + \cdots + b_n \quad (b_0 \neq 0)$$

为互质的实系数多项式，如果 $P(z), Q(z)$ 满足下列条件：

(1) $n - m \geqslant 1$ (即 $Q(z)$ 比 $P(z)$ 的次数至少高一次)；

(2) 在实轴上，$Q(z)$ 至多只有一重零点；

(3) $m > 0$.

则

$$\int_{-\infty}^{+\infty} f(z) \cdot \mathrm{e}^{\mathrm{i}mx}\mathrm{d}x = 2\pi\mathrm{i} \sum_{\mathrm{Im}a_k > 0} \operatorname*{Res}_{z=a_k}[f(z)\mathrm{e}^{\mathrm{i}mz}] + \pi\mathrm{i} \sum_{\mathrm{Im}b_j = 0} \operatorname*{Res}_{z=b_j}[f(z)\mathrm{e}^{\mathrm{i}mz}] \qquad (6.21)$$

其中 $\sum_{\mathrm{Im}a_k > 0} \operatorname*{Res}_{z=a_k}[f(z)\mathrm{e}^{\mathrm{i}mz}]$ 表示函数 $f(z)\mathrm{e}^{\mathrm{i}mz}$ 在上半平面内的所有孤立奇点处的留数总

和，而 $\sum_{\mathrm{Im}b_j=0}\mathrm{Res}_{z=b_j}[f(z)\mathrm{e}^{imz}]$ 表示函数 $f(z)\mathrm{e}^{imz}$ 在实轴上的所有一阶极点处的留数总和．

易见，当 $Q(z)$ 在实轴上无零点时，定理 6.9 中的公式就是定理 6.8 中的公式．

证明 为证明方便不妨设 $Q(z)$ 在实轴上仅有一个一重零点 a，即 $f(z)$ 在实轴上只有一个一阶极点 a. 由反常积分柯西主值的定义

$$\int_{-\infty}^{+\infty} f(x)\mathrm{e}^{imx}\,\mathrm{d}x = \lim_{\substack{r\to 0 \\ R\to +\infty}}\left[\int_{-R}^{a-r}f(x)\mathrm{e}^{imx}\,\mathrm{d}x + \int_{a+r}^{R}f(x)\mathrm{e}^{imx}\,\mathrm{d}x\right].$$

下面我们来求 $\lim_{\substack{r\to 0 \\ R\to +\infty}}\left[\int_{-R}^{a-r}f(x)\mathrm{e}^{imx}\,\mathrm{d}x + \int_{a+r}^{R}f(x)\mathrm{e}^{imx}\,\mathrm{d}x\right]$.

如图 6.11 所示，取上半圆周 $C_R: |z|=R$，其参数方程为 $z=R\mathrm{e}^{i\theta}$ ($0\leqslant\theta\leqslant\pi$)，以及上半圆周 $C_r: |z-a|=r$，其参数方程为 $z=a+r\mathrm{e}^{i\theta}$ ($0\leqslant\theta\leqslant\pi$) 使得 $f(z)\mathrm{e}^{imz} = \dfrac{P(z)}{Q(z)}\cdot\mathrm{e}^{imz}$ 在上半平面内的所有孤立奇点全含于 C_R 及 C_r 与实轴上的直线段 $[-R, a-r]$ 及 $[a+r, R]$ 所围成的有界区域内．由题设 $f(z)\mathrm{e}^{imz}$ 在该区域加边界所构成的有界闭域上解析，由留数定理

$$\int_{-R}^{a-r}f(x)\mathrm{e}^{imx}\,\mathrm{d}x + \int_{a+r}^{R}f(x)\mathrm{e}^{imx}\,\mathrm{d}x + \int_{C_R}f(z)\mathrm{e}^{imz}\,\mathrm{d}z - \int_{C_r}f(z)\mathrm{e}^{imz}\,\mathrm{d}z$$
$$= 2\pi i\sum_{\mathrm{Im}a_k>0}\mathrm{Res}_{z=a_k}[f(z)\mathrm{e}^{imz}]$$

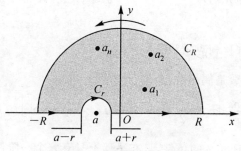

图 6.11 定理 6.9 的示意图

即

$$\int_{-R}^{a-r}f(x)\mathrm{e}^{imx}\,\mathrm{d}x + \int_{a+r}^{R}f(x)\mathrm{e}^{imx}\,\mathrm{d}x$$
$$= 2\pi i\sum_{\mathrm{Im}a_k>0}\mathrm{Res}_{z=a_k}[f(z)\mathrm{e}^{imz}] - \int_{C_R}f(z)\mathrm{e}^{imz}\,\mathrm{d}z + \int_{C_r}f(z)\mathrm{e}^{imz}\,\mathrm{d}z$$

又

$$f(z)=\frac{P(z)}{Q(z)}=\frac{1}{z^{n-m}}\cdot\frac{c_0+c_1\cdot\dfrac{1}{z}+\cdots+c_m\cdot\dfrac{1}{z^m}}{b_0+b_1\cdot\dfrac{1}{z}+\cdots+b_n\cdot\dfrac{1}{z^n}},\text{ 且 } n-m\geqslant 1$$

所以
$$\lim_{z\to\infty}f(z)=\lim_{z\to\infty}\frac{1}{z^{n-m}}\cdot\frac{c_0+c_1\cdot\frac{1}{z}+\cdots+c_m\cdot\frac{1}{z^m}}{b_0+b_1\cdot\frac{1}{z}+\cdots+b_n\cdot\frac{1}{z^n}}=0$$

由引理 6.2，$\lim_{R\to+\infty}\int_{C_R}f(z)\mathrm{e}^{\mathrm{i}mz}\mathrm{d}z=0$. 又因 a 为 $f(z)\mathrm{e}^{\mathrm{i}mz}$ 的一阶极点，由一阶极点留数的计算公式得

$$\lim_{z\to a}(z-a)f(z)\mathrm{e}^{\mathrm{i}mz}=\operatorname*{Res}_{z=a}[f(z)\mathrm{e}^{\mathrm{i}mz}]$$

由引理 6.3

$$\lim_{r\to 0}\int_{C_r}f(z)\mathrm{e}^{\mathrm{i}mz}\mathrm{d}z=\pi\cdot\operatorname*{Res}_{z=a}[f(z)\mathrm{e}^{\mathrm{i}mz}]$$

故

$$\int_{-\infty}^{+\infty}f(z)\cdot\mathrm{e}^{\mathrm{i}mx}\mathrm{d}x=2\pi\mathrm{i}\cdot\sum_{\mathrm{Im}a_k>0}\operatorname*{Res}_{z=a_k}[f(z)\mathrm{e}^{\mathrm{i}mz}]+\pi\mathrm{i}\cdot\operatorname*{Res}_{z=a}[f(z)\mathrm{e}^{\mathrm{i}mz}].$$

注：由上述公式，并注意到

$$\int_{-\infty}^{+\infty}f(z)\cdot\mathrm{e}^{\mathrm{i}mx}\mathrm{d}x=\int_{-\infty}^{+\infty}f(z)\cdot\cos mx\,\mathrm{d}x+\mathrm{i}\int_{-\infty}^{+\infty}f(z)\cdot\sin mx\,\mathrm{d}x$$

再比较两边的实部和虚部可以得形如

$$\int_{-\infty}^{+\infty}\frac{P(x)}{Q(x)}\cdot\cos(mx)\mathrm{d}x \text{ 和 } \int_{-\infty}^{+\infty}\frac{P(x)}{Q(x)}\cdot\sin(mx)\mathrm{d}x$$

的反常积分的值.

例 6.19 计算（狄利克雷积分）$\int_{0}^{+\infty}\frac{\sin x}{x}\mathrm{d}x$.

解 因被积函数是偶函数，所以

$$\int_{0}^{+\infty}\frac{\sin x}{x}\mathrm{d}x=\frac{1}{2}\cdot\int_{-\infty}^{+\infty}\frac{\sin x}{x}\mathrm{d}x=\frac{1}{2}\cdot\mathrm{Im}\left[\int_{-\infty}^{+\infty}\frac{\mathrm{e}^{\mathrm{i}x}}{x}\mathrm{d}x\right]$$

显然 $\frac{\mathrm{e}^{\mathrm{i}z}}{z}$ 满足定理 6.9 的条件，且在平面上只有一个一阶极点 $z=0$（该点在实轴上），所以 $\frac{\mathrm{e}^{\mathrm{i}z}}{z}$ 在上半平面内解析. 由定理 6.9

$$\int_{-\infty}^{+\infty}\frac{\mathrm{e}^{\mathrm{i}x}}{x}\mathrm{d}x=\pi\mathrm{i}\cdot\operatorname*{Res}_{z=0}\left(\frac{\mathrm{e}^{\mathrm{i}z}}{z}\right)=\pi\mathrm{i}\cdot\mathrm{e}^{\mathrm{i}z}\big|_{z=0}=\pi\mathrm{i}$$

从而

$$\int_{0}^{+\infty}\frac{\sin x}{x}\mathrm{d}x=\frac{1}{2}\cdot\mathrm{Im}\left[\int_{-\infty}^{+\infty}\frac{\mathrm{e}^{\mathrm{i}x}}{x}\mathrm{d}x\right]=\frac{\pi}{2}.$$

2. 计算弗莱捏尔（Fresnel）积分

形如 $\int_{0}^{+\infty}\cos x^2\mathrm{d}x$ 和 $\int_{0}^{+\infty}\sin x^2\mathrm{d}x$ 的积分称为弗莱捏尔（Fresnel）积分. 下面，

我们利用留数来计算这两个积分的值.

例 6.20 已知:泊松(Piosson)或概率积分 $\int_0^{+\infty} e^{-x^2}dx = \frac{\sqrt{\pi}}{2}$,试计算

$$\int_0^{+\infty} \cos x^2 dx \text{ 和 } \int_0^{+\infty} \sin x^2 dx$$

的值.

解 作辅助函数 $f(z) = e^{-z^2}$,如图 6.12 所示,取辅助积分路线 $\Gamma_R = \overrightarrow{OR} + C_R + \overrightarrow{AO}$,其中 $C_R: z = Re^{i\theta}\left(0 \leqslant \theta \leqslant \frac{\pi}{4}\right)$; $\overrightarrow{OR}: z = x\ (0 \leqslant x \leqslant R)$; $\overrightarrow{AO}: z = xe^{\frac{\pi}{4}i}$ $(0 \leqslant x \leqslant R)$.

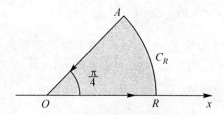

图 6.12 弗莱涅尔积分示意图

因为 $f(z) = e^{-z^2}$ 为整函数,由柯西积分定理

$$0 = \int_{\Gamma_R} e^{-z^2} dz = \int_{\overrightarrow{OR}} e^{-z^2} dz + \int_{C_R} e^{-z^2} dz + \int_{\overrightarrow{AO}} e^{-z^2} dz$$
$$= \int_0^R e^{-x^2} dx + \int_{C_R} e^{-z^2} dz + \int_R^0 e^{-x^2 e^{\frac{\pi}{2}i}} \cdot e^{\frac{\pi}{4}i} dx \qquad (6.22)$$

而由积分的估值性得

$$\left|\int_{C_R} e^{-z^2} dz\right| \xlongequal{z=Re^{i\theta}} \left|\int_0^{\frac{\pi}{4}} e^{-R^2(\cos 2\theta + i\sin 2\theta)} i \cdot Re^{i\theta} d\theta\right| \leqslant R\int_0^{\frac{\pi}{4}} e^{-R^2 \cos 2\theta} d\theta$$
$$\xlongequal{2\theta = \frac{\pi}{2}-t} \frac{R}{2}\int_0^{\frac{\pi}{2}} e^{-R^2 \sin t} dt \leqslant \frac{R}{2}\int_0^{\frac{\pi}{2}} e^{-R^2 \cdot \frac{2t}{\pi}} dt = \frac{\pi}{4R}(1 - e^{-R^2})$$

所以

$$\lim_{R \to +\infty} \int_{C_R} e^{-z^2} dz = 0$$

在式(6.22)两边取极限,并注意到 $\int_0^{+\infty} e^{-x^2} dx = \frac{\sqrt{\pi}}{2}$ 得

$$\int_0^{+\infty} (\cos x^2 - i\sin x^2) dx = \frac{1}{2}\sqrt{\frac{\pi}{2}}(1 - i)$$

比较上式两边的实部和虚部

$$\int_0^{+\infty} \cos x^2 dx = \frac{1}{2}\sqrt{\frac{\pi}{2}} = \int_0^{+\infty} \sin x^2 dx.$$

3*. 几个复杂实积分的计算

例 6.21 计算实积分 $I = \int_0^{+\infty} e^{-ax^2} \cos bx \, dx$,其中 $a > 0$.

解 当 $b = 0$ 时, $I = \int_0^{+\infty} e^{-ax^2} dx \xrightarrow{t=\sqrt{a}x} \frac{1}{\sqrt{a}} \int_0^{+\infty} e^{-t^2} dt = \frac{1}{\sqrt{a}} \cdot \frac{\sqrt{\pi}}{2} = \frac{1}{2}\sqrt{\frac{\pi}{a}}$.

当 $b \neq 0$ 时,由于 $\cos bx$ 是偶函数,我们只需考虑 $b > 0$ 的情形. 因为

$$I = \int_0^{+\infty} e^{-ax^2} \cos bx \, dx = \frac{1}{2} \int_{-\infty}^{+\infty} e^{-ax^2} \cos bx \, dx = \frac{1}{2} \cdot \text{Re} \int_{-\infty}^{+\infty} e^{-(ax^2 + ibx)} dx$$

$$\xrightarrow{\text{配方得}} \frac{1}{2} \cdot \text{Re} \, e^{-\frac{b^2}{4a}} \int_{-\infty}^{+\infty} e^{-a(x + \frac{b}{2a}i)^2} dx \xrightarrow{z = x + \frac{b}{2a}i} \frac{1}{2} \cdot \text{Re} \, e^{-\frac{b^2}{4a}} \int_{-\infty + \frac{b}{2a}i}^{+\infty + \frac{b}{2a}i} e^{-az^2} dz$$

$$\xrightarrow{\text{反常积分的定义}} \frac{1}{2} \cdot e^{-\frac{b^2}{4a}} \text{Re} \left[\lim_{R \to +\infty} \int_{-R + \frac{b}{2a}i}^{R + \frac{b}{2a}i} e^{-az^2} dz \right]$$

如图 6.13 所示,取辅助函数 $f(z) = e^{-az^2}$,并取辅助积分路径为
$$C_R = \overrightarrow{AB} + \overrightarrow{BC} + \overrightarrow{CD} + \overrightarrow{DA}$$

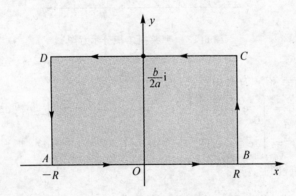

图 6.13 例 6.21 的积分路径示意图

由柯西积分定理

$$0 = \int_{C_R} e^{-az^2} dz = \int_{\overrightarrow{AB}} e^{-az^2} dz + \int_{\overrightarrow{BC}} e^{-az^2} dz + \int_{\overrightarrow{CD}} e^{-az^2} dz + \int_{\overrightarrow{DA}} e^{-az^2} dz$$

从而 $\int_{\overrightarrow{DC}} e^{-az^2} dz = -\int_{\overrightarrow{CD}} e^{-az^2} dz = \int_{\overrightarrow{AB}} e^{-az^2} dz + \int_{\overrightarrow{BC}} e^{-az^2} dz + \int_{\overrightarrow{DA}} e^{-az^2} dz$

于是

$$I_1 \stackrel{\Delta}{=} \lim_{R \to +\infty} \int_{-R + \frac{b}{2a}i}^{R + \frac{b}{2a}i} e^{-az^2} dz = \lim_{R \to +\infty} \int_{\overrightarrow{DC}} e^{-az^2} dz$$

$$= \lim_{R \to +\infty} \left[\int_{\overrightarrow{AB}} e^{-az^2} dz + \int_{\overrightarrow{BC}} e^{-az^2} dz + \int_{\overrightarrow{DA}} e^{-az^2} dz \right]$$

下面,我们分别计算 $\lim_{R \to +\infty} \int_{\overrightarrow{AB}} e^{-az^2} dz, \lim_{R \to +\infty} \int_{\overrightarrow{BC}} e^{-az^2} dz, \lim_{R \to +\infty} \int_{\overrightarrow{DA}} e^{-az^2} dz$.

$$\lim_{R\to+\infty}\int_{\overrightarrow{AB}}\mathrm{e}^{-az^2}\mathrm{d}z \xlongequal{z=x} \lim_{R\to+\infty}\int_{-R}^{R}\mathrm{e}^{-ax^2}\mathrm{d}x = \int_{-\infty}^{+\infty}\mathrm{e}^{-ax^2}\mathrm{d}x = \sqrt{\frac{\pi}{a}}$$

由于线段 $\overrightarrow{BC}$ 和 $\overrightarrow{DA}$ 的参数方程为:$z=\pm R+\mathrm{i}y\left(0\leqslant y\leqslant\dfrac{b}{2a}\right)$

$$|\mathrm{e}^{-az^2}| = \mathrm{e}^{-a(R^2-y^2)} \leqslant \mathrm{e}^{\frac{b^2}{4a}}\cdot\mathrm{e}^{-aR^2}$$

从而由积分的估值性

$$\left|\int_{\overrightarrow{BC}}\mathrm{e}^{-az^2}\mathrm{d}z\right| \leqslant \frac{b}{2a}\cdot\mathrm{e}^{\frac{b^2}{4a}}\cdot\mathrm{e}^{-aR^2} \to 0\ (R\to+\infty)$$

$$\left|\int_{\overrightarrow{DA}}\mathrm{e}^{-az^2}\mathrm{d}z\right| \leqslant \frac{b}{2a}\cdot\mathrm{e}^{\frac{b^2}{4a}}\cdot\mathrm{e}^{-aR^2} \to 0\ (R\to+\infty)$$

即

$$\lim_{R\to+\infty}\int_{\overrightarrow{BC}}\mathrm{e}^{-az^2}\mathrm{d}z = 0,\ \lim_{R\to+\infty}\int_{\overrightarrow{DA}}\mathrm{e}^{-az^2}\mathrm{d}z = 0$$

所以

$$I_1 = \sqrt{\frac{\pi}{a}},\ I = \frac{1}{2}\cdot\mathrm{e}^{-\frac{b^2}{4a}}\mathrm{Re}\left[\lim_{R\to+\infty}\int_{-R+\frac{b}{2a}\mathrm{i}}^{R+\frac{b}{2a}\mathrm{i}}\mathrm{e}^{-az^2}\mathrm{d}z\right] = \frac{1}{2}\cdot\mathrm{e}^{-\frac{b^2}{4a}}\sqrt{\frac{\pi}{a}}.$$

注:上述积分在数学分析中可以利用含参变量积分来计算,参阅:华东师范大学数学系编. 数学分析(下册)(第三版). 高等教育出版社,2001 年 6 月,P187~188.

定理 6.10 若实有理函数 $R(x)=\dfrac{P(x)}{Q(x)}$ 满足:$P(x)$ 和 $Q(x)$ 互质,$Q(x)$ 在 $R^+=[0,+\infty)$ 上恒不为零,且 $\partial Q\geqslant\partial P+1$,$0<\alpha<1$,则

$$\int_0^{+\infty}\frac{R(x)}{x^\alpha}\mathrm{d}x = \frac{2\pi\mathrm{i}}{1-\mathrm{e}^{-2\pi\alpha\mathrm{i}}}\sum_{z_k\in\mathbf{C}\setminus[0,+\infty)}\mathrm{Res}_{z=z_k}\frac{R(z)}{z^\alpha} \tag{6.23}$$

其中 z^α 为 $\mathbf{C}\setminus[0,+\infty)$ 上满足 $z^\alpha|_{z=1\text{上}}=1$ 的解析分支(即主值支),z_k 为 $\dfrac{R(z)}{z^\alpha}$ 在 $\mathbf{C}\setminus[0,+\infty)$ 内的孤立奇点,即 $Q(z)$ 在 $\mathbf{C}\setminus[0,+\infty)$ 内的零点.

证明 由反常积分柯西主值的含义

$$\int_0^{+\infty}\frac{R(x)}{x^\alpha}\mathrm{d}x = \lim_{\substack{R\to+\infty\\ \varepsilon\to 0^+}}\int_\varepsilon^R\frac{R(x)}{x^\alpha}\mathrm{d}x$$

作辅助函数 $\dfrac{R(z)}{z^\alpha}$,并记 $Q(z)$ 在 $\mathbf{C}\setminus[0,+\infty)$ 内的零点为

$$z_k \in \{z\mid z\in\mathbf{C}\setminus[0,+\infty), Q(z)=0\}$$

显然这样的零点至多只有有限个.

取充分大的正数 R 和充分小的正数 ε,使得 $Q(z)$ 在 $\mathbf{C}\setminus[0,+\infty)$ 内的零点都含于区域

$$D = \{z\mid |z|<R\}\setminus\{z\mid |z|\leqslant\varepsilon\}\cup[0,+\infty)$$

内,如图 6.14 所示.

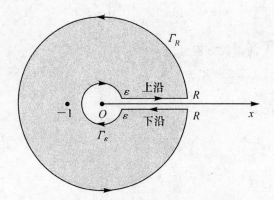

图 6.14 定理 6.10 中积分路径的示意图

现考虑函数 $\dfrac{R(z)}{z^a}$ 沿 D 的边界
$$C_{R,\varepsilon} = \Gamma_R + \Gamma_\varepsilon^- + \overrightarrow{\varepsilon,R}_{\text{上沿}} + \overrightarrow{R,\varepsilon}_{\text{下沿}}$$
的正向积分,由留数定理,并注意到当 $x \in \overrightarrow{R,\varepsilon}_{\text{下沿}}$ 时
$$z^a = e^{a\ln x} \cdot e^{2\pi a i} = x^a \cdot e^{2\pi a i}$$
得
$$\int_{\Gamma_R} \frac{R(z)}{z^a} dz + \int_{\Gamma_\varepsilon^-} \frac{R(z)}{z^a} dz + (1 - e^{-2\pi a i}) \int_\varepsilon^R \frac{R(x)}{x^a} dx$$
$$= \int_{\Gamma_R} \frac{R(z)}{z^a} dz + \int_{\Gamma_\varepsilon^-} \frac{R(z)}{z^a} dz + \int_\varepsilon^R \frac{R(x)}{x^a} dx + e^{-2\pi a i} \int_R^\varepsilon \frac{R(x)}{x^a} dx$$
$$= \int_{C_{R,\varepsilon}} R(z) e^{imz} dz = 2\pi i \sum_{z_k \in \mathbb{C}\setminus[0,+\infty)} \operatorname*{Res}_{z=z_k} \frac{R(z)}{z^a} \tag{6.24}$$

又由 $\partial Q \geqslant \partial P + 1, 0 < \alpha < 1$ 得
$$\lim_{z \to \infty} z \frac{R(z)}{z^a} = \lim_{z \to \infty} \frac{z \cdot P(z)}{Q(z)} \cdot \frac{1}{z^a} = \lim_{z \to \infty} \frac{z \cdot P(z)}{Q(z)} \cdot \frac{1}{|z|^a e^{ia\arg z}} = 0$$
$$\lim_{z \to 0} z \frac{R(z)}{z^a} = \lim_{z \to 0} z \cdot \frac{P(z)}{Q(z)} \cdot \frac{1}{z^a} = \lim_{z \to 0} |z|^{1-a} \cdot e^{i(1-a)\arg z} \cdot \frac{P(z)}{Q(z)} = 0$$

由引理 6.1 和引理 6.3
$$\lim_{R \to +\infty} \int_{\Gamma_R} \frac{R(z)}{z^a} dz = i2\pi \cdot 0 = 0$$
$$\lim_{\varepsilon \to 0^+} \int_{\Gamma_\varepsilon^-} \frac{R(z)}{z^a} dz = -\lim_{\varepsilon \to 0^+} \int_{\Gamma_\varepsilon} \frac{R(z)}{z^a} dz = -i2\pi \cdot 0 = 0$$

在式 (6.24) 两边让 $R \to +\infty, \varepsilon \to 0^+$
$$(1 - e^{-2\pi a i}) \int_0^{+\infty} \frac{R(x)}{x^a} dx = \lim_{\substack{R \to +\infty \\ \varepsilon \to 0^+}} (1 - e^{-2\pi a i}) \int_\varepsilon^R \frac{R(x)}{x^a} dx = 2\pi i \sum_{z_k \in \mathbb{C}\setminus[0,+\infty)} \operatorname*{Res}_{z=z_k} \frac{R(z)}{z^a}$$

即
$$\int_0^{+\infty}\frac{R(x)}{x^a}\mathrm{d}x=\frac{2\pi\mathrm{i}}{1-\mathrm{e}^{-2\pi a\mathrm{i}}}\sum_{z_k\in\mathbf{C}\backslash[0,+\infty)}\operatorname*{Res}_{z=z_k}\frac{R(z)}{z^a}.$$

例 6.22 计算实积分 $I=\int_0^{+\infty}\dfrac{1}{(1+x)x^a}\mathrm{d}x$,其中 $0<\alpha<1$.

解 考虑函数 $R(z)=\dfrac{1}{1+z}$,由定理 6.10
$$\int_0^{+\infty}\frac{R(x)}{x^a}\mathrm{d}x=\frac{2\pi\mathrm{i}}{1-\mathrm{e}^{-2\pi a\mathrm{i}}}\sum_{z_k\in\mathbf{C}\backslash[0,+\infty)}\operatorname*{Res}_{z=z_k}\frac{R(z)}{z^a}.$$

由于函数 $\dfrac{R(z)}{z^a}$ 在 $\mathbf{C}\backslash[0,+\infty)$ 内仅有一个一阶极点 $z=-1$,且 $(-1)^a=\mathrm{e}^{\mathrm{i}a\pi}$,所以
$$\sum_{z_k\in\mathbf{C}\backslash[0,+\infty)}\operatorname*{Res}_{z=z_k}\frac{R(z)}{z^a}=\operatorname*{Res}_{z=-1}\frac{R(z)}{z^a}=\lim_{z\to-1}(z+1)\frac{R(z)}{z^a}=\frac{1}{(-1)^a}=\mathrm{e}^{-\mathrm{i}a\pi}.$$

所以
$$\int_0^{+\infty}\frac{1}{(1+x)x^a}\mathrm{d}x=\frac{2\pi\mathrm{i}}{1-\mathrm{e}^{-2\pi a\mathrm{i}}}\mathrm{e}^{-\mathrm{i}a\pi}=\pi\frac{2\mathrm{i}}{\mathrm{e}^{\mathrm{i}a\pi}-\mathrm{e}^{-\mathrm{i}a\pi}}=\frac{\pi}{\sin a\pi}.$$

注:(1) 在数学分析中,对著名的贝塔函数
$$B(p,q)=\int_0^1 x^{p-1}(1-x)^{q-1}\mathrm{d}x\ (0<p<1,0<q<1)$$
令 $x=\dfrac{y}{y+1}$,可以化为 $B(p,q)=\int_0^{+\infty}\dfrac{y^{p-1}}{(1+y)^{p+q}}\mathrm{d}y$;又
$$B(p,q)=\frac{\Gamma(p)\cdot\Gamma(q)}{\Gamma(p+q)}$$
当 $p+q=1$ 时,$B(p,1-p)=\Gamma(p)\cdot\Gamma(1-p)$,从而
$$\Gamma(p)\cdot\Gamma(1-p)=\int_0^{+\infty}\frac{y^{p-1}}{1+y}\mathrm{d}y=\int_0^{+\infty}\frac{1}{(1+y)\cdot y^{1-p}}\mathrm{d}y$$
$$\xrightarrow{\text{例}11}\frac{\pi}{\sin\pi(1-p)}=\frac{\pi}{\sin\pi p} \tag{6.25}$$

式(6.25) 称为余元公式.

(2) 对积分 $I=\int_0^{+\infty}\dfrac{1}{(1+x)x^a}\mathrm{d}x$,作变量代换 $x=\mathrm{e}^u$ 可得
$$I=\int_{-\infty}^{+\infty}\frac{\mathrm{e}^{(1-a)u}}{1+\mathrm{e}^u}\mathrm{d}u,\ 0<\alpha<1$$
从而
$$\int_{-\infty}^{+\infty}\frac{\mathrm{e}^{(1-a)u}}{1+\mathrm{e}^u}\mathrm{d}u=\frac{\pi}{\sin\pi\alpha}.$$

定理 6.11 若实有理函数 $R(x)=\dfrac{P(x)}{Q(x)}$ 满足:$P(x)$ 和 $Q(x)$ 互质,$Q(x)$ 在 $R^+=[0,+\infty)$ 上恒不为零,且 $\partial Q\geqslant\partial P+2$,则

$$\int_0^{+\infty} R(x)\ln x\,dx = -\frac{1}{4\pi i}\Big[-4\pi^2 \int_0^{+\infty} R(x)\,dx + 2\pi i \sum_{z_k \in \mathbf{C}\backslash[0,+\infty)} \operatorname*{Res}_{z=z_k} R(z)\ln^2 z\Big]$$

$$= \frac{\pi}{i}\int_0^{+\infty} R(x)\,dx - \frac{1}{2}\sum_{z_k \in \mathbf{C}\backslash[0,+\infty)} \operatorname*{Res}_{z=z_k} R(z)\ln^2 z \qquad (6.26)$$

其中 $\ln z$ 为 $\mathbf{C}\backslash[0,+\infty)$ 上满足 $\ln z|_{z=1上}=0$ 的解析分支(即主值支), z_k 为解析分支 $R(z)\ln^2 z$ 在 $\mathbf{C}\backslash[0,+\infty)$ 内的孤立奇点,即 $Q(z)$ 在 $\mathbf{C}\backslash[0,+\infty)$ 内的零点.

证明 由反常积分柯西主值的含义

$$\int_0^{+\infty} R(x)\ln x\,dx = \lim_{\substack{R\to+\infty\\ \varepsilon\to 0^+}} \int_\varepsilon^R R(x)\ln x\,dx.$$

作辅助函数 $R(z)\ln^2 z$, 并记 $Q(z)$ 在 $\mathbf{C}\backslash[0,+\infty)$ 内的零点为

$$z_k \in \{z \mid z \in \mathbf{C}\backslash[0,+\infty), Q(z)=0\}$$

显然这样的零点至多只有有限个. 如图 6.15 所示, 取充分大的正数 R 和充分小的正数 ε, 使得 $Q(z)$ 在 $\mathbf{C}\backslash[0,+\infty)$ 内的零点都含于区域

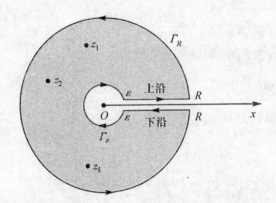

图 6.15 定理 6.11 中积分路径的示意图

$$D = \{z \mid |z|<R\}\backslash\{z \mid |z|\leqslant \varepsilon\} \cup [0,+\infty)$$

内,现考虑函数 $R(z)\ln^2 z$ 沿 D 的边界

$$C_{R,\varepsilon} = \Gamma_R + \Gamma_\varepsilon^- + \overrightarrow{\varepsilon, R}_{上沿} + \overrightarrow{R, \varepsilon}_{下沿}$$

的正向积分,由留数定理,并注意到当 $x \in \overrightarrow{R,\varepsilon}_{下沿}$ 时

$$\ln^2 z = (\ln x + 2\pi i)^2 = \ln^2 x + 4\pi i \ln x - 4\pi^2$$

得

$$\int_{\Gamma_R} R(z)\ln^2 z\,dz + \int_{\Gamma_\varepsilon^-} R(z)\ln^2 z\,dz - 4\pi i\int_\varepsilon^R R(x)\ln x\,dx + 4\pi^2\int_\varepsilon^R R(x)\,dx$$

$$= \int_{\Gamma_R} R(z)\ln^2 z\,dz + \int_{\Gamma_\varepsilon^-} R(z)\ln^2 z\,dz + \int_\varepsilon^R R(x)\ln^2 x\,dx +$$

$$\int_R^\varepsilon R(x)(\ln^2 x + 4\pi i \ln x - 4\pi^2)\,dx$$

第 6 章　留数理论及其应用

$$= \int_{C_{R,\varepsilon}} R(z)\ln^2 z\,\mathrm{d}z = 2\pi\mathrm{i} \sum_{z_k \in \mathbb{C}\backslash[0,+\infty)} \operatorname*{Res}_{z=z_k} R(z)\ln^2 z \quad (6.27)$$

又由 $\partial Q \geqslant \partial P + 2$ 得

$$\lim_{z\to\infty} z \cdot R(z)\ln^2 z = \lim_{z\to\infty} \frac{z \cdot P(z)}{Q(z)} \cdot (\ln|z| + \mathrm{i}\arg z)^2$$

$$= \lim_{z\to\infty} \frac{z^2 \cdot P(z)}{Q(z)} \cdot \frac{(\ln|z| + \mathrm{i}\arg z)^2}{z} = 0$$

$$\lim_{z\to 0} z \cdot R(z)\ln^2 z = \lim_{z\to 0} \frac{P(z)}{Q(z)} \cdot z(\ln|z| + \mathrm{i}\arg z)^2 = 0$$

注意上面两式中用到了 $|\arg z| \leqslant 2\pi$. 由引理 6.1 和引理 6.3

$$\lim_{R\to+\infty} \int_{\Gamma_R} R(z)\ln^2 z\,\mathrm{d}z = \mathrm{i}2\pi \cdot 0 = 0$$

$$\lim_{\varepsilon\to 0^+} \int_{\Gamma_\varepsilon} R(z)\ln^2 z\,\mathrm{d}z = -\lim_{\varepsilon\to 0^+} \int_{\Gamma_\varepsilon} R(z)\ln^2 z\,\mathrm{d}z = -\mathrm{i}2\pi \cdot 0 = 0.$$

在式 (6.27) 两边让 $R \to +\infty, \varepsilon \to 0^+$ 得

$$-4\pi\mathrm{i}\int_0^{+\infty} R(x)\ln x\,\mathrm{d}x + 4\pi^2 \int_0^{+\infty} R(x)\,\mathrm{d}x = -4\pi\mathrm{i} \lim_{\substack{R\to+\infty \\ \varepsilon\to 0^+}} \int_\varepsilon^R R(x)\ln x\,\mathrm{d}x + 4\pi^2 \lim_{\substack{R\to+\infty \\ \varepsilon\to 0^+}} \int_\varepsilon^R R(x)\,\mathrm{d}x$$

$$= 2\pi\mathrm{i} \sum_{z_k \in \mathbb{C}\backslash[0,+\infty)} \operatorname*{Res}_{z=z_k} R(z)\ln^2 z$$

整理得

$$\int_0^{+\infty} R(x)\ln x\,\mathrm{d}x = -\frac{1}{4\pi\mathrm{i}}\left[-4\pi^2 \int_0^{+\infty} R(x)\,\mathrm{d}x + 2\pi\mathrm{i} \sum_{z_k \in \mathbb{C}\backslash[0,+\infty)} \operatorname*{Res}_{z=z_k} R(z)\ln^2 z\right]$$

$$= \frac{\pi}{\mathrm{i}} \int_0^{+\infty} R(x)\,\mathrm{d}x - \frac{1}{2} \sum_{z_k \in \mathbb{C}\backslash[0,+\infty)} \operatorname*{Res}_{z=z_k} R(z)\ln^2 z.$$

例 6.23 计算积分 $\int_0^{+\infty} \frac{\ln x}{(1+x)^3}\mathrm{d}x$.

解 考虑函数 $R(z) = \frac{1}{(1+z)^3}$, 由定理 6.11

$$\int_0^{+\infty} R(x)\ln x\,\mathrm{d}x = \frac{\pi}{\mathrm{i}} \int_0^{+\infty} R(x)\,\mathrm{d}x - \frac{1}{2} \sum_{z_k \in \mathbb{C}\backslash[0,+\infty)} \operatorname*{Res}_{z=z_k} R(z)\ln^2 z$$

由于 $\int_0^{+\infty} R(x)\mathrm{d}x = \int_0^{+\infty} \frac{1}{(1+x)^3}\mathrm{d}x = -\frac{1}{2(1+x)^2}\Big|_0^{+\infty} = \frac{1}{2}$, 而 $R(z)\ln^2 z$ 在 $\mathbb{C}\backslash[0,+\infty)$ 内仅有一个三级极点 $z = -1$, 所以

$$\sum_{z_k \in \mathbb{C}\backslash[0,+\infty)} \operatorname*{Res}_{z=z_k} R(z)\ln^2 z = \operatorname*{Res}_{z=-1} R(z)\ln^2 z = \frac{1}{2!}\lim_{z\to -1}(\ln^2 z)''$$

$$= \frac{1}{2}\lim_{z\to -1}\left(2 \cdot \frac{1-\ln z}{z^2}\right) = 1 - \pi\mathrm{i}$$

$$\int_0^{+\infty} R(x)\ln x\,\mathrm{d}x = \frac{\pi}{2\mathrm{i}} - \frac{1}{2}(1 - \pi\mathrm{i}) = -\frac{1}{2}.$$

例 6.24 计算实积分 $I = \int_0^{+\infty} \dfrac{\ln x}{(1+x^2)^2} dx$.

解 考虑函数 $R(z) = \dfrac{1}{(1+z^2)^2}$，由定理 6.11

$$\int_0^{+\infty} R(x)\ln x \, dx = \frac{\pi}{\mathrm{i}} \int_0^{+\infty} R(x) dx - \frac{1}{2} \sum_{z_k \in \mathbf{C}\backslash[0,+\infty)} \operatorname*{Res}_{z=z_k} R(z)\ln^2 z$$

由于 $\int_0^{+\infty} R(x) dx = \int_0^{+\infty} \dfrac{1}{(1+x^2)^2} dx \xrightarrow{x=\tan\theta} \int_0^{\frac{\pi}{2}} \cos^2\theta \, d\theta = \dfrac{\pi}{4}$，而 $R(z)\ln^2 z$ 在 $\mathbf{C}\backslash[0,+\infty)$ 内仅有两个二级极点 $z = \pm\mathrm{i}$，所以

$$\sum_{z_k \in \mathbf{C}\backslash[0,+\infty)} \operatorname*{Res}_{z=z_k} R(z)\ln^2 z = \operatorname*{Res}_{z=-\mathrm{i}} R(z)\ln^2 z + \operatorname*{Res}_{z=\mathrm{i}} R(z)\ln^2 z$$

$$= \frac{1}{1!} \lim_{z \to -\mathrm{i}} \left[\left(\frac{\ln z}{z-\mathrm{i}}\right)^2\right]' + \frac{1}{1!} \lim_{z \to \mathrm{i}} \left[\left(\frac{\ln z}{z+\mathrm{i}}\right)^2\right]'$$

$$= 2\left[\lim_{z \to -\mathrm{i}} \frac{(\ln z)(z-\mathrm{i}-z\ln z)}{z(z-\mathrm{i})^3} + \lim_{z \to \mathrm{i}} \frac{(\ln z)(z+\mathrm{i}-z\ln z)}{z(z+\mathrm{i})^3}\right]$$

$$= -\frac{\pi}{2}(-1 + \pi\mathrm{i})$$

$$\int_0^{+\infty} R(x)\ln x \, dx = \frac{\pi}{\mathrm{i}} \cdot \frac{\pi}{4} + \frac{1}{2} \cdot \frac{\pi}{2}(-1+\pi\mathrm{i}) = \frac{\pi}{4}.$$

◎ **思考题**：例 6.24 中的实有理函数 $\dfrac{1}{(1+x^2)^2}$ 也可以记为 $R(x^2) = \dfrac{1}{(1+x^2)^2}$，其中 $R(x^2)$ 是 x^2 的一个有理式，且分母多项式在实轴上无零点，此时我们也可以采用如图 6.16 所示的辅助路径，并选择辅助函数 $f(z) = R(z^2) \cdot \ln z$ 来计算（其中 $\ln z$ 是主值支，即在正实轴上取实数的解析分支）．用这种方法可以计算一般形如：$I = \int_0^{+\infty} R(x^2) \cdot \ln x \, dx$ 的积分，其中 $R(x^2)$ 是 x^2 的一个有理式，其分母

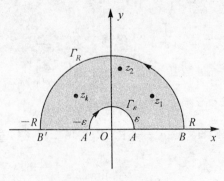

图 6.16

的次数比分子的次数至少高 2 次,且分母在实轴上无零点,其计算公式如下

$$2\int_0^{+\infty} R(x^2) \cdot \ln x \mathrm{d}x + \mathrm{i}\pi \int_0^{+\infty} R(x^2)\mathrm{d}x = 2\pi \mathrm{i} \cdot \sum_{\mathrm{Im} z_k > 0} \mathop{\mathrm{Res}}_{z=z_k}[R(z^2) \cdot \ln z]$$

(6.28)

其中 $\ln z$ 是主值支,即在正实轴上取实数的解析分支,$\sum_{\mathrm{Im} z_k > 0} \mathop{\mathrm{Res}}_{z=z_k}[R(z^2) \cdot \ln z]$ 表示 $R(z^2) \cdot \ln z$ 在上半平面内各孤立奇点处的留数的和. 由此可得

$$I = \int_0^{+\infty} R(x^2) \cdot \ln x \mathrm{d}x = \frac{1}{2} \mathrm{Re}\left\{ 2\pi \mathrm{i} \cdot \sum_{\mathrm{Im} z_k > 0} \mathop{\mathrm{Res}}_{z=z_k}[R(z^2) \cdot \ln z]\right\} \quad (6.29)$$

定理 6.12 设实有理函数 $R(x) = \dfrac{P(x)}{Q(x)}$ 满足:$P(x)$ 和 $Q(x)$ 互质,分母 $Q(x)$ 在 $[0,1]$ 上恒不为零,则

$$\int_0^1 R(x) \sqrt[n]{x^k(1-x)^{n-k}} \mathrm{d}x$$

$$= \frac{2\pi \mathrm{i}}{1 - \mathrm{e}^{-\frac{2k\pi \mathrm{i}}{n}}} \left(\sum_{z_k \in \mathbf{C}\setminus[0,1]} \mathop{\mathrm{Res}}_{z=z_k}[R(z)\sqrt[n]{z^k(1-z)^{n-k}}] + \mathop{\mathrm{Res}}_{z=\infty} R(z)\sqrt[n]{z^k(1-z)^{n-k}} \right) \quad (6.30)$$

其中 $\sqrt[n]{z^k(1-z)^{n-k}}$ 为 $\mathbf{C}\setminus[0,1]$ 上满足在割线 $[0,1]$ 的上沿取正数的解析分支(即主值支),z_k 为解析分支 $R(z)\sqrt[n]{z^k(1-z)^{n-k}}$ 在 $\mathbf{C}\setminus[0,1]$ 内的孤立奇点,即 $Q(z)$ 在 $\mathbf{C}\setminus[0,1]$ 内的零点.

$$\int_0^1 \frac{R(x)}{\sqrt[n]{x^k(1-x)^{n-k}}} \mathrm{d}x = \frac{2\pi \mathrm{i}}{1 - \mathrm{e}^{-\frac{2k\pi \mathrm{i}}{n}}} \left(\sum_{z_k \in \mathbf{C}\setminus[0,1]} \mathop{\mathrm{Res}}_{z=z_k}\left[\frac{R(z)}{\sqrt[n]{z^k(1-z)^{n-k}}}\right] + \mathop{\mathrm{Res}}_{z=\infty}\left[\frac{R(z)}{\sqrt[n]{z^k(1-z)^{n-k}}}\right] \right)$$

(6.31)

其中 $\sqrt[n]{z^k(1-z)^{n-k}}$ 为 $\mathbf{C}\setminus[0,1]$ 上满足在割线 $[0,1]$ 的上沿取正数的解析分支(即主值支),z_k 为解析分支 $\dfrac{R(z)}{\sqrt[n]{z^k(1-z)^{n-k}}}$ 在 $\mathbf{C}\setminus[0,1]$ 内的孤立奇点,即 $Q(z)$ 在 $\mathbf{C}\setminus[0,1]$ 内的零点.

证明 由反常积分柯西主值的含义

$$\int_0^1 R(x)\sqrt[n]{x^k(1-x)^{n-k}}\mathrm{d}x = \lim_{\varepsilon \to 0^+} \int_\varepsilon^{1-\varepsilon} R(x)\sqrt[n]{x^k(1-x)^{n-k}}\mathrm{d}x$$

作辅助函数 $R(z)\sqrt[n]{z^k(1-z)^{n-k}}$,并记 $Q(z)$ 在 $\mathbf{C}\setminus[0,1]$ 内的零点为

$$z_k \in \{z \mid z \in \mathbf{C}\setminus[0,1], Q(z) = 0\}$$

显然这样的零点至多只有有限个.

取充分大的正数 R 和充分小的正数 ε,使得 $Q(z)$ 在 $\mathbf{C}\setminus[0,1]$ 内的零点都含于区域

$$D = \{z \mid |z| < R\} \setminus \{z \mid |z| \leqslant \varepsilon\} \cup \{z \mid |z-1| \leqslant \varepsilon\} \cup [0,1]$$

内,如图 6.17 所示.

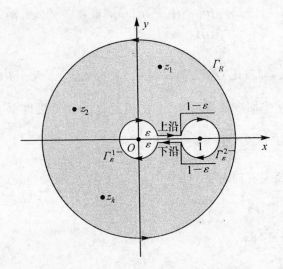

图 6.17　定理 6.12 中积分路径示意图

现考虑函数 $R(z)\sqrt[n]{z^k(1-z)^{n-k}}R(z)\ln^2 z$ 沿 D 的边界
$$C_{R,\varepsilon} = \Gamma_R + \Gamma_\varepsilon^{1-} + \Gamma_\varepsilon^{2-} + \overrightarrow{\varepsilon, 1-\varepsilon}_{\text{上沿}} + \overrightarrow{1-\varepsilon, \varepsilon}_{\text{下沿}}$$
的正向积分,由留数定理,并注意到当 $x \in \overrightarrow{1-\varepsilon, \varepsilon}_{\text{下沿}}$ 时
$$\sqrt[n]{z^k(1-z)^{n-k}} = \sqrt[n]{x^k(1-x)^{n-k}} \cdot e^{i\frac{2k\pi}{n}}$$
得
$$\int_{\Gamma_R} R(z)\sqrt[n]{z^k(1-z)^{n-k}}dz + \int_{\Gamma_\varepsilon^{1-}} R(z)\sqrt[n]{z^k(1-z)^{n-k}}dz +$$
$$\int_{\Gamma_\varepsilon^{2-}} R(z)\sqrt[n]{z^k(1-z)^{n-k}}dz + (1-e^{i\frac{2k\pi}{n}})\int_\varepsilon^{1-\varepsilon} R(x)\sqrt[n]{x^k(1-x)^{n-k}}dx$$
$$= \int_{\Gamma_R} R(z)\sqrt[n]{z^k(1-z)^{n-k}}dz + \int_{\Gamma_\varepsilon^{1-}} R(z)\sqrt[n]{z^k(1-z)^{n-k}}dz +$$
$$\int_{\Gamma_\varepsilon^{2-}} R(z)\sqrt[n]{z^k(1-z)^{n-k}}dz + \int_\varepsilon^{1-\varepsilon} R(x)\sqrt[n]{x^k(1-x)^{n-k}}dx +$$
$$e^{i\frac{2k\pi}{n}}\int_{1-\varepsilon}^\varepsilon R(x)\sqrt[n]{x^k(1-x)^{n-k}}dx$$
$$= \int_{C_{R,\varepsilon}} R(z)\sqrt[n]{z^k(1-z)^{n-k}}dz = 2\pi i \sum_{z_k \in \mathbf{C}\setminus[0,1]} \operatorname*{Res}_{z=z_k} R(z)\sqrt[n]{z^k(1-z)^{n-k}} \qquad (6.32)$$
显然
$$\lim_{z\to 0} z \cdot R(z)\sqrt[n]{z^k(1-z)^{n-k}} = 0, \lim_{z\to 1}(z-1) \cdot R(z)\sqrt[n]{z^k(1-z)^{n-k}} = 0$$
由引理 6.3

$$\lim_{\varepsilon \to 0^+} \int_{\Gamma_\varepsilon^{1-}} R(z) \sqrt[n]{z^k(1-z)^{n-k}} dz = -\lim_{\varepsilon \to 0^+} \int_{\Gamma_\varepsilon^1} R(z) \sqrt[n]{z^k(1-z)^{n-k}} dz = -i2\pi \cdot 0 = 0$$

$$\lim_{\varepsilon \to 0^+} \int_{\Gamma_\varepsilon^{2-}} R(z) \sqrt[n]{z^k(1-z)^{n-k}} dz = -\lim_{\varepsilon \to 0^+} \int_{\Gamma_\varepsilon^2} R(z) \sqrt[n]{z^k(1-z)^{n-k}} dz = -i2\pi \cdot 0 = 0$$

而 $R(z)\sqrt[n]{z^k(1-z)^{n-k}}$ 在 $|z| \geqslant R$ 上解析,由 ∞ 处留数的定义

$$\int_{\Gamma_R} R(z) \sqrt[n]{z^k(1-z)^{n-k}} dz = -2\pi i \cdot \mathop{\mathrm{Res}}_{z=\infty} R(z) \sqrt[n]{z^k(1-z)^{n-k}}$$

从而

$$\lim_{R \to +\infty} \int_{\Gamma_R} R(z) \sqrt[n]{z^k(1-z)^{n-k}} dz = -2\pi i \cdot \mathop{\mathrm{Res}}_{z=\infty} R(z) \sqrt[n]{z^k(1-z)^{n-k}}$$

于是,在式(6.32)两边让 $R \to +\infty, \varepsilon \to 0^+$ 得

$$-2\pi i \cdot \mathop{\mathrm{Res}}_{z=\infty} R(z) \sqrt[n]{z^k(1-z)^{n-k}} + \left(1 - e^{i\frac{2k\pi}{n}}\right) \int_0^1 R(x) \sqrt[n]{x^k(1-x)^{n-k}} dx$$
$$= 2\pi i \sum_{z_k \in \mathbf{C}\setminus[0,1]} \mathop{\mathrm{Res}}_{z=z_k} R(z) \sqrt[n]{z^k(1-z)^{n-k}}$$

整理得

$$\int_0^1 R(x) \sqrt[n]{x^k(1-x)^{n-k}} dx$$
$$= \frac{2\pi i}{1 - e^{\frac{2k\pi i}{n}}} \left(\sum_{z_k \in \mathbf{C}\setminus[0,1]} \mathop{\mathrm{Res}}_{z=z_k} [R(z) \sqrt[n]{z^k(1-z)^{n-k}}] + \mathop{\mathrm{Res}}_{z=\infty} R(z) \sqrt[n]{z^k(1-z)^{n-k}} \right).$$

同理可得式(6.31)的证明.

例 6.25 计算积分 $\int_0^1 \dfrac{\sqrt[4]{x(1-x)^3}}{(1+x)^3} dx$.

解 考虑函数 $R(z) = \dfrac{1}{(1+z)^3}$,由定理 6.12

$$\int_0^1 R(x) \sqrt[4]{x(1-x)^3} dx$$
$$= \frac{2\pi i}{1 - e^{\frac{2\pi i}{4}}} \left(\sum_{z_k \in \mathbf{C}\setminus[0,1]} \mathop{\mathrm{Res}}_{z=z_k} [R(z) \sqrt[4]{z(1-z)^3}] + \mathop{\mathrm{Res}}_{z=\infty} R(z) \sqrt[4]{z(1-z)^3} \right)$$

由于 $R(z)\sqrt[4]{z(1-z)^3}$ 在 $\mathbf{C}\setminus[0,1]$ 内仅有一个三阶极点 $z=-1$,所以

$$\sum_{z_k \in \mathbf{C}\setminus[0,1]} \mathop{\mathrm{Res}}_{z=z_k} [R(z) \sqrt[4]{z(1-z)^3}] = \mathop{\mathrm{Res}}_{z=-1} [R(z) \sqrt[4]{z(1-z)^3}] = \frac{1}{2!} \lim_{z \to -1} (\sqrt[4]{z(1-z)^3})''$$
$$= -\frac{3\sqrt[4]{2}}{128}(1+i)$$

又

$$\mathop{\mathrm{Res}}_{z=\infty} R(z) \sqrt[4]{z(1-z)^3} = -\mathop{\mathrm{Res}}_{z=0} \frac{1}{z^2} R\left(\frac{1}{z}\right) \sqrt[4]{\frac{1}{z}\left(1-\frac{1}{z}\right)^3}$$
$$= -\mathop{\mathrm{Res}}_{z=0} \frac{1}{(1+z)^3} \sqrt[4]{(z-1)^3} = 0$$

故
$$\int_0^1 \frac{\sqrt[4]{x(1-x)^3}}{(1+x)^3}dx = \frac{2\pi i}{1-e^{\frac{2\pi i}{4}}}\left(-\frac{3\sqrt[4]{2}}{128}(1+i)+0\right)$$
$$= -\frac{2\pi i}{1-i}\cdot\frac{3\sqrt[4]{2}}{128}(1+i) = \frac{3\sqrt[4]{2}}{64}\pi.$$

说明：

(1) 利用留数计算实积分，关键在于选择一个合适的辅助函数 $F(z)$ 及一条相应的辅助积分路径 C（一般要求是封闭曲线），把实积分的计算化为沿辅助积分路径的复积分的计算，其中辅助函数 $F(z)$ 要求：当 $z=x$ 时，$F(x)=f(x)$（$f(x)$ 是原积分的被积函数）或 $\mathrm{Re}[F(x)]=f(x)$ 或 $\mathrm{Im}[F(x)]=f(x)$；辅助积分路径 C 要求含有实积分的积分区间.

(2) 当所求实积分的被积函数或所作的辅助函数是多值解析函数时，应先将平面适当割开，并选择该多值解析函数的恰当单值解析分支，然后再选择适当绕过支点且不穿支割线的辅助积分路径，将原积分化为复积分用留数（定理）来计算.

§6.3* 亚纯函数的主部分解

本节，我们利用留数来考虑复平面上某些亚纯函数的主部分解.

定理 6.13 (Mittag—Leffler(米塔—列夫勒)主部分解定理) 设 $f(z)$ 是复平面 $\mathbf{C}$ 上的亚纯函数，其极点有无穷多个，可以记为 $b_1, b_2, \cdots, b_n, \cdots$（因为孤立点至多只有可数个），不妨设

$$|b_1| \leqslant |b_2| \leqslant \cdots \leqslant |b_n| \leqslant \cdots$$

由 $f(z)$ 是 $\mathbf{C}$ 上的亚纯函数易知，$\lim_{n\to\infty} b_n = \infty$. 记 $P_n\left(\frac{1}{z-b_n}\right)$ 为 $f(z)$ 在 b_n 点的主要部分，其中 $P_n(\omega)$ 是 ω 的多项式. 则：

(1) $f(z) - P_n\left(\frac{1}{z-b_n}\right)$ 在 $z=b_n$ 解析；

(2) 存在整函数 $g(z)$ 和多项式序列 $\{p_n(z)\}$，使得

$$f(z) = \sum_n \left\{ P_n\left(\frac{1}{z-b_n}\right) - p_n(z) \right\} + g(z) \tag{6.33}$$

其中函数项级数在任何紧集上除有限项后一致收敛.

证明 (1) 由极点的定义是显然的.

(2) 事实上，若 $b_1 = 0$，令 $p_1(z) \equiv 0$，若 $b_n \neq 0$，因 $P_n\left(\frac{1}{z-b_n}\right)$ 在 $|z| < |b_n|$ 内解析，从而有 Taylor 展开式

$$P_n\left(\frac{1}{z-b_n}\right) = a_0^{(n)} + a_1^{(n)}z + a_2^{(n)}z^2 + \cdots + a_m^{(n)}z^m + \cdots.$$

由幂级数在 $|z|<|b_n|$ 内的内闭一致收敛性可得,上述级数的前 m_n+1 项所产生的多项式,记为 $p_n(z)$,满足当 $|z|<\dfrac{|b_n|}{2}$ 时

$$\left|P_n\left(\frac{1}{z-b_n}\right)-p_n(z)\right|<\frac{1}{n^2}$$

对任意正数 $R>0$,由 $\lim\limits_{n\to\infty}b_n=\infty$ 可得,存在 $N(R)>0$,使得当 $n>N(R)$ 时,$|b_n|>2R$. 于是当 $|z|<R$ 时,由 Weierstrass 一致收敛的准则,级数

$$\sum_{n=N(R)+1}^{\infty}\left\{P_n\left(\frac{1}{z-b_n}\right)-p_n(z)\right\}$$

一致收敛,从而其和函数在 $|z|<R$ 上解析.

$$\sum_{n=1}^{\infty}\left\{P_n\left(\frac{1}{z-b_n}\right)-p_n(z)\right\}\sum_{n=1}^{N(R)+1}\left\{P_n\left(\frac{1}{z-b_n}\right)-p_n(z)\right\}$$

表示 $|z|<R$ 上仅以 $b_n(|b_n|<R)$ 为极点的亚纯函数,这样

$$f(z)-\sum_{n=1}^{\infty}\left\{P_n\left(\frac{1}{z-b_n}\right)-p_n(z)\right\}$$

$$=\left\{f(z)-\sum_{n=1}^{N(R)+1}\left\{P_n\left(\frac{1}{z-b_n}\right)-p_n(z)\right\}\right\}-\sum_{n=N(R)+1}^{\infty}\left\{P_n\left(\frac{1}{z-b_n}\right)-p_n(z)\right\}$$

在 $|z|<R$ 上解析,由 R 的任意性,其为整函数,记为 $g(z)$.再由证明过程易知函数项级数在任何紧集上除有限项后一致收敛.

定理 6.13 虽然给出了理论上的一般结果,但要写出复平面上一个具体的亚纯函数的主部分解并不容易.下面,我们利用留数理论来建立一类亚纯函数的具体主部分解方法.

定理 6.14 (一类仅具有一阶极点的亚纯函数的主部分解方法) 设 $f(z)$ 是复平面上的亚纯函数,其极点有无穷多个且都是一阶的,并且都关于原点对称,记为 $\pm b_1,\pm b_2,\cdots,\pm b_n,\cdots$(因为孤立点至多只有可数个),不妨设

$$|b_1|\leqslant|b_2|\leqslant\cdots\leqslant|b_n|\leqslant\cdots$$

(由 $f(z)$ 是复平面上的亚纯函数,易知 $\lim\limits_{n\to\infty}b_n=\infty$).若存在一列以原点为中心的矩形 D_n,记其边界为 γ_n,满足下列条件:

(1) 对任意的正整数 $n,D_n\subset D_{n+1}$,且 $d(0,\gamma_n)=\min\limits_{z\in\gamma_n}d(0,z)\to+\infty\,(n\to+\infty)$;

(2) 对任意的正整数 $n,\pm b_k\notin\gamma_n,k=1,2,\cdots$,且 $f(z)$ 在 γ_n 上一致有界(即存在正常数 M,使得对一切 n,都有 $|f(z)|\leqslant M,z\in\gamma_n$);

(3) $\lim\limits_{n\to+\infty}\dfrac{L_n}{d^2(0,\gamma_n)}=0$,其中 L_n 表示 γ_n 的长度.

则对任意 $z\neq\pm b_n,n=1,2,\cdots$,当 $b_1=0$ 时,有

$$\frac{f(z)-f(-z)}{2}=\frac{1}{z}\cdot\operatorname{Res}(f,0)+\sum_{n\neq 1}\frac{z}{z^2-b_n^2}[\operatorname{Res}(f,b_n)+\operatorname{Res}(f,-b_n)]$$

(6.34)

当 $b_1 \neq 0$ 时：

对 $z \neq 0$ 有
$$\frac{f(z)-f(-z)}{2} = \sum_n \frac{z}{z^2-b_n^2}[\operatorname{Res}(f,b_n) + \operatorname{Res}(f,-b_n)] \qquad (6.35)$$

对 $z = 0$ 有
$$f'(0) = -\sum_n \frac{1}{b_n^2}[\operatorname{Res}(f,b_n) + \operatorname{Res}(f,-b_n)] \qquad (6.36)$$

证明 现考虑函数 $\dfrac{f(z)}{z^2-a^2}, a \neq \pm b_k, k = 1,2,\cdots$，易知
$$\operatorname*{Res}_{z=b_k} \frac{f(z)}{z^2-a^2} = \lim_{z \to b_k} \frac{1}{z^2-a^2}(z-b_k)f(z) = \frac{1}{b_k^2-a^2}\operatorname{Res}(f,b_k)$$
$$\operatorname*{Res}_{z=-b_k} \frac{f(z)}{z^2-a^2} = \lim_{z \to -b_k} \frac{1}{z^2-a^2}(z+b_k)f(z) = \frac{1}{b_k^2-a^2}\operatorname{Res}(f,-b_k)$$

若还进一步有 $a \neq 0$
$$\operatorname*{Res}_{z=\pm a} \frac{f(z)}{z^2-a^2} = \lim_{z \to \pm a} \frac{f(z)}{(z^2-a^2)'} = \frac{f(\pm a)}{\pm 2a} = \pm \frac{1}{2a}f(\pm a)$$

$a = 0$
$$\operatorname*{Res}_{z=0} \frac{f(z)}{z^2} = \lim_{z \to 0}f'(z) = f'(0).$$

设 $z \neq \pm b_n, n = 1,2,\cdots$，由题设条件(1)，当 n 充分大时，必有 $\pm z \in D_n$，如图 6.18 所示．

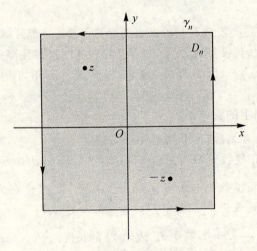

图 6.18 当 n 充分大时，$\pm z$ 与矩形域 D_n 的关系示意图

当 $b_1 = 0$ 时，由留数定理，并注意到上述四式中的前三式，有

$$\frac{1}{2\pi i}\int_{\gamma_n}\frac{f(\xi)}{\xi^2-z^2}d\xi$$

$$=\underset{\xi=z}{\operatorname{Res}}\frac{f(\xi)}{\xi^2-z^2}+\underset{\xi=-z}{\operatorname{Res}}\frac{f(\xi)}{\xi^2-z^2}+\underset{\xi=0}{\operatorname{Res}}\frac{f(\xi)}{\xi^2-z^2}+\sum_{\substack{b_k\in D_n\\ b_k\neq 0}}\left[\underset{\xi=b_k}{\operatorname{Res}}\frac{f(\xi)}{\xi^2-z^2}+\underset{\xi=-b_k}{\operatorname{Res}}\frac{f(\xi)}{\xi^2-z^2}\right]$$

$$=\frac{1}{2z}[f(z)-f(-z)]-\frac{1}{z^2}\cdot\operatorname{Res}(f,0)+$$

$$\sum_{\substack{b_k\in D_n\\ b_k\neq 0}}\frac{1}{b_k^2-z^2}[\operatorname{Res}(f,b_k)+\operatorname{Res}(f,-b_k)] \tag{6.37}$$

下证 $\lim\limits_{n\to+\infty}\int_{\gamma_n}\dfrac{f(\xi)}{\xi^2-z^2}d\xi=0$.

事实上,由题设条件(1)和(2),当 $\xi\in\gamma_n$ 时,显然 $|\xi|\geqslant d(0,\gamma_n)$,且

$$\left|\frac{f(\xi)}{\xi^2-z^2}\right|\leqslant\frac{M}{|\xi|^2-|z|^2}\leqslant\frac{M}{d^2(0,\gamma_n)-|z|^2}$$

于是,由积分的估值性并注意到条件(3),有

$$\left|\int_{\gamma_n}\frac{f(\xi)}{\xi^2-z^2}d\xi\right|\leqslant\frac{M}{d^2(0,\gamma_n)-|z|^2}\cdot L_n$$

$$=M\cdot\frac{L_n}{d^2(0,\gamma_n)}\cdot\frac{1}{1-[|z|/d(0,\gamma_n)]^2}\to 0\ (n\to\infty)$$

即

$$\lim_{n\to+\infty}\int_{\gamma_n}\frac{f(\xi)}{\xi^2-z^2}d\xi=0$$

所以,在式(6.37)两边让 $n\to\infty$ 得

$$\frac{1}{2z}[f(z)-f(-z)]=\frac{1}{z^2}\cdot\operatorname{Res}(f,0)+\sum_{n\neq 1}\frac{1}{z^2-b_n^2}[\operatorname{Res}(f,b_k)+\operatorname{Res}(f,-b_k)]$$

其中 $z\neq\pm b_n, n=1,2,\cdots$. 即

$$\frac{1}{2}[f(z)-f(-z)]=\frac{1}{z}\cdot\operatorname{Res}(f,0)+\sum_{n\neq 1}\frac{z}{z^2-b_n^2}[\operatorname{Res}(f,b_k)+\operatorname{Res}(f,-b_k)]$$

其中 $z\neq\pm b_n, n=1,2,\cdots$. 当 $b_1\neq 0$ 时,同理可得,当 $z\neq 0$ 时

$$\frac{f(z)-f(-z)}{2}=\sum_n\frac{z}{z^2-b_n^2}[\operatorname{Res}(f,b_n)+\operatorname{Res}(f,-b_n)]$$

当 $z=0$ 时,由留数定理

$$\frac{1}{2\pi i}\int_{\gamma_n}\frac{f(\xi)}{\xi^2}d\xi=\underset{\xi=0}{\operatorname{Res}}\frac{f(\xi)}{\xi^2}+\sum_{b_k=D_n}\left[\underset{\xi=b_k}{\operatorname{Res}}\frac{f(\xi)}{\xi^2}+\underset{\xi=-b_k}{\operatorname{Res}}\frac{f(\xi)}{\xi^2}\right]$$

$$=f'(0)+\sum_{b_k\in D_n}\frac{1}{b_k^2}[\operatorname{Res}(f,b_k)+\operatorname{Res}(f,-b_k)].$$

类似的方法可得 $\lim\limits_{n\to+\infty}\int_{\gamma_n}\dfrac{f(\xi)}{\xi^2}d\xi=0$,于是

$$f'(0)=-\sum_n\frac{1}{b_n^2}[\operatorname{Res}(f,b_n)+\operatorname{Res}(f,-b_n)].$$

例 6.26 求出亚纯函数 $\cos\pi z = \dfrac{\cos\pi z}{\sin\pi z}$ 按其简单极点的主部分解,并由此计算 $\sum\limits_{n=1}^{\infty}\dfrac{1}{n^2}$.

解 显然亚纯函数 $\cot\pi z = \dfrac{\cos\pi z}{\sin\pi z}$ 在 **C** 上除 $z = 0, \pm 1, \pm 2, \cdots$ 为其简单极点外解析. 现考虑函数 $\dfrac{\cot\pi z}{z^2 - a^2}$, a 不为整数,易知

$$\mathop{\mathrm{Res}}_{z=\pm n}\cot\pi z = \lim_{z\to n}\dfrac{\cos\pi z}{(\sin\pi z)'} = \dfrac{1}{\pi}, \quad \mathop{\mathrm{Res}}_{z=0}\cot\pi z = \lim_{z\to 0}\dfrac{\cos\pi z}{(\sin\pi z)'} = \dfrac{1}{\pi}$$

取 γ_n 为矩形 $D_n: \left[-n-\dfrac{1}{2}+ni, n+\dfrac{1}{2}+ni; -n-\dfrac{1}{2}-ni, n+\dfrac{1}{2}-ni\right]$ 的边界,如图 6.19 所示,且依次将矩形的四边记为 $L_n^1, L_n^2, L_n^3, L_n^4$. 显然 $\pm n \notin \gamma_n$,且

$$D_n \subset D_{n+1}, \quad d(0, \gamma_n) = n \to +\infty (n \to \infty)$$

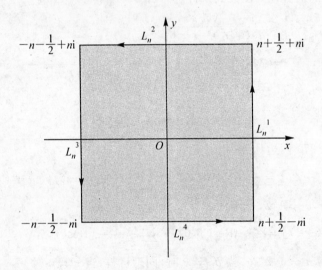

图 6.19 矩形 D_n 的示意图

当 $z = x + iy \in \gamma_n$ 时,若 $z \in L_n^1 \cup L_n^3$,有 $x = \pm n \pm \dfrac{1}{2}$.

$$|\cot\pi z| = \left|\dfrac{e^{2ix\pi}+e^{2y\pi}}{e^{2ix\pi}-e^{2y\pi}}\right| = \left|\dfrac{e^{2y\pi}-1}{e^{2y\pi}+1}\right| = \dfrac{e^{2|y|\pi}-1}{e^{2|y|\pi}+1} \leqslant 1$$

若 $z \in L_n^2 \cup L_n^4$,有 $|y| = n \geqslant 1$.

$$|\cot\pi z| = \left|\dfrac{e^{2ix\pi}+e^{2y\pi}}{e^{2ix\pi}-e^{2y\pi}}\right| \leqslant \dfrac{e^{2|y|\pi}+1}{e^{2|y|\pi}-1} = 1 + \dfrac{2}{e^{2|y|\pi}-1} \leqslant 3$$

于是,当 $z \in \gamma_n$ 时

$$|\cot\pi z| \leqslant 3$$

又 γ_n 的长为 $L_n = 2(4n+1)$,从而

$$\frac{L_n}{d^2(0,\gamma_n)} = \frac{2(4n+1)}{n^2} \to 0$$

所以,由定理 6.14

$$\frac{\cot\pi(z) - \cot\pi(-z)}{2} = \frac{1}{z} \cdot \text{Res}(\cot\pi z, 0) + \sum_{n=1}^{\infty} \frac{z}{z^2 - n^2}[\text{Res}(\cot\pi z, n) + \text{Res}(\cot\pi z, -n)]$$

即

$$\cot\pi z = \frac{1}{\pi z} + \sum_{n=1}^{\infty} \frac{2z}{\pi(z^2 - n^2)}, (z \in \mathbf{C}\setminus\{0, \pm 1, \pm 2, \cdots\})$$

由上式进一步得

$$\frac{\pi z\cos\pi z - 1}{2\pi z^2 \sin\pi z} = \frac{1}{2z}\left(\cot\pi z - \frac{1}{\pi z}\right) = \sum_{n=1}^{\infty} \frac{1}{\pi(z^2 - n^2)}$$

让 $z \to 0$,并注意到

$$\frac{\pi z\cos\pi z - \sin\pi z}{2\pi z^2 \sin\pi z} \to -\frac{\pi}{6}(\text{利用 O. Hospital 法则}), \frac{1}{\pi(z^2 - n^2)} \to \frac{1}{-\pi n^2}$$

可得

$$-\frac{\pi}{6} = \sum_{n=1}^{\infty} \frac{1}{-\pi n^2} = -\frac{1}{\pi}\sum_{n=1}^{\infty} \frac{1}{n^2}, \text{即} \sum_{n=1}^{\infty} \frac{1}{n^2} = \frac{\pi^2}{6}.$$

类似的方法可得函数 $\csc z$ 按其一阶极点的主部分解为

$$\csc z = \frac{1}{z} + \sum_{n=1}^{\infty} \frac{(-1)^n 2z}{z^2 - n^2\pi^2}$$

由此可得,当 $z \neq 0$ 时

$$\frac{1}{2}\left(\frac{\csc z}{z} - \frac{1}{z^2}\right) = \sum_{n=1}^{\infty} \frac{(-1)^n}{z^2 - n^2\pi^2}$$

再让 $z \to 0$ 得

$$\sum_{n=1}^{\infty} \frac{(-1)^{n+1}}{n^2} = \frac{\pi^2}{12}.$$

§6.4 辐角原理及其应用

留数理论另一个重要的应用就是建立形如 $\frac{1}{2\pi i} \cdot \int_C \frac{f'(z)}{f(z)} dz$ 的积分的计算方法,并由此再建立讨论区域内解析函数零点和极点分布状况的方法.

6.4.1 对数留数

习惯上,形如 $\frac{1}{2\pi i} \cdot \int_C \frac{f'(z)}{f(z)} dz$ 的复积分,称为函数 $f(z)$ 的对数留数,其中 C 是

平面上一条围线或者复围线，$f(z)$ 为 C 上的解析函数且在 C 上 $f(z) \neq 0$.

注：(1) 对数留数一词形式上源于 $\dfrac{f'(z)}{f(z)} = [\ln f(z)]'$ 以及留数的定义.

(2) 当 $z = a$ 为解析函数 $f(z)$ 的零点或者极点时，不难验证 $z = a$ 必为 $\dfrac{f'(z)}{f(z)}$ 的奇点.

(3) 当 $z = a$ 为解析函数 $f(z)$ 的零点或者极点时，对于 $\mathop{\mathrm{Res}}\limits_{z=a}\left[\dfrac{f'(z)}{f(z)}\right]$ 有如下计算公式.

引理 6.4 （1）若 $z = a$ 为解析函数 $f(z)$ 的 n 阶零点，则 $z = a$ 为 $\dfrac{f'(z)}{f(z)}$ 的一阶极点，且

$$\mathop{\mathrm{Res}}\limits_{z=a}\left[\frac{f'(z)}{f(z)}\right] = n \tag{6.38}$$

(2) 若 $z = a$ 为解析函数 $f(z)$ 的 m 阶极点，则 $z = a$ 为 $\dfrac{f'(z)}{f(z)}$ 的一阶极点，且

$$\mathop{\mathrm{Res}}\limits_{z=a}\left[\frac{f'(z)}{f(z)}\right] = -m \tag{6.39}$$

证明 （1）因为 $z = a$ 为解析函数 $f(z)$ 的 n 阶零点，则在点 a 的某邻域内必有

$$f(z) = (z-a)^n \varphi(z)$$

其中 $\varphi(z)$ 在点 a 解析，$\varphi(a) \neq 0$. 于是

$$f'(z) = n(z-a)^{n-1}\varphi(z) + (z-a)^n \varphi'(z)$$

从而

$$\frac{f'(z)}{f(z)} = \frac{n(z-a)^{n-1}\varphi(z) + (z-a)^n \varphi'(z)}{(z-a)^n \varphi(z)} = \frac{n}{z-a} + \frac{\varphi'(z)}{\varphi(z)}.$$

由于 $\dfrac{\varphi'(z)}{\varphi(z)}$ 在点 a 解析，所以 $z = a$ 为 $\dfrac{f'(z)}{f(z)}$ 的一阶极点. 再由一阶极点留数的计算公式得

$$\mathop{\mathrm{Res}}\limits_{z=a}\left[\frac{f'(z)}{f(z)}\right] = \lim_{z \to a}\left[(z-a) \cdot \frac{f'(z)}{f(z)}\right] = \lim_{z \to a}\left[n + (z-a) \cdot \frac{\varphi'(z)}{\varphi(z)}\right] = n.$$

(2) 证明方法与(1)类似.

◎ **思考题**：给出引理 6.4(2) 的证明.

例 6.27 计算 $\mathop{\mathrm{Res}}\limits_{z=a}\left[\dfrac{f'(z)}{f(z)}\right]$，其中 (1) $f(z) = z\sin^2 z, a = 0$；(2) $f(z) = \dfrac{1}{z\sin^2 z}$，$a = 0$.

解 （1）因为 $a = 0$ 为函数 $f(z) = z\sin^2 z$ 的三阶零点，所以由引理 6.4(1)

$$\mathop{\mathrm{Res}}\limits_{z=a}\left[\frac{f'(z)}{f(z)}\right] = 3.$$

第6章 留数理论及其应用

(2) 因为 $a=0$ 为函数 $f(z)=\dfrac{1}{z\sin^2 z}$ 的三阶零点,所以由引理 6.4(2)

$$\operatorname*{Res}_{z=a}\left[\frac{f'(z)}{f(z)}\right]=-3.$$

6.4.2 对数留数的计算公式

下面,给出对数留数的一个计算公式.为了证明的需要,我们再建立一个引理.

定义 6.3 如果函数 $f(z)$ 在区域 D 内除极点外没有其他使函数 $f(z)$ 不解析的点,则称 $f(z)$ 为区域 D 内的亚纯函数或者 $f(z)$ 在区域 D 内亚纯.

根据定义 6.3,若函数 $f(z)$ 在区域 D 内解析,则 $f(z)$ 在区域 D 内一定是亚纯的.

引理 6.5 如图 6.20 所示,设 D 为有界区域,C 为其边界,若函数 $f(z)$ 在区域 D 内亚纯,$f(z)$ 连续到边界 C 上,且在 C 上无零点(即 C 上 $f(z)\neq 0$),则 $f(z)$ 在区域 D 内至多只有有限个零点和极点.

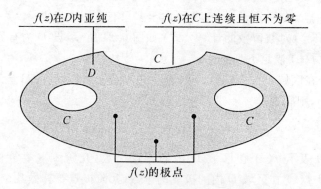

图 6.20 引理 6.5 中的亚纯函数示意图

分析:要证明引理 6.5 的结论,我们只需证明 $f(z)$ 在区域 D 内至多只有有限个零点,关于该结论可以采用反证法证明.至于 $f(z)$ 在区域 D 内至多只有有限个极点,可以通过作辅助函数 $g(z)=\dfrac{1}{f(z)}$,用已证的结论证明 $g(z)$ 在区域 D 内至多只有有限个零点即可.

证明 分两步:

第一步:先证 $f(z)$ 在区域 D 内至多只有有限个零点.

(反证法)假设 $f(z)$ 在区域 D 内有无穷多个零点,不妨记为 $\{z_n\}$,$z_n\in D$.因 D 为有界区域,从而 $\{z_n\}$ 为有界数列.由第 1 章中介绍的聚点原理,$\{z_n\}$ 必有一个收敛子列,记为 $\{z_{n_k}\}$,并记 $\lim\limits_{k\to\infty} z_{n_k}=z_0$,故 $z_0\in\overline{D}=D+C$(因为 $\overline{D}$ 是有界闭集).显然 z_0 只有下面的两种可能:

(Ⅰ)$z_0 \in D$, (Ⅱ)$z_0 \in C$.

若 $z_0 \in C$,由 $f(z)$ 连续到 C 上且 $f(z_{n_k}) = 0$ 可得

$$f(z_0) = \lim_{k \to \infty} f(z_{n_k}) = 0$$

这与题设"在 C 上 $f(z) \neq 0$"矛盾.

若 $z_0 \in D$,由引理条件必有或者 z_0 为 $f(z)$ 的极点,由极点的特征得 $\lim\limits_{z \to a} f(z) = \infty$,从而 $\lim\limits_{k \to \infty} f(z_{n_k}) = \infty$ 这与 $\lim\limits_{k \to \infty} f(z_{n_k}) = 0$ 矛盾;或者 $f(z)$ 在 z_0 解析,由第 4 章中介绍的解析函数的唯一性定理,在区域 D 内 $f(z) \equiv 0$,从而在边界 C 上 $f(z) \equiv 0$(这是因为 $f(z)$ 连续到 C 上)这也与题设"在 C 上 $f(z) \neq 0$"矛盾.

综上所述,无论 $z_0 \in D$ 还是 $z_0 \in C$ 都会导致与引理条件矛盾.故 $f(z)$ 在区域 D 内至多只有有限个零点.

第二步:再证 $f(z)$ 在区域 D 内至多只有有限个极点.

事实上,令 $g(z) = \dfrac{1}{f(z)}$,易见,$g(z)$ 也为区域 D 内的亚纯函数,且连续到边界 C 上,在 C 上 $g(z) \neq 0$.于是,对 $g(z)$ 用第一步已证的结果,$g(z)$ 在区域 D 内至多只有有限个零点,从而 $f(z)$ 在区域 D 内至多只有有限个极点.

定理 6.15 (对数留数的计算公式)如图 6.21 所示,设 D 为有界区域,C 为其边界,若函数 $f(z)$ 满足下列条件:

(1)$f(z)$ 在区域 D 内亚纯;(2)$f(z)$ 在边界 C 上解析,且在 C 上无零点(即在 C 上 $f(z) \neq 0$),则必有

$$\frac{1}{2\pi i} \cdot \int_C \frac{f'(z)}{f(z)} \mathrm{d}z = N(f, C) - P(f, C) \tag{6.40}$$

其中 $N(f, C)$ 表示 $f(z)$ 在区域 D 内的零点个数(几阶零点要算做几个零点),$P(f, C)$ 表示 $f(z)$ 在区域 D 内的极点的个数(几阶极点要算做几个极点).

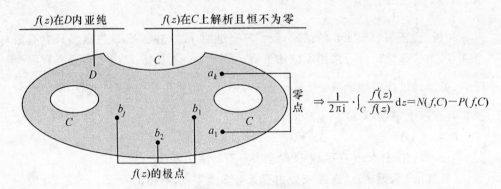

图 6.21 对数留数的计算公式示意图

证明 由定理条件以及引理 6.5,$f(z)$ 在区域 D 内至多只有有限个零点和极

点. 设 $a_k(k=1,2,\cdots,p)$ 为 $f(z)$ 在区域 D 内的不同的零点,其阶数相应地为 $n_k(k=1,2,\cdots,p)$;$b_j(j=1,2,\cdots,q)$ 为 $f(z)$ 在区域 D 内的不同的极点,其阶数相应地为 $m_j(j=1,2,\cdots,q)$. 根据引理 6.4, $\dfrac{f'(z)}{f(z)}$ 在闭区域 $\overline{D}=D+C$ 上除在区域 D 内有一阶极点 a_k 和 b_j 外解析($k=1,2,\cdots,p;j=1,2,\cdots,q$),所以,由留数定理以及引理 6.4

$$\frac{1}{2\pi i}\cdot\int_C\frac{f'(z)}{f(z)}dz=\sum_{k=1}^p\operatorname*{Res}_{z=a_k}\left[\frac{f'(z)}{f(z)}\right]+\sum_{j=1}^q\operatorname*{Res}_{z=b_j}\left[\frac{f'(z)}{f(z)}\right]=\sum_{k=1}^p n_k+\sum_{j=1}^q(-m_j)$$
$$=N(f,C)-P(f,C).$$

例 6.28 计算积分 $\int_C\dfrac{f'(z)}{f(z)}dz$,其中:

(1) $f(z)=(e^z-1)^2$,C:$|z|=1$; (2) $f(z)=\dfrac{1}{z^2\sin z}$,$C$:$|z|=1$.

解 (1) 因为函数 $f(z)=(e^z-1)^2$ 在 $|z|<1$ 仅有一个二阶零点 $z=0$,无极点,且在 $|z|=1$ 上解析恒不为零. 由定理 6.15

$$\int_C\frac{f'(z)}{f(z)}dz=2\pi i\cdot N(f,C)=2\pi i\cdot 2=4\pi i.$$

(2) 因为函数 $f(z)=\dfrac{1}{z^2\sin z}$ 在 $|z|<1$ 仅有一个三阶极点 $z=0$,无零点,且在 $|z|=1$ 上解析恒不为零. 由定理 6.15

$$\int_C\frac{f'(z)}{f(z)}dz=2\pi i\cdot[-P(f,C)]=-2\pi i\cdot 3=-6\pi i.$$

定理 6.16 (定理 6.15 的推广) 设 D 为有界区域,C 为其边界,如果:

(1) 函数 $f(z)$ 满足定理 6.15 的条件,记 $a_k(k=1,2,\cdots,p)$ 为 $f(z)$ 在区域 D 内的不同的零点,其阶数相应地为 $n_k(k=1,2,\cdots,p)$;$b_j(j=1,2,\cdots,q)$ 为 $f(z)$ 在区域 D 内的不同的极点,其阶数相应地为 $m_j(j=1,2,\cdots,q)$.

(2) $\varphi(z)$ 在闭区域 $\overline{D}=D+C$ 上解析.

则必有

$$\frac{1}{2\pi i}\cdot\int_C\varphi(z)\cdot\frac{f'(z)}{f(z)}dz=\sum_{k=1}^p n_k\varphi(a_k)-\sum_{j=1}^q m_j\varphi(b_j) \tag{6.41}$$

分析:类似于引理 6.4 的证明可得,$z=a_k$ 至多为 $\varphi(z)\cdot\dfrac{f'(z)}{f(z)}$ 的一阶极点,且

$$\operatorname*{Res}_{z=a_k}\left[\varphi(z)\cdot\frac{f'(z)}{f(z)}\right]=n_k\cdot\varphi(a_k)\ (k=1,2,\cdots,p)$$

$z=b_j$ 也至多为 $\varphi(z)\cdot\dfrac{f'(z)}{f(z)}$ 的一阶极点,且

$$\operatorname*{Res}_{z=b_j}\left[\varphi(z)\cdot\frac{f'(z)}{f(z)}\right]=-m_j\cdot\varphi(b_j)\ (j=1,2,\cdots,q)$$

然后,再类似于定理 6.15 的证明,用引理 6.5 以及留数定理和上面的两个等式即

可得

$$\frac{1}{2\pi i}\cdot\int_C\varphi(z)\cdot\frac{f'(z)}{f(z)}\mathrm{d}z=\sum_{k=1}^p\mathop{\mathrm{Res}}_{z=a_k}\left[\varphi(z)\cdot\frac{f'(z)}{f(z)}\right]+\sum_{j=1}^q\mathop{\mathrm{Res}}_{z=b_j}\left[\varphi(z)\cdot\frac{f'(z)}{f(z)}\right]$$
$$=\sum_{k=1}^p n_k\varphi(a_k)-\sum_{j=1}^q m_j\varphi(b_j).$$

◎ 思考题：根据上面的分析，写出定理 6.16 的完整证明.

6.4.3 辐角原理

1. 对数留数的简单意义

对数留数 $\frac{1}{2\pi i}\cdot\int_C\frac{f'(z)}{f(z)}\mathrm{d}z$ 在形式上可以改写成

$$\frac{1}{2\pi i}\cdot\int_C\frac{f'(z)}{f(z)}\mathrm{d}z=\frac{1}{2\pi i}\cdot\int_C[\ln f(z)]'\mathrm{d}z=\frac{1}{2\pi i}\cdot\int_C\mathrm{d}\ln f(z) \qquad (6.42)$$

由对数函数的结构 $\ln f(z)=\ln|f(z)|+i\arg f(z)$ 及积分的线性性，上式又可以写成

$$\frac{1}{2\pi i}\cdot\int_C\frac{f'(z)}{f(z)}\mathrm{d}z=\frac{1}{2\pi i}\cdot\int_C\mathrm{d}\ln f(z)=\frac{1}{2\pi i}\cdot\int_C\mathrm{d}\ln|f(z)|+\frac{i}{2\pi i}\cdot\int_C\mathrm{d}\arg f(z)$$
$$\stackrel{\triangle}{=}\frac{1}{2\pi i}\cdot\Delta_C\ln|f(z)|+\frac{1}{2\pi}\cdot\Delta_C\arg f(z) \qquad (6.43)$$

由于 $\ln|f(z)|$ 是单值函数，因此，C 为围线或复围线时，当动点 z 从 C 上一点 z_0 出发沿 C 连续变化一周回到 z_0 时

$$\Delta_C\ln|f(z)|=\ln f(z_0)-\ln f(z_0)=0.$$

于是，当 C 为围线或复围线时（对数留数的简单意义）

$$\frac{1}{2\pi i}\cdot\int_C\frac{f'(z)}{f(z)}\mathrm{d}z=\frac{1}{2\pi}\cdot\Delta_C\arg f(z) \qquad (6.44)$$

式(6.44)表明 $f(z)$ 沿围线或复围线 C 的对数留数恰好等于 $f(z)$ 的辐角沿 C 的同方向的连续改变量除以 2π.

2. 辐角原理

由对数留数的简单意义以及对数留数的计算公式可得以下定理.

定理 6.17 （辐角原理）在定理 6.15（对数留数的计算公式）的条件下，有

$$N(f,C)-P(f,C)=\frac{1}{2\pi}\cdot\Delta_C\arg f(z) \qquad (6.45)$$

式(6.45)表明函数 $f(z)$ 在有界区域 D 内的零点个数与极点个数之差恰好等于当 z 沿 C 的正向绕行一周后，$f(z)$ 的辐角沿 C 的同方向的连续改变量除以 2π.

特别地，若函数 $f(z)$ 在有界闭区域 $\overline{D}=D+C$ 上解析，在边界 C 上 $f(z)\neq 0$，则

$$N(f,C)=\frac{1}{2\pi}\cdot\Delta_C\arg f(z) \qquad (6.46)$$

例 6.29 设 $f(z)=(z-1)(z-2)^2(z-4), C:|z|=3$,验证定理 6.16(辐角原理).

解 显然 $f(z)$ 在平面上解析,在圆 $|z|<3$ 内只有一个一阶零点 $z=1$ 和一个二阶零点 $z=2$,且在 $|z|=3$ 上恒不为零. 所以
$$N(f,C)-P(f,C)=1+2-0=3.$$
如图 6.22 所示,当 z 沿 C 的正向绕行一周时,有

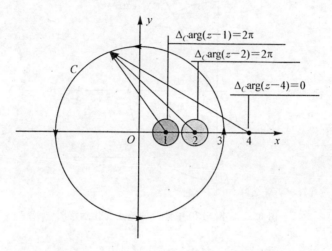

图 6.22　例 6.29 中涉及的辐角变化示意图

$$\Delta_C \arg f(z) = \Delta_C \arg(z-1) + \Delta_C \arg(z-2)^2 + \Delta_C \arg(z-4)$$
$$= \Delta_C \arg(z-1) + 2\Delta_C \arg(z-2) = 2\pi + 4\pi = 6\pi$$

从而
$$\frac{1}{2\pi} \cdot \Delta_C \arg f(z) = \frac{1}{2\pi} \cdot 6\pi = 3$$

故
$$N(f,C)-P(f,C) = \frac{1}{2\pi} \cdot \Delta_C \arg f(z).$$

例 6.30 设 n 次多项式函数
$$P(z) = a_0 z^n + a_1 z^{n-1} + \cdots + a_n \,(a_0 \neq 0)$$
在虚轴上没有零点,证明: $P(z)$ 的零点全在左半平面 $\mathrm{Re}\, z<0$ 内的充分必要条件是
$$\Delta_{y(-\infty \to +\infty)} \arg P(\mathrm{i}y) = n\pi.$$
上式表明当 z 自上而下沿虚轴从点 ∞ 走向点 ∞ 的过程中, $P(z)$ 绕原点转了 $\frac{n}{2}$ 圈.

证明 记 Γ_R 是右半圆周 $C_R: z=R\mathrm{e}^{\mathrm{i}\theta}\left(-\frac{\pi}{2} \leqslant \theta \leqslant \frac{\pi}{2}\right)$ 以及虚轴上从 $R\mathrm{i}$ 到

$-Ri$ 的有向线段所构成的围线,如图 6.23 所示. 于是,$P(z)$ 的零点全在左半平面的充分必要条件是

$$N(P,\Gamma_R) = 0$$

对任意 R 都成立.

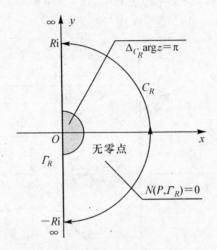

图 6.23　例 6.30 中涉及的辐角变化示意图

由辐角原理,上述条件也等价于

$$0 = \lim_{R \to +\infty} \Delta_{\Gamma_R} \arg P(z) = \lim_{R \to +\infty} \Delta_{C_R} \arg P(z) - \lim_{R \to +\infty} \Delta_{y(-R \to R)} \arg P(\mathrm{i}y)$$

又

$$\Delta_{C_R} \arg P(z) = \Delta_{C_R} \arg\{a_0 z^n [1 + g(z)]\} = \Delta_{C_R} \arg(a_0 z^n) + \Delta_{C_R} \arg[1 + g(z)]$$
$$= n\Delta_{C_R} \arg z + \Delta_{C_R} \arg[1 + g(z)] = n\pi + \Delta_{C_R} \arg[1 + g(z)]$$

其中 $g(z) = \dfrac{a_1 z^{n-1} + \cdots + a_n}{a_0 z^n}$,当 $R \to +\infty$ 时,$g(z)$ 在半圆周 C_R 上一致趋于零,从而

$$\lim_{R \to +\infty} \Delta_{C_R} \arg[1 + g(z)] = 0$$

故

$$0 = n\pi - \lim_{\substack{y(-R \to R)}} \Delta_{y(-R \to R)} \arg P(\mathrm{i}y), \quad 即 \quad \Delta_{\substack{y(-\infty \to +\infty)}} \arg P(\mathrm{i}y) = n\pi.$$

例 6.31　设 C 是一条围线,函数 $f(z)$ 和 $\varphi(z)$ 满足下列条件:

(1) $f(z)$ 和 $\varphi(z)$ 在 C 的内部亚纯,且连续到 C 上;

(2) 在围线 C 上,$|f(z)| > |\varphi(z)|$

则

$$N(f+\varphi,C) - P(f+\varphi,C) = N(f,C) - P(f,C).$$

上式表明 $f(z) + \varphi(z)$ 在围线 C 内部的零点个数与极点个数之差恰好等于 $f(z)$ 在围

第6章 留数理论及其应用

线 C 内部的零点个数与极点个数之差,这里几阶零点或极点各算做几个零点或极点.

分析:根据辐角原理

$$N(f+\varphi,C) - P(f+\varphi,C) = \frac{1}{2\pi} \cdot \Delta_C \arg[f(z)+\varphi(z)]$$

$$N(f,C) - P(f,C) = \frac{1}{2\pi} \cdot \Delta_C \arg f(z)$$

因此,要证明结论成立,只需证明

$$\Delta_C \arg[f(z)+\varphi(z)] = \Delta_C \arg f(z)$$

又

$$\Delta_C \arg[f(z)+\varphi(z)] = \Delta_C \arg f(z)\left[1+\frac{\varphi(z)}{f(z)}\right]$$

$$= \Delta_C \arg f(z) + \Delta_C \arg\left[1+\frac{\varphi(z)}{f(z)}\right]$$

所以,只需证明

$$\Delta_C \arg\left[1+\frac{\varphi(z)}{f(z)}\right] = 0$$

即可. 如图 6.24 所示,作变换 $w = 1 + \frac{\varphi(z)}{f(z)}$,并记曲线 Γ 为围线 C 在该变换下的像曲线(显然 Γ 也是封闭曲线),此时

$$\Delta_C \arg\left[1+\frac{\varphi(z)}{f(z)}\right] = \Delta_\Gamma \arg w$$

如果曲线 Γ 在平面上不围绕原点,则

$$\Delta_\Gamma \arg w = 0$$

因此,要证

$$\Delta_C \arg\left[1+\frac{\varphi(z)}{f(z)}\right] = 0$$

只需证明像曲线 Γ 在平面上不围绕原点,即像曲线 Γ 落在不包含原点的一个单连通区域内即可.

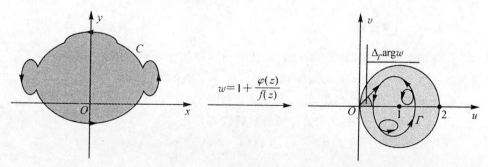

图 6.24 例 6.31 中变换 $w = 1 + \frac{\varphi(z)}{f(z)}$ 的示意图

证明 由题设,易知 $f(z)$ 和 $f(z)+\varphi(z)$ 都在围线 C 的内部亚纯且连续到 C 上,并且在 C 上还有

$$|f(z)|>|\varphi(z)|\geqslant 0, \ |f(z)+\varphi(z)|\geqslant |f(z)|-|\varphi(z)|>0$$

由辐角原理

$$N(f+\varphi,C)-P(f+\varphi,C)=\frac{1}{2\pi}\cdot\Delta_C\arg[f(z)+\varphi(z)]$$

$$N(f,C)-P(f,C)=\frac{1}{2\pi}\cdot\Delta_C\arg f(z)$$

下面证明

$$\Delta_C\arg[f(z)+\varphi(z)]=\Delta_C\arg f(z)$$

事实上,因为

$$\Delta_C\arg[f(z)+\varphi(z)]=\Delta_C\arg f(z)\left[1+\frac{\varphi(z)}{f(z)}\right]$$

$$=\Delta_C\arg f(z)+\Delta_C\arg\left[1+\frac{\varphi(z)}{f(z)}\right]$$

如图 6.24 所示,作变换 $w=1+\dfrac{\varphi(z)}{f(z)}$,并记曲线 Γ 为围线 C 在该变换下的像曲线(显然 Γ 也是封闭曲线),此时

$$\Delta_C\arg\left[1+\frac{\varphi(z)}{f(z)}\right]=\Delta_\Gamma\arg w$$

由题设条件(2),当沿围线 C 变化时,$\left|\dfrac{\varphi(z)}{f(z)}\right|<1$,从而相应的像点 w 满足

$$|w-1|=\left|\frac{\varphi(z)}{f(z)}\right|<1$$

这表明像曲线 Γ 落在圆 $|w-1|<1$ 内,显然该圆是不含原点的单连通区域,所以,像曲线 Γ 是不围绕原点的封闭曲线,故

$$\Delta_\Gamma\arg w=0, \text{即} \Delta_C\arg\left[1+\frac{\varphi(z)}{f(z)}\right]=\Delta_\Gamma\arg w=0$$

$$N(f+\varphi,C)-P(f+\varphi,C)=N(f,C)-P(f,C).$$

6.4.4 儒歇定理

作为辐角原理的应用,下面我们来建立讨论解析函数在区域内零点分布状况的著名定理 —— 儒歇(Rouchè)定理.

定理 6.18 (儒歇定理)设 C 是一条围线,函数 $f(z)$ 和 $\varphi(z)$ 满足下列条件:
(1) $f(z)$ 和 $\varphi(z)$ 在 C 的内部解析且连续到 C 上;
(2) 在围线 C 上,$|f(z)|>|\varphi(z)|$.

则

$$N(f+\varphi,C)=N(f,C) \qquad (6.47)$$

上式表明 $f(z)+\varphi(z)$ 在围线 C 内部的零点个数恰好等于 $f(z)$ 在围线 C 内部的零点个数,这里几阶零点算做几个零点.

◎ **思考题**:验证定理 6.18 满足例 6.31 的条件,从而用例 6.31 证明定理 6.18.

注:定理 6.18 的作用在于可以不具体的求出解析函数的零点而判定解析函数在有界区域内零点的个数,从而把解析函数的零点的分布情况弄清楚.比如:我们可以不求解高次方程而讨论出高次方程的根的分布,等等.

例 6.32 设 n 次多项式
$$P(z) = a_0 z^n + a_1 z^{n-1} + \cdots + a_n (a_0 \neq 0)$$
满足条件
$$|a_t| > |a_0| + \cdots + |a_{t-1}| + |a_{t+1}| + \cdots + |a_n|$$
则 $P(z)$ 在单位圆 $|z|<1$ 内恰有 $n-t$ 个零点(几阶零点算做几个零点).

分析:取 $f(z) = a_t z^{n-t}$,显然 $f(z) = a_t z^{n-t}$ 在单位圆 $|z|<1$ 内仅有一个 $n-t$ 阶零点 $z=0$,要证明结论成立,只需证明 $P(z) = a_0 z^n + a_1 z^{n-1} + \cdots + a_n$ 与 $f(z) = a_t z^{n-t}$ 在单位圆 $|z|<1$ 内的零点的个数相等即可.

证明 取 $f(z) = a_t z^{n-t}, \varphi(z) = a_0 z^n + \cdots + a_{t-1} z^{n-t+1} + a_{t+1} z^{n-t-1} + \cdots + a_n$,则
$$P(z) = f(z) + \varphi(z)$$
显然 $f(z)$ 和 $\varphi(z)$ 都是多项式函数,在闭圆 $|z| \leqslant 1$ 上解析,且由题设,在圆周 $|z|=1$ 上有
$$|f(z)| = |a_t z^{n-t}| = |a_t| > |a_0| + \cdots + |a_{t-1}| + |a_{t+1}| + \cdots + |a_n|$$
$$= |a_0 z^n| + \cdots + |a_{t-1} z^{n-t+1}| + |a_{t+1} z^{n-t-1}| + \cdots + |a_n|$$
<u>模的三角不等式</u>
$$\geqslant |a_0 z^n + \cdots + a_{t-1} z^{n-t+1} + a_{t+1} z^{n-t-1} + \cdots + a_n| = |\varphi(z)|$$
所以,由定理 6.18(儒歇定理)得
$$P(z) = f(z) + \varphi(z) \text{ 与 } f(z)$$
在单位圆 $|z|<1$ 内有同样多的零点,而 $f(z)$ 在单位圆 $|z|<1$ 内仅有一个 $n-t$ 阶零点 $z=0$,故 $P(z) = f(z) + \varphi(z)$ 在单位圆 $|z|<1$ 内有 $n-t$ 个零点.

◎ **思考题**:根据例 6.32 求解下面的方程在单位圆 $|z|<1$ 内的根的个数:
(1) $z^8 - 5z^5 - 2z + 1 = 0$; (2) $z^7 - 5z^4 + z^2 - 2 = 0$;
(3) $z^4 - 5z + 1 = 0$; (4) $z^6 + 7z + 10 = 0$.

例 6.33 证明:当 $|a|>e$ 时,方程 $e^z = az^n$ 在单位圆 $|z|<1$ 内有 n 个根.

证明 原方程等价于方程 $e^z - az^n = 0$,取 $f(z) = -az^n, \varphi(z) = e^z$,显然它们在闭圆 $|z| \leqslant 1$ 上解析,且
$$e^z - az^n = f(z) + \varphi(z)$$
因为在圆周 $|z|=1$ 上有
$$|f(z)| = |-az^n| = |a| > e = e^{|z|} \geqslant e^{\mathrm{Re}\, z} = |e^z| = |\varphi(z)|$$

且
$$f(z) = -az^n$$

在圆 $|z|<1$ 内仅有一个 n 阶零点 $z=0$，所以，由定理 6.18（儒歇定理）得
$$e^z - az^n = 0, \text{ 即 } e^z = az^n$$

在单位圆 $|z|<1$ 内有 n 个根.

作为儒歇定理的应用，下面我们用定理 6.18 再来证明著名的代数学基本定理和单叶解析函数导数的特征性定理.

例 6.34 （代数学基本定理）任一 n 次多项式 $P(z) = a_0 z^n + a_1 z^{n-1} + \cdots + a_n$ $(a_0 \neq 0)$ 在复数范围内有且只有 n 个零点（换言之，任一 n 次方程 $P(z) = a_0 z^n + a_1 z^{n-1} + \cdots + a_n (a_0 \neq 0)$ 在复数范围内有且只有 n 个根），这里几重根算做几个根.

证明 分两步.

第一步：先用定理 6.18 证明 $P(z)$ 在平面上有 n 个零点.

事实上，取 $f(z) = a_0 z^n$，$\varphi(z) = a_1 z^{n-1} + \cdots + a_n$，则 $P(z) = f(z) + \varphi(z)$. 再取充分大的正数 R，使得
$$R > \max\left\{\frac{|a_1| + \cdots + |a_n|}{|a_0|}, 1\right\}$$

显然 $f(z)$ 和 $\varphi(z)$ 都在闭圆 $|z| \leqslant R$ 上解析（因为它们都是多项式），且 $f(z)$ 在圆 $|z|<R$ 内仅有一个 n 阶零点 $z=0$. 又在圆周 $|z|=R$ 上
$$|\varphi(z)| = |a_1 z^{n-1} + \cdots + a_n| \leqslant |a_1| R^{n-1} + \cdots + |a_n|$$
$$\leqslant (|a_1| + \cdots + |a_n|) R^{n-1} < |a_0| R^n = |f(z)|$$

所以，由定理 6.18（儒歇定理）得
$$P(z) = f(z) + \varphi(z)$$

在圆 $|z|<R$ 内与 $f(z)$ 的零点个数相同，即也有 n 个零点.

第二步：再证 $P(z)$ 在 $|z| \geqslant R$ 上无零点.

事实上，对任意的 $|z_0| = R_0 \geqslant R > 1$
$$|p(z_0)| = |a_0 z_0^n + (a_1 z_0^{n-1} + \cdots + a_n)| \geqslant |a_0 z_0^n| - |a_1 z_0^{n-1} + \cdots + a_n|$$
$$\geqslant |a_0| R_0^n - (|a_1| R_0^{n-1} + \cdots + |a_n|)$$
$$> |a_0| R_0^n - (|a_1| + \cdots + |a_n|) R_0^{n-1}$$
$$> |a_0| R_0^n - |a_0| \cdot R \cdot R_0^{n-1} \geqslant |a_0| R_0^n - |a_0| R_0^n = 0$$

故 $P(z)$ 在 $|z| \geqslant R$ 上恒不为零，即 $P(z)$ 在 $|z| \geqslant R$ 上无零点.

综上所述，$P(z) = f(z) + \varphi(z)$ 在复数范围内有且只有 n 个零点.

例 6.35 证明：方程 $z^7 - z^3 + 12 = 0$ 的根全落在圆环 $1 < |z| < 2$ 内.

分析：根据代数学基本定理知，该方程有且只有 7 个根，因此，要证明结论成立，只需证明方程在圆 $|z|<2$ 内有 7 个根，且在闭圆 $|z| \leqslant 1$ 上无根即可.

证明 由于 $12 > 2 = 1 + |-1|$，由例 6.32 的结论，方程在单位圆 $|z|<1$ 内无根. 又在圆周 $|z|=1$ 上

$$|z^7-z^3+12| \geqslant 12-|z^7-z^3| \geqslant 12-(|z^7|+|z^3|)=12-2=10>0$$
所以,方程在圆周 $|z|=1$ 上也无根. 下面,再证方程在圆 $|z|<2$ 内有 7 个根.

事实上,取 $f(z)=z^7, \varphi(z)=-z^3+12$,显然它们在闭圆 $|z|\leqslant 2$ 上解析,且 $f(z)$ 在圆 $|z|<2$ 内只有一个 7 阶零点 $z=0$. 因为在圆周 $|z|=2$ 上
$$|\varphi(z)|=|-z^3+12| \leqslant |-z^3|+12=8+12=20<128$$
$$=2^7=|z^7|=|f(z)|$$
所以,由定理 6.18
$$z^7-z^3+12=f(z)+\varphi(z) \text{ 与 } f(z)$$
在圆 $|z|<2$ 内有同样多的零点,故 z^7-z^3+12 在圆 $|z|<2$ 内有 7 个零点,即方程在圆 $|z|<2$ 内有 7 个根.

综上所述再结合代数学基本定理得,方程 $z^7-z^3+12=0$ 的根全部落在圆环 $1<|z|<2$ 内.

6.4.5 单叶解析函数的导数特征

定义 6.4 若函数 $f(z)$ 在区域 D 内解析,且为区域 D 内的一一函数(即对任意 $z_1, z_2 \in D, z_1 \neq z_2$ 总有
$$f(z_1) \neq f(z_2) \tag{6.48}$$
则称 $f(z)$ 为区域 D 内的单叶(解析)函数,或称 $f(z)$ 在区域 D 内单叶解析.

易见,$f(z)=z+\alpha, f(z)=rz\ (r \neq 0)$ 在复平面 $\mathbf{C}$ 上单叶解析;$f(z)=\mathrm{e}^z$ 在带形区域 $\alpha < \mathrm{Im} z < \alpha+2\pi$ 内单叶解析;$f(z)=z^n\ (n>1$ 为整数) 在角形区域 $\alpha < \arg z < \alpha + \dfrac{2\pi}{n}$ 内单叶解析.

为了证明单叶解析函数的导数特征,我们先利用儒歇定理建立下面的引理:

引理 6.6 若函数 $f(z)$ 在点 z_0 解析,且 z_0 为 $f'(z)$ 的 $p-1$ 阶零点,即
$$f'(z_0)=f''(z_0)=\cdots=f^{(p-1)}(z_0)=0,\ f^{(p)}(z_0) \neq 0$$
记 $w_0=f(z_0)$,则:

(1) z_0 为 $f(z)-w_0$ 的 p 阶零点;

(2) 存在正数 m 和 δ,使得对任意满足 $0<|w-w_0|<m$ 的 w,$f(z)-w$ 在
$$0<|z-z_0|<\delta$$
内有且仅有 p 个互不相同的一阶零点.

证明 由零点阶的定义立即可得(1). 下面证明(2).

事实上,由已给条件易见,z_0 为 $f(z)-w_0$ 和 $f'(z)$ 的孤立零点,从而存在 $\delta > 0$,使得在圆周 $C: |z-z_0|=\delta$ 上
$$f(z)-f(z_0) \neq 0$$
且在圆周 C 的内部 $|z-z_0|<\delta, f(z)-w_0$ 以及 $f'(z)$ 均无异于 z_0 的零点. 记
$$m=\min_{z \in C}|f(z)-w_0|$$

由有界闭集上连续函数的最值性,$m>0$. 现在取满足 $0<|w-w_0|<m$ 的 w,并取
$$\varphi(z)=w_0-w$$
则在圆周 C 上
$$|f(z)-w_0|\geqslant m>|w-w_0|=|\varphi(z)|$$
由定理 6.18(儒歇定理)得
$$f(z)-w=f(z)-w_0+w_0-w \text{ 与 } f(z)-w_0$$
在圆周 C 的内部有同样多的零点,即 $f(z)-w$ 在圆周 C 的内部必有 p 个零点.

显然,z_0 不是 $f(z)-w$ 的零点,且在 C 的内部 $f'(z)$ 无异于 z_0 的零点,所以,$f(z)-w$ 在圆周 C 的内部的 p 个零点是 p 个互不相同的一阶零点.

定理 6.19 (单叶解析函数导数的特征性定理)若函数 $f(z)$ 在区域 D 内单叶解析,则在 D 内
$$f'(z)\neq 0 \tag{6.49}$$

证明 (反证法)假设存在一点 $z_0\in D$,使得 $f'(z_0)=0$,则注意到 $f(z)$ 单叶解析,z_0 必为 $f'(z)$ 的 n 阶零点($n\geqslant 1$). 由引理 6.6,存在满足 $0<|w-w_0|<m$ 的 w,$f(z)-w$ 在
$$0<|z-z_0|<\delta$$
内有且仅有 $n+1$ 个互不相同的一阶零点(记为 $z_1,z_2,\cdots,z_{n+1}$). 于是
$$f(z_k)=w \ (k=1,2,\cdots,n+1)$$
这与函数 $f(z)$ 是单叶函数矛盾. 所以在区域 D 内 $f'(z)\neq 0$.

注:定理 6.19 的逆命题一般不成立,例如:$f(z)=e^z$,显然 $f'(z)=e^z\neq 0$,但
$$f(0)=e^0=1=e^{2\pi i}=f(2\pi i)$$
即 $f(z)=e^z$ 在平面上不是单叶函数. 但下面的定理给出了解析函数在导数不为零的点处的局部单叶性.

定理 6.20 (局部单叶性定理)若函数 $w=f(z)$ 在点 z_0 解析,且 $f'(z_0)\neq 0$,则 $w=f(z)$ 必在点 z_0 的某邻域内单叶解析,即存在点 z_0 的某邻域 $U(z_0)$,使得 $f(z)$ 在邻域 $U(z_0)$ 内单叶解析.

证明 (方法1)由条件易见 $f'(z)$ 在 z_0 连续,所以对 $|f'(z_0)|>0$,存在点 z_0 的某邻域 $U(z_0)$,使得在 $U(z_0)$ 内解析且
$$|f'(z)-f'(z_0)|<|f'(z_0)|.$$
下证 $f(z)$ 在 $U(z_0)$ 内是一一函数即可.

事实上,对任意 $z_1,z_2\in U(z_0)$,$z_1\neq z_2$,取直线段 $\overline{z_1,z_2}\subset U(z_0)$,由复积分的牛顿—莱布尼茨公式
$$|f(z_1)-f(z_2)|=\left|\int_{\overline{z_1,z_2}}f'(z)\mathrm{d}z\right|=\left|\int_{\overline{z_1,z_2}}f'(z_0)\mathrm{d}z+\int_{\overline{z_1,z_2}}[f'(z)-f'(z_0)]\mathrm{d}z\right|$$
$$\geqslant \int_{\overline{z_1,z_2}}|f'(z_0)||\mathrm{d}z|-\int_{\overline{z_1,z_2}}|f'(z)-f'(z_0)||\mathrm{d}z|$$

$$= \int_{\overline{z_1,z_2}} [|f'(z_0)| - |f'(z) - f'(z_0)|] |dz| > 0$$

所以 $f(z_1) \neq f(z_2)$.

(方法 2) 事实上:

(1) 记 $w_0 = f(z_0)$, 由题设易见 z_0 必为 $f(z) - w_0$ 的一阶零点. 由引理 6.6, 存在充分小的 $\varepsilon > 0$ 和 $\delta > 0$, 使得对满足 $0 < |a - w_0| < \delta$ 的 a, $f(z) - a$ 在圆 $|z - z_0| < \varepsilon$ 内恰有一个一阶零点. 从而对满足 $|a - w_0| < \delta$ 的 a, $f(z) - a$ 在圆 $|z - z_0| < \varepsilon$ 内也恰有一个一阶零点.

(2) 又 $w = f(z)$ 在点 z_0 连续, 由连续的定义, 对上面的正数 $\delta > 0$, 必存在点 z_0 的邻域

$$U(z_0) \subset D: |z - z_0| < \varepsilon$$

当 $z \in U(z_0)$ 时, $|f(z) - w_0| < \delta$, 这表明

$$f(U(z_0)) \subset \{a: |a - w_0| < \delta\}$$

从而, 对任意 $a \in f(U(z_0))$, 在圆 $|z - z_0| < \varepsilon$ 内有且仅有一个点 z', 使得 $f(z') = a$.

综合(1)、(2), $w = f(z)$ 是 $U(z_0)$ 内的单叶解析函数.

习 题 6

1. 试述下面的留数与罗朗展式系数的关系:
(1) 函数在有限孤立奇点处的留数与罗朗展式系数之间的关系;
(2) 函数在无穷孤立奇点 ∞ 处的留数与罗朗展式系数之间的关系.

2. 据理说明下面的结论:
(1) 若 $f(z)$ 以点 a 为有限可去奇点, 则 $\operatorname*{Res}\limits_{z=a} f(z) = 0$;
(2) 若 $f(z)$ 以 ∞ 为可去奇点, 则 $\operatorname*{Res}\limits_{z=\infty} f(z)$ 一定为零;
(3) 若 $\operatorname*{Res}\limits_{z=a} f(z) = A$, 则 $\operatorname*{Res}\limits_{z=a} f^2(z) = A^2$.

3. 若函数在复平面上除孤立奇点外解析, 则函数在平面上的所有孤立奇点处的留数总和必为零. 这种说法对吗? 试用函数 $\tan z$ 加以说明.

4. 设 $g(z)$ 在 $z = 0$ 解析, 且 $g(0) = 0, g'(0) \neq 0$, 记 $f(z) = \dfrac{1}{g^2(z)}$, 证明: $z = 0$ 为 $f(z)$ 的二阶极点, 且

$$\operatorname{Res}(f, 0) = -\frac{g''(0)}{(g'(0))^3}.$$

5. 求下列函数在指定点处的留数:

(1) $\dfrac{z}{(z-1)(z+1)^2}$, $z = \pm 1$ 和 ∞; (2) $\dfrac{1}{\sin z}$, $z = n\pi$ ($n = 0, \pm 1, \pm 2, \cdots$);

(3) $e^{\frac{1}{z-1}}, z = 1$ 和 ∞；　(4) $z^2 e^{\frac{1}{z}}, z = 0$ 和 ∞；　(5) $\dfrac{z^{2n}}{(z-1)^n}, z = 1$ 和 ∞；

(6) $\dfrac{e^z}{z^2 - 1}, z = \pm 1$ 和 ∞；　(7) $\dfrac{e^z}{e^z - 1}, z = 2n\pi i (n = 0, \pm 1, \pm 2, \cdots)$；

(8) $\dfrac{\cot z}{z^4}, z = 0$.

6. 求下列函数在其孤立奇点(包括 ∞)处的留数(其中 n 为正整数)：

(1) $z^n \cdot \sin\dfrac{1}{z}$；　(2) $z^n e^{\frac{1}{z}}$；　(3) $\dfrac{z^{2n}}{1+z^n}$；　(4) $\dfrac{1}{(z-a)^n(z-b)}$，且 $a \neq b$.

7. 计算下列积分：

(1) $\displaystyle\int_{|z|=1} \dfrac{\mathrm{d}z}{z^2 \sin z}$；　(2) $\displaystyle\int_{|z|=2} \dfrac{e^{-iz^2}}{1+z^2}\mathrm{d}z$；　(3) $\displaystyle\int_{|z-(1+i)|=\sqrt{2}} \dfrac{1}{(z+1)^2(z^2+1)}\mathrm{d}z$；

(4) $\displaystyle\int_{|z|=1} \dfrac{1}{(z-a)^n(z-b)}\mathrm{d}z$，其中 $|a| < 1, |b| < 1, a \neq b, n$ 为正整数；

(5) $\displaystyle\int_{|z|=2} \dfrac{1}{(z+i)^{10}(z-1)(z-3)}\mathrm{d}z$.

8. 计算积分 $\dfrac{1}{2\pi i}\displaystyle\int_{|\xi|=1} \dfrac{\mathrm{d}\xi}{\xi \cdot (\xi - z)}$，其中 $z \notin |z| = 1$.

9. 利用留数定理计算积分 $\displaystyle\int_C z^n e^{\frac{1}{z}} \mathrm{d}z$ (其中 n 为正整数，$C: |z| = 1$)，并由此证明：

(1) $\displaystyle\int_0^{2\pi} e^{\cos\theta}\cos[(n+1)\theta - \sin\theta]\mathrm{d}\theta = \dfrac{2\pi}{(n+1)!}$；

(2) $\displaystyle\int_C e^{z+\frac{1}{z}}\mathrm{d}z = \sum_{n=0}^{\infty} \dfrac{1}{n!}\displaystyle\int_C z^n e^{\frac{1}{z}}\mathrm{d}z = 2\pi \cdot \sum_{n=0}^{\infty}\dfrac{1}{n!(n+1)!}$.

10. 设

$P(z) = a_0 + a_1 z + \cdots + a_n z^n \ (a_n \neq 0), Q(z) = b_0 + b_1 z + \cdots + b_m z^m \ (b_m \neq 0).$

(1) 若 $m - n \geq 2$，则

$$\operatorname*{Res}_{z=\infty}\dfrac{P(z)}{Q(z)} = 0;$$

(2) 若 $m - n \geq 2$，C 为光滑简单闭曲线，$Q(z)$ 的零点全部在 C 的内部，则

$$\int_C \dfrac{P(z)}{Q(z)}\mathrm{d}z = 0.$$

11. 计算下列积分：

(1) $I = \displaystyle\int_0^{2\pi}\dfrac{1}{a+\cos\theta}\mathrm{d}\theta \ (a > 1)$；　(2) $I = \displaystyle\int_0^{2\pi}\dfrac{1}{(2+\sqrt{3}\cos\theta)^2}\mathrm{d}\theta$；

(3) $I = \displaystyle\int_0^{\pi}\dfrac{1}{1+\sin^2\theta}\mathrm{d}\theta$；　(4) $I = \displaystyle\int_0^{\frac{\pi}{2}}\dfrac{1}{1+\sin^2\theta}\mathrm{d}\theta$.

12. 计算积分 $I = \displaystyle\int_0^{\pi}\tan(\theta + ia)\mathrm{d}\theta$ (a 为实数且 $a \neq 0$).

13. 设 $R(\cos\theta, \sin\theta)$ 为实三角有理函数,其分母函数恒不为零,$m>0$,证明:
$$\int_0^{2\pi} R(\cos\theta, \sin\theta) e^{im\theta} d\theta = 2\pi \sum_{|a_k|<1} \operatorname{Res}_{z=a_k}\left(R\left(\frac{z+z^{-1}}{2}, \frac{z-z^{-1}}{2i}\right) z^{m-1}\right)$$

由此可以得到
$$\int_0^{2\pi} R(\cos\theta, \sin\theta) \cos m\theta\, d\theta = 2\pi \operatorname{Re}\left[\sum_{|a_k|<1} \operatorname{Res}_{z=a_k}\left(R\left(\frac{z+z^{-1}}{2}, \frac{z-z^{-1}}{2i}\right) z^{m-1}\right)\right]$$
$$\int_0^{2\pi} R(\cos\theta, \sin\theta) \sin m\theta\, d\theta = 2\pi \operatorname{Im}\left[\sum_{|a_k|<1} \operatorname{Res}_{z=a_k}\left(R\left(\frac{z+z^{-1}}{2}, \frac{z-z^{-1}}{2i}\right) z^{m-1}\right)\right].$$

14. 计算下列有理函数的反常积分:

(1) $\int_0^{+\infty} \frac{x^2}{(x^2+1)^2(x^2+4)} dx$; (2) $\int_{-\infty}^{+\infty} \frac{1}{x^2+2x+2} dx$;

(3) $\int_{-\infty}^{+\infty} \frac{x}{(x^2+1)(x^2+2x+2)} dx$.

15. 计算下列傅里叶分析中的反常积分:

(1) $\int_0^{+\infty} \frac{\cos x}{(x^2+a^2)(x^2+b^2)} dx$ $(a>b>0)$; (2) $\int_0^{+\infty} \frac{x\sin mx}{x^2+4} dx$ $(m>0)$;

(3) $\int_0^{+\infty} \frac{x\sin mx}{x^4+a^4} dx$ $(m>0, a>0)$; (4) $\int_0^{+\infty} \frac{x^2\cos mx}{x^4+a^4} dx$ $(m>0, a>0)$;

(5) $\int_{-\infty}^{+\infty} \frac{\sin x}{x^2+4x+5} dx$; (6) $\int_{-\infty}^{+\infty} \frac{(x+1)\cos x}{x^2+4x+5} dx$.

16. 计算下列傅里叶分析中的反常积分:

(1) $\int_0^{+\infty} \frac{\sin x}{x(x^2+a^2)} dx$ $(a>0)$; (2) $\int_0^{+\infty} \frac{\sin x}{x(x^2+1)^2} dx$; (3) $\int_0^{+\infty} \frac{\sin^2 x}{x^2} dx$.

提示:(3) 由分部积分公式得
$$\int_0^{+\infty} \frac{\sin^2 x}{x^2} dx = -\int_0^{+\infty} \sin^2 x\, d\left(\frac{1}{x}\right) = \int_0^{+\infty} \frac{2\sin x\cos x}{x} dx$$
$$= \int_0^{+\infty} \frac{\sin 2x}{2x} d2x = \int_0^{+\infty} \frac{\sin x}{x} dx.$$

17. 计算下列积分:

(1) $\int_0^{+\infty} \frac{x^2+1}{(x+1)x^a} dx$ $(0<\alpha<1)$; (2) $\int_0^{+\infty} \frac{1}{(x^2+1)x^a} dx$ $(0<\alpha<1)$;

(3) $\int_0^{+\infty} \frac{x^{1-a}}{1+x^2} dx$ $(0<\alpha<2)$; (4) $\int_0^{+\infty} \frac{x\ln x}{x^2+1} dx$;

(5) $\int_0^{+\infty} \frac{x\ln x}{(x+1)(x^2+1)} dx$; (6) $\int_{-1}^1 \frac{1}{\sqrt[3]{(1-x)(1+x)^2}} dx$;

(7) $\int_{-1}^1 \frac{1}{(x-2)\sqrt{1-x^2}} dx$.

提示:(3) $\int_0^{+\infty} \frac{x^{1-a}}{1+x^2} dx \xrightarrow{t=x^2} \frac{1}{2}\int_0^{+\infty} \frac{1}{(1+t)\cdot t^{\frac{a}{2}}} dt$.

18. (1) 若 $R(x^2)$ 是 x^2 的一个有理式,其分母的次数比分子的次数至少高两次,且分母在实轴上无零点,则

$$2\int_0^{+\infty} R(x^2) \cdot \ln x \, dx + i\pi \int_0^{+\infty} R(x^2) dx = 2\pi i \cdot \sum_{\text{Im} z_k > 0} \operatorname{Res}_{z=z_k}[R(z^2) \cdot \ln z]$$

其中 $\ln z$ 是主值支(即在正实轴上取实数的解析分支),$\sum_{\text{Im} z_k > 0} \operatorname{Res}_{z=z_k}[R(z^2) \cdot \ln z]$ 表示 $R(z^2) \cdot \ln z$ 在上半平面内各孤立奇点处的留数的和. 由此可得

$$I = \int_0^{+\infty} R(x^2) \cdot \ln x \, dx = \frac{1}{2} \operatorname{Re}\left\{ 2\pi i \cdot \sum_{\text{Im} z_k > 0} \operatorname{Res}_{z=z_k}[R(z^2) \cdot \ln z] \right\};$$

(2) 利用(1)计算:$\int_0^{+\infty} \frac{\ln x}{(1+x^2)^2} dx$.

19. (1) 计算积分 $\int_0^{+\infty} \frac{x^3}{x^6+1} dx$;

提示:考虑 $\frac{z^3}{z^6+1}$ 沿扇形 $\left\{ z \mid |z| < R, 0 < \arg z < \frac{2}{3}\pi \right\}$ 边界的积分.

(2) 设 $P(z)$ 及 $Q(z)$ 是两个多项式,而且 $P(z)$ 的次数小于 $Q(z)$ 的次数;设 $Q(z)$ 在原点及正实轴上没有零点,证明:当整数 $n \geqslant 2$ 时,积分

$$I = \int_0^{+\infty} \frac{P(x^n)}{Q(x^n)} dx$$

的值可以用 $\frac{P(z^n)}{Q(z^n)}$ 在角形区域 $A = \left\{ z \mid 0 < \arg z < \frac{2}{n}\pi \right\}$ 中的留数表示出来,即

$$I = \frac{2\pi i}{1 - e^{2\pi i/n}} \sum_{z_0 \in Z} \operatorname{Res}\left(\frac{P(z^n)}{Q(z^n)}, z_0 \right)$$

其中 Z 是 $Q(z^n)$ 在 A 内的所有零点构成的集.

20. 利用定理 6.15 证明下列等式:

(1) $\csc z = \frac{1}{z} + \sum_{n=1}^{\infty} \frac{(-1)^n 2z}{z^2 - n^2 \pi^2}$;   (2) $\frac{z}{e^z - 1} = 1 - \frac{z}{2} + \sum_{n=1}^{\infty} \frac{2z^2}{z^2 + 4n^2\pi^2}$.

21. 计算 $\operatorname{Res}_{z=a}\left[\frac{f'(z)}{f(z)} \right]$,其中

(1) $f(z) = z \sin z, a = 0$;   (2) $f(z) = \frac{1}{z \sin z}, a = 0$.

22. 设 D 为有界区域,C 为其边界,若函数 $f(z)$ 在区域 D 内解析,$f(z)$ 连续到边界 C 上,且在 C 上无零点(即在 C 上 $f(z) \neq 0$),则 $f(z)$ 在区域 D 内至多只有有限个零点.

23. 计算积分 $\int_C \frac{f'(z)}{f(z)} dz$,其中

(1) $f(z) = e^z - 1, C: |z| = 1$;   (2) $f(z) = \frac{1}{(e^z - 1)^2}, C: |z| = 1$.

24. 计算积分 $\int_{|z|=4} \dfrac{z^9}{z^{10}-1} \mathrm{d}z$.

25. 试证：在定理 6.15 的条件下，如果 $\varphi(z)$ 在闭区域 $\overline{D}$ 上解析，并且 $\alpha_1, \alpha_2, \cdots, \alpha_m$ 及 $\beta_1, \beta_2, \cdots, \beta_n$ 分别是 $f(z)$ 在 D 内的零点和极点，而其阶数分别是 $k_1, k_2, \cdots, k_m$ 及 $l_1, l_2, \cdots, l_n$，那么

$$\frac{1}{2\pi\mathrm{i}} \int_C \varphi(z) \frac{f'(z)}{f(z)} \mathrm{d}z = \sum_{p=1}^m k_p \varphi(\alpha_p) - \sum_{q=1}^n l_q \varphi(\beta_q).$$

26*. 设函数 $f(z)$ 在闭圆 $|z| \leqslant r$ 上解析，在圆周 $|z| = r$ 上 $f(z) \neq 0$，证明：在圆周 $|z| = r$ 上

$$\mathrm{Max}\left\{\mathrm{Re}\left[z\frac{f'(z)}{f(z)}\right]\right\} \geqslant N$$

其中 N 为 $f(z)$ 在圆 $|z| < r$ 内的零点的个数.

27. 证明：方程 $\mathrm{e}^{z-\lambda} = z\, (\lambda > 1)$ 在单位圆 $|z| < 1$ 内恰有一个根，且为实根.

提示：对 $f(z) = z, \varphi(z) = -\mathrm{e}^{z-\lambda}$ 在单位圆 $|z| < 1$ 内运用儒歇定理，至于实根可以对实函数 $g(x) = x - \mathrm{e}^{x-\lambda}$ 在 $[-1,1]$ 上利用数学分析中的连续函数的零值定理.

28. 证明方程 $\mathrm{e}^z - \mathrm{e}^\lambda z^n = 0\,(\lambda > 1)$ 在单位圆 $|z| < 1$ 内有 n 个根.

29. 若函数 $f(z)$ 在围线 C 的内部除有一个一阶极点外解析，且连续到 C 上，在 C 上 $|f(z)| = 1$，证明：$f(z) = a\,(|a| > 1)$ 在 C 的内部恰好有一个根.

提示：只需用辐角原理证明 $N(f-a, C) - P(f-a, C) = 0$.

30. 设函数 $f(z)$ 在围线 C 的内部亚纯且连续到 C，试证：

(1) 当 $z \in C$ 时，$|f(z)| < 1$，则方程 $f(z) = 1$ 在 C 内部根的个数等于 $f(z)$ 在 C 内部极点的个数；

提示：验证 $f(z)$ 和 -1 满足 §6.4 中例 6.31 的条件，并注意到 $N(-1, C) - P(-1, C) = 0$ 以及 $f(z)$ 的极点与 $f(z) - 1$ 的极点相同，利用例 6.31 的结论证明.

(2) 当 $z \in C$ 时，$|f(z)| > 1$，则方程 $f(z) = 1$ 在 C 内部根的个数等于 $f(z)$ 在 C 内部零点的个数.

提示：方程 $f(z) = 1$ 等价于方程 $\dfrac{1}{f(z)} = 1$，$f(z)$ 的零点等价于 $\dfrac{1}{f(z)}$ 的极点，然后对方程 $\dfrac{1}{f(z)} = 1$ 利用(1)的结论.

31. 设 $\varphi(z)$ 在圆周 $C: |z| = 1$ 内部解析，且连续到 C，在 C 上 $|\varphi(z)| < 1$，证明：在 C 的内部仅有一点 z_0，使得 $\varphi(z_0) = z_0$.

提示：对 $f(z) = z, -\varphi(z)$ 在单位圆 $|z| < 1$ 内运用儒歇定理.

32. 若 $|a| > \dfrac{\mathrm{e}^R}{R^n}$，则方程 $\mathrm{e}^z = a \cdot z^n$ 在圆 $|z| < R$ 内有 n 个根.

33. 证明：方程 $\sin z = 2z^4 - 7z + 1$ 在单位圆 $|z| < 1$ 内恰有一个根.

提示：对 $f(z)=7z$ 和 $\varphi(z)=\sin z-2z^4-1$ 在单位圆 $|z|<1$ 内运用儒歇定理，并注意到在 $|z|=1$ 上，$|\sin z|=\left|\dfrac{e^{iz}-e^{-iz}}{2i}\right|\leqslant e$。

34*. 证明：方程 $z+e^{-z}=a$ $(a>1)$ 在 $\operatorname{Re} z>0$ 内只有一个根，且为实根。

35. 试问方程 $z^4-8z+10=0$ 在圆 $|z|<1$ 内与圆环 $1<|z|<3$ 内各有几个根？

36. 证明下列函数在指定区域 D 内是单叶的：

(1) $w=z+\dfrac{1}{n}z^n, D=\{z\big||z|<1\}$；

(2) $w=\dfrac{z}{(1-z)^3}, D=\left\{z\big||z|<\dfrac{1}{2}\right\}$；

(3) $w=z+z^2, D=\left\{z\big||z|<\dfrac{1}{2}\right\}$。

37*. 设解析函数序列 $\{f_n(z)\}$ 在区域 D 内内闭一致收敛于不恒等于零的函数 $f(z)$。应用儒歇定理证明：

(1) 如果 $f_n(z)$ $(n=1,2,3,\cdots)$ 在 D 内没有零点，那么 $f(z)$ 在 D 内也没有零点；

(2) 用 Z_n 及 Z 分别表示 $f_n(z)$ 及 $f(z)$ 在 D 内的零点集，那么对任何正整数 p，
$$Z\subset\overline{\bigcup_{n\geqslant p}Z_n},\text{ 而且 }Z=\bigcap_{p=1}^{\infty}\overline{\bigcup_{n\geqslant p}Z_n}$$
其中 $\overline{\bigcup\limits_{n\geqslant p}Z_n}$ 表示 $\bigcup\limits_{n\geqslant p}Z_n$ 的闭包，即 $\bigcup\limits_{n\geqslant p}Z_n$ 与其所有聚点组成的集的并集。

38. (胡尔维茨定理) 若 $\{f_n(z)\}$ 是区域 D 内内闭一致收敛于 $f(z)$ 的解析函数列，且所有的 $f_n(z)$ 在 D 内无零点，则 $f(z)$ 在 D 内解析，且在 D 内，或者 $f(z)\equiv0$，或者 $f(z)\neq0$。

提示：利用题 37 的(1)。

39. 按下面的步骤证明定理 6.20 (解析函数的局部单叶性)：

(1) 若 $f(z)$ 在圆域 $D:|z-z_0|<R$ 内解析，z_1,z_2 是 D 内两点，则
$$f(z_1)-f(z_2)=\int_{\overline{z_1,z_2}}f'(z)dz.$$

提示：利用复积分的牛顿—莱布尼茨公式。

(2) 在(1)的条件下，利用复积分的估值性证明：
$$|f(z_1)-f(z_2)|\geqslant\int_{\overline{z_1,z_2}}|f'(z_0)||dz|-\int_{\overline{z_1,z_2}}|f'(z)-f'(z_0)||dz|.$$

提示：
$$f'(z)=f'(z_0)+f'(z)-f'(z_0)$$
$$\left|\int_{\overline{z_1,z_2}}f'(z_0)dz\right|=|f'(z_0)||z_1-z_2|=\int_{\overline{z_1,z_2}}|f'(z_0)||dz|.$$

(3) 若 $f(z)$ 在 z_0 解析，且 $f'(z_0)\neq 0$，则存在 z_0 的某邻域 $U(z_0)$，使得 $f(z)$ 在

邻域 $U(z_0)$ 内单叶.

提示：利用 $f'(z)$ 在 z_0 连续可得,存在 $U(z_0)$,使得
$$|f'(z)-f'(z_0)|<|f'(z_0)|.$$

40*. 设 $f(z)=\dfrac{1}{2}z^2+\sum\limits_{n=3}^{+\infty}\dfrac{a_n}{n}z^n$ 在 $\{z\mid |z|<R\}$ 内解析,且 $|f'(z)|\leqslant M$,其中 R,M 均为正的常数.证明存在去心邻域 $U^0(0,\delta)=\{z\mid 0<|z|<\delta\}\subset\{z\mid |z|<R\}$,使得 $f(z)$ 在邻域 $U^0(0,\delta)$ 内的每一点都是局部单叶的.

提示：取 $\delta=\dfrac{R^2}{M+R}$,利用柯西不等式证明对任意 $z\in U^0(0,\delta),f'(z)\neq 0$.

第7章 共形映射(保形映射)

在前面的若干章,我们主要是运用分析的方法(例如,复变函数的导数或微分、积分和级数等)来讨论解析函数的相关性质以及这些性质的应用. 从几何的角度(或映射的角度)来看,一个复变函数 $w = f(z)$ 实际上给出了 z 平面上的点集到 w 平面上的点集之间的一个映射或变换. 习惯上,我们把解析函数所构成的映射(变换)称为解析映射(变换). 用几何的观点对解析映射的性质(特别是解析映射的保形性)进行研究,一方面可以使我们对解析函数从直观上有一个更深刻的认识,另一方面也能为解析函数的理论研究和实际应用开辟新的思路,是解析函数的理论研究和实际应用的一种重要的手段. 例如,通过保形映射,我们可以把平面上的一个复杂区域变成一个简单的区域,从而使得数学本身以及实际应用中所涉及的某些问题的研究得以简化等.

本章,我们主要介绍解析映射的某些重要特性. 首先我们借助区域的定义以及第 6 章中介绍的儒歇定理建立非常数解析映射的保域性,通过分析复变函数导数的几何意义,再建立解析映射的保角性和保形性(或共形性). 以上三个性质是解析映射的三个基本特性. 通过对上述三个性质的介绍,读者对解析映射的特性将会有一个初步了解. 其次,再重点介绍解析映射中最简单的分式线性映射的基本性质及其应用,以及基本初等解析函数所构成的保形映射的映射特征及其应用,使读者对保形映射的作用有一个直观的、正面的认识. 最后,作为对保形映射理论的完善,我们还将介绍有关保形映射的黎曼存在定理和边界对应定理,从而使读者对保形映射的理论有一个初步完整的认识.

§7.1 解析映射的特征

本节,我们将介绍解析映射的三个性质:保域性、保角性和保形(共形)性.

7.1.1 解析映射的保域性

如图 7.1 所示,我们来研究两个具体的解析映射:
$$w = f_1(z) = z + a \text{ 和 } w = f_2(z) = c.$$
易知,解析映射 $w = f_1(z)$ 将 z 平面上的圆形区域 $D: |z| < 1$ 变换成了 w 平面上的圆形区域

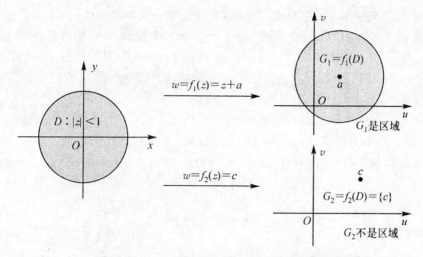

图 7.1 解析映射的保域性示意图

$$G_1: |w-a| < 1, 即 G_1 = f_1(D)$$

而解析映射 $w = f_2(z)$ 将 z 平面上的圆形区域 $D: |z| < 1$ 变换成了 w 平面上的一点 c, 即 $\{c\} = f_2(D)$, 如图 7.1 所示.

显然 $G_1 = f_1(D)$ 是区域,而 $\{c\} = f_2(D)$ 不是区域,这表明并非每一个解析映射都能将区域变成区域,即并非每一个解析映射都具有保域性.

下面的定理给出了解析映射具有保域性的一种条件.

定理 7.1 设函数 $w = f(z)$ 在区域 D 内解析且不恒为常数,则 D 的像集 $G = f(D)$ 也是一个区域.

分析:根据区域的定义,要证 $G = f(D)$ 是区域,必须证明:(1)$G = f(D)$ 是开集(即 G 中的每一点都是内点);(2)G 具有连通性(即对 G 内任意两点,都能找到全含在 G 内的一条折线将它们连接起来). 如图 7.2 所示.

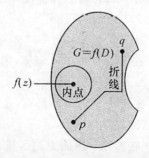

图 7.2 定理 7.1 的证明的示意图 1

证明 证明分两步.

第一步：先证 $G = f(D)$ 是开集（即 G 中的每一点都是内点）.

设 $w_0 \in G$，则存在 $z_0 \in D$，使得 $w_0 = f(z_0)$. 要证 w_0 是 G 的内点，只需证明，当 w^* 与 w_0 充分接近时，w^* 仍属于 G，即存在 w_0 的一个邻域 $U(w_0, \delta) \subset G$. 要证明这个结果，我们只需证明，当 w^* 与 w_0 充分接近时，方程 $w^* = f(z)$ 在区域 D 内有解即可.

事实上，当 $w^* = w_0$ 时，结论显然成立. 当 $w^* \neq w_0$ 时，由第 6 章引理 6.6，存在 $U(w_0, \delta) \subset G$，使得，当 $w^* \in U^0(w_0, \delta)$ 时，必有 z_0 的空心邻域 $U^0(z_0) \in D$，$w^* = f(z)$ 在 $U^0(z_0)$ 内有解，即 $w^* \in f(D)$，如图 7.3 所示.

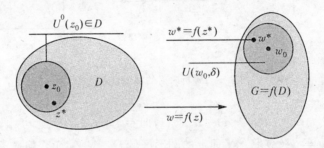

图 7.3　定理 7.1 的证明的示意图 2

所以 $G = f(D)$ 是开集.

第二步：再证 $G = f(D)$ 具有连通性（即对 G 内任意两点，都能找到全含在 G 内的一条折线将它们连接起来）.

事实上，对于 G 内任意两点 $w_1 = f(z_1)$ 和 $w_2 = f(z_2)$. 因为 D 是区域，则可以在 D 内取一条全含于 D 的连接 z_1 和 z_2 的折线

$$C: z = z(t)(t_1 \leqslant t \leqslant t_2, \ z_1 = z(t_1), \ z_2 = z(t_2))$$

其像曲线 $\Gamma: w = f[z(t)](t_1 \leqslant t \leqslant t_2)$ 就是全含于 G 的一条连续曲线，即 G 是路连通的. 注意到在开集上路连通与折线连通的等价性，所以可以找到全含于 G 的折线连接点 w_1 和 w_2.

综上所述，$G = f(D)$ 必为区域.

推论 7.1　若 $w = f(z)$ 在区域 D 内单叶解析，则 D 的像集 $G = f(D)$ 也是区域.

证明　因为 $w = f(z)$ 在区域 D 内单叶解析，必有 $w = f(z)$ 在区域 D 内不恒为常数，所以由定理 7.1，结论成立.

注：一般地，若 $w = f(z)$ 在扩充 z 平面上的区域 D 内亚纯，且不恒为常数，则 D 的像集 $G = f(D)$ 也为扩充 w 平面上的区域（保域性定理的推广）.

作为解析函数保域性的应用，我们利用保域性可以更为简洁地证明下面的结

论(证明留给读者):

结论1 (解析函数为常函数的若干条件) 若函数 $w = f(z)$ 在区域 D 内解析,且满足下列条件之一:

(1) 在区域 D 内,$\mathrm{Re}f(z)$ 或 $\mathrm{Im}f(z)$ 为常数;

(2) 在区域 D 内,$|f(z)|$ 为常数;

(3) 存在 $\alpha, \beta, \gamma \in \mathbf{R}$ $(\alpha^2 + \beta^2 \neq 0)$,使得 $\alpha \mathrm{Re}f(z) + \beta \mathrm{Im}f(z) = \gamma$.

则 $w = f(z)$ 在区域 D 内必为常数.

结论2 (解析函数的最大模原理) 若函数 $w = f(z)$ 在区域 D 内解析,且存在 $z_0 \in D$,使得

$$|f(z_0)| = \max_{z \in D} |f(z)|$$

则 $w = f(z)$ 在区域 D 内必为常数.

7.1.2 解析变换的保角性

1. 复变函数导数的几何意义

设 $w = f(z)$ 在区域 D 内解析,$z_0 \in D$,$f'(z_0) \neq 0$. 在区域 D 内任取一条过 z_0 的有向光滑曲线 $C: z = z(t)$ $(t_0 \leqslant t \leqslant t_1)$,其中 $z_0 = z(t_0)$. 则 $z'(t_0) \neq 0$,C 在 z_0 有切线,$z'(t_0)$ 就是 C 在点 z_0 的切向量,该向量的倾角为

$$\varphi = \arg z'(t_0).$$

在变换 $w = f(z)$ 下,记 C 的像曲线为 $\Gamma = f(C)$,则其参数方程为

$$w \stackrel{\Delta}{=} w(t) = f[z(t)] \quad (t_0 \leqslant t \leqslant t_1)$$

且 Γ 也是光滑曲线(因 $w'(t_0) = f'(z_0) \cdot z'(t_0) \neq 0$). 所以 Γ 在像点 $w_0 = f(z_0)$ 处也有切线,$w'(t_0)$ 就是切向量,其倾角为

$$\psi = \arg w'(t_0) = \arg f'(z_0) + \arg z'(t_0)$$

即 $\qquad \psi = \varphi + \arg f'(z_0)$ (切线倾角与像切线倾角的关系)

记 $f'(z_0) = Re^{i\alpha}$,其中 $|f'(z_0)| = R$,$\arg f'(z_0) = \alpha$. 于是,我们有

$$\psi - \varphi = \arg f'(z_0) = \alpha \tag{7.1}$$

且

$$\lim_{\Delta z \to 0} \left| \frac{\Delta w}{\Delta z} \right| = |f'(z_0)| = R \tag{7.2}$$

其中 $\Delta w = w - w_0 = f(z_0 + \Delta z) - f(z_0)$,$\Delta z = z - z_0$.

如图 7.4 所示,假定两个平面同向(即实轴与实轴、虚轴与虚轴的正方向相同),$w = f(z)$ 为一个变换,C 为过 z_0 的光滑曲线,$w_0 = f(z_0)$,$\Gamma = f(C)$ 为过 w_0 的像曲线,

定义 7.1 (1) 原像曲线在点 z_0 的切线正方向到变换后的像曲线在像点 $w_0 = f(z_0)$ 的切线正方向的角称为变换 $w = f(z)$ 在点 z_0 的一个旋转角;

(2) 像曲线 Γ 上的两个像点

$$w = f(z) \text{ 和 } w_0 = f(z_0)$$

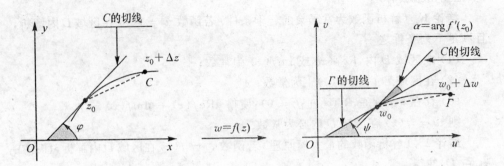

图 7.4 导数的几何意义示意图

之间的距离 $|\Delta w|=|w-w_0|$ 与原像曲线 C 上相应的两个原像点 z 和 z_0 之间的距离 $|\Delta z|=|z-z_0|$ 之比的极限 $\lim\limits_{\substack{\Delta z\to 0\\ z\in C}}\left|\dfrac{\Delta w}{\Delta z}\right|$ 称为变换 $w=f(z)$ 在点 z_0 的一个伸缩率.

式(7.1)和式(7.2)表明:若 $f(z)$ 在点 z_0 解析,且 $f'(z_0)\neq 0$,则:

(1) 像曲线 Γ 在点 $w_0=f(z_0)$ 的切线正向,可以由原像曲线 C 在点 z_0 的切线正向旋转一个角度 $\arg f'(z_0)=\alpha$ 得到,$\arg f'(z_0)=\alpha$ 为变换 $w=f(z)$ 在点 z_0 的旋转角(导数辐角的几何意义).

显然该旋转角 $\arg f'(z_0)=\alpha$ 仅与 z_0 有关,而与过 z_0 的曲线 C 的选择无关.

(2) 像点之间的距离与原像点之间的距离之比的极限是 $R=|f'(z_0)|$,R 为变换 $w=f(z)$ 在点 z_0 的伸缩率(导数模的几何意义).

显然该伸缩率也仅与 z_0 有关,而与过 z_0 的曲线 C 的选择无关.

注:(1) 上面提到的旋转角和伸缩率与曲线 C 的选择无关这一性质,分别称为旋转角不变性和伸缩率不变性.

(2) 从几何方面看,如果忽略高阶无穷小量,伸缩率不变性也就表示变换 $w=f(z)$ 将 z_0 处的无穷小圆近似地变换成 w_0 处的无穷小圆,其半径之比为 $|f'(z_0)|$.

(3) 从上面的讨论知,解析函数在导数不为零的点处一定具有旋转角不变性和伸缩率不变性.

例 7.1 求变换 $w=f(z)=z^2+2z$ 在点 $z=-1+2i$ 处的旋转角,并说明该变换将 z 平面上哪一部分放大?哪一部分缩小?

解 因为 $f'(z)=2z+2=2(z+1)$,$f'(-1+2i)=2(-1+2i+1)=4i$.

所以变换在点 $z=-1+2i$ 处的旋转角为 $\arg f'(-1+2i)=\arg 4i=\dfrac{\pi}{2}$.

因 $|f'(z)|=2|z+1|$,$|f'(z)|<1$ 的充分必要条件是 $|z+1|<\dfrac{1}{2}$,所以该变换将圆周 z 平面上的圆域 $|z+1|<\dfrac{1}{2}$ 缩小,而将 $|z+1|=\dfrac{1}{2}$ 的外

部放大.

2. 保角变换与解析函数的保角性

我们在区域 D 内取两条过点 z_0 的有向光滑曲线 C_1 和 C_2，这两条有向曲线在点 z_0 的切线方向所成的角，称为这两条曲线 C_1 和 C_2 在点 z_0 的夹角.

设 $f(z)$ 在点 z_0 解析，且 $f'(z_0) \neq 0$，C_1 和 C_2 在点 z_0 的切线倾角分别为 φ_1 与 φ_2，在变换 $w = f(z)$ 下的像曲线 Γ_1 和 Γ_2 在像点 $w_0 = f(z_0)$ 的切线倾角分别为 ψ_1 与 ψ_2，则由公式(7.1)得

$$\psi_1 - \varphi_1 = \alpha, \quad \psi_2 - \varphi_2 = \alpha$$

即

$$\psi_1 - \varphi_1 = \psi_2 - \varphi_2$$

于是

$$\psi_2 - \psi_1 = \varphi_2 - \varphi_1 \stackrel{\Delta}{=} \delta$$

其中 $\varphi_2 - \varphi_1$ 是曲线 C_1 和 C_2 在点 z_0 的夹角(逆时针方向为正)，$\psi_2 - \psi_1$ 是像曲线 Γ_1 和 Γ_2 在像点 $w_0 = f(z_0)$ 的夹角(逆时针方向为正). 由此可见，在解析变换 $w = f(z)$ 下，像曲线在像点 $w_0 = f(z_0)$ 的夹角与原像曲线在原像点的夹角的大小相等，方向相同，如图 7.5 所示.

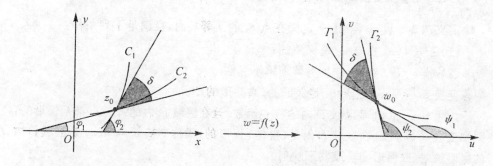

图 7.5 解析函数的保角性示意图

一般地，有以下定义.

定义 7.2 设函数 $w = f(z)$ 在点 z_0 的某邻域内有定义，若 $w = f(z)$ 在点 z_0 满足：过点 z_0 的任意两条有向光滑曲线在点 z_0 的夹角在变换 $w = f(z)$ 下，既保持大小，又保持方向，则称变换 $w = f(z)$ 为在点 z_0 的保角变换，或称为在点 z_0 具有保角性，或称为在点 z_0 是保角的.

如果 $w = f(z)$ 在区域 D 内每一点都是保角的(即在区域 D 内处处都是保角的)，则称 $w = f(z)$ 在区域 D 内是保角的，或称 $w = f(z)$ 在区域 D 内是保角变换.

综上所述，我们有如下定理.

定理 7.2 (保角性定理) 若 $w = f(z)$ 在区域 D 内解析，则：

(1) $w = f(z)$ 在区域 D 内使导数不为零的点处是保角的;

(2) 如果进一步有 $w = f(z)$ 在区域 D 内单叶解析,则 $w = f(z)$ 必在区域 D 内是保角的(单叶解析函数的保角性).

例 7.2 证明:变换 $w = e^{iz}$ 将互相正交的直线族 $\mathrm{Re}z = C_1$ 和 $\mathrm{Im}z = C_2$ 依次变换为互相正交的的直线族 $v = u\tan C_1$ 和圆周族 $u^2 + v^2 = e^{-2C_2}$.

证明 令 $w = u + iv$,因正交的直线族 $\mathrm{Re}z = C_1$ 和 $\mathrm{Im}z = C_2$ 在变换 $w = e^{iz}$ 下的像曲线的方程分别为
$$\arctan \frac{v}{u} = C_1 \text{ 即 } v = u\tan C_1 \text{ 和 } u^2 + v^2 = e^{-2C_2}$$
而在 z 平面上,$w = e^{iz}$ 处处解析,且 $w' = (e^{iz})' = ie^{iz} \neq 0$,所以,由定理 7.2,在 w 平面上,直线族
$$v = u\tan C_1 \text{ 和圆周族 } u^2 + v^2 = e^{-2C_2}$$
也是互相正交的.

注:两曲线正交是指这两条曲线在交点处的夹角为 $\frac{\pi}{2}$ 或 $-\frac{\pi}{2}$,即这两条曲线在交点处的切线相互垂直.

7.1.3 解析变换的保形性(共形性)

定义 7.3 设 $w = f(z)$ 定义在点 z_0 的某邻域内,且满足下列条件:
(1) $w = f(z)$ 在点 z_0 是保角的;
(2) $w = f(z)$ 在点 z_0 具有伸缩率不变性.
则称变换 $w = f(z)$ 在点 z_0 是保形的(或共形的).

如果 $w = f(z)$ 是区域 D 内的一一函数,且在区域 D 内的每一点都是保形的,则称变换 $w = f(z)$ 在区域 D 内是(整体)保形的,或称变换 $w = f(z)$ 是区域 D 内的保形映射(或保形变换或共形映射).

注:(1) 若变换 $w = f(z)$ 在点 z_0 的某邻域内是保形的,则称变换 $w = f(z)$ 在点 z_0 局部保形.

(2) 若解析变换 $w = f(z)$ 在点 z_0 满足:$f'(z_0) \neq 0$,则 $w = f(z)$ 在点 z_0 局部保形.

事实上,因 $f'(z_0) \neq 0$,由解析函数的局部单叶性,存在 z_0 的某邻域 $U(z_0)$,使得 $w = f(z)$ 在该邻域 $U(z_0)$ 内单叶解析,所以由定理 7.2,$w = f(z)$ 在邻域 $U(z_0)$ 内是保角的,从而 $w = f(z)$ 在邻域 $U(z_0)$ 内是保形的,故 $w = f(z)$ 在点 z_0 保形.

(3) 若变换 $w = f(z)$ 在区域 D 内保形,则 $w = f(z)$ 在 D 内处处局部保形,但反之不然. 例如:$f(z) = e^z$,由于 $f'(z) = e^z \neq 0$,所以该函数在平面上处处局部保形. 而 $f(z) = e^z$ 是以 $2\pi i$ 为周期的函数,因此该函数不是单叶的,故该函数在整个平面上不是保形的.

例 7.3 讨论解析函数 $w = z^n$（n 为正整数）的保角性和保形性.

分析：要讨论解析函数的保角性和保形性，我们只需把使解析函数导数不为零的点以及解析函数的单叶的区域找出来即可.

解 (1) 当 $z \neq 0$ 时，因为 $w' = n \cdot z^{n-1} \neq 0$，所以 $w = z^n$ 在 z 平面上除原点外处处保角，处处局部保形.

(2) 因为 $w = z^n$ 的单叶性区域是顶点在原点张度不超过 $\dfrac{2\pi}{n}$ 的角形区域

$$D: \alpha < \arg z < \alpha + \frac{2\pi}{n}$$

所以该函数在该角形区域 D 内是保形的. 在张度超过 $\dfrac{2\pi}{n}$ 的角形区域内，由于该函数不是单叶的，因此该函数不是（整体）保形的.

注：例 7.3 表明并非解析函数一定具有（整体）保形性，即使在区域内 $f'(z) \neq 0$，也不一定能保证函数具有（整体）保形性.

下面的定理给出了解析函数具有（整体）保形性的一个充分条件.

定理 7.3 （解析函数的保形性定理）设函数 $w = f(z)$ 在区域 D 内单叶解析，则：

(1) $w = f(z)$ 在 D 内具有保形性，并且将区域 D 保形映射成区域 $G = f(D)$；

(2) 其反函数 $z = f^{-1}(w)$ 在区域 G 内也单叶解析，且

$$(f^{-1}(w_0))' = \frac{1}{f'(z_0)} \quad (z_0 \in D,\ w_0 = f(z_0) \in G) \tag{7.3}$$

证明 (1) 由推论 7.1 知，$G = f(D)$ 为区域，再由定理 7.2 以及定义 7.3，$w = f(z)$ 在区域 D 内具有保形性，并且将区域 D 保形映射成区域 $G = f(D)$.

(2) 由第 6 章中介绍的单叶解析函数的导数特征，$f'(z_0) \neq 0$（对任意 $z_0 \in D$）. 又 $w = f(z)$ 是区域 D 到区域 G 的单叶满变换，因而是一一变换，于是反函数 $z = f^{-1}(w)$ 在区域 G 内也是单叶的，再由 $w = f(z)$ 解析，从而连续，可得 $z = f^{-1}(w)$ 在区域 G 内也连续，因此

$$\lim_{z \to z_0} w = \lim_{z \to z_0} f(z) = f(z_0) = w_0 \text{ 等价于 } \lim_{w \to w_0} z = \lim_{w \to w_0} f^{-1}(w) = f^{-1}(w_0) = z_0$$

又

$$\frac{f^{-1}(w) - f^{-1}(w_0)}{w - w_0} = \frac{z - z_0}{w - w_0} = \frac{1}{\dfrac{w - w_0}{z - z_0}} = \frac{1}{\dfrac{f(z) - f(z_0)}{z - z_0}}$$

所以

$$\lim_{w \to w_0} \frac{f^{-1}(w) - f^{-1}(w_0)}{w - w_0} = \lim_{w \to w_0} \frac{z - z_0}{w - w_0} = \lim_{z \to z_0} \frac{1}{\dfrac{w - w_0}{z - z_0}}$$

$$= \frac{1}{\lim\limits_{z \to z_0} \dfrac{f(z) - f(z_0)}{z - z_0}} = \frac{1}{f'(z_0)}$$

即
$$(f^{-1}(w_0))' = \frac{1}{f'(z_0)}.$$

再由 w_0 的任意性,$z = f^{-1}(w)$ 在区域 G 内解析,故 $z = f^{-1}(w)$ 在区域 G 内单叶解析.

说明:D. Menchoff(1936 年)证明了定理 7.3(1) 的逆也是成立的,即"如果 $w = f(z)$ 在区域 D 内具有保形性,并且将区域 D 保形映射成区域 $G = f(D)$,则 $w = f(z)$ 在区域 D 内单叶解析."

注:(1)定理 7.3 还表明:如果 $w = f(z)$ 将区域 D 保形映射成区域 $G = f(D)$,则其反函数 $z = f^{-1}(w)$ 也将区域 G 保形映射成区域 D.

另外,在几何方面,由于保形变换必保角,因此,区域 D 内的一个无穷小曲边三角形 δ 必然变换成区域 G 内的一个无穷小曲边三角形 Δ,并且曲线间的夹角的大小和方向保持不变,因此,我们认为无穷小曲边三角形 δ 与无穷小曲边三角形 Δ "相似",如图 7.6 所示.这就是保形变换这一名称的由来.

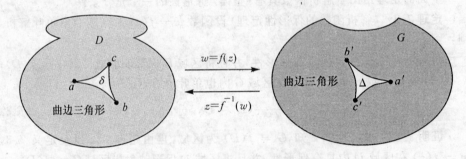

图 7.6 解析函数的保形性示意图

(2)保形映射的复合性.

定理 7.4 两个保形变换的复合仍为保形变换,即如果 $\xi = f(z)$ 将区域 D 保形映射成区域 E,而 $w = g(\xi)$ 将区域 E 保形映射成区域 G,则复合映射 $w = g[f(z)]$ 必将区域 D 保形映射成区域 G.

根据定理 7.4,我们可以通过复合若干已知的保形变换而构成更多较复杂的保形变换.

注:保形变换理论的主要任务是:给定一个区域 D 和另一个区域 G,要求找出将区域 D 保形映射成区域 G 的函数以及唯一性的条件.

§7.2 分式线性变换(映射)

本节以及下一节,我们将介绍保形变换中两类基本的保形变换(分式线性变换和某些初等解析函数构成的保形变换)及其简单的应用.

7.2.1 分式线性变换及其分解

1. 分式线性变换

形如：$w = \dfrac{az+b}{cz+d}\left(\text{其中}\begin{vmatrix} a & b \\ c & d \end{vmatrix} = ad - bc \neq 0\right)$ 的变换称为分式线性变换，简记为

$$w = L(z).$$

注：(1) 分式线性变换中，系数满足的条件不可少，否则，$\begin{vmatrix} a & b \\ c & d \end{vmatrix} = ad - bc = 0$，即 $\dfrac{a}{c} = \dfrac{b}{d} \triangleq k$，必将导致 $L(z) \equiv k$ 为常数，显然该变换不可能构成保形变换.

(2) 为研究的方便，在扩充平面上，我们对分式线性变换 $w = L(z)$ 补充定义如下：

① 当 $c \neq 0$ 时，补充定义 $L\left(-\dfrac{d}{c}\right) = \infty$，$L(\infty) = \dfrac{a}{c}$；

② 当 $c = 0$ 时，补充定义 $L(\infty) = \infty$.

则分式线性变换就成为整个扩充平面上的线性变换.

(3) 补充定义后，分式线性变换成为整个扩充 z 平面与整个扩充 w 平面之间的一一变换，即分式线性变换在整个扩充 z 平面上是单叶的，换言之，分式线性变换将扩充 z 平面单叶地变换成扩充 w 平面.

事实上，在扩充平面上，分式线性变换

$$w = L(z) = \frac{az+b}{cz+d} \tag{7.4}$$

具有单值的逆变换 $z = \dfrac{-dw+b}{cw-a}$.

(4) 根据保域性定理(定理 7.1)的推广，分式线性变换 $w = L(z)$ 在扩充平面上具有保域性.

(5) 易知，分式线性变换的逆变换为分式线性变换；分式线性变换与分式线性变换的复合仍为分式线性变换.

2. 分式线性变换的分解（分式线性变换的四种基本形式）

分式线性变换 $w = L(z)$ 总可以分解成下面四种简单变换的复合：

(1) $w = e^{i\theta} z$——称为旋转变换；

(2) $w = r \cdot z$——称为伸缩变换；

(3) $w = z + h$——称为平移变换；

(4) $w = \dfrac{1}{z}$——称为反演变换.

事实上，当 $c = 0$ 时，分式线性变换变为 $w = \dfrac{a}{d}z + \dfrac{b}{d}$，记 $\dfrac{a}{d} = re^{i\theta}$，该变换又变为

$$w = r(e^{i\theta}z) + \frac{b}{d}$$

显然,该变换是由下面三个形如(1)、(2)、(3) 的变换

$$\xi = e^{i\theta}z, \quad \eta = r\xi \text{ 和 } w = \eta + \frac{b}{d}$$

复合而成.

当 $c \neq 0$ 时,分式线性变换可以变形为

$$w = \frac{az+b}{cz+d} = \frac{1}{c} \cdot \frac{c(az+b)}{cz+d} = \frac{1}{c} \cdot \frac{a(cz+d) + bc - ad}{cz+d}$$

$$= \frac{a}{c} + \frac{bc-ad}{c^2} \cdot \frac{1}{z + \frac{d}{c}}$$

记 $\dfrac{bc-ad}{c^2} = re^{i\theta}$,上式还可以变形为

$$w = \frac{a}{c} + \frac{bc-ad}{c^2} \cdot \frac{1}{z + \frac{d}{c}} = \frac{a}{c} + r\left[e^{i\theta} \cdot \frac{1}{z + \frac{d}{c}}\right].$$

显然,该变换是由下面五个形如(1)、(2)、(3)、(4) 的变换

$$\xi = z + \frac{d}{c}, \quad \eta = \frac{1}{\xi}, \quad \varsigma = e^{i\theta}\eta, \quad \zeta = r\varsigma \text{ 和 } w = \zeta + \frac{a}{c}$$

复合而成.

上面的四种变换中,(1)、(2)、(3) 可以合并成形如 $w = kz + h \ (k \neq 0)$ 的分式线性变换,称为整线性变换. 为了弄清楚分式线性变换的几何性质,下面,我们分别考察上述四种简单变换的几何意义,如图 7.7 所示.

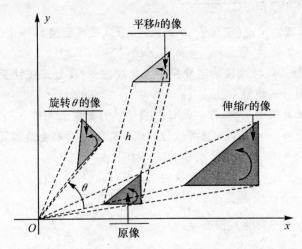

图 7.7 线性变换示意图

对于变换(1):是将平面上的点 z 绕原点按逆时针或顺时针(视 θ 的正负而定)旋转 θ 角;

对于变换(2):是将平面上的点 z 沿 z 的方向扩大或缩小(视 r 大于 1 还是小于 1 而定)r 倍;

对于变换(3):是将平面上的点 z 平移一个向量 h.

可见,上述三种变换的一个共同特点是保持平面上图形的形状不变,图形的方向也不变,因此,这三种变换都是保持平面图形方向不变的相似变换.另外,由于相似变换的复合仍是相似变换,所以整线性变换 $w=kz+h(k\neq 0)$ 也是保持平面图形方向不变的相似变换.

对于变换(4):可以分解成下面两个更简单的变换的复合,

$\omega=\dfrac{1}{\bar{z}}$ —— 称为关于单位圆周的对称变换,其中 z 和 ω 称为关于单位圆周的点;

$w=\bar{\omega}$ —— 称为关于实轴的对称变换,其中 ω 和 w 称为关于实轴的对称点.

可见,反演变换(4)是通过两个对称变换的复合而成,此时原像点 z 和像点 w 之间的关系可以通过如图 7.8 所示的几何方法来实现.

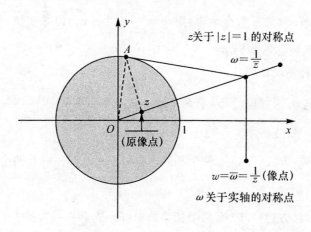

图 7.8 反演变换示意图

关于单位圆周 $|z|=1$ 的对称点的补注:

(1) 补充关于单位圆周 $|z|=1$ 对称点的定义:若点 z 和点 ω 都在从圆心 $z=0$ 出发的同一条射线上,分属于圆周 $|z|=1$ 的两侧(即一点在圆周 $|z|=1$ 的内部,另一点在圆周 $|z|=1$ 的外部),并且这两点分别到圆心的距离的乘积等于 1(即 $|z|\cdot|\omega|=1$),则称点 z 和点 ω 关于单位圆周 $|z|=1$ 对称,点 z 和点 ω 也称为关于单位圆周 $|z|=1$ 的对称点.

(2) 设点 z 和点 ω 关于单位圆周 $|z|=1$ 对称,由于这两点都在从圆心 $z=0$

出发的同一条射线上,且 $|z|\cdot|\omega|=1$,从而这两点的辐角相等,记 $z=re^{i\theta}$,于是

$$\omega=|\omega|\cdot e^{i\theta}=\frac{1}{|z|}\cdot e^{i\theta}=\frac{1}{r}\cdot e^{i\theta}=\frac{1}{re^{-i\theta}}=\frac{1}{\bar{z}}, 即\ \omega=\frac{1}{\bar{z}}$$

(关于单位圆周对称点的计算公式).

(3) 规定:圆心 $z=0$ 和点 ∞ 是关于单位圆周 $|z|=1$ 的对称点.

(4) 关于单位圆周 $|z|=1$ 的对称点的几何作法:如图7.8所示,先过点 z 作射线 Oz 的垂线与圆周交于一点 A,再过点 A 作圆周 $|z|=1$ 的切线与射线 Oz 交于一点 ω,则点 ω 就是点 z 关于单位圆周 $|z|=1$ 的对称点.

例 7.4　证明:除恒等变换外,一切分式线性变换在扩充平面上恒有两个相异的或一个二重的不动点(即将自己变换成自己的点(称为不动点)).

证明　设分式线性变换为 $w=\dfrac{az+b}{cz+d}$,其中 $ad-bc\neq 0$. 由不动点的含义,其不动点必满足方程

$$z=\frac{az+b}{cz+d}$$

即

$$cz^2+(d-a)z-b=0 \tag{7.5}$$

如果方程(7.5)的系数全为零,则 $w=\dfrac{az+b}{cz+d}=z$ 为恒等变换,与题设矛盾,故方程(7.5)的系数必不全为零.

下面分两种情况证明:

(1) 若 $c\neq 0$,则方程(7.5)有两个根 $z_{1,2}=\dfrac{a-d\pm\sqrt{(a-d)^2+4bc}}{2c}$,记

$$\Delta=(a-d)^2+4bc$$

当 $\Delta\neq 0$ 时,方程(7.5)有两个相异的根,即 $w=\dfrac{az+b}{cz+d}$ 有两个相异的不动点 z_1 和 z_2;

当 $\Delta=0$ 时,方程(7.5)有两个相等的根,即 $w=\dfrac{az+b}{cz+d}$ 有一个二重的不动点

$$z=\frac{a-d}{2c}.$$

(2) 若 $c\neq 0$,则方程(7.5)变为 $(d-a)z-b=0$,此时 $w=\dfrac{az+b}{cz+d}$ 变为

$$w=\frac{a}{d}z+\frac{b}{d}.$$

当 $d-a\neq 0$ 时,方程(7.5)有一个根 $z=\dfrac{b}{d-a}$,即 $w=\dfrac{az+b}{cz+d}$ 有一个不动点 $z=\dfrac{b}{d-a}$,显然 $z=\infty$ 也是不动点.

故 $w = \dfrac{az+b}{cz+d}$ 仍有两个不动点 $z = \dfrac{b}{d-a}$ 和 $z = \infty$.

当 $d - a = 0$ 时,此时 $b \neq 0$,方程(7.5)的根形式上变为 $z = \dfrac{b}{d-a} = \infty$,即 $w = \dfrac{az+b}{cz+d}$ 的不动点也变为 $z = \dfrac{b}{d-a} = \infty$,因此,$z = \infty$ 成为 $w = \dfrac{az+b}{cz+d}$ 的二重不动点,即 $w = \dfrac{az+b}{cz+d}$ 有一个二重不动点 $z = \infty$.

注:归纳例 7.4 可得,关于分式线性变换 $w = \dfrac{az+b}{cz+d}$(其中 $ad - bc \neq 0$)的不动点,有如下结果:

(1) 当 $c \neq 0$ 时,上述线性变换仅有有限不动点而无无穷不动点 ∞;

进一步,当 $\Delta = (a-d)^2 + 4bc \neq 0$ 时,上述线性变换有两个相异的有限不动点;

当 $\Delta = (a-d)^2 + 4bc = 0$ 时,上述线性变换有一个二重有限不动点.

(2) 当 $c = 0$ 时,上述线性变换必有无穷不动点 ∞;

进一步,当 $a \neq d$ 时,上述线性变换还有一个有限不动点;

当 $a = d, b \neq 0$ 时,上述线性变换没有有限不动点,此时 ∞ 是二重不动点;

当 $a = d, b = 0$ 时,上述变换成为恒等变换 $w = z$,扩充平面上的任何点都是不动点.

例 7.5 求下列分式线性变换的不动点:

(1) $w = \dfrac{z+1}{z-1}$;(2) $w = \dfrac{3z-1}{z+1}$;(3) $w = z+1$;(4) $w = kz$ ($k \neq 0$).

解 (1) 设 z 为该变换的不动点,则 z 满足 $z = \dfrac{z+1}{z-1}$,即 $z^2 - 2z - 1 = 0$. 解得

$$z = -1 + \sqrt{2}, \quad z = -1 - \sqrt{2}$$

即为该变换的两个相异的不动点(没有无穷不动点).

(2) 设 z 为该变换的不动点,则 z 满足 $z = \dfrac{3z-1}{z+1}$,即 $z^2 - 2z - 1 = 0$. 显然,该方程有两个相等的根 $z = 1$,即 $z = 1$ 为该变换的二重不动点(没有无穷不动点).

(3) 根据例 7.4 的结论,由于 $c = 0, a = d = 1, b = 1 \neq 0$,所以,该变换仅以 ∞ 为不动点,且为二重不动点(只有无穷不动点,而没有有限不动点).

(4) 显然,当 $k \neq 1$ 时,在该变换下 0 变成 0,∞ 变成 ∞,则该变换有一个有限不动点 $z = 0$ 和一个无穷不动点 $z = \infty$(既有一个有限不动点,也有一个无穷不动点). 当 $k = 1$ 时,该变换为恒等变换,平面上的每一点也都是不动点.

7.2.2 分式线性变换的四个性质

1. 分式线性变换的保形性

定理 7.5 （分式线性变换的保形性定理）分式线性变换 $w = \dfrac{az+b}{cz+d}$（其中 $ad-bc \neq 0$）在扩充平面上是保形的，即该变换把扩充 z 平面保形映射成扩充 w 平面.

分析：根据保形变换的定义，由于分式线性变换在扩充平面上是单叶的，因此，我们只需讨论分式线性变换在扩充平面上每一点的保形性. 又根据分式线性变换的分解，我们只需讨论(1)、(2)、(3)、(4)这四种简单变换的保形性即可.

下面，我们分别讨论上述四种简单变换的保角性. 我们先补充定义函数（变换）在涉及 ∞ 的点处保形的含义.

定义 7.4 设函数 $w = f(z)$ 定义在区域 $D \subset \mathbf{C}_\infty$ 上，$z_0 \in D$.

(1) 若 $z_0 \neq \infty, f(z_0) = \infty$，则 $w = f(z)$ 在 z_0 保形是指在变换 $w = \dfrac{1}{\mu}$ 下，函数 $\mu = \dfrac{1}{f(z)}$ 在点 z_0 保形；

(2) 若 $z_0 = \infty, f(z_0) \neq \infty$，则 $w = f(z)$ 在 z_0 保形是指在变换 $z = \dfrac{1}{\lambda}$ 下，函数 $w = f\left(\dfrac{1}{\lambda}\right)$ 在点 $\lambda = 0$ 保形；

(3) 若 $z_0 = \infty, f(z_0) = \infty$，则 $w = f(z)$ 在 z_0 保形是指在变换 $z = \dfrac{1}{\lambda}, w = \dfrac{1}{\mu}$ 下，函数 $\mu = \dfrac{1}{f\left(\dfrac{1}{\lambda}\right)}$ 在点 $\lambda = 0$ 保形.

对于(1)、(2)、(3)这三种变换，由于它们可以合并成整线性变换 $w = kz + h$（$k \neq 0$）（实际上它们都是整线性变换的特例）. 因此，我们只需考虑整线性变换即可.

由于整线性变换 $w = kz + h$（$k \neq 0$）将扩充 z 平面映射成扩充 w 平面，并且将扩充 z 平面上的 ∞ 变换成扩充 w 平面上的 ∞.

当 $z \neq \infty$ 时，$w' = (kz+h)' = k \neq 0$，所以该变换在扩充 z 平面上 $z \neq \infty$ 的各点处是保形的；

当 $z = \infty$ 时，此时像点为 $w = \infty$，作变换

$$w = \frac{1}{\mu} \text{ 和 } z = \frac{1}{\lambda}$$

下，整线性变换 $w = kz + h$ 变成下面的变换

$$\frac{1}{\mu} = k \cdot \frac{1}{\lambda} + h, \text{即} \mu = \frac{\lambda}{h\lambda + k}$$

由于

$$u'\Big|_{\lambda=0} = \left(\frac{\lambda}{h\lambda + k}\right)'\Big|_{\lambda=0} = \frac{k}{(h\lambda + k)^2}\Big|_{\lambda=0} = \frac{1}{k} \neq 0$$

所以变换 $\mu = \dfrac{\lambda}{h\lambda + k}$ 在 $\lambda = 0$ 具有保形性,从而整线性变换 $w = kz + h$ 在无穷远点 ∞ 处也具有保形性. 所以,整线性变换在扩充 z 平面上每一点都是保形的.

对于简单变换 (4),当 $z \neq 0, z \neq \infty$ 时,$w' = \left(\dfrac{1}{z}\right)' = -\dfrac{1}{z^2} \neq 0$,所以 $w = \dfrac{1}{z}$ 在平面上 $z \neq 0, z \neq \infty$ 的各点处是保形的;当 $z = 0$ 或者 $z = \infty$ 时,此时 $z = 0$ 的像点是 $w = \infty$,而 $z = \infty$ 的像点是 $w = 0$.

当 $z = 0$ 时,作变换 $w = \dfrac{1}{\mu}$,则 $w = \dfrac{1}{z}$ 变成 $\mu = z$. 由于 $u'|_{z=0} = 1 \neq 0$,根据定义 7.4,$w = \dfrac{1}{z}$ 在 $z = 0$ 保形.

同理可得 $w = \dfrac{1}{z}$ 在点 $z = \infty$ 保形,所以简单变换 $w = \dfrac{1}{z}$ 在扩充 z 平面上的每一点也是保形的.

综上所述,我们就证明了分式线性变换在扩充 z 平面上每一点都是保形的,这就证明了定理 7.5.

2. 分式线性变换的保交比性

首先,我们给出扩充平面上四点交比的定义.

定义 7.5 扩充平面上有顺序的四个相异的点 z_1, z_2, z_3, z_4 所构成的下面的量

$$(z_1, z_2, z_3, z_4) = \frac{z_4 - z_1}{z_4 - z_2} : \frac{z_3 - z_1}{z_3 - z_2} \tag{7.6}$$

称为它们的交比,记为 (z_1, z_2, z_3, z_4),并规定:当四点中有一点为 ∞ 时,应将包含该点的项用"1"代替. 例如,当 $z_1 = \infty$ 时,有

$$(\infty, z_2, z_3, z_4) = \frac{1}{z_4 - z_2} : \frac{1}{z_3 - z_2}.$$

事实上,$(\infty, z_2, z_3, z_4) = \dfrac{1}{z_4 - z_2} : \dfrac{1}{z_3 - z_2}$ 可以看成 $\lim\limits_{z_1 \to \infty} \dfrac{z_4 - z_1}{z_4 - z_2} : \dfrac{z_3 - z_1}{z_3 - z_2}$.

注:(1) 定义 7.5 中 $\dfrac{z_4 - z_1}{z_4 - z_2} : \dfrac{z_3 - z_1}{z_3 - z_2} = \dfrac{\dfrac{z_4 - z_1}{z_4 - z_2}}{\dfrac{z_3 - z_1}{z_3 - z_2}} = \dfrac{z_4 - z_1}{z_4 - z_2} \cdot \dfrac{z_3 - z_2}{z_3 - z_1}$.

(2) 四点的交比与四点的顺序有关,顺序不同,交比的值一般不相同,如图 7.9 所示.

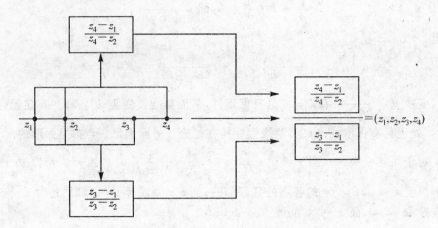

图 7.9 四点交比示意图

例 7.6 求 $(1)(0,1,1+i,2)$; $(2)(1,0,1+i,2)$.

解 $(1)(0,1,1+i,2) = \dfrac{2-0}{2-1} : \dfrac{1+i-0}{1+i-1} = 2 : \dfrac{1+i}{i} = \dfrac{2i}{1+i} = \dfrac{2i(1-i)}{2} = 1+i$;

$(2)(1,0,1+i,2) = \dfrac{2-1}{2-0} : \dfrac{1+i-1}{1+i-0} = \dfrac{1}{2} : \dfrac{i}{1+i} = \dfrac{1+i}{2i} = \dfrac{1}{2} - \dfrac{1}{2}i \neq 1+i = (0,1,1+i,2)$.

例 7.7 求 $(1)(\infty,1,1+i,2)$; $(2)(i,1,\infty,2)$; $(3)(i,1,1+i,\infty)$; $(4)(i,\infty,1+i,2)$.

解 $(1)(\infty,1,1+i,2) = \dfrac{1}{2-1} : \dfrac{1}{1+i-1} = 1 : \dfrac{1}{i} = i$;

$(2)(i,1,\infty,2) = \dfrac{2-i}{2-1} : \dfrac{1}{1} = 2-i$;

$(3)(i,1,1+i,\infty) = \dfrac{1}{1} : \dfrac{1+i-i}{1+i-1} = 1 : \dfrac{1}{i} = i$;

$(4)(i,\infty,1+i,2) = \dfrac{2-i}{1} : \dfrac{1+i-i}{1} = (2-i) : 1 = 2-i$.

定理 7.6 (分式线性变换的保交比性) 在分式线性变换下,四点的交比不变,即设点 w_1, w_2, w_3, w_4 分别是点 z_1, z_2, z_3, z_4 在变换 $w = \dfrac{az+b}{cz+d}(ad-bc \neq 0)$ 下的像点,则

$$(w_1, w_2, w_3, w_4) = (z_1, z_2, z_3, z_4) \tag{7.7}$$

证明 由定理条件,记 $w_i = \dfrac{az_i+b}{cz_i+d}, i=1,2,3,4$,则当 $i \neq j$ 时

第7章 共形映射(保形映射)

$$w_i - w_j = \frac{(ad-bc)(z_i - z_j)}{(cz_i + d)(cz_j + d)}$$

因此

$$(w_1, w_2, w_3, w_4) = \frac{\dfrac{(ad-bc)(z_4-z_1)}{(cz_4+d)(cz_1+d)}}{\dfrac{(ad-bc)(z_4-z_2)}{(cz_4+d)(cz_2+d)}} : \frac{\dfrac{(ad-bc)(z_3-z_1)}{(cz_3+d)(cz_1+d)}}{\dfrac{(ad-bc)(z_3-z_2)}{(cz_3+d)(cz_2+d)}}$$

$$= \frac{z_4 - z_1}{z_4 - z_2} : \frac{z_3 - z_1}{z_3 - z_2} = (z_1, z_2, z_3, z_4).$$

根据定理 7.6,可以得到下面的分式线性变换的唯一性定理.

定理 7.7 (分式线性变换的唯一性定理)设 z_1, z_2, z_3 是扩充 z 平面上的三个相异的点,w_1, w_2, w_3 是扩充 w 平面上的三个相异的点,则存在唯一的分式线性变换把 z_1, z_2, z_3 分别映射成 w_1, w_2, w_3,并且该变换可以写成

$$(z_1, z_2, z_3, z) = (w_1, w_2, w_3, w) \tag{7.8}$$

即

$$\frac{z - z_1}{z - z_2} : \frac{z_3 - z_1}{z_3 - z_2} = \frac{w - w_1}{w - w_2} : \frac{w_3 - w_1}{w_3 - w_2}.$$

定理 7.7 表明:三对对应点唯一确定一个分式线性变换.

证明 分两步:首先证明满足要求的分式线性变换的存在性.

事实上,整理 $\dfrac{z-z_1}{z-z_2} : \dfrac{z_3-z_1}{z_3-z_2} = \dfrac{w-w_1}{w-w_2} : \dfrac{w_3-w_1}{w_3-w_2}$ 得

$$\frac{w - w_1}{w - w_2} = \left(\frac{w_3 - w_1}{w_3 - w_2} \cdot \frac{z_3 - z_2}{z_3 - z_1}\right) \frac{z - z_1}{z - z_2} \triangleq A \cdot \frac{z - z_1}{z - z_2}$$

其中 $A \triangleq \dfrac{w_3 - w_1}{w_3 - w_2} \cdot \dfrac{z_3 - z_2}{z_3 - z_1}$,即

$$\frac{w_2 - w_1}{w - w_2} = A \cdot \frac{z - z_1}{z - z_2} - 1 = \frac{(A-1)z - (Az_1 - z_2)}{z - z_2}$$

亦即 $w = (w_2 - w_1) \dfrac{z - z_2}{(A-1)z - (Az_1 - z_2)} + w_2$,显然上式是一个分式线性变换,并满足把 z_1, z_2, z_3 分别映射成 w_1, w_2, w_3.

其次,证明满足条件的分式线性变换是唯一的.

事实上,设满足条件的分式线性变换为 $w = L(z)$,记任一点 z 在 $w = L(z)$ 下的像点为 w,根据定理 7.6,我们有

$$(z_1, z_2, z_3, z) = (w_1, w_2, w_3, w)$$

即

$$\frac{z - z_1}{z - z_2} : \frac{z_3 - z_1}{z_3 - z_2} = \frac{w - w_1}{w - w_2} : \frac{w_3 - w_1}{w_3 - w_2}$$

所以 $w = L(z)$ 也可以表示成

$$w = (w_2 - w_1) \frac{z - z_2}{(A-1)z - (Az_1 - z_2)} + w_2$$

这表明满足条件的变换是唯一的.

例 7.8 求将 $2, \mathrm{i}, -2$ 对应地变为 $-1, \mathrm{i}, 1$ 的分式线性变换.

解 根据定理 7.7，所求的分式线性变换为
$$(2, \mathrm{i}, -2, z) = (-1, \mathrm{i}, 1, w)$$
即
$$\frac{z-2}{z-\mathrm{i}} : \frac{-2-2}{-2-\mathrm{i}} = \frac{w+1}{w-\mathrm{i}} : \frac{1+1}{1-\mathrm{i}}$$
整理得
$$\frac{w+1}{w-\mathrm{i}} = \frac{1+3\mathrm{i}}{4} \cdot \frac{z-2}{z-\mathrm{i}}$$
从中把 w 用 z 的表达式表示出来得
$$w = \frac{z - 6\mathrm{i}}{3\mathrm{i}z - 2}.$$

例 7.9 求将 $2, \infty, -2$ 对应地变为 $-1, \mathrm{i}, 1$ 的分式线性变换. 在上述三对对应点中，如果把 i 换成 ∞，其他对应点不变，则分式线性变换是否发生变化？

解 根据定理 7.7，所求的分式线性变换为
$$(2, \infty, -2, z) = (-1, \mathrm{i}, 1, w)$$
即
$$\frac{z-2}{1} : \frac{-2-2}{1} = \frac{w+1}{w-\mathrm{i}} : \frac{1+1}{1-\mathrm{i}}$$
整理得
$$w = \frac{-(3+\mathrm{i})z + 6\mathrm{i} - 2}{(3-\mathrm{i})z + 2 - 2\mathrm{i}} = \frac{(3+\mathrm{i})(-z+2\mathrm{i})}{(3-\mathrm{i})z + 2 - 2\mathrm{i}}.$$
如果把 i 换成 ∞，所求的分式线性变换为
$$(2, \infty, -2, z) = (-1, \infty, 1, w)$$
即
$$\frac{z-2}{1} : \frac{-2-2}{1} = \frac{w+1}{1} : \frac{1+1}{1}$$
整理得
$$w + 1 = -\frac{1}{2}(z-2) \quad \text{即} \quad w = -\frac{1}{2}z$$
显然变换发生了变化.

3. 分式线性变换的保圆周性

为了建立分式线性变换的保圆周性，我们先回顾第 1 章中所给出的平面上直线和圆周的复数方程.

z 平面上的直线方程和圆周方程可以统一写成
$$Az \cdot \bar{z} + \beta \cdot \bar{z} + \bar{\beta} \cdot z + C = 0$$
其中 A 和 C 为实常数，β 为复常数，且 $|\beta|^2 > AC$.

注:(1) 直线是半径为 $+\infty$ 的圆周或者在扩充平面上通过无穷远点 ∞ 的圆周.因此今后我们把直线与圆周不加区别.

(2) 平面(或扩充平面)上的圆周分为两类:

1) 通常的圆周,其特点是:不过 ∞,即 ∞ 不在圆周上.

2) 直线,其特点是:过 ∞,即 ∞ 在圆周上.

定理 7.8 (分式线性变换的保圆周性)分式线性变换将(扩充)平面上的圆周变换成(扩充)平面上的圆周.

分析:根据分式线性变换的分解,我们只需证明整线性变换和反演变换具有保圆周性.又由于整线性变换是相似变换,显然该变换将平面上的圆周(直线)变换成圆周(直线),因此,我们只需证明反演变换具有保圆周性即可.

证明 由于整线性变换是相似变换,因此整线性变换显然具有保圆周性.下证反演变换 $w = \dfrac{1}{z}$ 具有保圆周性.

事实上,设 z 平面上圆周的方程为
$$Az \cdot \bar{z} + \beta \cdot \bar{z} + \bar{\beta} \cdot z + C = 0$$

其中 A 和 C 为实常数,β 为复常数,且 $|\beta^2| > AC$.将 $z = \dfrac{1}{w}$ 代入上式得,像曲线的方程为
$$A \frac{1}{w} \cdot \overline{\left(\frac{1}{w}\right)} + \beta \cdot \overline{\left(\frac{1}{w}\right)} + \bar{\beta} \cdot \left(\frac{1}{w}\right) + C = 0$$

整理得
$$A + \beta \cdot w + \bar{\beta} \cdot \bar{w} + Cw \cdot \bar{w} = 0.$$

显然这是 w 平面上的圆周方程.故反演变换 $w = \dfrac{1}{z}$ 具有保圆周性.

例 7.10 分别求在分式线性变换 $w = z + 1$ 和变换 $w = \dfrac{1}{z}$ 下,z 平面上下列曲线变换成 w 平面上的何种曲线:

(1) 圆周 $|z+1| = 1$;(2) 直线 $x+y = 0$;(3) 直线 $x+y = 1$.

解 如图 7.10 所示,当变换为 $w = z+1$ 时:

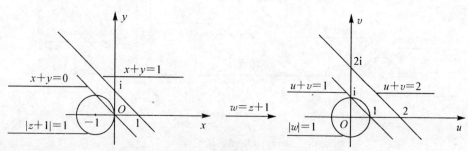

图 7.10 例 7.10 中的变换 $w = z+1$ 示意图

(1) 显然圆周 $|z+1|=1$ 被变换成了圆周 $|w|=1$；

(2) 记 $w=u+\mathrm{i}v$，由 $w=z+1$ 得，$x=u-1,y=v$，所以直线 $x+y=0$ 被变换成了直线 $u+v=1$；

(3) 同理，直线 $x+y=1$ 被变换成了直线 $u+v=2$.

如图 7.11 所示，当变换为 $w=\dfrac{1}{z}$ 时：

(1) 由于 $0 \in |z+1|=1$，且 $w=\dfrac{1}{z}$ 将原点变成 ∞，根据定理 7.8，圆周 $|z+1|=1$ 在变换 $w=\dfrac{1}{z}$ 下的像曲线必为过 ∞ 的圆周，即 w 平面上的直线. 事实上，由 $|z+1|=1$ 得

$$\left|\dfrac{1}{w}+1\right|=1,\text{即 } |w+1|=|w|$$

所以，像曲线为 w 平面上连接 -1 和 0 这两点连线段的垂直平分线；

(2) 同(1)，直线 $x+y=0$ 在变换 $w=\dfrac{1}{z}$ 下的像曲线也必为过 ∞ 的圆周，即 w 平面上的直线. 事实上，记 $w=u+\mathrm{i}v$，由 $w=\dfrac{1}{z}$ 得

$$x=\dfrac{u}{u^2+v^2},\quad y=\dfrac{-v}{u^2+v^2}$$

所以，直线 $x+y=0$ 被变换成了直线 $u-v=0$；

(3) 由于 0 不属于直线 $x+y=1$（即零点不在直线 $x+y=1$ 上），而 $w=\dfrac{1}{z}$ 仅将原点变成 ∞，根据定理 7.8，像曲线为不过 ∞ 的圆周，即通常的圆周. 事实上，记 $w=u+\mathrm{i}v$，由 $w=\dfrac{1}{z}$ 得

$$x=\dfrac{u}{u^2+v^2},\quad y=\dfrac{-v}{u^2+v^2}$$

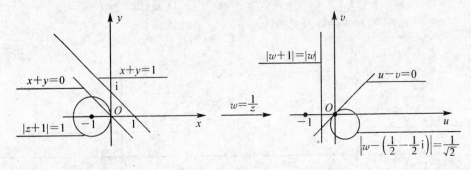

图 7.11　例 7.10 中的变换 $w=\dfrac{1}{z}$ 示意图

所以,直线 $x+y=1$ 方程变为
$$\frac{u}{u^2+v^2} + \frac{-v}{u^2+v^2} = 1$$
即
$$u^2+v^2-u+v=0, \quad \left(u-\frac{1}{2}\right)^2 + \left(v+\frac{1}{2}\right)^2 = \frac{1}{2}$$
上述方程是 w 平面上以 $\frac{1}{2}-\frac{1}{2}\mathrm{i}$ 为圆心,以 $\frac{1}{\sqrt{2}}$ 为半径的通常圆周.

一般地,由于分式线性变换 $w=\frac{az+b}{cz+d}$(其中 $ad-bc\neq 0$)仅将点 $z=-\frac{d}{c}$ 变成 ∞,

(1) 当 z 平面上的圆周(包括直线)过点 $z=-\frac{d}{c}$ 时,该圆周在 $w=\frac{az+b}{cz+d}$ 下的像曲线一定是直线;

(2) 当 z 平面上的圆周(包括直线)不过点 $z=-\frac{d}{c}$ 时,该圆周在 $w=\frac{az+b}{cz+d}$ 下的像曲线要分两种情况:

当 $c=0$ 时,即 $w=\frac{az+b}{cz+d}$ 为整线性变换,像曲线仍为同类圆周(即 z 平面上的圆周为通常圆周(直线),像曲线也是通常圆周(直线));

当 $c\neq 0$ 时,像曲线一定是通常的圆周.

例 7.11 根据分式线性变换的保域性,保形性和保圆周(圆)性给出确定平面上圆域 D 在分式线性变换 $w=\frac{az+b}{cz+d}=L(z)$(其中 $ad-bc\neq 0$)下的像区域的方法.

解 设圆域 D 的边界为 C,显然 C 为圆周. 根据保圆周性,C 在分式线性变换 $w=L(z)$ 下的像曲线 $\Gamma=L(C)$ 必为扩充 w 平面上的圆周,显然 Γ 把 w 平面分成两个区域,记为 D_1 和 D_2,如图 7.12 所示. 根据保域性,并注意到分式线性变换 $w=L(z)$ 是扩充 z 平面到扩充 w 平面上的一一映射,可以断定圆域 D 在分式线性变换 $w=L(z)$ 下的像区域必为 D_1 和 D_2 中的一个,即 $L(D)=D_1$ 或者 $L(D)=D_2$. 我们可以选择下面的两种方法之一来确定像区域 $L(D)$:

(方法 1) 在圆域 D 内取定一点 $z_0 \in D$,若像点 $L(z_0) \in D_1$,则 $L(D)=D_1$;否则 $L(D)=D_2$.

(方法 2) 在圆周 C 上取定三点 z_1, z_2, z_3,使得观察者沿 C 依 z_1 到 z_2 再到 z_3 的方向绕行时,圆域 D 在观察者的左方,如图 7.12 所示. 根据保形性,观察者沿像曲线 $\Gamma=L(C)$ 也依对应像点 $w_1=L(z_1)$ 到 $w_2=L(z_2)$ 再到 $w_3=L(z_3)$ 方向绕行,位于观察者左方的区域 D_1 或者 D_2,就是像区域 $L(D)$.

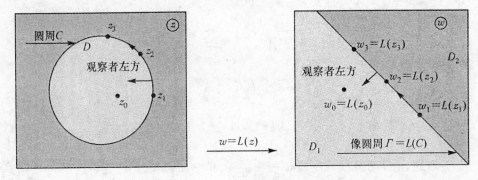

图 7.12　例 7.11 中变换 $w = \dfrac{az+b}{cz+d} = L(z)$ 的像区域示意图

4. 分式线性变换的保对称点性

前面,我们给出了关于单位圆周的对称点的概念,现在我们将这一概念推广到一般的圆周的情形.

定义 7.6　设 z_1, z_2 是平面上的两点,C 为平面上的一个圆周.

(1) 当 C 为直线时,z_1 和 z_2 关于 C 对称是指:z_1 和 z_2 分在直线 C 的两侧,且线段 $\overline{z_1 z_2}$ 垂直于 C,z_1 和 z_2 到 C 的距离相等,即直线 C 垂直平分线段 $\overline{z_1 z_2}$;

(2) 当 C 为通常的圆周 $|z-a| = R$ 时,z_1 和 z_2 关于 C 对称是指:z_1 和 z_2 都在从圆心 a 出发的同一条射线上,且满足 $|z_1 - a| \cdot |z_2 - a| = R^2$,即 z_1、z_2 到圆心的距离的乘积等于圆的半径的平方. 此外,我们规定圆心 a 与 ∞ 是关于通常圆周对称的两点. 如图 7.13 所示.

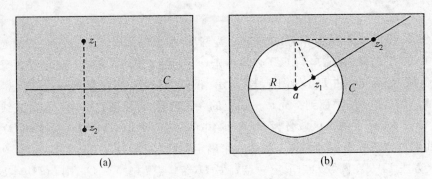

图 7.13　对称点示意图

由定义 7.6(2) 可得,z_1 和 z_2 关于 $C: |z-a| = R$ 对称的充分必要条件是(关于通常圆周的对称点的计算公式)

$$z_2 - a = \frac{R^2}{\overline{z_1 - a}} \tag{7.9}$$

为了证明分式线性变换的保对称点性,我们先给出关于圆周对称点的一种几何判定方法:

定理 7.9 (关于圆周对称的几何判定法)扩充平面上的两点 z_1 和 z_2 关于圆周 C 对称的充分必要条件是:通过 z_1 和 z_2 的任意圆周都于圆周 C 正交.

证明 分两种情况:

(1) 当 C 为直线时,结论显然成立.

(2) 当 C 为圆周 $|z - a| = R$ 时.

必要性:设 z_1 和 z_2 是关于圆周 C 对称的两点,Γ 是过 z_1 和 z_2 的任一个圆周.当 Γ 是直线时,由关于圆周对称点的定义易知,Γ 与 C 正交(因为 z_1 和 z_2 都在从圆心 a 出发的同一条射线上).当 Γ 是通常的圆周时,如图 7.14 所示,过点 a 作圆周 Γ 的切线 $\overline{a\zeta}$,ζ 为切点,由平面几何的知识得

$$|\zeta - a|^2 = |z_1 - a| \cdot |z_2 - a|$$

又由对称点的定义

$$R^2 = |z_1 - a| \cdot |z_2 - a|$$

所以 $|\zeta - a| = R$,即 $\overline{a\zeta}$ 为圆周 C 的半径,从而 Γ 与 C 正交.

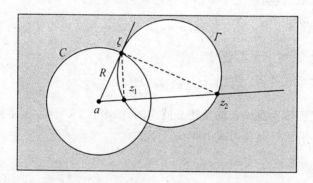

图 7.14 关于圆周对称的几何判定法示意图

充分性:设过 z_1 和 z_2 的圆周都与 C 正交.取圆周 Γ 是过 z_1 和 z_2 的非直线的圆周(通常圆周),则 Γ 必与 C 正交,设交点为 ζ,于是 C 的半径 $\overline{a\zeta}$ 必为 Γ 的切线.

由于过 z_1 和 z_2 的直线与 C 正交(定理条件),于是连接 z_1 和 z_2 的连线必经过点 a,从而 z_1 和 z_2 都在从圆心 a 出发的同一条射线上.由平面几何的知识(切割线定理)还可得

$$R^2 = |\zeta - a|^2 = |z_1 - a| \cdot |z_2 - a|$$

所以由对称点的定义,z_1 和 z_2 关于圆周 C 对称.

下面给出分式线性变换的保对称点性.

定理 7.10 （分式线性变换的保对称点性）设 $w = L(z)$ 为分式线性变换，C 为 z 平面上的一个圆周，z_1 和 z_2 是关于圆周 C 对称的两点，则像点 $w_1 = L(z_1)$ 和 $w_2 = L(z_2)$ 关于像圆周 $\Gamma = L(C)$ 也对称.

分析：要证明 $w_1 = L(z_1)$ 和 $w_2 = L(z_2)$ 关于像圆周 $\Gamma = L(C)$ 对称，根据定理 7.9，只需证明过 w_1 和 w_2 的任意圆周都与 $\Gamma = L(C)$ 正交即可.

证明 设 Δ 为扩充 w 平面上经过 w_1 和 w_2 的任一圆周.此时必存在扩充 z 平面上的一个圆周 δ，使得 δ 经过 z_1 和 z_2，且 $\Delta = L(\delta)$.根据定理 7.9（关于圆周对称的几何判定法），圆周 δ 与圆周 C 正交.注意到分式线性变换具有保形性（从而也具有保角性），$\Delta = L(\delta)$ 与 $\Gamma = L(C)$ 也正交.再根据定理 7.9，$w_1 = L(z_1)$ 和 $w_2 = L(z_2)$ 关于像圆周 $\Gamma = L(C)$ 也对称.

7.2.3 分式线性变换的简单应用

根据分式线性变换的性质，边界为圆弧或者直线的区域之间的保形映射，可以通过分式线性变换来实现.下面，我们举例说明，如何利用分式线性变换来实现边界为圆弧或者直线的区域之间的保形映射.

例 7.12 若分式线性变换 $w = L(z) = \dfrac{az + b}{cz + d}$ 满足条件：a, b, c, d 是实数，且 $ad - bc > 0$，则该变换把上半 z 平面保形映射成上半 w 平面.

证明 由题设，当 z 为实数时，$w = L(z) = \dfrac{az + b}{cz + d}$ 也为实数，因此该变换把实轴变换成实轴.又当 z 为实数时

$$\frac{\mathrm{d}w}{\mathrm{d}z} = L'(z) = \frac{ad - bc}{(cz + d)^2} > 0$$

所以该变换把实轴变换成实轴且还是同向的，如图 7.15 所示.再注意到例 7.11，该变换把上半 z 平面保形映射成上半 w 平面.

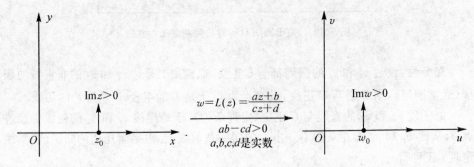

图 7.15　例 7.12 中的线性变换 $w = L(z) = \dfrac{az + b}{cz + d}$ 示意图

◎ **思考题**:例 7.12 中的分式线性变换将下半 z 平面变换成什么区域?

例 7.13 求将上半平面 $\mathrm{Im}z > 0$ 保形映射成上半平面 $\mathrm{Im}w > 0$ 的分式线性变换 $w = L(z)$,使得 $L(\mathrm{i}) = 1+\mathrm{i}, L(0) = 0$.

解 由例 7.12,设所求的分式线性变换为

$$w = L(z) = \frac{az+b}{cz+d}$$

其中 a,b,c,d 是实数,且 $ad - bc > 0$. 由 $L(0) = 0$ 得 $\frac{b}{d} = 0$,即 $b = 0$,于是

$$w = \frac{az}{cz+d} = \frac{z}{\frac{c}{a}\cdot z + \frac{d}{a}} \triangleq \frac{z}{e\cdot z + f}$$

其中 $e = \frac{c}{a}, f = \frac{d}{a}$. 又由 $L(\mathrm{i}) = 1+\mathrm{i}$ 得

$$1+\mathrm{i} = \frac{\mathrm{i}}{e\cdot \mathrm{i} + f}, 即 (f-e) + \mathrm{i}(f+e) = \mathrm{i}$$

所以

$$f - e = 0, \quad f + e = 1$$

解得 $f = e = \frac{1}{2}$,故所求的分式线性变换为

$$w = \frac{z}{\frac{1}{2}\cdot z + \frac{1}{2}} = \frac{2z}{z+1}.$$

例 7.14 求出将上半平面 $\mathrm{Im}z > 0$ 保形映射成单位圆 $|w| < 1$ 的分式线性变换 $w = L(z)$,使得 $L(a) = 0$,其中 $\mathrm{Im}a > 0$.

解 首先根据保对称点性,点 a 关于实轴的对称点 $\bar{a}$ 应变成 0 关于单位圆周 $|w| < 1$ 的对称点 ∞,因此,该分式线性变换一定具有如下形式

$$w = k \cdot \frac{z - a}{z - \bar{a}}$$

其中 k 是常数.

下面,我们来确定 k. 根据保圆周性,$w = L(z)$ 将实轴变换成单位圆周 $|w| = 1$,即实轴上的任一点一定变成单位圆周 $|w| = 1$ 上的点,特别地,$k\cdot\frac{z-a}{z-\bar{a}}\Big|_{z=0} = k\cdot\frac{a}{\bar{a}} \in |w| = 1$,所以 $|k| = 1$,即 $k = \mathrm{e}^{\mathrm{i}\theta}$,$\theta$ 为实常数,所求的分式线性变换(如图 7.16 所示)为

$$w = \mathrm{e}^{\mathrm{i}\theta}\cdot\frac{z-a}{z-\bar{a}}\ (\mathrm{Im}a > 0).$$

◎ **思考题**:在例 7.14 中,如果我们要将上半平面变换成单位圆周 $|w| = 1$ 的外部(即 $|w| > 1$),则例 7.14 中的分式线性变换应如何修改?

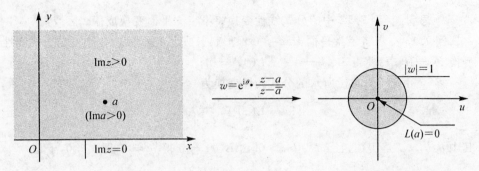

图 7.16 例 7.14 中的线性变换 $w = \mathrm{e}^{\mathrm{i}\theta} \cdot \dfrac{z-a}{z-\overline{a}}$ 示意图

例 7.15 求出将单位圆 $|z|<1$ 保形映射成单位圆 $|w|<1$ 的分式线性变换 $w = L(z)$,使得 $L(a) = 0$,其中 $|a|<1, a \neq 0$.

解 首先根据保对称点性知,点 a 关于单位圆周 $|z|=1$ 的对称点 $\dfrac{1}{\overline{a}}$ 应变成 0 关于单位圆周 $|w|=1$ 的对称点 ∞,因此,该分式线性变换一定具有如下形式

$$w = k_1 \cdot \dfrac{z-a}{z - \dfrac{1}{\overline{a}}} = -k_1 \cdot \overline{a} \cdot \dfrac{z-a}{1-\overline{a} \cdot z} \triangleq k \cdot \dfrac{z-a}{1-\overline{a} \cdot z}$$

其中 $k = -k_1 \cdot \overline{a}$ 是常数.

下面,我们来确定 k. 根据保圆周性,$w = L(z)$ 将单位圆周 $|z|=1$ 变换成单位圆周 $|w|=1$,即单位圆周 $|z|=1$ 上的任一点一定变成单位圆周 $|w|=1$ 上的点,特别地

$$\left. k \cdot \dfrac{z-a}{1-\overline{a} \cdot z} \right|_{z=1} = k \cdot \dfrac{1-a}{1-\overline{a}} \in |w|=1$$

所以 $|k|=1$,即 $k = \mathrm{e}^{\mathrm{i}\theta}$,$\theta$ 为实常数,所求的分式线性变换(如图 7.17 所示)为

$$w = \mathrm{e}^{\mathrm{i}\theta} \cdot \dfrac{z-a}{1-\overline{a} \cdot z} \quad (|a|<1, a \neq 0).$$

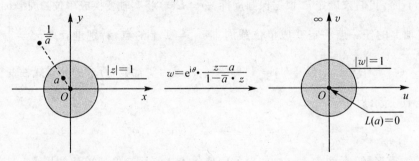

图 7.17 例 7.15 中的线性变换 $w = \mathrm{e}^{\mathrm{i}\theta} \cdot \dfrac{z-a}{1-\overline{a} \cdot z}$ 示意图

◎ **思考题**：在例 7.15 中，如果我们要将单位圆周 $|z|<1$ 变换成单位圆周 $|w|=1$ 的外部（即 $|w|>1$），则例 7.15 中的分式线性变换应如何修改？

例 7.16 求将上半平面 $\operatorname{Im} z > 0$ 保形映射成圆域 $|w-w_0|<R$ 的分式线性变换 $w=L(z)$，使得 $L(i)=w_0$，$L'(i)>0$.

分析：由例 7.14，我们可以先作变换 $\zeta = e^{i\theta} \cdot \dfrac{z-i}{z+i}$，将上半平面 $\operatorname{Im} z>0$ 保形映射成单位圆 $|\zeta|<1$；然后再作伸缩变换 $\varsigma = R \cdot \zeta$ 将单位圆 $|\zeta|<1$ 保形映射成圆 $|\varsigma|<R$；最后作平移变换 $\varsigma = w-w_0$，即 $w=\varsigma+w_0$，将圆 $|\varsigma|<R$ 保形映射成圆 $|w-w_0|<R$. 由于分式线性变换与分式线性变换的复合仍为分式线性变换，因此将上述所作的分式线性变换复合起来即可以得到所要求的分式线性变换.

解 复合如图 7.18 所示的三个线性变换得

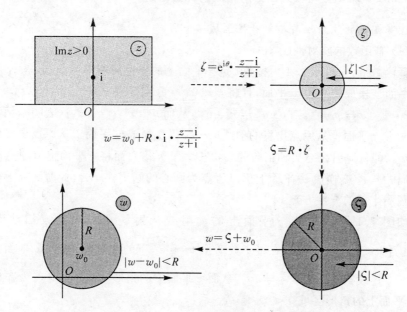

图 7.18 例 7.16 中的线性变换示意图

$$\frac{w-w_0}{R} = e^{i\theta} \cdot \frac{z-i}{z+i}$$

整理得

$$w = w_0 + Re^{i\theta} \cdot \frac{z-i}{z+i} \triangleq L(z)$$

又

$$L'(z) = Re^{i\theta} \cdot \frac{2i}{(2+i)^2}$$

所以

$$L'(\mathrm{i}) = R\mathrm{e}^{\mathrm{i}\theta} \cdot \frac{2\mathrm{i}}{(2\mathrm{i})^2} = \frac{1}{2}R \cdot \mathrm{e}^{\mathrm{i}\left(\theta - \frac{\pi}{2}\right)} > 0$$

即 $\mathrm{e}^{\mathrm{i}\left(\theta - \frac{\pi}{2}\right)} = 1, \mathrm{e}^{\frac{\pi}{2}\mathrm{i}} = \mathrm{i}$. 故所求的满足题设要求的分式线性变换为

$$w = w_0 + R \cdot \mathrm{i} \cdot \frac{z - \mathrm{i}}{z + \mathrm{i}}.$$

§7.3 若干类初等函数所构成的保形(共形)映射

本节,我们再介绍几类初等函数所构成的保形映射.利用这些映射以及 §7.2 中介绍的分式线性变换,我们可以讨论更为复杂的保形映射.

7.3.1 幂函数与根式函数所构成的保形映射

1. 幂函数的映射性质与单叶性区域

(1) 幂函数的映射性质

幂函数 $w = z^n$ ($n \geqslant 1$ 为整数) 是 z 平面上的单值解析的函数,$w = z^n$ 将扩充的 z 平面变换成扩充的 w 平面,且将 $z = 0, \infty$ 分别变成 $w = 0, \infty$. 当 $z \neq 0$ 时,令 $z = r \cdot \mathrm{e}^{\mathrm{i}\theta}, w = \rho \cdot \mathrm{e}^{\mathrm{i}\varphi}$,则 $\rho \cdot \mathrm{e}^{\mathrm{i}\varphi} = r^n \cdot \mathrm{e}^{\mathrm{i}n\theta}$,从而 $\rho = r^n, \varphi = n\theta$,这表明幂函数变换 $w = z^n$ 将 z 平面上从原点出发的射线 $\theta = \theta_0$ 仍变换成 w 平面上从原点出发的射线 $\varphi = n\theta_0$ (即将原射线与实轴正向的夹角扩大了 n 倍);而将 z 平面上以原点为圆心的圆周 $r = r_0$ 变换成 w 平面上仍以原点为圆心的圆周 $\rho = r_0^n$ (此时圆周的半径是原来圆周半径的 n 次方).

如图 7.19 所示,当 z 平面上的动射线从射线 $\theta = 0$ 连续扫动到射线 $\theta = \theta_0$ $\left(0 < \theta_0 < \frac{2\pi}{n}\right)$ 时,在幂函数变换 $w = z^n$ 下的像射线,就从 w 平面上的射线 $\varphi = 0$ 连续扫动到射线 $\varphi = n\theta_0$,从而 z 平面上的角形区域 $0 < \theta < \theta_0$ 就被变换成 w 平面上的角形区域 $0 < \varphi < n\theta_0$.

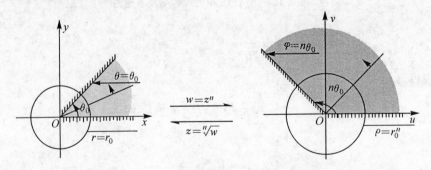

图 7.19 幂函数的映射性质示意图

特别地,当 z 平面上的角形区域分别为 $0<\theta<\dfrac{\pi}{n}$ 和 $-\dfrac{\pi}{n}<\theta<\dfrac{\pi}{n}$ 时,在幂函数变换 $w=z^n$ 下,它们就分别变换成 w 平面上的上半平面和去掉原点及负实轴的区域,如图 7.20 所示.

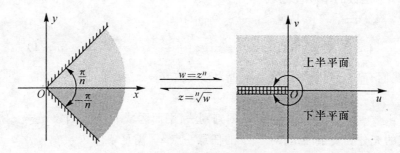

图 7.20　幂函数与根式函数的映射性质示意图

从上述分析,我们可以归纳出下面的一般情形:

z 平面上的角形区域 $\dfrac{2k\pi}{n}<\theta<\dfrac{2k\pi}{n}+\dfrac{\pi}{n}(k=0,1,\cdots,n-1)$,在幂函数变换 $w=z^n$ 下,都被变换成 w 平面上的上半平面.

z 平面上的角形区域 $\dfrac{2k\pi}{n}-\dfrac{\pi}{n}<\theta<\dfrac{2k\pi}{n}+\dfrac{\pi}{n}(k=0,1,\cdots,n-1)$,在幂函数变换 $w=z^n$ 下,都被变换成 w 平面去掉原点和负实轴的区域.

注意到上面的角形区域都是以原点为顶点,张度分别为 $\dfrac{\pi}{n}$ 和 $\dfrac{2\pi}{n}$ 的角形区域,因此,更一般地,z 平面上以原点为顶点,张度为 $\dfrac{\pi}{n}$ 的角形区域,在幂函数变换 $w=z^n$ 下,都被变换成 w 平面上的一个半平面(不一定是上半平面).

z 平面上以原点为顶点,张度为 $\dfrac{2\pi}{n}$ 的角形区域,在幂函数变换 $w=z^n$ 下,都被变换成 w 平面去掉从原点出发的一条射线的区域.

z 平面上以原点为顶点,张度不超过 $\dfrac{2\pi}{n}$ 的角形区域,在幂函数变换 $w=z^n$ 下,都被变换成 w 平面上以原点为顶点,张度为原来角形区域张度 n 倍的角形区域.

◎ 思考题:试问幂函数变换 $w=z^n$ 将 z 平面上以原点为顶点,张度为 $\dfrac{2\pi}{n}$ 的角形区域

$$0<\arg z<\dfrac{2\pi}{n}$$

映射成 w 平面上的什么区域?

另外，由于当 $z \neq 0$ 时，$(z^n)' = n \cdot z^{n-1} \neq 0$，而上述角形区域都不含原点，因此，幂函数 $w = z^n$ 在 z 平面上以原点为顶点，张度不超过 $\dfrac{2\pi}{n}$ 的角形区域内的每一点都是保形的.

(2) 幂函数的单叶性区域

设 $z_1 \neq 0, z_2 \neq 0$，易见，$z_1^n = z_2^n$ 等价于

$$|z_2| = |z_1|, \text{且} \arg z_2 = \arg z_1 + \frac{2k\pi}{n} \ (k = 0, 1, \cdots, n-1)$$

因此，我们有如下判断平面区域是否为幂函数 $w = z^n$ 的单叶性区域的一种判别方法.

幂函数 $w = z^n$ 的单叶性区域的判别法：平面区域 D 为幂函数 $w = z^n$ 的单叶性区域的充分必要条件是：对于 D 的任意一点 z_1，满足条件

$$|z_2| = |z_1|, \arg z_2 = \arg z_1 + \frac{2k\pi}{n} \ (k = 0, 1, \cdots, n-1)$$

的点 z_2 一定不属于 D.

由此可得，z 平面上以原点为顶点张度不超过 $\dfrac{2\pi}{n}$ 的角形区域都是幂函数 $w = z^n$ 的单叶性区域.

综合(1)、(2)，再结合保形映射的定义，幂函数 $w = z^n$ 是 z 平面上以原点为顶点，张度不超过 $\dfrac{2\pi}{n}$ 的角形区域内的保形映射，且将该角形区域保形映射成 w 平面上以原点为顶点，张度为原来角形区域张度 n 倍的角形区域（幂函数的保形映射特征）.

2. 根式函数的映射性质与单叶性区域

由于根式函数的每个分支 $z = (\sqrt[n]{w})_k$ 都是幂函数 $w = z^n$ 的反函数，因此，由幂函数的映射性质可得根式函数有如下映射性：

根式函数的某一分支 $z = \sqrt[n]{w}$ 必将 w 平面上的角形区域 $0 < \varphi < n\theta_0$ 映射成 z 平面上的角形区域 $0 < \theta < \theta_0$（此时，角度缩小 n 倍）（见图 7.19）.

特别地，将 w 平面上的上半平面和 w 平面去掉原点和负实轴的区域分别映射成 z 平面上的角形区域 $0 < \theta < \dfrac{\pi}{n}$ 和 $-\dfrac{\pi}{n} < \theta < \dfrac{\pi}{n}$（见图 7.20）.

一般地，w 平面的上半平面，在根式函数的分支函数变换 $z = (\sqrt[n]{w})_k \ (k = 0, 1, \cdots, n-1)$ 下，被分别变换成 z 平面上的角形区域

$$\frac{2k\pi}{n} < \theta < \frac{2k\pi}{n} + \frac{\pi}{n} \ (k = 0, 1, \cdots, n-1).$$

w 平面去掉原点和负实轴的区域，在根式函数的分支函数变换 $z = (\sqrt[n]{w})_k$ $(k = 0, 1, \cdots, n-1)$ 下，被分别变换成 z 平面上的角形区域

$$\frac{2k\pi}{n} - \frac{\pi}{n} < \theta < \frac{2k\pi}{n} + \frac{\pi}{n} \ (k=0,1,\cdots,n-1).$$

w 平面上以原点为顶点，张度不超过 2π 的角形区域，在根式函数的分支函数变换 $z = (\sqrt[n]{w})_k$ 下，被变换成 z 平面上以原点为顶点，张度不超过 $\frac{2\pi}{n}$ 的某角形区域.

关于根式函数的单叶性区域，我们也有如下结果：

w 平面上以原点为顶点，张度不超过 2π 的角形区域都是根式函数的每一个分支函数 $z = (\sqrt[n]{w})_k$ 的单叶性区域.

于是，根式函数的每一个分支函数 $z = (\sqrt[n]{w})_k$ 是 w 平面上以原点为顶点，张度不超过 2π 的角形区域内的保形映射，且将该角形区域保形映射成 z 平面上以原点为顶点，张度为原来角形区域的张度的 $\frac{1}{n}$ 倍的角形区域（根式函数的保形映射特征）.

说明：由上述可知，幂函数与根式函数都具有把角形区域保形映射成角形区域的特点，且幂函数具有把角形区域的张度扩大的特点，根式函数具有把角形区域的张度缩小的特点，因此，今后若要将角形区域的张度扩大，我们可以选择适当的幂函数所构成的保形映射来实现；若要将角形区域的张度缩小，我们可以选择适当的根式函数所构成的保形映射来实现.

7.3.2 指数函数与对数函数所构成的保形映射

1. 指数函数的映射性质与单叶性区域

（1）指数函数的映射性质

指数函数 $w = \mathrm{e}^z$ 在 z 平面上是解析的，且对任意的点都有 $(\mathrm{e}^z)' = \mathrm{e}^z \neq 0$，因此 $w = \mathrm{e}^z$ 在整个 z 平面上的每一点都是保形的. 令 $z = x + \mathrm{i}y, w = \rho \mathrm{e}^{\mathrm{i}\theta}$，由 $w = \mathrm{e}^z$，即 $\rho \cdot \mathrm{e}^{\mathrm{i}\theta} = \mathrm{e}^{x+\mathrm{i}y} = \mathrm{e}^x \cdot \mathrm{e}^{\mathrm{i}y}$，可得

$$\rho = \mathrm{e}^x, \quad \theta = y$$

这表明指数函数变换 $w = \mathrm{e}^z$ 将 z 平面上直线"$y = y_0$"变换成 w 平面上从原点出发的射线 $\theta = y_0$；而将 z 平面上的线段"$x = x_0, -\pi \leqslant y \leqslant \pi$"变换成 w 平面上以原点为圆心的圆周 $\rho = \mathrm{e}^{x_0}$，线段"$x = x_0, 0 \leqslant y \leqslant y_0$"变换成 w 平面上以原点为圆心的圆弧 $\rho = \mathrm{e}^{x_0}, 0 < \theta < y_0$.

如图 7.21 所示，当 z 平面上的平行于实轴的动直线从直线 $y = 0$ 连续扫动到直线 $y = y_0 \ (0 < y_0 < 2\pi)$ 时，在指数函数变换 $w = \mathrm{e}^z$ 下的像射线，就从 w 平面上的射线 $\theta = 0$ 连续扫动到射线 $\theta = y_0$，从而 z 平面上的带形区域 $0 < y < y_0$ 就被变换成 w 平面上的角形区域 $0 < \theta < y_0$.

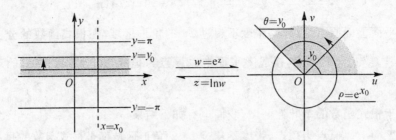

图 7.21　指数函数映射性质示意图

特别地,当 z 平面上的带形区域分别为 $0<y<\pi$ 和 $-\pi<y<\pi$ 时,在指数函数变换 $w=e^z$ 下,它们就分别变换成 w 平面上的上半平面和去掉原点及负实轴的区域,如图 7.22 所示.

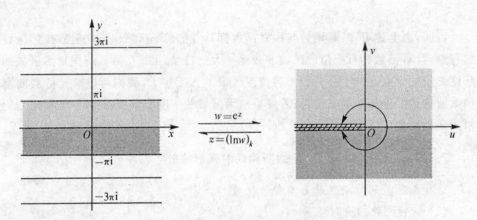

图 7.22　指数函数与对数函数映射性质示意图

从上述分析,我们可以归纳出下面的一般情形:

z 平面上的带形区域 $2k\pi<y<2k\pi+\pi\ (k\in\mathbf{Z})$,在指数函数变换 $w=e^z$ 下,都被变换成 w 平面上的上半平面.

z 平面上的带形区域 $2k\pi-\pi<y<2k\pi+\pi\ (k\in\mathbf{Z})$,在指数函数变换 $w=e^z$ 下,都被变换成 w 平面去掉原点和负实轴的区域.

注意到上面的带形区域都是两边平行于实轴,宽度分别为 π 和 2π 的带形区域,因此,更一般地,z 平面上两边都平行于实轴,宽度为 π 的带形区域,在指数函数变换 $w=e^z$ 下,都被变换成 w 平面上的一个半平面(不一定是上半平面).

z 平面上两边都平行于实轴,宽度为 2π 的带形区域,在指数函数变换 $w=e^z$ 下,都被变换成 w 平面去掉从原点出发的一条射线的区域.

z 平面上两边都平行于实轴,宽度不超过 2π 的带形区域,在指数函数变换

$w = e^z$ 下,都被变换成 w 平面上以原点为顶点,张度不超过 2π 的角形区域.

再注意到指数函数的导数恒不为零可得,指数函数 $w = e^z$ 在 z 平面上两边都平行于实轴,宽度不超过 2π 的带形区域内的每一点都是保形的.

◎思考题:试问指数函数变换 $w = e^z$ 将 z 平面上两边都平行于实轴,宽度不超过 2π 的带形区域 $0 < \text{Im}z < 2\pi$ 映射成 w 平面上的什么区域?

(2) 指数函数的单叶性区域

设 $z_1 \neq 0, z_2 \neq 0$,由于 $e^{z_1} = e^{z_2}$ 等价于
$$\text{Re}z_2 = \text{Re}z_1, \text{且 } \text{Im}z_2 = \text{Im}z_1 + 2k\pi \ (k \in \mathbf{Z})$$
因此,我们有如下判断平面区域是否为指数函数 $w = e^z$ 的单叶性区域的一种方法.

指数函数 $w = e^z$ 的单叶性区域的判别法:平面区域 D 为指数函数 $w = e^z$ 的单叶性区域的充分必要条件是:对于 D 的任意一点 z_1,满足条件
$$\text{Re}z_2 = \text{Re}z_1, \text{且 } \text{Im}z_2 = \text{Im}z_1 + 2k\pi \ (k \neq 0, k \in \mathbf{Z})$$
的点 z_2 一定不属于 D.

由此可得,z 平面上两边都平行于实轴,宽度不超过 2π 的带形区域都是指数函数 $w = e^z$ 的单叶性区域.

综合(1)、(2),再结合保形映射的定义,指数函数 $w = e^z$ 是 z 平面上两边都平行于实轴,宽度不超过 2π 的带形区域内的保形映射,且将该带形区域保形映射成 w 平面上以原点为顶点,张度不超过 2π 角形区域(指数函数的保形映射特征).

2. 对数函数的映射性质与单叶性区域

由于对数函数的每个分支 $z = (\ln w)_k$ 都是指数函数 $w = e^z$ 的反函数,因此,由指数函数的映射性质可得对数函数有如下映射性质:

对数函数的某一分支 $z = \ln w$ 必将 w 平面上的角形区域 $0 < \theta < y_0$ 映射成 z 平面上的带形区域 $0 < y < y_0$(见图 7.21).

特别地,将 w 平面上的上半平面和 w 平面去掉原点和负实轴的区域分别映射成 z 平面上的带形区域 $0 < y < \pi$ 和 $-\pi < y < \pi$(见图 7.22).

一般地,w 平面的上半平面,在对数函数的分支函数变换 $z = (\ln w)_k (k \in \mathbf{Z})$ 下,被分别变换成 z 平面上的带形区域 $2k\pi < y < 2k\pi + \pi \ (k \in \mathbf{Z})$.

w 平面去掉原点和负实轴的区域,在对数函数的分支函数变换 $z = (\ln w)_k$ $(k \in \mathbf{Z})$ 下,被分别变换成 z 平面上的带形区域 $2k\pi - \pi < y < 2k\pi + \pi \ (k \in \mathbf{Z})$.

w 平面上以原点为顶点,张度不超过 2π 的角形区域,在对数函数的分支函数变换 $z = (\ln w)_k$ 下,被变换成 z 平面上两边都平行于实轴,宽度不超过 2π 的带形区域.

关于对数函数的单叶性区域,我们也有如下结果:

w 平面上以原点为顶点,张度不超过 2π 的角形区域都是对数函数的每一个分支函数 $z = (\ln w)_k$ 的单叶性区域.

于是,对数函数的每一个分支函数 $z = (\ln w)_k$ 是 w 平面上以原点为顶点,张度不超过 2π 的角形区域内的保形映射,且将该角形区域保形映射成 z 平面上两边都平行于实轴,宽度不超过 2π 的带形区域(对数函数的保形映射特征).

说明:由上述可知,指数函数具有把带形区域保形映射成角形区域的特点,而对数函数具有把角形区域保形映射成带形区域的特点.因此,今后若要将带形区域变换成角形区域,我们可以选择适当的指数函数所构成的保形映射来实现;若要将角形区域变换成带形区域,我们可以选择适当的对数函数所构成的保形映射来实现.

7.3.3 初等函数所构成的保形映射的应用举例

本小节,我们将列举一些用分式线性变换及初等函数所构成的保形变换应用的例子.

例 7.17 求一变换,把具有割痕"$\mathrm{Re}\,z = a, 0 \leqslant \mathrm{Im}\,z \leqslant h$"的上半 z 平面保形映射成上半 w 平面,并使得 $a + \mathrm{i} \cdot h$ 变换成 a.

分析:根据幂函数和根式函数的保形映射的特点,如果我们能先通过适当的变换把上述具有割痕的上半平面变换成 w 平面去掉原点及正实轴的区域,则再通过根式变换即可以实现满足要求的变换.

解 如图 7.23 所示,先作平移变换 $z_1 = z - a$,将具有割痕"$\mathrm{Re}\,z = a, 0 \leqslant \mathrm{Im}\,z \leqslant h$"的上半 z 平面保形映射成具有割痕"$\mathrm{Re}\,z_1 = 0, 0 \leqslant \mathrm{Im}\,z_1 \leqslant h$"的上半 z_1 平面.

再作幂函数变换 $z_2 = z_1^2$,将具有割痕"$\mathrm{Re}\,z_1 = 0, 0 \leqslant \mathrm{Im}\,z_1 \leqslant h$"的上半 z_1 平面保形映射成具有割痕"$\mathrm{Im}\,z_2 = 0, -h^2 \leqslant \mathrm{Re}\,z_2 < +\infty$"的 z_2 平面.

作平移变换 $z_3 = z_2 + h^2$,将具有割痕"$\mathrm{Im}\,z_2 = 0, -h^2 \leqslant \mathrm{Re}\,z_2 < +\infty$"的 z_2 平面保形映射成去掉原点及正实轴的 z_3 平面.

作根式函数变换 $z_4 = \sqrt{z_3}$,将去掉原点及正实轴的 z_3 平面保形映射成上半 z_4 平面.

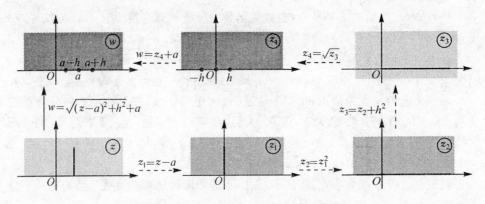

图 7.23 例 7.17 中的保形变换示意图

最后,作平移变换 $w = z_4 + a$,并与上述四个变换复合即可得所要求的变换为
$$w = \sqrt{(z-a)^2 + h^2} + a.$$

例 7.18 求将 z 平面上的区域 $-\dfrac{\pi}{4} < \arg z < \dfrac{\pi}{2}$ 保形映射成上半 w 平面的变换,使得 z 平面上的点 $z = 1-\mathrm{i}, \mathrm{i}, 0$ 分别变换成 w 平面上的点 $w = 2, -1, 0$.

分析:根据幂函数与根式函数的保形映射的特点,我们可以先作适当的幂函数变换,把题设的角形区域保形映射成上半平面,然后再通过上半平面到上半平面的适当线性变换,就可以得到满足题设要求的保形映射.

解 如图 7.24 所示,先作幂函数变换 $\zeta = \left(\mathrm{e}^{\frac{\pi}{4}\mathrm{i}} \cdot z\right)^{\frac{4}{3}}$ 将 z 平面上的角形区域
$$-\dfrac{\pi}{4} < \arg z < \dfrac{\pi}{2}$$
保形映射成上半 ζ 平面,并使得点 $z = 1-\mathrm{i}, \mathrm{i}, 0$ 分别变换成 ζ 平面上的点 $\zeta = \sqrt[3]{4}, -1, 0$.

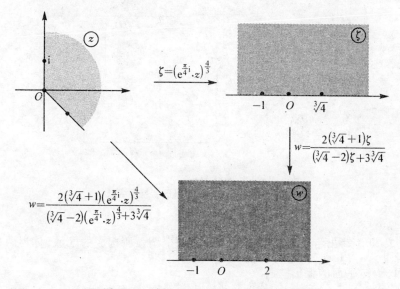

图 7.24 例 7.18 中的保形变换示意图

再根据线性变换的保交比性,作线性变换 $(w, 2, -1, 0) = (\zeta, \sqrt[3]{4}, -1, 0)$,即
$$w = \dfrac{2(\sqrt[3]{4}+1)\zeta}{(\sqrt[3]{4}-2)\zeta + 3\sqrt[3]{4}}$$
将上半 ζ 平面保形映射成上半 w 平面,使得 ζ 平面上的点 $\zeta = \sqrt[3]{4}, -1, 0$ 分别变换成 w 平面上的点 $w = 2, -1, 0$.

最后，复合上述的两个变换即可以得到满足题设要求的保形映射为

$$w = \frac{2(\sqrt[3]{4}+1)\left(e^{\frac{\pi}{4}i} \cdot z\right)^{\frac{4}{3}}}{(\sqrt[3]{4}-2)\left(e^{\frac{\pi}{4}i} \cdot z\right)^{\frac{4}{3}} + 3\sqrt[3]{4}}.$$

例 7.19 求将 z 平面上的带形区域 $0 < \mathrm{Im}\, z < \pi$ 保形映射成单位圆 $|w| < 1$ 的保形映射.

解 如图 7.25 所示，先作指数函数变换 $\zeta = e^z$ 将 z 平面上的带形区域 $0 < \mathrm{Im}\, z < \pi$ 保形映射成上半 ζ 平面.

再作分式线性变换 $w = \dfrac{\zeta - i}{\zeta + i}$ 将上半 ζ 平面保形映射成单位圆 $|w| < 1$.

最后，复合上述两个变换即得所求的保形映射为 $w = \dfrac{e^z - i}{e^z + i}$.

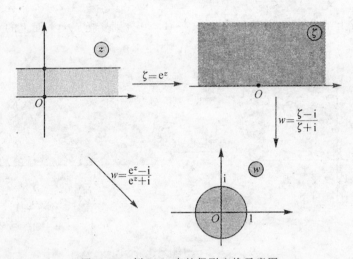

图 7.25　例 7.19 中的保形变换示意图

例 7.20 写出将 z 平面上交角为 $\dfrac{\pi}{n}$ 的两个圆弧所构成的区域（称为两角形区域）到上半 w 平面的保形映射.

分析：根据分式线性变换的保圆周性及保形性，记两个圆弧的交点分别为 a 和 b，我们可以先选择适当的分式线性变换

$$\zeta = k \cdot \frac{z-a}{z-b}$$

将交角为 $\dfrac{\pi}{n}$ 的两角形区域保形映射成以原点为顶点，张度为 $\dfrac{\pi}{n}$ 的角形区域（注意只要适当调整系数 k 可以使角形区域成为如图 7.26 所示的角形区域）；然后，再作幂函数变换 $w = \zeta^n$ 即可以得到满足要求的保形映射.

第 7 章　共形映射(保形映射)　　　317

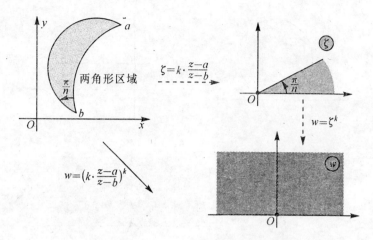

图 7.26　例 7.20 中的保形变换示意图

例 7.21　求出将上半单位圆保形映射成上半平面的保形映射.

解　将上半单位圆视为两角形区域,此时交点为 $z=-1$ 和 1,交角为 $\dfrac{\pi}{2}$. 根据例 7.20,作分式线性变换

$$\zeta = k \cdot \frac{z+1}{z-1}$$

并取 $k=-1$,就可以将上半单位圆变换成第一象限；再作幂函数变换 $w=\zeta^2$ 就可以将第一象限变换成上半平面；最后,复合上面的两个变换即可以得到满足要求的保形映射为

$$w = \left(-1 \cdot \frac{z+1}{z-1}\right)^2 = \left(\frac{z+1}{z-1}\right)^2.$$

例 7.22　写出将相切于点 a 的两个圆周所构成的区域(称为月牙形区域)保形映射成上半平面的保形映射.

分析:根据分式线性变换的保圆周性及保形性,我们可以先选择适当的分式线性变换

$$\zeta = \frac{c \cdot z + d}{z - a}$$

将月牙形区域保形映射成带形区域(注意只要适当调整系数 c 和 d 可以使带形区域成为如图 7.27 所示的宽度为 π 的带形区域)；然后,再作指数函数变换 $w=e^\zeta$ 即可以得到满足要求的保形映射.

例 7.23　求一个保形变换使得该变换把扩充 z 平面上的单位圆周的外部 $|z|>1$ 映射成扩充 w 平面上去掉割线 "$-1 \leqslant \operatorname{Re} w \leqslant 1, \operatorname{Im} w = 0$" 的区域.

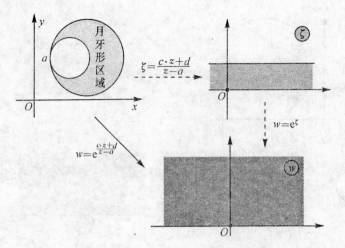

图 7.27　例 7.22 中的保形变换示意图

分析：如图 7.28 所示，根据分式线性变换的特点，我们可以先用分式线性变换 $\omega = \dfrac{w+1}{w-1}$ 把割线"$-1 \leqslant \operatorname{Re} w \leqslant 1, \operatorname{Im} w = 0$"映射成 ω 平面上从原点出发的负实轴，而把扩充 w 平面上去掉割线"$-1 \leqslant \operatorname{Re} w \leqslant 1, \operatorname{Im} w = 0$"的区域映射成 ω 平面上去掉原点及负实轴的区域.

其次用分式线性变换 $\zeta = \dfrac{z+1}{z-1}$ 把 z 平面上的单位圆周 $|z|=1$ 映射成 ζ 平面上的虚轴，而把扩充 z 平面上的单位圆周的外部 $|z|>1$ 映射成右半 ζ 平面.

再根据幂函数变换的特点，作变换 $\omega = \zeta^2$，就可以把右半 ζ 平面映射成 ω 平面

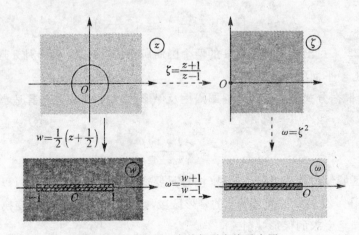

图 7.28　例 7.23 中的保形变换示意图

上去掉原点及负实轴的区域.

最后,我们把上述三个过程中所涉及的变换复合起来即可以实现符合题目要求的保形映射.

解 复合如图 7.28 所示的变换得所求的保形变换为

$$\frac{w+1}{w-1} = \left(\frac{z+1}{z-1}\right)^2$$

即

$$w = \frac{1}{2}\left(z + \frac{1}{z}\right).$$

◎ 思考题:试利用例 7.23 写出把 z 平面上的单位圆周的内部 $|z|<1$ 保形映射成扩充 w 平面上去掉割线 "$-1 \leqslant \mathrm{Re}w \leqslant 1, \mathrm{Im}w = 0$" 的区域的保形变换.

7.3.4* 儒可夫斯基函数的映射性质

在例 7.23 中所得的函数

$$w = f(z) = \frac{1}{2}\left(z + \frac{1}{z}\right) \tag{7.10}$$

称为儒可夫斯基函数,

显然该函数在 $\mathbf{C}\setminus\{0\}$ 上解析,且满足

$$z = 0 \to w = \infty, \quad z = \infty \to w = \infty$$

规定,$f(0) = \infty, f(\infty) = \infty$,因此我们可以将该函数看成 $\mathbf{C}_\infty$ 到 $\mathbf{C}_\infty$ 的映射.

1. 儒可夫斯基函数的保形性

由于 $f'(z) = \frac{1}{2}\left(1 - \frac{1}{z^2}\right) \neq 0 \Rightarrow z \neq \pm 1$,因此,当 $z \neq \pm 1$ 时

$$w = f(z) = \frac{1}{2}\left(z + \frac{1}{z}\right)$$

是保形的.

下面讨论 $w = f(z) = \frac{1}{2}\left(z + \frac{1}{z}\right)$ 在 $z = 0$ 和 $z = \infty$ 的保形性.

由于 $f(0) = \infty$,作变换 $w = \frac{1}{\mu}$,则

$$\frac{1}{\mu} = f(z) = \frac{1}{2}\left(z + \frac{1}{z}\right) = \frac{z^2+1}{2z}, \quad \text{即 } \mu = \frac{1}{f(z)} = \frac{2z}{z^2+1}$$

因为

$$\mu'(0) = \left(\frac{2z}{z^2+1}\right)'\bigg|_{z=0} = \frac{2(1-z^2)}{(z^2+1)^2}\bigg|_{z=0} = 2 \neq 0$$

所以,$\mu = \frac{1}{f(z)} = \frac{2z}{z^2+1}$ 在 $z = 0$,从而 $w = f(z) = \frac{1}{2}\left(z + \frac{1}{z}\right)$ 在 $z = 0$ 是保角的.

由于 $f(\infty)=\infty$，作变换 $z=\dfrac{1}{\lambda}$ 和 $w=\dfrac{1}{\mu}$，则

$$\frac{1}{\mu}=f\left(\frac{1}{\lambda}\right)=\frac{1}{2}\left(\frac{1}{\lambda}+\lambda\right)=\frac{\lambda^2+1}{2\lambda},\text{ 即 }\mu=\frac{1}{f\left(\frac{1}{\lambda}\right)}=\frac{2\lambda}{\lambda^2+1}$$

因为

$$\mu'(0)=\left(\frac{2\lambda}{\lambda^2+1}\right)'\bigg|_{\lambda=0}=\frac{2(1-\lambda^2)}{(\lambda^2+1)^2}\bigg|_{\lambda=0}=2\neq 0$$

所以，$\mu=\dfrac{1}{f\left(\frac{1}{\lambda}\right)}=\dfrac{2\lambda}{\lambda^2+1}$ 在 $\lambda=0$，从而 $w=f(z)=\dfrac{1}{2}\left(z+\dfrac{1}{z}\right)$ 在 $z=\infty$ 是保形的.

综上所述，$w=f(z)=\dfrac{1}{2}\left(z+\dfrac{1}{z}\right)$ 在 $\mathbf{C}_\infty$ 上除 $z=\pm 1$ 外的每一点都是保形的.

又设 z_1 和 z_2，使得

$$\frac{1}{2}\left(z_1+\frac{1}{z_1}\right)=\frac{1}{2}\left(z_2+\frac{1}{z_2}\right),\text{ 即 }(z_1-z_2)\left(1-\frac{1}{z_1 z_2}\right)=0$$

于是

$$z_1=z_2\text{ 或 }z_1 z_2=1.$$

显然只要区域 D 内任意两不同点 z_1 和 z_2 不满足条件 $z_1 z_2=1$，则 $w=f(z)=\dfrac{1}{2}\left(z+\dfrac{1}{z}\right)$ 在区域 D 内是单叶的. 因此单位圆 $|z|<1$，单位圆周 $|z|=1$ 的外部，上半平面、下半平面等都是 $w=f(z)=\dfrac{1}{2}\left(z+\dfrac{1}{z}\right)$ 的单叶性区域.

综上所述，$w=f(z)=\dfrac{1}{2}\left(z+\dfrac{1}{z}\right)$ 在单位圆 $|z|<1$，或单位圆周 $|z|=1$ 的外部，或上半平面，或下半平面内都是保形的.

2. 儒可夫斯基函数的映射性质

令 $w=u+\mathrm{i}v, z=r\mathrm{e}^{\mathrm{i}\theta}$，由 $w=\dfrac{1}{2}\left(z+\dfrac{1}{z}\right)$ 得

$$u+\mathrm{i}v=\frac{1}{2}\left(r\mathrm{e}^{\mathrm{i}\theta}+\frac{1}{r}\mathrm{e}^{-\mathrm{i}\theta}\right)=\frac{1}{2}\left(r+\frac{1}{r}\right)\cos\theta+\mathrm{i}\frac{1}{2}\left(r-\frac{1}{r}\right)\sin\theta$$

比较两边的实部、虚部得

$$u=\frac{1}{2}\left(r+\frac{1}{r}\right)\cos\theta,\quad v=\frac{1}{2}\left(r-\frac{1}{r}\right)\sin\theta.$$

(1) 当 $|z|=r(0<r<1)$ 时

$$\frac{u^2}{\dfrac{1}{4}\left(r+\dfrac{1}{r}\right)^2}+\frac{v^2}{\dfrac{1}{4}\left(r-\dfrac{1}{r}\right)^2}=\cos^2\theta+\sin^2\theta=1$$

上式表示中心点为 $(0,0)$，焦点为 $(\pm 1,0)$，长半轴长、短半轴长分别为 $\frac{1}{2}\left(r+\frac{1}{r}\right)$ 和 $\frac{1}{2}\left|r-\frac{1}{r}\right|=\frac{1}{2}\left(\frac{1}{r}-r\right)$ 的椭圆周. 于是，如图 7.29 所示，在变换 $w=f(z)=\frac{1}{2}\left(z+\frac{1}{z}\right)$ 下：

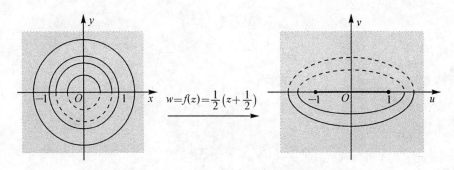

图 7.29　儒可夫斯基函数的映射示意图 1

z 平面内圆周 $|z|=r(0<r<1) \overset{1-1}{\leftrightarrow} w$ 平面上的椭圆周

$$\frac{u^2}{\frac{1}{4}\left(r+\frac{1}{r}\right)^2}+\frac{v^2}{\frac{1}{4}\left(r-\frac{1}{r}\right)^2}=1.$$

注意到当 $0\leqslant\theta\leqslant\pi$ 时，$v=\frac{1}{2}\left(r-\frac{1}{r}\right)\sin\theta\leqslant 0$，当 $\pi\leqslant\theta\leqslant 2\pi$ 时

$$v=\frac{1}{2}\left(r-\frac{1}{r}\right)\sin\theta\geqslant 0$$

z 平面内上半圆周 $|z|=r\ (0<r<1) \overset{1-1}{\leftrightarrow} w$ 平面上的下半椭圆周

$$\frac{u^2}{\frac{1}{4}\left(r+\frac{1}{r}\right)^2}+\frac{v^2}{\frac{1}{4}\left(r-\frac{1}{r}\right)^2}=1$$

z 平面内下半圆周 $|z|=r\ (0<r<1) \overset{1-1}{\leftrightarrow} w$ 平面上的上半椭圆周

$$\frac{u^2}{\frac{1}{4}\left(r+\frac{1}{r}\right)^2}+\frac{v^2}{\frac{1}{4}\left(r-\frac{1}{r}\right)^2}=1.$$

显然，当 $r\to 1^-$ 时，圆周 $|z|=r$ 趋近于 $|z|=1$，相应的椭圆周

$$\frac{u^2}{\frac{1}{4}\left(r+\frac{1}{r}\right)^2}+\frac{v^2}{\frac{1}{4}\left(r-\frac{1}{r}\right)^2}=1$$

在 w 平面上退缩为实轴上的线段 $[-1,1]$.

当 r 从 1 变到 0（即圆周 $|z|=r$ 从单位圆周 $|z|=1$ 出发连续扫过单位圆

$|z|<1$) 时, 相应椭圆

$$\frac{u^2}{\frac{1}{4}\left(r+\frac{1}{r}\right)^2}+\frac{v^2}{\frac{1}{4}\left(r-\frac{1}{r}\right)^2}=1$$

从 w 平面内实轴上的线段 $[-1,1]$ 出发连续扫过 w 平面去掉实轴上的线段 $[-1,1]$ 所得的区域

$$\mathbf{C}\backslash[-1,1].$$

因此, 变换 $w=f(z)=\frac{1}{2}\left(z+\frac{1}{z}\right)$ 将 z 平面上 $|z|<1$ 保形变换成 w 平面去掉实轴上的线段 $[-1,1]$ 所得的区域

$$\mathbf{C}\backslash[-1,1]$$

即

$$|z|<1\overset{1-1}{\leftrightarrow}\mathbf{C}\backslash[-1,1].$$

由上述分析不难看出, 一般地, 变换 $w=f(z)=\frac{1}{2}\left(z+\frac{1}{z}\right)$ 将圆域 $|z|<r$ ($0<r<1$) 保形变换成 w 平面上椭圆

$$\frac{u^2}{\frac{1}{4}\left(r+\frac{1}{r}\right)^2}+\frac{v^2}{\frac{1}{4}\left(r-\frac{1}{r}\right)^2}=1$$

的外区域.

同理, 变换 $w=f(z)=\frac{1}{2}\left(z+\frac{1}{z}\right)$ 将 z 平面上 $|z|>1$ 也保形变换成 w 平面去掉实轴上的线段 $[-1,1]$ 所得的区域 $\mathbf{C}\backslash[-1,1]$, 即

$$|z|>1\overset{1-1}{\leftrightarrow}\mathbf{C}\backslash[-1,1].$$

一般地, 变换 $w=f(z)=\frac{1}{2}\left(z+\frac{1}{z}\right)$ 将圆域 $|z|>r$ ($r>1$) 保形变换成 w 平面上椭圆

$$\frac{u^2}{\frac{1}{4}\left(r+\frac{1}{r}\right)^2}+\frac{v^2}{\frac{1}{4}\left(r-\frac{1}{r}\right)^2}=1$$

的外区域.

z 平面内圆周 $|z|=r$ ($0<r<1$) $\overset{1-1}{\leftrightarrow}w$ 平面上的椭圆周

$$\frac{u^2}{\frac{1}{4}\left(r+\frac{1}{r}\right)^2}+\frac{v^2}{\frac{1}{4}\left(r-\frac{1}{r}\right)^2}=1.$$

z 平面内上半圆周 $|z|=r$ ($0<r<1$) $\overset{1-1}{\leftrightarrow}w$ 平面上的上半椭圆周

$$\frac{u^2}{\frac{1}{4}\left(r+\frac{1}{r}\right)^2}+\frac{v^2}{\frac{1}{4}\left(r-\frac{1}{r}\right)^2}=1.$$

z 平面内下半圆周 $|z|=r\ (0<r<1) \overset{1-1}{\leftrightarrow} w$ 平面上的下半椭圆周

$$\frac{u^2}{\frac{1}{4}\left(r+\frac{1}{r}\right)^2}+\frac{v^2}{\frac{1}{4}\left(r-\frac{1}{r}\right)^2}=1.$$

(2) 当 $\arg z=\theta(\theta<\theta<\pi)$ 时

$$u=\frac{1}{2}\left(r+\frac{1}{r}\right)\cos\theta,\quad v=\frac{1}{2}\left(r-\frac{1}{r}\right)\sin\theta$$

如图 7.30 所示,若 $\theta=\frac{\pi}{2}$,$r=1$ 或 $0<r<1$ 或 $1<r<+\infty$,则对应的像分别为

$w=0$,$w=\mathrm{i}v(-\infty<v<0)$(下半虚轴),$w=\mathrm{i}v(0<v<+\infty)$(上半虚轴)

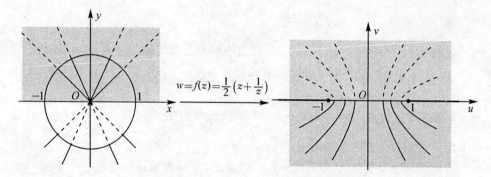

图 7.30 儒可夫斯基函数的映射示意图 2

可见,当 $\theta=\frac{\pi}{2}$ 时

$$\text{射线 } \arg z=\frac{\pi}{2} \overset{1-1}{\leftrightarrow} \text{虚轴 } u=0.$$

若 $0<\theta<\frac{\pi}{2}$,$r=1$ 或 $0<r<1$ 或 $1<r<+\infty$,则对应的像分别为

$$w=\cos\theta>0$$

$$\frac{u^2}{\cos^2\theta}-\frac{v^2}{\sin^2\theta}=1\ (u>0,v<0)$$

$$\frac{u^2}{\cos^2\theta}-\frac{v^2}{\sin^2\theta}=1\ (u>0,v>0).$$

可见,当 $0<\theta<\frac{\pi}{2}$ 时:

射线 $\mathrm{arg}z = \theta \overset{1-1}{\leftrightarrow} w$ 平面上以原点为中心，焦点为 $(\pm 1, 0)$ 的双曲线的右支

$$\frac{u^2}{\cos^2\theta} - \frac{v^2}{\sin^2\theta} = 1 \ (u > 0)$$

若 $\frac{\pi}{2} < \theta < \pi$，同理可得：

射线 $\mathrm{arg}z = \theta \overset{1-1}{\leftrightarrow} w$ 平面上以原点为中心，焦点为 $(\pm 1, 0)$ 的双曲线的左支

$$\frac{u^2}{\cos^2\theta} - \frac{v^2}{\sin^2\theta} = 1 \ (u < 0)$$

并且：

射线 $\mathrm{arg}z = \theta$ 上位于 $0 < r < 1$ 的一段 $\overset{1-1}{\leftrightarrow}$ 双曲线的左下半支

$$\frac{u^2}{\cos^2\theta} - \frac{v^2}{\sin^2\theta} = 1 \ (u < 0, v < 0)$$

射线 $\mathrm{arg}z = \theta$ 上位于 $r > 1$ 的一段 $\overset{1-1}{\leftrightarrow}$ 双曲线的左上半支

$$\frac{u^2}{\cos^2\theta} - \frac{v^2}{\sin^2\theta} = 1 \ (u < 0, v < 0)$$

射线 $\mathrm{arg}z = \theta$ 上的一点 $r = 1 \overset{1-1}{\leftrightarrow}$ 双曲线的左支与实轴的交点 $w = \cos\theta < 0$.

显然，当 $\theta \to 0^+$ 时，双曲线的右支 $\frac{u^2}{\cos^2\theta} - \frac{v^2}{\sin^2\theta} = 1 \ (u > 0)$ 在 w 平面上退缩为正实轴上的区间 $[1, +\infty)$；当 $\theta \to \pi^-$ 时，双曲线的左支 $\frac{u^2}{\cos^2\theta} - \frac{v^2}{\sin^2\theta} = 1 \ (u < 0)$ 在 w 平面上退缩为负实轴上的区间 $(-\infty, -1]$.

因此，当 θ 从 0 变到 π（即射线 $\mathrm{arg}z = \theta$ 从正 Ox 轴出发连续扫过上半平面）时，相应的双曲线

$$\frac{u^2}{\cos^2\theta} - \frac{v^2}{\sin^2\theta} = 1$$

从 w 平面的正实轴上的区间 $[1, +\infty)$ 出发连续扫过 w 平面去掉两个区间 $(-\infty, -1]$ 和 $[1, +\infty)$ 所得的区域 $\mathbf{C}\backslash(-\infty, -1] \cup [1, +\infty)$.

综上所述，变换 $w = f(z) = \frac{1}{2}\left(z + \frac{1}{z}\right)$ 将上半 z 平面保形变换成 w 平面去掉两个区间 $(-\infty, -1]$ 和 $[1, +\infty)$ 所得的区域，即

$$\mathbf{C}\backslash(-\infty, -1] \cup [1, +\infty)$$

由上述分析过程不难看出，一般地，变换 $w = f(z) = \frac{1}{2}\left(z + \frac{1}{z}\right)$ 将上半平面内的角形区域

$$\theta < \mathrm{arg}z < \pi - \theta \ \left(0 < \theta < \frac{\pi}{2}\right)$$

保形变换成 w 平面上双曲线

$$\frac{u^2}{\cos^2\theta} - \frac{v^2}{\sin^2\theta} = 1$$

左右支之间的区域.

同理,变换 $w = f(z) = \frac{1}{2}\left(z + \frac{1}{z}\right)$ 将下半 z 平面也保形变换成 w 平面去掉两个区间 $(-\infty, -1]$ 和 $[1, +\infty)$ 所得的区域,即

$$\mathbf{C} \backslash (-\infty, -1] \cup [1, +\infty)$$

并且,一般地,变换 $w = f(z) = \frac{1}{2}\left(z + \frac{1}{z}\right)$ 将下半平面内的角形区域

$$\pi + \theta < \arg z < 2\pi - \theta \ \left(0 < \theta \leqslant \frac{\pi}{2}\right)$$

保形变换成 w 平面上双曲线

$$\frac{u^2}{\cos^2\theta} - \frac{v^2}{\sin^2\theta} = 1$$

左右支之间的区域.

7.3.5* 函数 $w = f(z) = \cos z$ 与 $w = f(z) = \sin z$ 的映射性质

首先考虑映射 $w = f(z) = \cos z$. 由于

$$f(z) = \cos z = \frac{1}{2}(e^{iz} + e^{-iz}) = \frac{1}{2}\left(e^{iz} + \frac{1}{e^{iz}}\right)$$

记

$$\xi = e^{iz}, \quad w = \frac{1}{2}\left(\xi + \frac{1}{\xi}\right)$$

则 $f(z) = \cos z$ 是由两个变换 $\xi = e^{iz}$ 和 $w = \frac{1}{2}\left(\xi + \frac{1}{\xi}\right)$ 复合而成的.

如图 7.31 所示,由于变换 $\xi = e^{iz}$ 将 z 平面上的带形区域 $D_0: 0 < \mathrm{Re}\, z < \pi$ 保形映射成上半平面 $\mathrm{Im}\, \xi > 0$;而变换

$$w = \frac{1}{2}\left(\xi + \frac{1}{\xi}\right)$$

将上半平面 $\mathrm{Im}\, \xi > 0$ 保形映射成 w 平面去掉区间 $(-\infty, -1] \cup [1, +\infty)$ 所成的区域

$$\mathbf{C} \backslash (-\infty, -1] \cup [1, +\infty)$$

因此,由保形映射的复合性(若干个保形映射复合而成的映射仍为保形映射)知,在映射 $f(z) = \cos z$ 下,z 平面上的带形区域

$$D_0: 0 < \mathrm{Re}\, z < \pi$$

保形映射成 w 平面去掉区间 $(-\infty, -1] \cup [1, +\infty)$ 所成的区域

$$\mathbf{C} \backslash (-\infty, -1] \cup [1, +\infty).$$

同理可得,在映射 $f(z) = \cos z$ 下,z 平面上的带形区域

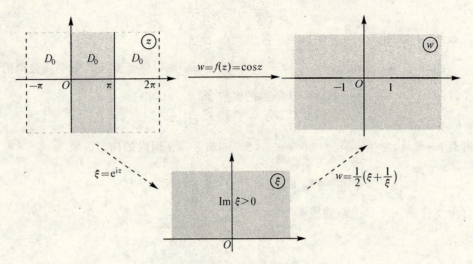

图 7.31 余弦函数的映射示意图

$$D_0: \pi < \text{Re} z < 2\pi \text{ 或 } -\pi < \text{Re} z < 0$$

也保形映射成 w 平面去掉区间 $(-\infty, -1] \cup [1, +\infty)$ 所成的区域

$$\mathbf{C} \backslash (-\infty, -1] \cup [1, +\infty).$$

其次考虑映射 $w = f(z) = \sin z$. 由于

$$f(z) = \sin z = -\cos\left(z + \frac{\pi}{2}\right)$$

记

$$\xi = z + \frac{\pi}{2}, \quad \zeta = \cos\xi, \quad w = -\zeta$$

则 $f(z) = \sin z$ 是由三个变换 $\xi = z + \frac{\pi}{2}, \zeta = \cos\xi$ 和 $w = -\zeta$ 复合而成的. 注意到保形映射的复合性得, $f(z) = \sin z$ 有如下映射性质:

在映射 $f(z) = \sin z$ 下, z 平面上的带形区域

$$D_0: -\frac{\pi}{2} < \text{Re} z < \frac{\pi}{2}$$

保形映射成 w 平面去掉区间 $(-\infty, -1] \cup [1, +\infty)$ 所成的区域

$$\mathbf{C} \backslash (-\infty, -1] \cup [1, +\infty).$$

z 平面上的带形区域

$$D_0: \frac{\pi}{2} < \text{Re} z < \frac{3\pi}{2} \text{ 或 } -\frac{3\pi}{2} < \text{Re} z < -\frac{\pi}{2}$$

也保形映射成 w 平面去掉区间 $(-\infty, -1] \cup [1, +\infty)$ 所成的区域

$$\mathbf{C} \backslash (-\infty, -1] \cup [1, +\infty).$$

§7.4 保形映射的黎曼存在定理与边界对应定理

本节,我们将从理论上说明什么样的区域之间的映射可以通过保形映射来实现.

7.4.1 解析变换(映射)的一个基本问题

许多实际问题要求我们将一个指定的区域保形映射成另一个区域来处理. §7.1 中的定理 7.4 告诉我们,已知一个单叶解析函数,则一定能够将其单叶性区域保形映射成另一个区域(像区域). 于是,我们很自然地反过来考虑下面的问题:

在扩充平面上任意给定两个单连通区域 D 和 G,是否存在一个(单叶)解析函数,使得 D 保形映射成 G? 换句话说,单连通区域 D 能保形映射成单连通区域 G 的条件是什么? 在什么条件下这样的保形映射是唯一的?

上述问题就是解析映射的一个基本问题. 为了方便地解决这一问题,我们将上述问题简化为:

在扩充平面上任给一个单连通区域 D,能否存在一个保形映射,使 D 保形映射成单位圆? 在什么条件下,这种映射还是唯一的?

事实上,在简化后的问题中,如果存在性能得到肯定的回答,又知道了唯一性的条件,则我们可以先将 D 保形映射成单位圆,然后再将单位圆保形映射成 G,最后将两者复合起来即可以将 D 保形映射成 G,并且也可以相应地把唯一性的条件弄清楚. 如图 7.32 所示.

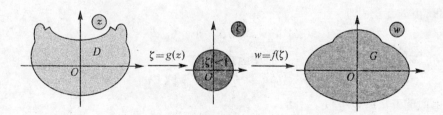

图 7.32 保形变换基本问题示意图

对于上述简化后的基本问题,有两种极端情形的回答是否定的:

第一,区域 D 是扩充平面(此时 D 是无边界的区域);

第二,区域 D 是扩充平面除去一点(此时 D 是只有一个边界点的区域,我们可以不妨假定边界点是 ∞,否则,若边界点是 a,只需先作一个分式线性变换 $\zeta = \dfrac{1}{z-a}$ 将 D 化为扩充 ζ 平面除去 ∞ 的区域即可).

事实上,无论上述两种情形的哪种情形,如果存在保形映射 $w = f(z)$ 将它们映射成单位圆,由于保形映射一定是解析函数且是单叶的,$w = f(z)$ 必为(单叶)整函数,由刘维尔定理,$w = f(z)$ 必为常数,这与 $w = f(z)$ 的单叶性矛盾.

除开上面的两种极端情形外,回答是肯定的.

7.4.2 黎曼存在及唯一性定理

定理 7.11 (黎曼存在及唯一性定理)若扩充 z 平面上的单连通区域 D,其边界点至少有两点,则存在唯一的单叶解析函数 $w = f(z)$,使得该函数将 D 保形映射成单位圆 $|w| < 1$,并且
$$f(a) = 0, \ f'(a) > 0, \ a \in D.$$

我们仅给出定理 7.11 的唯一性部分的证明,关于定理中的存在性部分的证明可以查阅:参考文献[5]P194~201.

证明 假设还有一个单叶解析函数 $w_1 = f_1(z)$ 满足条件 $f_1(a) = 0, f_1'(a) > 0, a \in D$,并把单连通区域 D 保形映射成单位圆 $|w_1| < 1$,下面证明在单连通区域 D 内 $f_1(z) \equiv f(z)$.

事实上,记 $w_1 = f_1[f^{-1}(w)] \stackrel{\Delta}{=} \Phi(w)$,由题设,$\Phi(w)$ 在单位圆 $|w| < 1$ 内单叶解析且满足
$$\Phi(0) = f_1[f^{-1}(0)] = f_1(a) = 0$$
$$|\Phi(w)| = |w_1| < 1 \ (|w| < 1)$$
$$\Phi'(0) = \frac{f_1'(a)}{f'(a)} > 0$$

这是因为 $\Phi'(w) = f_1'[f^{-1}(w)] \cdot [f^{-1}(w)]' = f_1'[f^{-1}(w)] \cdot \dfrac{1}{f'(f^{-1}(w))}$

所以,由施瓦茨引理
$$|\Phi(w)| = |w_1| \leqslant |w| \ (|w| < 1) \tag{7.11}$$

又 $w_1 = f_1[f^{-1}(w)] \stackrel{\Delta}{=} \Phi(w)$ 的反函数为
$$w = \Phi^{-1}(w_1) = f[f_1^{-1}(w_1)] \ (|w_1| < 1)$$

同上面的方法类似可得
$$|w| = |\Phi^{-1}(w_1)| \leqslant |w_1| = |\Phi(w)| \ (|w| < 1) \tag{7.12}$$

由式(7.11)和式(7.12)
$$|\Phi(w)| = |w| \ (|w| < 1)$$

因此,$\Phi(w) = e^{i\theta} \cdot w$ (θ 为实常数),再注意到 $0 < \Phi'(0) = e^{i\theta}$,有 $e^{i\theta} = 1$,所以
$$f_1[f^{-1}(w)] = \Phi(w) = w, \ 即 \ f_1(z) \equiv f(z).$$

注:(1)定理 7.11 中的条件"$f(a) = 0, f'(a) > 0, a \in D$"称为唯一性条件,其几何意义是:指定的点 $a \in D$ 变成单位圆的圆心,而在点 a 的旋转角 $\arg f'(a) = 0$.

(2)若将定理 7.11 中的单位圆 $|w| < 1$ 改为一般的单连通区域 G,则唯一性条件可以表示成

$$f(a) = b, \quad \arg f'(a) = \alpha$$

其中 $a \in D, b \in G, \alpha$ 为实常数.

(3) 若(2)中的两个单连通区域的边界都是围线,则唯一性的条件还可以改写成

$$f(a) = b, \quad f(\xi) = \eta$$

其中 $a \in D, b \in G, \xi$ 为 D 的边界点,η 为 G 的边界点,或者

$$f(\xi_i) = \eta_i \quad (i = 1, 2, 3)$$

其中 ξ_i 都是 D 的边界点,η_i 都是 G 的边界点(但它们沿边界的绕行方向要求一致).

例 7.24 若函数 $w = f(z)$ 在 z 平面上解析(即该函数为整函数),并且不取位于某一条简单弧 Γ 上的那些值,则 $w = f(z)$ 必为常数.

证明 根据定理 7.11,存在单叶解析函数 $\omega = \varphi(w)$ 将扩充 w 平面上去掉简单弧 Γ 的区域(即简单弧 Γ 的外部,该区域是扩充平面上的单连通区域)保形映射成单位圆 $|\omega| < 1$.

考虑复合函数 $\omega = \varphi[f(z)] \stackrel{\Delta}{=\!=} g(z)$,显然 $g(z)$ 为整函数,并且 $|g(z)| < 1$,由刘维尔定理,$g(z)$ 为常函数,即 $\varphi[f(z)]$ 为常函数. 又 $\omega = \varphi(w)$ 是单叶函数,所以 $w = f(z)$ 必为常数.

◎ **思考题**:说明刘维尔定理是上述例 7.24 所述结论的特殊情形.

7.4.3 边界对应定理

黎曼存在及唯一性定理所讨论的问题,只涉及区域内部间的保形映射,并未涉及边界的情况,因此黎曼存在及唯一性定理,只能保证两个适当的单连通区域之间存在保形映射,但不能说明两个单连通区域的边界之间是否也有对应关系. 下面,我们给出两个有关边界对应的定理.

定理 7.12 (边界对应定理) 设两个有界单连通区域 D 和 G 的边界分别为 C 和 Γ,若单叶解析函数 $w = f(z)$ 将 D 保形映射成 G,则 $f(z)$ 可以唯一地连续延拓到 C 上(即存在唯一的函数 $F(z)$,满足 $F(z) = f(z)$ ($z \in D$),$F(z)$ 在闭区域 $\overline{D} = D + C$ 上连续),并将 C 一一地变换成 Γ.

定理 7.12 的证明可以查阅:参考文献[5]P194 $\sim$ 201.

定理 7.13 (边界对应定理的逆定理或解析函数单叶性的一个判别法) 设两个有界单连通区域 D 和 G 的边界分别为 C 和 Γ,若函数 $w = f(z)$ 满足下面的条件:

(1) $f(z)$ 在区域 D 内解析,在闭区域 $\overline{D} = D + C$ 上连续;

(2) $w = f(z)$ 将 C 一一地变换成 Γ.

则:

(1) $w = f(z)$ 在区域 D 内单叶;

(2) $G = f(D)$ (即 $w = f(z)$ 将 D 保形映射成 G).

分析:要证明定理结论成立,如果我们能证明:对于 G 内的任意点 $w_0 \in G$,方

程 $f(z)-w_0=0$ 在 D 内有且只有唯一的根,也就证明了 $G\subset f(D)$ 且 G 内的每一点只能被 $f(z)$ 在 D 内取一次;如果我们还能证明:对于任意的 $w_0\notin G$,方程 $f(z)-w_0=0$ 在 D 内无根,也就证明了对任意 $z\in D, f(z)\in G$,即 $G\supset f(D)$(这是因为若存在 $z_1\in D$,使得 $f(z_1)\notin G$,则方程 $f(z)-f(z_1)=0$ 在 D 内有根,显然与已证的结论矛盾).综上所述,也就证明了定理的结论是成立的.

证明 我们分三步来证明.

第一步:证明对于 G 内的任意点 $w_0\in G$,方程 $f(z)-w_0=0$ 在 D 内有且只有唯一的根.

事实上,根据辐角原理,由假设条件(2),当 z 沿 C 的正向绕行一周时,像点 $w=f(z)$ 应该沿像曲线 Γ 的正向或者负向绕行一周,如图 7.33(a)所示,因此

$$N(f(z)-w_0,C)=\frac{1}{2\pi}\cdot\Delta_C\arg(f(z)-w_0)=\frac{1}{2\pi}\cdot\Delta_\Gamma\arg(w-w_0)$$

$$=\frac{1}{2\pi}\cdot(\pm 2\pi)=\pm 1$$

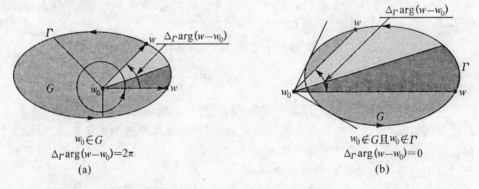

图 7.33 定理 7.13 的证明示意图

显然负号应去掉(这是因为 $N\geqslant 0$),故 $N(f(z)-w_0,C)=1$,这表明方程 $f(z)-w_0=0$ 在 D 内有且只有唯一的根,即 $w_0\in f(D), G\subset f(D)$,并且存在唯一的 $z_0\in D$,使得 $w_0=f(z_0)$.

第二步:证明对于 Γ 外部的任意的点 w_0,方程 $f(z)-w_0=0$ 在 D 内无根.

事实上,根据辐角原理,由于当 z 沿 C 的正向绕行一周时,像点 $w=f(z)$ 应该沿像曲线 Γ 的正向或负向绕行一周,而 w_0 在 Γ 的外部,像曲线 Γ 不会绕 w_0 变化,如图 7.33(b)所示,所以

$$N(f(z)-w_0,C)=\frac{1}{2\pi}\cdot\Delta_C\arg(f(z)-w_0)=\frac{1}{2\pi}\cdot\Delta_\Gamma\arg(w-w_0)$$

$$=\frac{1}{2\pi}\cdot 0=0$$

这表明方程 $f(z) - w_0 = 0$ 在 D 内无根,即 $w_0 \notin f(D)$,亦即不存在 $z_0 \in D$,使得
$$w_0 = f(z_0).$$

第三步:证明对于 Γ 上的任意的点 w_0(即 $w_0 \in \Gamma$),方程 $f(z) - w_0 = 0$ 在 D 内无根.

事实上,假设存在一点 $z_0 \in D$,使得 $w_0 = f(z_0)$,根据解析函数的保域性,一定存在以 w_0 为圆心的圆周 γ,使得对 γ 内部的任意一点 w',方程 $f(z) - w' = 0$ 在 D 内有根.特别地,对于在 γ 的内部且在 Γ 的外部的点 w',方程 $f(z) - w' = 0$ 在 D 内也有根,这与第二步所得的结论矛盾.故对于 Γ 上的任意的点 w_0,方程 $f(z) - w_0 = 0$ 在 D 内无根,即不存在 $z_0 \in D$,使得 $w_0 = f(z_0)$.

综合第二步、第三步得,对于任意的 $w_0 \notin G$,方程 $f(z) - w_0 = 0$ 在 D 内无根,这就证明了
$$G \supset f(D).$$

综上所述,命题成立.

例 7.25 若将函数 $w = z^2$ 表示成极坐标的形式,令
$$w = \rho \cdot e^{i\varphi}, \quad z = r \cdot e^{i\theta}$$
则该函数把 z 平面上的圆周 $r = \cos\theta$ 变换成心脏线 $\rho = \cos^2 \dfrac{\varphi}{2} = \dfrac{1}{2}(1 + \cos\varphi)$,并且是一一的(这是因为圆周 $r = \cos\theta$ 及其内部都是顶点在原点,宽度为 π 的角形区域:$-\dfrac{\pi}{2} < \arg z < \dfrac{\pi}{2}$ 内,而 $w = z^2$ 在该角形区域内是单叶的),因此由定理 7.13,$w = z^2$ 必将这个圆周的内部保形映射成心脏线的内部,如图 7.34 所示.

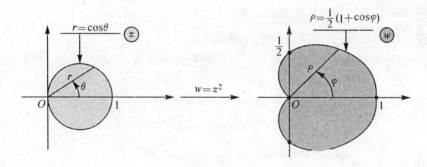

图 7.34 例 7.25 中变换 $w = z^2$ 的示意图

§7.5 若干个值分布研究中的不等式*

本节,我们将利用分式线性变换,Schwarz 引理和最大模原理来建立解析函数值分布研究中所涉及的几个不等式.

7.5.1 几个引理

在第 4 章中,我们介绍了 Schwarz 引理和最大模原理:

(Schwarz 引理) 设 $f(z)$ 在圆 $|z|<1$ 内解析,且 $f(0)=0$,若对任意 $|z|<1$,有 $|f(z)|\leqslant 1$,则
$$|f(z)|\leqslant |z|, \quad |f'(0)|\leqslant 1$$
并且前一个不等式在某非零点处等号成立或 $|f'(0)|=1$,当且仅当存在实常数 α,使得 $f(z)=\mathrm{e}^{\mathrm{i}\alpha}z$,即 $f(z)$ 是一个旋转变换.

(最大模原理) 设函数 $f(z)$ 在区域 D 内解析,则 $|f(z)|$ 在区域 D 内一定不能达到最大值,除非 $f(z)$ 为常函数.

为了证明的需要,我们再给出几个引理.

引理 7.1 设函数
$$f(z) = \mathrm{Re} f(z) + \mathrm{i}\mathrm{Im} f(z) \tag{7.13}$$
在区域 D 内解析,则 $\mathrm{Re} f(z)$ 和 $\mathrm{Im} f(z)$ 在区域 D 内都不可能达到最大值,除非 $f(z)$ 在区域 D 内恒为常数.

引理 7.1 通过作函数
$$F(z) = \mathrm{e}^{f(z)}, \quad G(z) = \mathrm{e}^{-\mathrm{i}f(z)}$$
并利用最大模原理,即可证明.

引理 7.2 设函数
$$f(z) = \mathrm{Re} f(z) + \mathrm{i}\mathrm{Im} f(z)$$
在圆域 $|z|<R$ 内解析,对任意 $0\leqslant r<R$,记
$$A(r,f) = \max_{|z|\leqslant r}\mathrm{Re} f(z), \quad B(r,f) = \max_{|z|\leqslant r}\mathrm{Im} f(z)$$
则 $A(r,f)$ 和 $B(r,f)$ 都是 $[0,R)$ 上的增函数.

若进一步要求 $f(z)$ 在圆域 $|z|<R$ 内不恒为常数,则还有 $A(r,f)$ 和 $B(r,f)$ 都是 $[0,R)$ 上的严格增函数.

由引理 7.1,并注意到对任意 $0\leqslant r_1<r_2<R$
$$A(r_1,f) = \max_{|z|\leqslant r_1}\mathrm{Re} f(z) = \max_{|z|=r_1}\mathrm{Re} f(z) \leqslant \max_{|z|=r_2}\mathrm{Re} f(z)$$
$$= \max_{|z|\leqslant r_2}\mathrm{Re} f(z) = A(r_2,f)$$
$$B(r_1,f) = \max_{|z|\leqslant r_1}\mathrm{Im} f(z) = \max_{|z|=r_1}\mathrm{Im} f(z) \leqslant \max_{|z|=r_2}\mathrm{Im} f(z)$$
$$= \max_{|z|\leqslant r_2}\mathrm{Im} f(z) = B(r_2,f)$$
即可证明引理 7.2.

引理 7.3 设 $z_1 \neq z_2$,则:

(1) 线性变换 $\omega = \dfrac{z_2 z - z_1}{z-1}$ 将圆周 $|z|=\rho$(其中 $\rho \neq 1$) 变换成曲线

第7章　共形映射（保形映射）

$$\left|\frac{\omega-z_1}{\omega-z_2}\right|=\rho;$$

(2) 曲线 $\left|\dfrac{\omega-z_1}{\omega-z_2}\right|=\rho$（其中 $\rho\neq 1$）是以 $\dfrac{\rho^2 z_2-z_1}{\rho^2-1}$ 为圆心，$\dfrac{\rho|z_2-z_1|}{|1-\rho^2|}$ 为半径，且以 z_1 和 z_2 为对称点的圆周.

引理 7.3 的证明留给读者.

7.5.2　值分布研究中的几个重要不等式

定理 7.14 （波雷尔—卡拉泰奥多里(Borel—Caratheodory)不等式）设 $f(z)$ 在闭圆域 $|z|\leqslant R$ 上解析，记

$$M(r,f)=\max_{|z|\leqslant r}|f(z)|,\ 0\leqslant r<R,\ A(0,f)=\mathrm{Re}f(0),\ M(0,f)=|f(0)|$$

则对任意 $0<r<R$，有

$$A(r,f)\leqslant \frac{R-r}{R+r}A(0,f)+\frac{2r}{R+r}A(R,f) \tag{7.14}$$

$$M(r,f)\leqslant M(0,f)+\frac{2r}{R-r}[A(R,f)-A(0,f)]$$

$$\leqslant \frac{R+r}{R-r}M(0,f)+\frac{2r}{R-r}A(R,f) \tag{7.15}$$

其中不等式的等号当且仅当 $f(z)=\dfrac{R\cdot f(0)+[\overline{f(0)}-2A(R,f)]\mathrm{e}^{\mathrm{i}\alpha}z}{R-\mathrm{e}^{\mathrm{i}\alpha}z}$ 时成立，α 为实常数.

证明　分两种情况：

(1) 若 $f(z)=c$ 为常数，则

$$A(r,f)=\mathrm{Re}c=\frac{R-r}{R+r}\mathrm{Re}\,c+\frac{2r}{R+r}\mathrm{Re}\,c=\frac{R-r}{R+r}A(0,f)+\frac{2r}{R+r}A(R,f)$$

$$M(r,f)=|c|=M(0,f)+\frac{2r}{R-r}[A(R,f)-A(0,f)]$$

且

$$\frac{R+r}{R-r}M(0,f)+\frac{2r}{R-r}A(R,f)=\frac{R+r}{R-r}|c|+\frac{2r}{R-r}\mathrm{Re}\,c$$

$$\geqslant \frac{R+r}{R-r}|c|-\frac{2r}{R-r}|c|=M(r,f).$$

(2) 若 $f(z)$ 不恒为常数，则由引理 7.1 和引理 7.2，在 $|z|<R$ 内，$\mathrm{Re}f(z)<A(R,f)$，从而

$$\mathrm{Re}[f(z)+\overline{f(0)}-2A(R,f)]=\mathrm{Re}f(z)+\mathrm{Re}f(0)-2A(R,f)$$

$$=\mathrm{Re}[f(z)-f(0)]-2[A(R,f)-\mathrm{Re}f(0)]<\mathrm{Re}[f(z)-f(0)]$$

$$\mathrm{Re}[f(z)-f(0)]<2[A(R,f)-\mathrm{Re}f(0)]-\mathrm{Re}[f(z)-f(0)]$$

$$=-\mathrm{Re}[f(z)+\overline{f(0)}-2A(R,f)]$$

即
$$\{\text{Re}[f(z)-f(0)]\}^2 < \{\text{Re}[f(z)+\overline{f(0)}-2A(R,f)]\}^2.$$

作函数
$$\varphi(z) = \frac{f(z)-f(0)}{f(z)+\overline{f(0)}-2A(R,f)} \quad (易见 f(z)+\overline{f(0)}-2A(R,f) \neq 0)$$

显然 $\varphi(0)=0$,且当 $|z|<R$ 时
$$|\varphi(z)|^2 = \frac{\{\text{Re}[f(z)-f(0)]\}^2 + \{\text{Im}[f(z)-f(0)]\}^2}{\{\text{Re}[f(z)+\overline{f(0)}-2A(R,f)]\}^2 + \{\text{Im}[f(z)-f(0)]\}^2} < 1$$

由 Schwarz 引理,当 $|z|<R$ 时,$|\varphi(z)| \leqslant \dfrac{|z|}{R}$.

又由 $\varphi(z) = \dfrac{f(z)-f(0)}{f(z)+\overline{f(0)}-2A(R,f)}$,并注意到 $\text{Re}f(0)=A(0,f)$,得
$$f(z) = \frac{f(0)+[\overline{f(0)}-2A(R,f)]\varphi(z)}{1-\varphi(z)}$$
$$= f(0) + 2[A(0,f)-A(R,f)]\frac{\varphi(z)}{1-\varphi(z)}$$

所以
$$\text{Re}f(z) = A(0,f) + 2[A(0,f)-A(R,f)]\text{Re}\frac{\varphi(z)}{1-\varphi(z)}$$

$$|f(z)| \leqslant |f(0)| + 2[A(R,f)-A(0,f)]\frac{|\varphi(z)|}{1-|\varphi(z)|}$$

再注意到,当 $|\omega|\leqslant\rho<1$ 时,由引理 7.3
$$\frac{|\omega|}{1-|\omega|} \leqslant \frac{\rho}{1-\rho}, \quad \text{Re}\frac{\omega}{1-\omega} \geqslant -\frac{|\omega|}{1+|\omega|} \geqslant -\frac{\rho}{1+\rho}$$

则对任意 $0<r<R$,当 $|z|=r<R$ 时
$$\text{Re}f(z) \leqslant A(0,f) - 2[A(0,f)-A(R,f)]\frac{|\varphi(z)|}{1+|\varphi(z)|}$$

$$\leqslant A(0,f) - 2[A(0,f)-A(R,f)]\frac{\dfrac{r}{R}}{1+\dfrac{r}{R}}$$

$$= \frac{R-r}{R+r}A(0,f) + \frac{2r}{R+r}A(R,f) \tag{7.16}$$

$$|f(z)| \leqslant |f(0)| + 2[A(R,f)-A(0,f)]\frac{|\varphi(z)|}{1-|\varphi(z)|}$$

$$\leqslant |f(0)| + 2[A(R,f)-A(0,f)]\frac{\dfrac{r}{R}}{1-\dfrac{r}{R}}$$

$$= M(0,f) + \frac{2r}{R-r}[A(R,f)-A(0,f)]$$

$$\leqslant M(0,f) + \frac{2r}{R-r}[A(R,f) + M(0,f)]$$

$$= \frac{R+r}{R-r}M(0,f) + \frac{2r}{R-r}A(R,f) \tag{7.17}$$

于是,对上面两式在 $|z|=r<R$ 上取最大值即得所要证的不等式.

若不等式中至少有一个取等号,则由式(7.16)或式(7.17)得,存在一点 $z_0(|z_0|=r<R)$,使得

$$\frac{|\varphi(z_0)|}{1+|\varphi(z_0)|} = \frac{\frac{r}{R}}{1+\frac{r}{R}} \quad \text{或} \quad \frac{|\varphi(z_0)|}{1-|\varphi(z_0)|} = \frac{\frac{r}{R}}{1-\frac{r}{R}}$$

即 $|\varphi(z_0)|=\frac{r}{R}=\frac{|z_0|}{R}$,由 Schwarz 引理,$\varphi(z)=\mathrm{e}^{\mathrm{i}\alpha}\frac{z}{R}$,$\alpha$ 为实常数,于是

$$f(z) = \frac{R \cdot f(0) + [\overline{f(0)} - 2A(R,f)]\mathrm{e}^{\mathrm{i}\alpha}z}{R - \mathrm{e}^{\mathrm{i}\alpha}z}.$$

定理 7.15 若 $f(z)$ 在单位圆 $|z|<1$ 内解析,$f(0)$ 为实数,$\mathrm{Re}f(z)>0$,则

$$f(0)\frac{1-|z|}{1+|z|} \leqslant \mathrm{Re}f(z) \leqslant f(0)\frac{1+|z|}{1-|z|} \tag{7.18}$$

$$|\mathrm{Im}f(z)| \leqslant f(0)\frac{2|z|}{1-|z|^2} \tag{7.19}$$

$$f(0)\frac{1-|z|}{1+|z|} \leqslant |f(z)| \leqslant f(0)\frac{1+|z|}{1-|z|} \tag{7.20}$$

其中等号当且仅当 $f(z)=f(0)\frac{1+\mathrm{e}^{\mathrm{i}\alpha}z}{1-\mathrm{e}^{\mathrm{i}\alpha}z}$ 时成立,α 为实常数.

证明 由定理条件易知,$\mathrm{Im}f(0)=0$,$f(0)>0$,且

$$|\mathrm{Re}[f(z)-f(0)]| = |\mathrm{Re}f(z) - \mathrm{Re}f(0)| < \mathrm{Re}[f(z)+f(0)]$$

从而,当 $|z|<1$ 时,$f(z)+f(0) \neq 0$,则

$$|f(z)-f(0)|^2 = (\mathrm{Re}[f(z)-f(0)])^2 + (\mathrm{Im}f(z))^2$$
$$< (\mathrm{Re}[f(z)+f(0)])^2 + (\mathrm{Im}f(z))^2$$
$$= |f(z)+f(0)|^2.$$

作函数如下

$$\varphi(z) = \frac{f(z)-f(0)}{f(z)+f(0)}$$

显然 $\varphi(0)=0$,且当 $|z|<1$ 时,$|\varphi(z)|<1$. 由 Schwarz 引理,当 $|z|<1$ 时,$|\varphi(z)|\leqslant|z|$.

又由 $\varphi(z)=\frac{f(z)-f(0)}{f(z)+f(0)}$ 可得

$$f(z) = f(0)\frac{1+\varphi(z)}{1-\varphi(z)}$$

所以
$$\mathrm{Re} f(z) = f(0) \cdot \mathrm{Re}\frac{1+\varphi(z)}{1-\varphi(z)}, \quad |\mathrm{Im} f(z)| = f(0) \cdot \left|\mathrm{Im}\frac{1+\varphi(z)}{1-\varphi(z)}\right|$$
$$|f(z)| = f(0)\left|\frac{1+\varphi(z)}{1-\varphi(z)}\right|$$

注意到当 $|\omega| \leqslant \rho < 1$ 时,由引理 7.3
$$\frac{1-\rho}{1+\rho} \leqslant \mathrm{Re}\frac{1+\omega}{1-\omega} \leqslant \frac{1+\rho}{1-\rho}, \quad \left|\mathrm{Im}\frac{1+\omega}{1-\omega}\right| \leqslant \frac{2\rho}{1-\rho^2}, \quad \frac{1-\rho}{1+\rho} \leqslant \left|\frac{1+\omega}{1-\omega}\right| \leqslant \frac{1+\rho}{1-\rho}$$

取 $|\omega| = \rho < 1$ 可得
$$\frac{1-|\omega|}{1+|\omega|} \leqslant \mathrm{Re}\frac{1+\omega}{1-\omega} \leqslant \frac{1+|\omega|}{1-|\omega|}, \quad \left|\mathrm{Im}\frac{1+\omega}{1-\omega}\right| \leqslant \frac{2|\omega|}{1-|\omega|^2}$$
$$\frac{1-|\omega|}{1+|\omega|} \leqslant \left|\frac{1+\omega}{1-\omega}\right| \leqslant \frac{1+|\omega|}{1-|\omega|}$$

易见,当 $x \geqslant 0$ 时,实函数 $\frac{1+x}{1-x}$ 和 $\frac{2x}{1-x^2}$ 是增函数,$\frac{1-x}{1+x}$ 是减函数. 于是,当 $|z| < 1$ 时,有
$$f(0)\frac{1-|z|}{1+|z|} \leqslant f(0)\frac{1-|\varphi(z)|}{1+|\varphi(z)|} \leqslant \mathrm{Re} f(z) \leqslant f(0)\frac{1+|\varphi(z)|}{1-|\varphi(z)|}$$
$$\leqslant f(0)\frac{1+|z|}{1-|z|}$$
$$|\mathrm{Im} f(z)| \leqslant f(0)\frac{2|\varphi(z)|}{1-|\varphi(z)|^2} \leqslant f(0)\frac{2|z|}{1-|z|^2}$$
$$f(0)\frac{1-|z|}{1+|z|} \leqslant f(0)\frac{1-|\varphi(z)|}{1+|\varphi(z)|} \leqslant |f(z)| \leqslant f(0)\frac{1+|\varphi(z)|}{1-|\varphi(z)|}$$
$$\leqslant f(0)\frac{1+|z|}{1-|z|}.$$

若定理结论中的不等式至少有一个取等号,由上面的三个式子易知,必有 $|\varphi(z)| = |z|$,由 Schwarz 引理,$\varphi(z) = \mathrm{e}^{\mathrm{i}\alpha}z$,其中 α 为实常数. 于是
$$\mathrm{e}^{\mathrm{i}\alpha}z = \frac{f(z)-f(0)}{f(z)+f(0)}, \quad \text{即} \quad f(z) = f(0)\frac{1+\mathrm{e}^{\mathrm{i}\alpha}z}{1-\mathrm{e}^{\mathrm{i}\alpha}z}$$
其中 α 为实常数.

定理 7.16 若 $f(z)$ 在单位圆 $|z| < 1$ 内解析,$f(0) = 0$,$|\mathrm{Re} f(z)| < 1$,则
$$|\mathrm{Re} f(z)| \leqslant \frac{4}{\pi}\arctan|z| \tag{7.21}$$
$$|\mathrm{Im} f(z)| \leqslant \frac{2}{\pi}\ln\frac{1+|z|}{1-|z|} \tag{7.22}$$
其中等号当且仅当 $f(z) = \frac{2}{\mathrm{i}\pi}\ln\frac{1+\mathrm{e}^{\mathrm{i}\alpha}z}{1-\mathrm{e}^{\mathrm{i}\alpha}z}$ 时成立,α 为实常数.

证明 由 $|\mathrm{Re} f(z)| < 1$ 得,$-1 < \mathrm{Re} f(z) < 1$,$-\frac{\pi}{2} < \mathrm{Re}\left[\frac{\pi}{2}f(z)\right] < \frac{\pi}{2}$.

从而
$$\operatorname{Re} e^{i\frac{\pi}{2}f(z)} = \operatorname{Re} e^{-\frac{\pi}{2}\operatorname{Im}f(z)+i\frac{\pi}{2}\operatorname{Re}f(z)} = e^{-\frac{\pi}{2}\operatorname{Im}f(z)} \cdot \cos\left[\frac{\pi}{2}\operatorname{Re}f(z)\right] > 0$$

$$\left|\operatorname{Re}\left[e^{i\frac{\pi}{2}f(z)} - 1\right]\right| = \left|e^{-\frac{\pi}{2}\operatorname{Im}f(z)} \cdot \cos\left[\frac{\pi}{2}\operatorname{Re}f(z)\right] - 1\right|$$

$$< e^{-\frac{\pi}{2}\operatorname{Im}f(z)} \cdot \cos\left[\frac{\pi}{2}\operatorname{Re}f(z)\right] + 1 = \left|\operatorname{Re}\left[e^{i\frac{\pi}{2}f(z)} + 1\right]\right|$$

$$\left|e^{i\frac{\pi}{2}f(z)} - 1\right|^2 = \left(\operatorname{Re}\left[e^{i\frac{\pi}{2}f(z)} - 1\right]\right)^2 + \left(\operatorname{Im} e^{i\frac{\pi}{2}f(z)}\right)^2$$

$$< \left(\operatorname{Re}\left[e^{i\frac{\pi}{2}f(z)} + 1\right]\right)^2 + \left(\operatorname{Im} e^{i\frac{\pi}{2}f(z)}\right)^2 = \left|e^{i\frac{\pi}{2}f(z)} + 1\right|^2.$$

作函数:
$$\varphi(z) = \frac{\left[e^{i\frac{\pi}{2}f(z)} - 1\right]}{\left[e^{i\frac{\pi}{2}f(z)} + 1\right]}$$

由定理条件和上面的不等式易得,$|\varphi(0)| = 0$,且当 $|z| < 1$ 时
$$|\varphi(z)| = \left|\frac{\left[e^{i\frac{\pi}{2}f(z)} - 1\right]}{\left[e^{i\frac{\pi}{2}f(z)} + 1\right]}\right| < 1$$

于是,由 Schwarz 引理,当 $|z| < 1$ 时,$|\varphi(z)| \leqslant |z|$.

又由 $\varphi(z) = \dfrac{\left[e^{i\frac{\pi}{2}f(z)} - 1\right]}{\left[e^{i\frac{\pi}{2}f(z)} + 1\right]}$ 得,$e^{i\frac{\pi}{2}f(z)} = \dfrac{1+\varphi(z)}{1-\varphi(z)}$. 所以

$$e^{-\frac{\pi}{2}\operatorname{Im}f(z)} = \left|e^{i\frac{\pi}{2}f(z)}\right| = \left|\frac{1+\varphi(z)}{1-\varphi(z)}\right| \Rightarrow |\operatorname{Im}f(z)| = \frac{2}{\pi}\left|\ln\left|\frac{1+\varphi(z)}{1-\varphi(z)}\right|\right|,$$

$$\frac{\pi}{2}\operatorname{Re}f(z) = \arg e^{i\frac{\pi}{2}f(z)} = \arg\frac{1+\varphi(z)}{1-\varphi(z)}.$$

注意到当 $|\omega| \leqslant \rho < 1$ 时,由引理 7.3 易得

$$\frac{1-\rho}{1+\rho} \leqslant \left|\frac{1+\omega}{1-\omega}\right| \leqslant \frac{2\rho}{1-\rho^2} \leqslant \frac{(1+\rho)^2}{1-\rho^2} = \frac{1+\rho}{1-\rho} \Rightarrow \left|\ln\left|\frac{1+\omega}{1-\omega}\right|\right| \leqslant \ln\frac{1+\rho}{1-\rho}$$

$$\left|\arg\frac{1+\omega}{1-\omega}\right| \leqslant \arctan\frac{2\rho}{1-\rho^2} = 2\arctan\rho$$

取 $|\omega| = \rho < 1$ 可得

$$\left|\ln\left|\frac{1+\omega}{1-\omega}\right|\right| \leqslant \ln\frac{1+|\omega|}{1-|\omega|}, \quad \left|\arg\frac{1+\omega}{1-\omega}\right| \leqslant \arctan\frac{2|\omega|}{1-|\omega|^2} = 2\arctan|\omega|$$

所以,当 $|z| < 1$ 时,由于 $|\varphi(z)| \leqslant |z|$,有

$$\frac{\pi}{2}|\operatorname{Im}f(z)| = \left|\ln\left|\frac{1+\varphi(z)}{1-\varphi(z)}\right|\right| \leqslant \ln\frac{1+|\varphi(z)|}{1-|\varphi(z)|} \leqslant \ln\frac{1+|z|}{1-|z|}$$

$$\frac{\pi}{2}|\operatorname{Re}f(z)| = \left|\arg\frac{1+\varphi(z)}{1-\varphi(z)}\right| \leqslant 2\arctan|\varphi(z)| \leqslant 2\arctan|z|$$

整理即得所要证明的不等式.

若定理结论中的不等式至少有一个取等号,由上面的两个式子易知,必有 $|\varphi(z)|=|z|$,由 Schwarz 引理,$\varphi(z)=\mathrm{e}^{\mathrm{i}\alpha}z$,其中 α 为实常数. 于是

$$\mathrm{e}^{\mathrm{i}\alpha}z = \left[\frac{\mathrm{e}^{\mathrm{i}\frac{\pi}{2}f(z)}-1}{\mathrm{e}^{\mathrm{i}\frac{\pi}{2}f(z)}+1}\right], \text{即 } f(z) = \frac{2}{\mathrm{i}\pi}\ln\frac{1+\mathrm{e}^{\mathrm{i}\alpha}z}{1-\mathrm{e}^{\mathrm{i}\alpha}z}$$

其中 α 为实常数.

注:定理 7.16 中的式(7.21)也反映了单位圆内调和函数的性质,可以称为关于调和函数的 Schwarz 引理.

习 题 7

1. 求下列变换在指定点处的旋转角.并说明变换将 z 平面上哪一部分放大,哪一部分缩小:

(1) $w = f(z) = z^2, z = 2\mathrm{i}$; (2) $w = f(z) = \frac{1}{2}z+2, z = \mathrm{i}$;

(3) $w = f(z) = \mathrm{e}^z, z = 1+\mathrm{i}$.

2. 据理说明下面哪种说法是正确的:

(1) 区域内的任何解析函数都具有保域性;

(2) 区域内的任何不恒为常数的解析函数都具有保域性;

(3) 区域内的任何单叶解析的函数都具有保域性;

(4) 区域内具有保域性的解析函数必为单叶解析函数.

3. 若 $f'(z_0) \neq 0$,则 $\arg f'(z_0)$ 的几何意义是_____;$|f'(z_0)|$ 的几何意义是_____.

4. 利用解析函数的保角性证明:变换 $w = \mathrm{e}^z$ 将互相正交的直线族 $\mathrm{Re}z = C_1$ 和 $\mathrm{Im}z = C_2$ 依次变换为互相正交的圆周族 $u^2+v^2 = \mathrm{e}^{2C_1}$ 和直线族 $v = u\tan C_2$.

5. 据理说明下列说法是否正确:

(1) 区域内的解析函数一定具有(整体)保形性或者(局部)保形性;

(2) 区域内具有(整体)保形性的变换一定在区域内处处保形,即处处具有(局部)保形性;

(3) 区域内处处保形的变换一定在区域内(整体)保形;

(4) 区域内单叶解析的函数在区域内一定是保形的.

6. 保角变换满足的两个条件是_____、_____.保形变换满足的两个条件是_____、_____.

7. 讨论函数 $w = \mathrm{e}^z$ 的保角性和保形性.

8. 利用解析函数的保域性定理(定理 7.1)证明:

设 $f(z)$ 在区域 D 内解析,若 $f(z)$ 在 D 内满足下列条件之一:

(1) $\mathrm{Re}f(z)$ 为实常数;

(2) $\mathrm{Im}f(z)$ 为实常数;

(3) $|f(z)|$ 为实常数;

(4) 存在实常数 $\alpha,\beta,\gamma(\alpha^2+\beta^2\neq 0)$,使得 $\alpha\mathrm{Re}f(z)+\beta\mathrm{Im}f(z)=\gamma$.

则 $f(z)$ 在区域 D 内必为常函数.

9. 利用解析函数的保域性定理证明:

设 $f(z)$ 在区域 D 内解析,$z_0 \in D$,若 $|f(z_0)| = \max\limits_{z\in D}|f(z)|$,则 $f(z)$ 在区域 D 内为常函数.

10. 设 $w=f(z)$ 在可求面积的平面区域 D 内单叶解析,$D^* = f(D)$,$l \subset D$ 是光滑曲线,$l^* = f(l)$,记 ΔD^* 为 D^* 的面积,Δl^* 为 l^* 的长度,证明:

(1) l^* 的长度为 $\Delta l^* = \int_l |f'(z)||dz|$;

(2) D^* 的面积为 $\Delta D^* = \iint_D |f'(z)|^2 dxdy$;

(3) 若 $f(z)$ 还满足 $|f(z)| \leqslant 1$,则 $\iint_D |f'(z)|^2 dxdy \leqslant \pi$.

11. 据理说明下面哪种说法是正确的:

(1) 形如 $w = \dfrac{az+b}{cz+d}$ 的变换一定是分式线性变换;

(2) 分式线性变换必将 z 平面一一地变换成 w 平面;

(3) 分式线性变换在扩充平面上具有保域性;

(4) 分式线性变换不一定是单叶的.

12. 分式线性变换可以分解成哪四种简单变换的复合_____、_____、_____、_____,其中_____、_____、_____是相似变换并可以复合成整线性变换,_____是反演变换.

13. 整线性变换可以分解成_____、_____、_____三种简单变换的复合.

14. 反演变换可以分解成_____、_____两种对称变换的复合.

15. 求下列分式线性变换的不动点:

(1) $w = \dfrac{z+1}{z}$; (2) $w = \dfrac{4z-1}{z+2}$; (3) $w = 2z+1$.

16. 求下列交比:

(1) $(i,2,2+i,4)$; (2) $(\infty,2,2+i,4)$; (3) $(i,2,\infty,4)$;

(4) $(i,2,2+i,\infty)$; (5) $(i,\infty,2+i,4)$.

17. 在整线性变换 $w = iz$ 下,下列图形分别变换成什么图形?

(1) 以 $z_1=i, z_2=-1, z_3=1$ 为顶点的三角形； (2) 闭圆 $|z-1|\leqslant 1$.

18. 分别求满足下面要求的分式线性变换：

(1) 将 $1, i, -i$ 对应地变换为 $1, 0, -1$；

(2) 将 $1, i, -1$ 对应地变换为 $\infty, -1, 0$；

(3) 将 $\infty, i, 0$ 对应地变换为 $0, i, \infty$；

(4) 将 $\infty, 0, 1$ 对应地变换为 $0, 1, \infty$.

19. 据理说明下面哪种说法是正确的：

(1) 分式线性变换一定将通常的圆周变换成通常的圆周；

(2) 分式线性变换必将直线变换成直线；

(3) 分式线性变换一定将关于圆周的对称点变换成关于像圆周的对称点；

(4) 分式线性变换可以将圆域或半平面变换成非圆域的其他类型的区域.

20. 写出分式线性变换的保圆周性_____.

21. 写出分式线性变换的保对称点性_____.

22. 写出将上半平面 $\mathrm{Im}z>0$ 保形映射成单位圆 $|w|<1$ 的分式线性变换(其中 $L(a)=0, \mathrm{Im}a>0$) _____.

23. 写出单位圆 $|z|<1$ 保形映射成单位圆 $|w|<1$ 的分式线性变换 $w=L(z)$,(其中 $L(a)=0, |a|<1, a\neq 0$) _____.

24. z 平面上三个相互外切的圆周,切点之一为原点,试问反演变换 $w=\dfrac{1}{z}$ 将这三个圆周围成的区域变换成 w 平面上的什么区域?

25. 设分式线性变换 $w=\dfrac{az+b}{cz+d}(ad-bc\neq 0)$ 将单位圆周变换成直线,试确定其系数应满足的条件.

26. 求将上半平面 $\mathrm{Im}z>0$ 保形映射成单位圆 $|w|<1$ 的分式线性变换 $w=L(z)$,且分别满足下面条件：

(1) $L(i)=0, L'(i)>0$； (2) $L(i)=0, \arg L'(i)=\dfrac{\pi}{2}$.

27. 求将单位圆 $|z|<1$ 保形映射成单位圆 $|w|<1$ 的分式线性变换 $w=L(z)$,且分别满足下面条件：

(1) $L\left(\dfrac{1}{2}\right)=0, L(1)=-1$； (2) $L\left(\dfrac{1}{2}\right)=0, \arg L'\left(\dfrac{1}{2}\right)=-\dfrac{\pi}{2}$.

28. 求出将圆 $|z-4i|<2$ 变换成半平面 $\mathrm{Im}z>\mathrm{Re}\,z$ 的分式线性变换 $w=L(z)$,使得 $L(4i)=-4, L(2i)=0$.

29. 求出将上半平面 $\mathrm{Im}z>0$ 保形映射成圆 $|w|<R$ 的分式线性变换 $w=L(z)$,使得
$$L(i)=0,\quad L'(i)=1.$$

30. 求将圆 $|z|<\rho$ 保形映射成圆 $|\omega|<R$ 的分式线性变换 $w=L(z)$,使得
$$L(a)=0\ (0<|a|<\rho).$$

31. 求出圆 $|z|<2$ 到半平面 $\operatorname{Re} w>0$ 的分式线性变换 $w=L(z)$,使得
$$L(0)=1,\quad \arg L'(0)=\frac{\pi}{2}.$$

32. 分别求出将 z 平面上的下列区域映射成上半 w 平面的保形映射:
(1) $|z+i|<2$ 且 $\operatorname{Im} z>0$;
(2) $|z+i|>\sqrt{2}$ 且 $|z-i|<\sqrt{2}$;
(3) $|z|<2$ 且 $|z-1|>1$.

33. 求出一个将角形区域 $0<\arg z<\dfrac{\pi}{4}$ 映射成单位圆 $|w|<1$ 的保形映射.

34. 求出一个将上半单位圆映射成上半平面的保形映射,使得 $z=-1,0,1$ 分别变换成 $w=-1,\infty,1$.

35. 求出一个将第一象限映射成上半平面的保形映射,使得 $z=\sqrt{2}i,0,1$ 分别变换成 $w=0,\infty,-1$.

36. 求出将扩充 z 平面割去从 $1+i$ 到 $2(1+i)$ 的线段后剩下的区域映射成上半平面的保形映射.

37. 求出将 z 平面上割去从 0 到 1 的半径的单位圆映射成上半平面的保形映射.

38. 求一个保形映射使得 z 平面上割去从 0 到 1 的半径的单位圆映射成单位圆 $|w|<1$,并使得割缝上沿的 1 变换成 1,割缝下沿的 1 变换成 -1,0 变换成 $-i$.

39. 求一个保形映射使得 z 平面上单位圆周的外部 $|z|>1$ 映射成 w 平面去掉割线 $[-1,1]$ 而得的区域.

40. 求一个保形映射 $w=f(z)$ 使得 z 平面上的半带形区域 $-\dfrac{1}{2}\pi<\operatorname{Re} z<\dfrac{1}{2}\pi, \operatorname{Im} z>0$ 映射成上半 w 平面 $\operatorname{Im} w>0$,并使得 $f\left(\pm\dfrac{1}{2}\pi\right)=\pm 1, f(0)=0$.

41. 据理说明下面的说法是否正确:
(1) 平面或扩充平面上任何区域都能保形映射成单位圆;
(2) 平面或扩充平面上任何单连通区域都能保形映射成单位圆;
(3) 平面或扩充平面上任何至少有两个边界点的单连通区域都能保形映射成单位圆;
(4) 平面或扩充平面上任何两个单连通区域之间都存在保形映射.

42. 若变换 $w=f(z)$ 是将单位圆 $|z|<1$ 保形映射成单位圆 $|w|<1$ 的单叶解析函数所构成的变换,且满足 $f(0)=0, \arg f'(0)=0$. 证明该变换必为恒等

变换,即 $f(z) \equiv z$.

43.(1) 设 $w = f(z)$ 在单位圆 $|z| < 1$ 内单叶解析,且将单位圆 $|z| < 1$ 保形映射成单位圆 $|w| < 1, f(\alpha) = 0 \ (0 < |\alpha| < 1)$,证明:$f(z) = e^{i\theta} \dfrac{z - \alpha}{1 - \bar{\alpha} z}$,其中 θ 为实常数;

(2) 设 $w = f(z)$ 在单位圆 $|z| < 1$ 内单叶解析,且将单位圆 $|z| < 1$ 保形映射成单位圆 $|w| < 1$,证明:$w = f(z)$ 必为分式线性变换.

参 考 文 献

[1] James Ward Brown and Ruel V. Churchill. Complex Variables and Applications[M]. 7th ed. New York: McGraw-Hill Book Co, 2004.

[2] Ahlfors L. Complex Analysis[M]. Third Edition. New York: McGraw-Hill Book Co, 1979.

[3] 郑建华. 复变函数[M]. 北京:清华大学出版社, 2005 年.

[4] 方企勤. 复变函数教程[M]. 北京:北京大学出版社, 1996 年.

[5] 余家荣. 复变函数(第三版). 北京:高等教育出版社, 2000 年.

[6] 龚昇. 简明复分析[M]. 北京:北京大学出版社, 1996 年.

[7] 钟玉泉. 复变函数论[M]. 第 3 版. 北京:高等教育出版社, 2004 年.

[8] 路见可, 钟寿国, 刘士强编著. 复变函数(修订版)[M]. 武汉:武汉大学出版社, 2001 年.

[9] 范宜传, 彭清泉. 复变函数习题集. 北京:高等教育出版社, 1980 年.

[10] 庞学诚, 梁金荣, 柴俊. 复变函数[M]. 北京:科学出版社, 2003 年.